高等院校信息技术系列教材

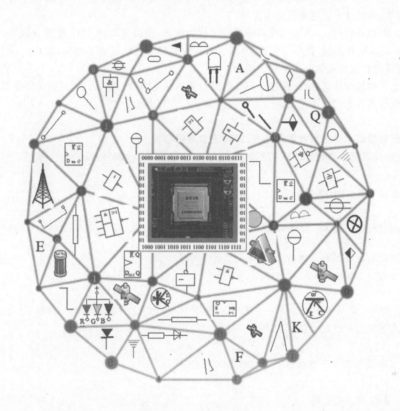

微机原理与接口技术

（第3版·微课版）

李珍香　谈娴茹 ◎ 编著

清华大学出版社
北京

内 容 简 介

本书主要以 Intel 8086 微处理器为基础，以 MASM 5.0 为上机实验环境，系统阐述微型计算机的基本组成、工作原理、汇编语言程序设计方法以及微机接口技术。全书共分为 9 章，内容主要包括微型计算机系统概述、80x86 微处理器、寻址方式与指令系统、汇编语言程序设计、存储器技术、总线技术、输入/输出技术、中断技术和可编程接口芯片。

本书是微课版教材，以插入二维码的纸质教材为载体，提供配套的 PPT 教案、试题库与试题答案、测试题、Proteus 仿真案例、课后习题答案、书中实例的源程序代码等数字资源，实现了线上线下有机结合，为翻转课堂和混合课堂改革奠定了基础。

本书适合作为计算机、电子信息工程等电类专业本科生的"教、学、练、做、测"一体化教材使用，也适合作为工程技术人员的参考用书。

本书封面贴有清华大学出版社防伪标签，无标签者不得销售。
版权所有，侵权必究。举报：010-62782989，beiqinquan@tup.tsinghua.edu.cn。

图书在版编目(CIP)数据

微机原理与接口技术：微课版/李珍香，谈娴茹编著. —3 版. —北京：清华大学出版社，2024.2
(2025.1重印)
高等院校信息技术系列教材
ISBN 978-7-302-65563-3

Ⅰ.①微… Ⅱ.①李… ②谈… Ⅲ.①微型计算机－理论－高等学校－教材 ②微型计算机－接口技术－高等学校－教材 Ⅳ.①TP36

中国国家版本馆 CIP 数据核字(2024)第 022868 号

责任编辑：白立军　王玉梅
封面设计：何凤霞
责任校对：李建庄
责任印制：丛怀宇

出版发行：清华大学出版社
　　　网　　址：https://www.tup.com.cn，https://www.wqxuetang.com
　　　地　　址：北京清华大学学研大厦 A 座　　　邮　编：100084
　　　社 总 机：010-83470000　　　　　　　　　邮　购：010-62786544
　　　投稿与读者服务：010-62776969，c-service@tup.tsinghua.edu.cn
　　　质量反馈：010-62772015，zhiliang@tup.tsinghua.edu.cn
　　　课件下载：https://www.tup.com.cn，010-83470236

印 装 者：三河市铭诚印务有限公司
经　　销：全国新华书店
开　　本：185mm×260mm　　印　张：22　　字　数：510 千字
版　　次：2012 年 3 月第 1 版　2024 年 2 月第 3 版　印　次：2025 年 1 月第 2 次印刷
定　　价：69.00 元

产品编号：096571-01

前言

本书是在 2018 年出版的《微机原理与接口技术》(第 2 版)的基础上,结合近 5 年的教学研究成果、教学经验的积累和教材使用情况修订而成的。作为高校计算机、电子信息工程等电类专业学生的教学用书,本书以经典的 Intel 8086 微处理器为基础,系统阐述微型计算机的基本组成、工作原理,汇编语言程序设计方法以及微机接口技术。通过学习,学生能建立起微机系统的整体概念,了解微型计算机的发展和新技术,具备从事相关系统设计的基础。

针对微机原理与接口技术教材具有信息量大,涉及知识面广,前后内容衔接紧密,部分内容抽象、不好理解且前后互有交叉,理论性和实践性都很强的特点,结合网络化/数字化时代下学生的认知规律和学习习惯,本次修订是在遵循"坚持改革、不断锤炼、打造精品"的要求下进行的。本书具有以下几个特点。

(1) 以基本理论适度为原则增删内容。重新梳理了知识点之间的关系,将部分知识点的顺序做了调整;另外,结合微机领域的最新发展,删除了部分过时、没有实用价值的内容,增加了一些新技术和新知识。

(2) 数字化资源丰富,满足混合式教学和学生自主学习的需求。摘录整理教学中的重难点和抽象内容,制作成 CAI 动画或微视频;将常用的指令和经典的程序设计实例在 DEBUG 下的实践操作演示过程录屏制作成微视频,并以二维码形式植入教材中(共 46 个)。另外还提供配套的 PPT 教案、试题库与试题答案、自测题、Proteus 仿真案例、课后习题解答、书中实例的源程序代码。

(3) 强化应用实践。在接口技术部分,对每一种芯片都补充和完善了应用性实例,结合在实物实验箱上的操作通过录制微视频对常用芯片进行讲解,并提供 Proteus 仿真应用实例,对汇编程序设计实例增加了流程图,更利于学生理解和掌握,实用性和可操作性强。

本书主要内容如下。

第 1 章微型计算机系统概述,主要介绍微型计算机的发展,微型计算机系统的硬件组成及各部分的主要功能,计算机中常用的数制及它们之间的相互转换方法,补码概念及其运算,计算机中的常用编码。

第2章80x86微处理器，主要介绍Intel 8086 CPU的内部结构、外部引脚及工作模式，CPU对内存的管理，8086 CPU的总线操作与时序，32位微处理器，超线程技术、多核技术、超标量技术等CPU新技术。

第3章寻址方式与指令系统，主要介绍8086 CPU的寻址方式和主要指令，简单介绍32位指令。

第4章汇编语言程序设计，主要介绍汇编语言源程序的基本结构、常用的伪指令和运算符，DOS常用功能调用及汇编语言程序设计的基本方法，汇编程序上机操作及DEBUG调试工具。

第5章存储器技术，主要介绍半导体存储器的分类、构成、性能指标，各类存储器的特点，存储器的扩展设计方法，简单介绍Cache高速缓冲存储器与虚拟存储技术。

第6章总线技术，主要介绍总线的基本概念和主要功能、总线分类、总线标准和总线控制方式、总线特性与性能指标，以及目前微型计算机中常用的系统总线和外总线。

第7章输入/输出技术，主要介绍输入/输出接口的基本概念、主要功能、基本结构，端口的编址方式，端口地址译码方法，输入/输出指令，CPU与外部设备间的数据传送方式。

第8章中断技术，主要介绍中断、中断向量等与中断有关的基本概念，8086 CPU的中断系统，可编程中断控制器8259A。

第9章可编程接口芯片，主要介绍8255A、8253、8251A等典型通用的可编程接口芯片，简单介绍A/D转换芯片ADC0809与D/A转换芯片DAC0832。

本书第1~5章、附录A由李珍香编写；第6、7章由张钊编写；第8、9章及附录B由谈娴茹编写。李珍香负责全书的整理和统稿工作。参与本书编写工作的还有李国、李永华、李全福，他们对全书的文字、图表进行了校对，并制作了部分资源。本书也得到了清华大学出版社编辑们的大力支持，在此一并表示衷心感谢。书中难免有错误和不当之处，敬请读者指正。

编　者

2023年12月

目录

第 1 章 微型计算机系统概述 ········· 1

1.1 微型计算机概念 ········· 1
1.1.1 微型计算机的发展 ········· 2
1.1.2 微型计算机的特点 ········· 4
1.2 微型计算机系统的组成 ········· 5
1.2.1 微型计算机系统的概念 ········· 5
1.2.2 微型计算机系统的硬件组成 ········· 7
1.2.3 微型计算机的基本工作原理和工作过程 ········· 10
1.2.4 微型计算机的主要性能指标 ········· 11
1.3 计算机中的数制和码制 ········· 12
1.3.1 常用数制及相互间的转换 ········· 12
1.3.2 二进制数的运算 ········· 16
1.3.3 带符号数在计算机中的表示 ········· 17
1.3.4 计算机中常用的编码 ········· 21
习题与思考题 ········· 24

第 2 章 80x86 微处理器 ········· 25

2.1 8086 微处理器 ········· 25
2.1.1 8086 CPU 的内部结构 ········· 26
2.1.2 8086 CPU 的寄存器结构 ········· 28
2.2 8086 CPU 的存储器组织及 I/O 结构 ········· 33
2.2.1 存储单元的地址和内容 ········· 33
2.2.2 存储器的分段与物理地址的形成 ········· 33
2.2.3 8086 CPU 的 I/O 结构 ········· 36
2.3 8086 微处理器的外部引脚及工作模式 ········· 37
2.3.1 8086 CPU 的具体引脚及其功能 ········· 37
2.3.2 8086 微处理器的工作模式及系统结构 ········· 42

2.4 8086 微处理器的总线操作与时序 …………………………………………… 43
　　2.4.1 时钟周期、总线周期和指令周期 …………………………………… 43
　　2.4.2 总线操作与时序 ……………………………………………………… 44
2.5 Intel 的其他微处理器 ……………………………………………………… 50
　　2.5.1 80x86 32 位微处理器 ………………………………………………… 50
　　2.5.2 Pentium 系列微处理器 ………………………………………………… 59
　　2.5.3 CPU 新技术 …………………………………………………………… 64
习题与思考题 …………………………………………………………………… 67

第 3 章　寻址方式与指令系统 ……………………………………………………… 68

3.1 指令系统概述 ……………………………………………………………… 68
　　3.1.1 指令的基本概念 ……………………………………………………… 68
　　3.1.2 指令格式 ……………………………………………………………… 69
　　3.1.3 操作数类型 …………………………………………………………… 70
　　3.1.4 指令的执行 …………………………………………………………… 70
3.2 寻址方式 …………………………………………………………………… 71
　　3.2.1 立即寻址 ……………………………………………………………… 71
　　3.2.2 寄存器寻址 …………………………………………………………… 71
　　3.2.3 存储器寻址 …………………………………………………………… 72
3.3 8086 CPU 指令系统 ………………………………………………………… 75
　　3.3.1 数据传送类指令 ……………………………………………………… 76
　　3.3.2 算术运算类指令 ……………………………………………………… 82
　　3.3.3 逻辑运算与移位类指令 ……………………………………………… 90
　　3.3.4 控制转移类指令 ……………………………………………………… 94
　　3.3.5 串操作类指令 ………………………………………………………… 102
　　3.3.6 处理器控制类指令 …………………………………………………… 107
3.4 80x86 新增指令简介 ……………………………………………………… 108
　　3.4.1 80x86 寻址方式 ……………………………………………………… 108
　　3.4.2 80x86 CPU 新增指令 ………………………………………………… 109
习题与思考题 …………………………………………………………………… 110

第 4 章　汇编语言程序设计 ………………………………………………………… 113

4.1 汇编语言源程序 …………………………………………………………… 113
　　4.1.1 汇编语言基本概念 …………………………………………………… 113
　　4.1.2 汇编语言源程序的结构 ……………………………………………… 114
　　4.1.3 汇编语言语句类型及格式 …………………………………………… 116
　　4.1.4 数据项及表达式 ……………………………………………………… 117

4.2 汇编语言伪指令 ··· 122
　4.2.1 符号定义伪指令 ·· 122
　4.2.2 数据定义伪指令 ·· 124
　4.2.3 段定义伪指令 ··· 127
　4.2.4 ASSUME 指定段寄存器伪指令 ································ 127
　4.2.5 ORG 指定地址伪指令 ··· 128
　4.2.6 END 源程序结束伪指令 ······································· 129
4.3 汇编语言实验操作 ··· 129
　4.3.1 上机环境 ··· 129
　4.3.2 上机过程 ··· 130
4.4 调试工具 DEBUG ·· 133
　4.4.1 DEBUG 的启动 ··· 133
　4.4.2 DEBUG 的主要命令 ··· 134
4.5 DOS 系统功能调用 ·· 141
　4.5.1 DOS 系统功能调用方法 ······································· 141
　4.5.2 常用的 DOS 系统功能调用 ··································· 141
4.6 汇编语言程序设计 ··· 144
　4.6.1 顺序结构程序设计 ··· 144
　4.6.2 分支结构程序设计 ··· 147
　4.6.3 循环结构程序设计 ··· 151
　4.6.4 子程序设计 ·· 161
习题与思考题 ·· 170

第 5 章　存储器技术 ·· 173

5.1 存储器概述 ··· 173
　5.1.1 存储器系统与多级存储体系结构 ···························· 173
　5.1.2 存储器的分类与组成 ·· 174
　5.1.3 存储器的性能指标 ··· 176
5.2 RAM 存储器 ·· 177
　5.2.1 SRAM 存储器 ··· 177
　5.2.2 DRAM 存储器 ·· 180
5.3 ROM 存储器 ·· 182
　5.3.1 掩模 ROM ··· 182
　5.3.2 可编程 ROM ·· 183
　5.3.3 可擦除可编程 ROM ··· 184
　5.3.4 电可擦除可编程 ROM ·· 185
　5.3.5 Flash 存储器 ·· 187
　5.3.6 新型存储器芯片 ·· 188

5.4 存储器的扩展设计 …………………………………………………………… 190
　　5.4.1 存储器芯片与CPU连接概述 …………………………………………… 191
　　5.4.2 存储器容量的扩展 ……………………………………………………… 192
　　5.4.3 存储器的扩展设计举例 ………………………………………………… 195
　　5.4.4 16位微型计算机系统中的存储器组织 ………………………………… 197
5.5 高速缓冲存储技术 …………………………………………………………… 198
　　5.5.1 Cache的基本结构和工作原理 ………………………………………… 198
　　5.5.2 Cache的读/写和替换策略 ……………………………………………… 200
　　5.5.3 Cache的地址映射 ……………………………………………………… 202
5.6 虚拟存储技术 ………………………………………………………………… 202
　　5.6.1 虚拟存储器概念 ………………………………………………………… 203
　　5.6.2 虚拟存储器中的地址结构映射与变换方式 …………………………… 204
　　5.6.3 新型虚拟存储技术的实现方式 ………………………………………… 205
习题与思考题 ………………………………………………………………………… 205

第6章 总线技术 …………………………………………………………………… 207

6.1 总线概述 ……………………………………………………………………… 207
　　6.1.1 总线分类 ………………………………………………………………… 208
　　6.1.2 总线标准和性能指标 …………………………………………………… 209
　　6.1.3 总线控制方式 …………………………………………………………… 210
　　6.1.4 系统总线的结构 ………………………………………………………… 211
6.2 微型计算机系统总线 ………………………………………………………… 213
　　6.2.1 ISA总线 ………………………………………………………………… 213
　　6.2.2 PCI总线 ………………………………………………………………… 214
　　6.2.3 AGP总线 ………………………………………………………………… 216
　　6.2.4 新型总线 PCI Express ………………………………………………… 218
6.3 外总线 ………………………………………………………………………… 221
　　6.3.1 RS-232C总线 …………………………………………………………… 221
　　6.3.2 USB总线 ………………………………………………………………… 223
　　6.3.3 IEEE 1394总线 ………………………………………………………… 225
习题与思考题 ………………………………………………………………………… 228

第7章 输入/输出技术 …………………………………………………………… 229

7.1 I/O接口概述 ………………………………………………………………… 229
　　7.1.1 I/O接口及接口技术的概念 …………………………………………… 229
　　7.1.2 I/O接口的主要功能 …………………………………………………… 231
　　7.1.3 I/O接口的基本结构与分类 …………………………………………… 231

7.2 I/O 端口 ··· 233
7.2.1 I/O 端口的编址方式 ·· 234
7.2.2 I/O 指令 ·· 235
7.2.3 I/O 端口地址分配 ·· 236
7.2.4 I/O 端口地址译码 ·· 238
7.3 CPU 与外设间的数据传送方式 ·· 241
7.3.1 程序控制传送方式 ·· 241
7.3.2 中断传送方式 ·· 244
7.3.3 DMA 传送方式 ·· 246
习题与思考题 ··· 248

第 8 章 中断技术 ··· 249
8.1 中断基础 ··· 249
8.1.1 中断的基本概念 ·· 249
8.1.2 中断优先级与中断嵌套 ···································· 250
8.1.3 中断处理过程 ·· 253
8.2 8086 CPU 的中断系统 ·· 255
8.2.1 8086 CPU 中断类型 ······································ 255
8.2.2 8086 CPU 响应中断的过程 ······························ 257
8.2.3 中断向量及中断向量表 ···································· 258
8.3 可编程中断控制器 8259A ·· 259
8.3.1 8259A 的内部结构和引脚 ································ 259
8.3.2 8259A 的工作方式 ·· 262
8.3.3 8259A 的级联 ··· 265
8.3.4 8259A 的命令字 ··· 266
8.4 8259A 在微型计算机中的编程应用 ································ 273
8.4.1 8259A 在 IBM PC/XT 中的应用 ························· 273
8.4.2 8259A 的编程 ··· 274
习题与思考题 ··· 275

第 9 章 可编程接口芯片 ··· 276
9.1 并行接口与可编程并行接口芯片 8255A 及其应用 ················· 276
9.1.1 并行接口的特点、功能与分类 ···························· 276
9.1.2 8255A 的内部结构与引脚 ································ 278
9.1.3 8255A 的工作方式与控制字 ······························ 280
9.1.4 8255A 应用举例 ··· 285
9.2 可编程定时/计数器 8253 及其应用 ································ 291

9.2.1 定时与计数概念 …………………………………………………………… 291
9.2.2 8253 的内部结构与引脚功能 ……………………………………………… 291
9.2.3 8253 的控制字与工作方式 ………………………………………………… 294
9.2.4 8253 的初始化编程及应用举例 …………………………………………… 299
9.3 串行通信与可编程串行接口芯片 8251A 及其应用 …………………………… 303
9.3.1 串行通信基本概念 ………………………………………………………… 303
9.3.2 8251A 的内部结构与引脚功能 …………………………………………… 308
9.3.3 8251A 的控制字和初始化 ………………………………………………… 312
9.3.4 8251A 应用举例 …………………………………………………………… 315
9.4 A/D 与 D/A 转换接口及其应用 ………………………………………………… 319
9.4.1 A/D 及 D/A 转换概述 …………………………………………………… 319
9.4.2 A/D 转换器及其与 CPU 的接口 ………………………………………… 320
9.4.3 D/A 转换器及其与 CPU 的接口 ………………………………………… 325
习题与思考题 ………………………………………………………………………… 330

附录 A　BIOS 中断调用 …………………………………………………………… 332

附录 B　DOS 系统功能调用（INT 21H）简表 …………………………………… 335

参考文献 ……………………………………………………………………………… 341

第1章 微型计算机系统概述

【学习目标】

本章是计算机的基础,也是学习本课程的基础,目的是使读者从总体上对微型计算机有一个初步的了解,为后续知识的学习奠定基础。学习目标为:理解微型计算机系统概念;掌握微型计算机的软硬件组成;初步了解微型计算机的工作原理和工作过程;熟悉计算机中数的表示与运算,熟悉字符编码,深入理解补码概念及其运算。

1.1 微型计算机概念

计算机系统是一种由硬件系统和软件系统组成的复杂电子装置。它能够存储程序、原始数据、中间结果和最终运算结果,并自动完成运算,是一种能对各种数字化信息进行处理的"信息处理机"。世界上第一台电子数字计算机于1946年2月诞生在美国的宾夕法尼亚大学,是20世纪最伟大的发明之一。在这以后的短短70多年里,计算机经历了电子管、晶体管、中小规模集成电路、大规模和超大规模集成电路这样五代的更替,并且还在不断地向巨型化、微型化、网络化和智能化方向发展。

计算机按照性能和规模分为巨型机、大型机、中型机、小型机、微型机5类。它们的区别主要在于体积、简易性、功耗、性能指标、数据存储量、指令系统的规模和机器的价格。

微型计算机是计算机发展的第4代产物,诞生于20世纪70年代,又称为个人计算机(Personal Computer,PC),简称微型机或微机。人们常用的台式计算机、笔记本电脑都属于微型计算机,是人类接触最多的计算机。

计算机的运算和控制核心称为处理器,即中央处理单元(Central Processing Unit,CPU)。微型计算机的结构与其他几类计算机本质上没有区别,所不同的是微型计算机中的处理器采用了集成度高的器件或部件(大规模集成电路 LSI 或超大规模集成电路 VLSI),称为微处理器(MicroProcessing Unit,MPU)。一般场合,微处理器都用 CPU 表示。

以微处理器为核心,配上由大规模集成电路制作的内存储器、输入/输出接口电路及系统总线所构成的计算机称为微型计算机(裸机)。在信息化、网络化时代,微型计算机已是人们工作、生活中不可缺少的基本工具。

1.1.1 微型计算机的发展

微型计算机的发展以微处理器的发展为标志。按照微处理器的字长和功能，从1971年世界上第一块微处理器诞生以来，可将微型计算机的发展划分为6代，其中前5代为单核阶段，表1.1中所列为Intel单核微处理器的发展简史。

1. 第1代（1971—1973年）

第1代为4位和低档8位微处理器时代，典型产品有1971年11月推出的4位微处理器Intel 4004，共有45条指令，可进行4位二进制的并行运算，速度为0.05MIPS（每秒百万条指令），主要用于计算器、电动打字机、照相机、台秤、电视机等家用电器上。1972年3月推出的8位微处理器Intel 8008，频率为200kHz，晶体管总数达到了3500个，首次获得了处理器的指令技术。这一代微型计算机的特点是采用PMOS工艺，运算速度较慢，指令系统简单，运算功能较差，存储器容量很小，没有操作系统，采用机器语言或简单汇编语言，主要用于工业仪表、过程控制。

2. 第2代（1973—1978年）

第2代是成熟的8位微处理器时代，典型产品有1973年Intel公司推出的8080/8085，1974年Motorola公司推出的M6800以及1976年Zilog公司推出的Z80等。与第1代相比，这一代微处理器采用NMOS工艺，集成度提高了1～4倍，运算速度提高了10～15倍，有完整的配套接口电路，具有高级中断功能，软件除采用汇编语言外，还配有BASIC、FORTRAN、PL/M等高级语言及其相应的解释程序和编译程序，并在后期配上了操作系统。这一代的微处理器广泛应用于信息处理、工业控制、汽车、智能仪器仪表和家用电器领域。

3. 第3代（1978—1984年）

第3代是16位微处理器和微型计算机时代。1977年前后，超大规模集成电路工艺的研制成功，进一步推动微处理器和微型计算机生产技术向更高层次发展。典型产品有1978年Intel公司推出的8086，1979年Zilog公司推出的Z8000，1979年Motorola公司推出的M68000，1982年Intel公司在8086基础上推出的80286等。这一代微型计算机采用HMOS工艺，基本指令执行时间约为0.5ms，具有丰富的指令系统，采用多级中断系统、多种寻址方式、多种数据处理形式、分段式存储器结构及乘除运算硬件，电路功能大为增强。软件方面可以使用多种语言，有常驻的汇编程序、完整的操作系统、大型的数据库，并可构成多处理器系统。此外，为了方便原来的8位机用户，在这一阶段还推出了准16位微处理器，例如Intel公司的8088、Motorola的6809。

这一代的微型计算机功能已很强，使传统的小型机受到严峻的挑战，特别是1982年Intel公司在8086基础上推出的80286微处理器，它是16位微处理器中的高档产品，集成度达到了10万个晶体管/片，最大频率为20MHz，速度比8086快5～6倍。该微处理器本身含有多任务系统必需的任务转换功能、存储器管理功能和多种保护机构，支持虚拟存储体系结构。因此，以 80286 为 CPU 构成的微型计算机 IBM PC/AT 不仅弥补了以 8088 为 CPU 构成的微型计算机 IBM PC/XT 在多任务方面的缺陷，而且满足了多用户和多任务系统的需要，从 20 世纪 80 年代中后期到 90 年代初，80286 一直是微型计算机的主流型 CPU。

4. 第 4 代（1985—1992 年）

第 4 代是 32 位微处理器和微型计算机时代。以 Intel 公司为代表的一些世界著名半导体集成电路生产商开始先后推出 32 位微处理器。这一时期的典型产品有 1985 年推出的 80386 和 1989 年后推出的 80486。80386 是 Intel 第一款 32 位处理器，也是第一款具有"多任务"功能的处理器，80486 是性能更高的 32 位处理器，速度比 80386 快 3~4 倍。

第 4 代微处理器采用先进的高速 CHMOS 工艺，集成度为 1 万管~50 万管/片，内部采用流水线控制，时钟频率达到 16~33MHz，平均指令执行时间约为 $0.1\mu s$，具有 32 位数据总线和 32 位地址总线，直接寻址能力高达 4GB，同时具有存储保护和虚拟存储功能。32 位微处理器的出现使微型计算机进入了一个崭新的时代，特别是高性能 32 位微处理器作为 CPU 组成的微型计算机，其性能已达到或超过高档小型机甚至大型机水平，被称为高档微型计算机。

5. 第 5 代（1993—2005 年）

第 5 代是奔腾（Pentium）系列微处理器时代，典型的产品有 Intel 公司的奔腾系列芯片及与之兼容的 AMD 的 K6 系列微处理器芯片，例如 Intel 公司在 1993 年推出的 Pentium，1996 年推出的 Pentium Pro，1999 年和 2001 年先后推出的 Pentium Ⅲ、Pentium 4，2005 年推出的 Pentium D，AMD 公司推出的 K6 等。这一代处理器内部采用了超标量指令流水线结构，具有相互独立的指令和数据高速缓存，具有 MMX（Multi Media eXtended）技术。例如 Pentium 4 采用了当时业界最先进的 $0.13\mu m$ 制造工艺和 NetBurst 的新式处理器结构，能更好地处理互联网用户的各种需求，在数据加密、视频压缩和对等网络等方面的性能都有大幅度的提高，使微型计算机的发展在网络化、多媒体化和智能化等方面跨上了更高的台阶；Pentium 4 Xeon 性能增加了 25%，频率达 3.2GHz，是首次运行每秒 30 亿个运算周期的 CPU；Pentium D 是首颗双核心微处理器，具有 1MB 的二级缓存，揭开了 x86 处理器多核心时代。表 1.1 所列为 Intel 微处理器从第 1 代到第 5 代的发展简史。

表 1.1 Intel 微处理器发展简史（第 1 代~第 5 代）

时代/年	典型的微处理器	字长/位	生产工艺/nm	集成度/（万个/片）	主频/Hz	数据总线/位
第 1 代 1971—1973	4004	4	10 000	0.225	0.108M	4
	8008	8	10 000	0.35	0.5M	8

续表

时代/年	典型的微处理器	字长/位	生产工艺/nm	集成度/(万个/片)	主频/Hz	数据总线/位
第2代 1973—1978	8080/8085	8	6000	0.6	2M	8
第3代 1978—1984	8086/8088	16	3000	2.9	4.77/8/10M	16
	80286		1500	13.4	6~16M	16
第4代 1985—1992	80386	32	1500	27.5	16~33M	32
	80486		1000	120	25~66M	32
第5代 1993—2005	Pentium	32	800~600	310~320	60~133M	64
	Pentium Pro Pentium Ⅱ Pentium Ⅲ		600~180	550~950	166M~2G	64
	Pentium 4		180~130	2000	1.4G~3.2G	64
	Pentium D		90	2300	2.6G	64

6. 第6代（2005年至今）

第6代是酷睿（Core）系列的双核和多核微处理器时代。"酷睿"是一款领先节能的新型微架构，设计的出发点是提供卓然出众的性能和能效（即能效比）。Intel第6代微处理器不是原Intel 32位x86结构的64位扩展，也不是HP公司的64位PA-RISC结构的改造，而是基于新的架构，功耗更低、电池续航时间更长和安全性更高，拥有更快的响应速度，同时还能支持最广泛的计算设备，遍及从超移动计算机到2合1设备、大屏高清一体机、移动工作站的各种设计，可以通过面部识别登录自己的计算机，通过进行语音交互作为自己的个人助理等。按照架构，Core系列微处理器已经发展到第10代。

Intel Core系列处理器的发展

1.1.2 微型计算机的特点

微型计算机除了具有一般计算机的运算速度快、计算精度高、记忆功能和逻辑判断力强、可自动连续工作等基本特点以外，还有自己的特点。

1. 功能强、可靠性高

由于有高档次的硬件和各类软件的密切配合，微型计算机的功能大大增强，适合各种不同领域的实际应用。采用超大规模集成电路技术以后，微处理器及其配套系列芯片上可集成千万个元器件，减少了系统内使用的器件数量，减少了大量焊点、连线、接插件等不可靠因素，大大提高了系统的可靠性。

2. 价格低廉

微处理器及其配套系列芯片采用了集成电路工艺，适合工厂大批量生产，因此产品造价十分低廉。

3. 系统设计灵活，适应性强

微型计算机系统是一个开放的体系结构，微处理器及其系列产品都有标准化、模块化和系列化的产品，硬件扩展方便，且系统软件也很容易根据需求而改变。制造商还生产各种与微处理器芯片配套的支持芯片和相关软件，为根据实际需求组成微型计算机应用系统创造了十分方便和有利的条件。

4. 体积小，重量轻，维护方便

由于采用了超大规模集成电路技术，从而使构成微型计算机所需的器件和部件数目大为减少，其体积大大缩小，重量减轻，功耗更低，方便携带和使用。当系统出现故障时，通过系统自检、诊断及测试软件就可及时发现并排除，维护较为方便。

1.2 微型计算机系统的组成

1.2.1 微型计算机系统的概念

微型计算机系统是以微型计算机为主体，按不同应用要求，配以相应的外部设备、辅助电路以及指挥微型计算机工作的软件所构成的系统。与计算机系统一样，微型计算机系统也是由硬件和软件两大部分组成的（如图 1.1 所示），是靠硬件和软件的协同工作来执行给定的任务的。

微型计算机系统的硬件主要包括主机和外部设备，实际上就是用肉眼能看得见、用手能摸得着的机器部分，详见 1.2.2 节。

微型计算机系统的软件分为系统软件和应用软件，其层次图如图 1.2 所示。系统软件是由计算机生产厂家提供给用户的一组程序，这组程序是用户使用机器时为产生、准备和执行应用软件所必需的，其中最主要的是操作系统。操作系统是微型计算机系统必备的系统软件，其主要作用是管微型计算机的硬、软件资源，提供人机接口，为用户创造方便、有效和可靠的微型计算机工作环境。操作系统的主要部分是常驻监督程序，只要一开机，常驻监督程序就开始运行，它可以接收用户命令，并使操作系统执行相应的操作。

以下所列的为与本课程有关的系统软件。

(1) 文件管理程序。用于处理存放在外存储器中的大量信息。它可以和外存储器的设备驱动程序相连接，对存放在其中的信息以文件的形式进行存取、复制及其他管理操作。

(2) I/O 驱动程序。用于对外部设备进行控制和管理，当系统程序或用户程序需要使用外部设备时，只要发出命令，执行 I/O 驱动程序，便能完成 CPU 与外部设备之间的信息传送。

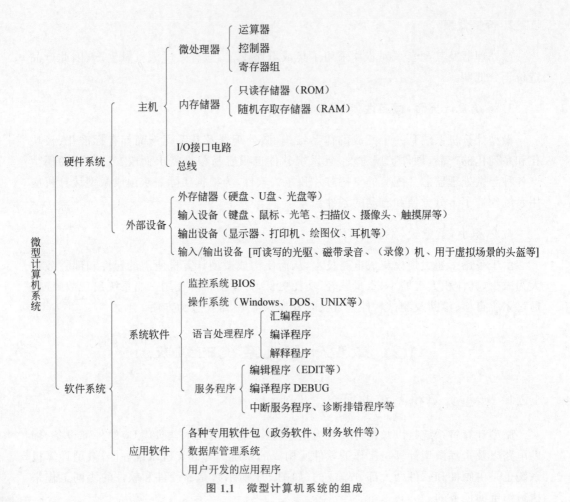

图 1.1　微型计算机系统的组成

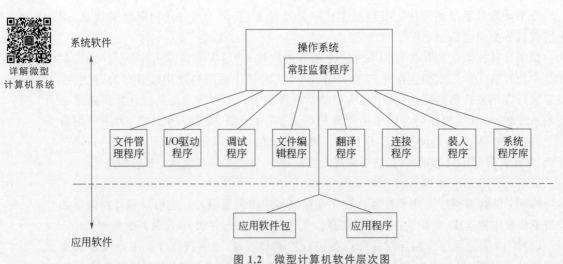

图 1.2　微型计算机软件层次图

(3) 文件编辑程序。用于建立、修改或编辑文件,并将文件保存在内存储器或外存储器中。

(4) 装入程序。用于把保存在外存储器中的程序装入到内存中,以便机器执行。

(5) 翻译程序。微型计算机是通过逐条执行程序中的指令来完成人们所给予的任务的,当用户想让微型计算机按照人的意图去工作时,就必须把要做的工作、完成的算法及解题的步骤编成一段程序。目前常用的程序设计语言有三种:第一种是机器语言,是机器能够直接识别的唯一的一种语言;第二种是汇编语言,微型计算机并不能直接识别和执行汇编语言,需要汇编程序将汇编语言编写的程序翻译成机器语言;第三种是高级语言,微型计算机同样不能直接识别和执行高级语言,与汇编语言一样,也必须经过翻译程序(解释程序或编译程序)翻译成机器语言后才能执行。例如,后面学习汇编程序的上机操作时用到的汇编程序工具 MASM。

深入理解计算机语言

(6) 连接程序。用于将已生成的.OBJ 目标文件与库文件或其他程序模块连接在一起,形成机器能执行的单个.EXE 文件。例如,后面用到的汇编连接工具 LINK。

(7) 调试程序。是系统提供的用于监督和控制用户程序的一种工具,可以装入、修改、显示或逐条执行一个程序。例如,后面用到的汇编调试工具 DEBUG。

(8) 系统程序库。是各种标准程序、子程序及一些文件的集合,可以被系统程序或用户程序调用。

应用软件是运行于操作系统之上、为实现给定的任务而编写或选购/订购的程序。应用软件的内容很广泛,涉及社会的许多领域,很难概括齐全,也很难确切地进行分类。常用的应用软件有 Microsoft 公司发布的 Office 通用软件包(包含 Word 文字处理、Excel 电子表格、PowerPoint 幻灯片等)、图形图像处理软件 Photoshop、微信通信软件等。

应当指出,微型计算机系统的硬件和软件是相辅相成的,不管微型计算机的硬件和系统软件多么好,若没有为完成特定任务而编写的应用软件,整个微型计算机系统也将是毫无意义的。用户通过系统软件与硬件发生联系,在系统软件的干预下使用硬件。现代的微型计算机硬件和软件之间的分界线并不明显,总的趋势是两者统一融合,在发展上互相促进。

1.2.2 微型计算机系统的硬件组成

微型计算机的硬件主要由微处理器、内存储器、I/O 接口电路、I/O 设备及系统总线组成,其硬件结构如图 1.3 所示。

1. 微处理器

微处理器是微型计算机的核心部件,是整个系统的运算和指挥控制中心,负责统一协调、管理和控制系统中的各个部件有机地工作。不同型号的微型计算机,其性能的差别首先在于其 CPU 性能的不同,而 CPU 的性能又与它的内部结构有关。不论哪种 CPU,其内部基本组成都大同小异,即由运算器、控制器、寄存器组主要部件组成。

(1) 运算器。运算器的核心部件是算术逻辑单元(Arithmetic and Logical Unit, ALU),它是以加法器为基础,辅之以移位寄存器及相应控制逻辑组合而成的电路,在控

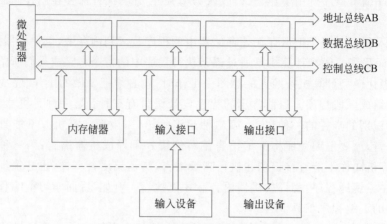

图 1.3　通用微型计算机系统结构图

制信号的作用下可以完成加、减、乘、除四则运算和各种逻辑运算。运算器的功能和速度对计算机来说至关重要,新型 CPU 的运算器还可以完成各种浮点运算。

(2) 控制器。控制器主要由指令寄存器、指令译码器和操作控制电路部件构成。控制器是 CPU 的指挥控制中心,对协调整个微机有序工作极为重要。它的作用是从存储器中依次取出每条指令并分析指令,然后按指令的要求向微型计算机的各个部件发出相应的控制信号,使各部件有条不紊地协同工作,从而完成对整个微型计算机系统的控制。

(3) 寄存器组。寄存器实质上是 CPU 内部的若干存储单元,在汇编语言中通常按名字来访问它们。寄存器一般可分为专用寄存器和通用寄存器。专用寄存器的作用是固定的,例如堆栈的栈顶指针寄存器、标志寄存器等;通用寄存器可供程序员编程使用。访问寄存器的速度要比访问存储器快很多,使用寄存器主要用来暂时存放要重复使用的某些操作数或中间结果,这样可避免对存储器的频繁访问,从而缩短指令长度和指令执行时间,同时也给编程带来很大的方便。

2. 存储器

存储器用来存放数据和程序,是计算机各种信息的存储和交流中心。按照存储器在计算机中的作用,可分为内存储器、外存储器和高速缓冲存储器,即通常所说的三级存储体系结构。以下主要对内存储器和外存储器进行介绍。

(1) 内存储器。内存储器是一个记忆装置,也称主存储器(简称内存或主存),是 CPU 可以直接访问的存储器,主要用来存储微型计算机工作过程中需要操作的数据、程序,运算的中间结果和最后结果。内存储器的主要工作是读/写操作。"读"是指将指定存储单元的内容取出来送入 CPU,原存储单元的内容不变;"写"是指 CPU 将信息放入指定的存储单元,存储单元中原来的内容被覆盖。微型计算机中的内存储器一般都按字节(Byte)作为一个存储单元,每一个字节存储单元有一个地址与之对应,通过地址可以随意访问该地址所对应的存储单元。

说明:本书中所引用到的"存储器",若无特别说明,一律指内存储器。

(2) 外存储器。内存储器存在两个问题,一是存储容量不大,二是所保存的信息容易丢失,而采用外存储器正好可以弥补这两点不足。外存储器也称辅助存储器(简称外存或辅存),用于存放暂时不用的程序和数据,不能直接与 CPU 交换数据,需要通过接口电路来实现。目前微型计算机系统常用的外存储器有硬盘(内置硬盘和移动硬盘)、光盘和 U 盘等。

3. 输入/输出接口电路

输入/输出(I/O)接口电路的功能是完成主机与外部设备之间的信息交换。由于各种外设的工作速度、驱动方法差别很大,无法与处理器直接匹配,所以不可能将它们直接挂接在主机上。这就需要有一个 I/O 接口来充当外设和主机的桥梁,通过该接口电路来完成信号变换、数据缓冲、联络控制等工作。在微型计算机中,较复杂的 I/O 接口电路常制成独立的电路板,也称为接口卡,使用时将其插在微型计算机主板上。本部分有关内容将在 7.1 节中介绍。

4. 总线

微型计算机系统采用总线结构将 CPU、存储器和外部设备进行连接。微型计算机中的总线由一组导线和相关控制电路组成,是各种公共信号线的集合,用于微型计算机系统各部件之间的信息传递。根据总线传送的内容不同,微型计算机中的总线分为数据总线、地址总线和控制总线三种。

(1) 数据总线。数据总线(DB)是一组双向、三态总线,主要用于实现在 CPU 与内存储器或 I/O 接口之间传送数据。数据总线的条数决定了传送数据的位数,这个数值称作微处理器的字长。

(2) 地址总线。地址总线(AB)是一组单向、三态总线,是由 CPU 输出用于指定其要访问的存储单元或 I/O 接口的地址的。在微型计算机中,存储器、I/O 接口等都有各自的地址,通过给定的地址进行访问。地址总线的条数决定了 CPU 所能直接访问的地址空间,例如 16 条地址总线可访问的地址范围为 0000H~FFFFH,20 条地址总线可访问的地址范围为 00000H~FFFFFH。

(3) 控制总线。控制总线(CB)是一组单向、三态总线,用于传送控制信号、时序信号和状态信息,实现 CPU 的工作与外部电路的工作同步。控制总线有的为高电平有效,有的为低电平有效,有的为输出信号,有的为输入信号。通过这些联络线,CPU 可以向其他部件发出一系列的命令信号,其他部件也可以将其工作状态、请求信号发送给 CPU。

说明:不同微处理器的地址总线与数据总线大致相似,而控制总线的差异较大。正是控制总线的不同特性,决定了各种微处理器的不同特点。

5. I/O 设备

I/O 设备即输入/输出设备,又称外部设备或外围设备(简称外设),是用户与微型计算机进行通信联系的主要装置,其中输入设备是把程序、数据、命令转换成微型计算机所能识别接收的信息,然后输入给微型计算机;输出设备是把 CPU 计算和处理的结果转换成人们易于理解和阅读的形式,然后输出到外部。例如键盘、显示器、鼠标、打印机、调制解调器、网卡和扫描仪,模/数转换器、数/模转换器、开关量及信号指示I/O器等,这些设备是一个微型计算机系统必不可少的组成部分,它们的选型和指标的好坏对微型计算机应用环境和用户的工作效率有着重大的影响。

尽管I/O设备繁多,但它们有两个共同的特点:一是常采用机械的或电磁的工作原理进行工作,速度比较慢,难以和纯电子的CPU及内存储器的工作速度相匹配;二是要求的工作电平常常与CPU和内存储器等采用的标准TTL电平不一致。为了把I/O设备与微型计算机的CPU连接起来,还需要I/O接口电路作为中间环节,用于实现数据的锁存、变换、隔离和外部设备选址,以保证信息和数据在外部设备与CPU或内存之间的正常传送。

1.2.3 微型计算机的基本工作原理和工作过程

计算机采用"程序存储控制"的原理工作,这一原理是冯·诺依曼于1946年提出的,它构成了计算机系统的结构框架。如图1.4所示,通过输入设备输入程序和原始数据,控制器从存储器中依次读出程序中的一条条指令,经过译码分析,向运算器、存储器等部件发出一系列控制信号完成指令所规定的操作,最后通过输出设备输出结果。这一切工作都是由控制器控制的,而控制器的控制主要依赖于存放在存储器中的程序。

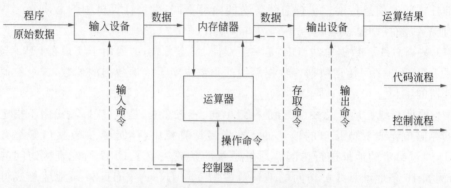

图1.4 微型计算机基本工作原理示意图

由此可见,计算机工作有两个基本能力:一是能存储程序,二是能自动执行程序。计算机利用内存存放所要执行的程序,CPU则依次从内存中取出程序的每条指令,加以分析和执行,直到完成全部指令序列为止。也就是说,想让计算机完成工作,就需先把相应的程序编写出来,然后通过输入设备存储到存储器中保存起来,即程序存储。接下来就是执行程序的问题。根据冯·诺依曼的设计,计算机应能自动执行程序,因为程序是由若干条指令组成的,因此,微型计算机的工作过程就是执行存放在存储器中的程序的过程,也就是逐条执行指令序列的过程。而执行一条指令需要以下4个基本操作。

(1) 取指令。按照程序所规定的次序,从内存储器某个地址中取出当前要执行的指令,送到CPU内部的指令寄存器中暂存。

(2) 分析指令。把保存在指令寄存器中的指令送到指令译码器,译出该指令对应的操作。

(3) 执行指令。根据指令译码,由控制器向各个部件发出相应控制信号,完成指令规定的各种操作。

(4) 为执行下一条指令做好准备,即取出下一条指令地址。

如此 4 步过程不断重复,直至执行完程序的所有指令,整个程序运行结束。

1.2.4 微型计算机的主要性能指标

微型计算机的性能由它的系统结构、指令系统、硬件组成、外部设备及软件配置等多方面因素综合决定,因此,应当用各项性能指标进行综合评价。最常用的性能指标有以下几项。在介绍这些性能指标之前先解释位、字节和字等常用术语。

位:位(bit)是计算机内部数据存储的最小单位,音译为"比特",表示二进制位 0 或者 1,习惯上用小写字母"b"表示。

字节:字节(byte)是计算机中数据处理的基本单位,习惯上用大写字母 B 表示。计算机中以字节为单位存储和解释信息,规定 1 字节由 8 个二进制位构成。1 字节可以存储 1 个 ASCII 码,2 字节可以存储 1 个汉字国标码。

字:字是计算机进行数据处理和运算的单位,由若干字节构成。字的位数叫作字长,不同档次的机器字长不同。例如 8 位机的 1 个字就等于 1 字节,字长为 8 位。16 位机的 1 个字由 2 字节构成,字长为 16 位。

1. 字长

字长是微型计算机最重要的一项技术性能指标,是指 CPU 一次能够同时处理的二进制数据的位数,通常与内部寄存器的位数及数据总线的宽度是一致的。在其他指标相同的情况下,字长越长,计算精度就越高,运算速度也越快。早期微型计算机的字长有 8 位、16 位,目前仍有用户在使用 32 位微型计算机,但常用的大都是 64 位微型计算机。

2. 内存容量

内存容量指内存储器能存储数据的最大字节数,即微型计算机中实际配置的内存大小。如若某微型计算机配置可插 2 条内存条,每条内存为 1GB,则其内存容量为 2GB。内存容量越大,机器能运行的程序就越大,处理能力就越强。

说明:

(1) 内存容量与存储容量是不同的。存储容量是指 CPU 可寻址的内存空间,其最大容量由 CPU 的地址线条数决定;内存容量由实际装机容量情况决定。

(2) 容量表示以字节为基本单位,目前常用的单位有 KB、MB、GB、TB、PB,它们之间的关系为:$1KB=2^{10}B$,$1MB=2^{10}KB$,$1GB=2^{10}MB$,$1TB=2^{10}GB$,$1PB=2^{10}TB$。随着操作系统的升级,应用软件的不断丰富及其功能的不断扩展,人们对存储容量的需求也在不断提高,传说中的表示单位还有 EB、ZB、YB、BB、NB、DB、CB,$1EB=2^{10}PB$,$1ZB=2^{10}EB$,$1YB=2^{10}ZB$,以此类推。

3. 运算速度

运算速度是微型计算机性能的综合表现,以每秒所能执行的指令条数来表示,是微机性能的一项重要指标。由于不同类型的指令执行时所需要的时长不同,因此对运算速度的描述也有不同的方法,以下是几种常用的方法。

1) MIPS(百万条指令/秒)法

根据不同类型指令出现的频度,乘以不同的系数,求得统计平均值,得到平均运算速度,以百万条指令/秒为单位。

2) 最短指令法

以执行时间最短的指令(如传送指令和加法指令)为标准来计算速度。

3) 实际执行时间法

给出 CPU 的主频和每条指令执行所需要的时钟周期,可以直接计算出每条指令执行所需要的时间。

在微型计算机中一般只给出时钟频率指标,而不给出运算速度指标。

4. 存取时间和存取周期

存取时间是指从内存储器接收到 CPU 发来的读/写操作命令到数据被读出或写入完成所需要的时间;存取周期(读/写周期)是指在存储器连续读/写过程中一次完整的存取操作所需的时间,或者说是 CPU 连续两次访问存储器的最短时间间隔。常用存取时间来表示存储器的工作速度,用存取周期来表示 CPU 和内存之间的工作效率。微型计算机的内存储器目前都由大规模集成电路制成,其存取周期很短,约为几十纳秒到 100ns。

1.3 计算机中的数制和码制

在日常生活中,人们习惯使用十进制数来进行计数和计算,但计算机只能识别由 0 和 1 构成的二进制数。也就是说,凡是需要计算机处理的信息,无论其表现形式是文本、字符、图形,还是声音、图像,在计算机内部都必须以二进制数的形式来表示。但用二进制表示的数既冗长又难以记忆,为了阅读和书写方便,在编写程序时或为了适应某些特殊场合的需要,也常采用十进制和十六进制数。本节主要介绍二进制、十进制和十六进制这三种进制数及它们之间的转换方法。

1.3.1 常用数制及相互间的转换

1. 进位计数制基本概念

数制:指用一组固定的符号和统一的规则来表示数值的方法,若在计数过程中采用进位的方法,则称为进位计数制。

数位:指数码在一个数中所处的位置。

基数:指在某种进位计数制中,数位上所能使用的数码个数,也即指这个计数系统中采用的数字符号个数。

位权:也称为权,是指在某种进位计数制中,不同位置上数码的单位数值。

基数和位权是进位计数制的两个要素,利用基数和位权,可以将任何一个数表示成多项式的形式。如果把用 k 进制书写的一个整数从右往左依次记作第 0 位,第 1 位,…,第 n 位,则第 i 位上的数 a_i 所表示的含义是 $a_i \times k^i$。在此,k 就是这个数制的基数,k^i 就是 k 进制数第 i 位的位权。例如,十进制数 4663.45 中,从左至右各位数字的位权分别为 $10^3, 10^2, 10^1, 10^0, 10^{-1}, 10^{-2}$。

这里要特别注意数据中小数点前后的区别,对于小数点前的整数部分,从右至左依次记作 0,1,2,…;对于小数点后的小数部分,从左至右依次记作 $-1, -2, \cdots$。

2. 常用数制的表示

二进制数是最简单的进位计数制,它只有 0、1 两个数码,在加、减运算中采用"逢二进一""借一当二"的规则。在书写二进制数时,为了区别于其他进制数,在数据后面要紧跟字母 B。例如:

$$二进制数\ 11011011.10B = 1 \times 2^7 + 1 \times 2^6 + 0 \times 2^5 + 1 \times 2^4 + 1 \times 2^3 + 0 \times 2^2 + 1 \times 2^1 + 1 \times 2^0 + 1 \times 2^{-1} + 0 \times 2^{-2}$$

十进制数是人们非常熟悉的数,共有 0,1,2,…,9 这 10 个数码,在加、减运算中采用"逢十进一""借一当十"的规则。十进制数的表示应在尾部加 D(或 d),但通常可以省略。例如:

$$23.5D = 23.5 = 2 \times 10^1 + 3 \times 10^0 + 5 \times 10^{-1}$$

二进制数的缺点是当位数很多时,不便于书写和记忆,容易出错。因此,在汇编语言编程中,通常采用二进制数的缩写形式十六进制数。十六进制数中包含的数码有 0,1,2,…,9,A,B,C,D,E,F 这 16 个符号,其中 A~F 不区分大小写,依次代表 10~15。十六进制数的加、减运算规则是"逢十六进一""借一当十六"。在书写十六进制数时,为了区别于其他进制数,在数据后面要紧跟字母 H。例如:

$$\begin{aligned} A8F5.5BH &= A \times 16^3 + 8 \times 16^2 + F \times 16^1 + 5 \times 16^0 + 5 \times 16^{-1} + B \times 16^{-2} \\ &= 10 \times 16^3 + 8 \times 16^2 + 15 \times 16^1 + 5 \times 16^0 + 5 \times 16^{-1} + 11 \times 16^{-2} \end{aligned}$$

说明:

(1) 十六进制数是为了克服使用二进制数时的不方便而引入的,在程序中的使用频率很高。

(2) 十六进制数与二进制数间有一种规律关系,用 4 位二进制数可以表示 1 位十六进制数。

(3) 不论数据用什么数制表示,最终在计算机内部都将以二进制形式存放。

(4) 以符号打头的十六进制数,在汇编源程序中使用时,前面必须加上 0,这是为了与变量名和保留字有所区别。例如,AH 是一寄存器的名称,属于保留字,与十六进制数 AH 就冲突了。加上 0 之后的 0AH 系统就能区分开了,它是十六进制数,相当于十进制数中的 10。

3. 常用数制间的相互转换

汇编语言中会频繁用到二进制数、十进制数、十六进制数，需熟练掌握这些进制数的表示和它们之间的相互关系，尤其是对二进制数和十六进制数的表示应该脱口而出，形成以二进制和十六进制的思维方式去联想数值关系。这三种进制数的数值对应关系见表1.2。

表1.2 二进制数、十进制数和十六进制数的数值对应表

二进制数	十进制数	十六进制数	二进制数	十进制数	十六进制数
0	0	0	1000	8	8
1	1	1	1001	9	9
10	2	2	1010	10	A
11	3	3	1011	11	B
100	4	4	1100	12	C
101	5	5	1101	13	D
110	6	6	1110	14	E
111	7	7	1111	15	F

下面介绍这三种进制数间的转换方法。

1) 二进制数、十六进制数转换为十进制数

将二进制数和十六进制数转换为十进制数的方法是，将一个二进制数（或十六进制数）的各位数码乘以与其对应的位权，所得的各项之和即为该进制数相对应的十进制数。前面已有例子，这里不再重复。

2) 二进制数与十六进制数之间的相互转换

从表1.2中可以看出，二进制数和十六进制数之间有一种对应关系，即十六进制数的16个数码正好相对应于4位二进制数的16种不同组合，十六进制数0对应二进制数的0000，十六进制数1对应二进制数的0001，…，十六进制数F对应二进制数的1111。利用这种对应关系，可以很方便地实现二进制数与十六进制数之间的转换。将二进制数转换成十六进制数的方法是，将二进制数从小数点开始向前后分别每4位一组进行分组，整数部分不够4位的从最左边以0补齐，小数部分不够4位的从最右边以0补齐，然后用对应的十六进制数表示即可。

【例1.1】 将二进制数1101101101.0100101转换为十六进制数。

1101101101.0100101B=0011 0110 1101.0100 1010B=36D.4AH

反之，将十六进制数转换为二进制数，只需将十六进制数中的每位用对应的4位二进制数表示即可。

【例1.2】 将十六进制数4FA.C7H转换为二进制数。

4FA.C7H=0100 1111 1010 . 1100 0111B=10011111010.11000111B

3) 十进制数转换为二进制数、十六进制数

十进制数转换为二进制数、十六进制数分整数部分的转换和小数部分的转换。整数

部分转换一般采用基数除法,也称为"除基取余"法,即将一个十进制整数转换为 N 进制整数的方法是将十进制整数连续除以 N 进制的基数 N,求得各次的余数直到商数到零为止,然后将各余数换成 N 进制中的数码,最后按照并列表示法将先得到的余数列在低位、后得到的余数列在高位,即得 N 进制的整数。十进制小数部分的转换一般采用基数乘法,也称为"乘基取整"法,即将一个十进制小数转换为 N 进制小数的方法是将十进制小数连续乘以 N 进制的基数 N,求得各次乘积的整数部分,直到余下的小数部分为零或满足规定的精度要求为止,然后将各整数换成 N 进制中的数码,最后按照并列表示法将先得到的整数列在高位、后得到的整数列在低位,即得到 N 进制的小数。

【例 1.3】 将十进制数 46.8125 转换为二进制数。

如果一个十进制数同时包含整数和小数两部分,则在将其转换时,可以将整数和小数部分分别转换,然后再组合起来。

将整数部分 46 转换为二进制数,逐次除 2 取余:

```
        2 | 4 6      余数
        2 | 2 3        0    ↑
        2 | 1 1        1
        2 |   5        1
        2 |   2        1
        2 |   1        0
              0        1
```

十进制整数转换为二进制整数动画演示

十进制整数转换为二进制整数的快速技巧

可得到 46D=101110B。

将小数部分 0.8125 转换为二进制小数,逐次乘以 2 取整(如果最后乘积不能为纯整数,说明此十进制小数不能精确转换为二进制小数,则取规定的精度位数):

```
                    0.8125
   整数       ×        2
    1         .       6250
              ×        2
    1         .       25
              ×        2
    0         .       50
              ×        2
    1         .       00
```

可得到 0.8125D=0.1101B。

所以,46.8125=101110.1101B。

十进制数转换为十六进制数的方法与十进制数转换为二进制数的方法相同,只是将基数"2"换成"16"即可。

说明:十进制数与十六进制数间的转换,A~F 之间的数容易出错,所以常常使用的另一种方法是以二进制数作为桥梁,即十六进制数↔二进制数↔十进制数。

1.3.2 二进制数的运算

1. 二进制数的算术运算

二进制数的算术运算包括加、减、乘、除四则运算,其运算规则见表1.3。

表 1.3 二进制数的算术运算规则

加 法	减 法	乘 法	除 法
0+0=0	0−0=0	0×0=0	0÷1=0
0+1=1	1−0=1	0×1=0	
1+0=1	1−1=0	1×0=0	1÷1=1
1+1=10 有进位	0−1=1 有借位	1×1=1	

加法根据"逢二进一"的规则,减法根据"借一当二"的规则,例如,11100001B 和 10111100B 分别进行相加、相减的过程如下。

```
  11100001   被加数      11100001   被减数
+ 10111100   加数      − 10111100   减数
 110011101   和          00100101   差
```

二进制数乘法过程可仿照十进制数乘法进行,除法与十进制数除法也很类似。
例如:

$$1001B \times 1010B = 1011010B$$
$$100110B \div 110B = 110B 余 10B$$

2. 二进制数的逻辑运算

二进制数的逻辑运算包括"或"运算、"与"运算、"非"运算和"异或"运算,其运算规则见表1.4。

表 1.4 二进制数的逻辑运算规则

"或"运算	"与"运算	"非"运算	"异或"运算
0∨0=0	0∧0=0	$\overline{1}=0$	0⊕0=0
0∨1=1	0∧1=0		0⊕1=1
1∨0=1	1∧0=0	$\overline{0}=1$	1⊕0=1
1∨1=1	1∧1=1		1⊕1=0

"或"运算又称为逻辑加,可用符号"∨"或"+"来表示,"或"运算的两个变量中只要有一个为1,或的结果就为1,仅当两个变量都为0时,或运算的结果才为0。计算时,要特别注意和算术运算的加法加以区别。

"与"运算又称为逻辑乘,常用符号"∧"或"×"或"·"表示,"与"运算的两个变量中只要有一个为 0,"与"运算的结果就为 0,仅当两个变量都为 1 时,"与"运算的结果才为 1。

"非"运算又称为逻辑否,书写时在变量的上方加一横线表示"非",实际上就是将原逻辑变量的状态求反。

逻辑"异或"运算常用符号"⊕"或"∀"来表示,两个相"异或"的逻辑运算变量取值相同时,"异或"的结果为 0,取值相异时,"异或"的结果为 1。

【例 1.4】 设 $X=10001101B, Y=10101011B$,则有
$X \vee Y = 10101111B$; $X \wedge Y = 10001001B$; $X \oplus Y = 00100110B$; $\overline{X} = 01110010B$

1.3.3 带符号数在计算机中的表示

在计算机内部要处理的二进制数有无符号数和带(有)符号数两种,本节主要介绍它们在计算机中的表示及涉及的有关概念。

1. 机器数和真值

我们知道,在普通数字中,区分正负数是在数的绝对值前面加上符号来表示,即用"+"表示正数,用"−"表示负数,由于计算机只能直接识别和处理用 0、1 表示的二进制形式数据,因此在计算机中无法按人们日常的习惯书写,而是将正、负号也数字化,最高位作为符号位,用"0"表示正数,用"1"表示负数,这种连同数的符号一起数字化了的数据表示,在计算机中称为机器数;而与机器数对应的用正、负符号加绝对值来表示的实际数值称为真值。例如:

数据 $X=+91$ 和 $Y=-91$,其真值表示为
$$X=+1011011 \quad Y=-1011011B$$
在字长为 8 位机中的机器数表示为
$$X=01011011B \quad Y=11011011B$$

2. 无符号数

无符号数是指计算机字长的所有二进制位均表示数值部分,其格式表示如图 1.5 所示。对于 n 位无符号数 N,其表示范围为 $0 \leqslant N \leqslant 2^n - 1$,例如,当 $n=8$ 时,所表示的数的

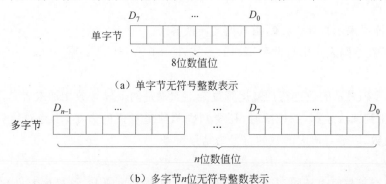

(a) 单字节无符号整数表示

(b) 多字节 n 位无符号整数表示

图 1.5 无符号二进制整数表示格式

范围为 0~255,当 $n=16$ 时,所表示的数的范围为 0~65535。无符号数在计算机中常用于表示内存单元的地址。

3. 带符号数

带符号数将机器数分为符号和数值部分,且均用二进制代码表示,如图 1.6 所示,最高位表示符号位,其余位为数值位。

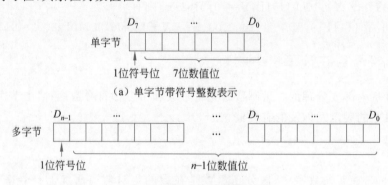

(a) 单字节带符号整数表示

(b) 多字节 n 位带符号整数表示

图 1.6 带符号二进制整数表示格式

4. 带符号数的表示法

带符号数在计算机中有三种常用的表示方法,分别是原码、反码和补码,由于补码有许多优点,微型计算机中采用的是补码。

1) 原码

原码是一种简单、直观的机器数表示方法,只需要在真值的基础上,将符号位用数码"0"和"1"表示即可。

【例 1.5】 设机器字长为 8 位,$X=7,Y=99$,则有

$[X]_{原}=[+7]_{原}=$ **0**0000111B,$[-X]_{原}=[-7]_{原}=$ **1**0000111B

$[Y]_{原}=[+99]_{原}=$ **0**1100011B,$[-Y]_{原}=[-99]_{原}=$ **1**1100011B

原码有以下特点。

(1) 用原码表示直观、易懂,与真值的转换容易。

(2) "0"在原码表示中有两种不同的形式,即 $+0$ 和 -0,$[+0]_{原}=000\cdots0$,$[-0]_{原}=100\cdots0$。

(3) 用原码表示的数进行加减运算复杂。如果是两个异号数相加或者是两个同号数相减,都要用到减法运算,在相减时,还要判别两数绝对值的大小,用绝对值大的数减去绝对值小的数,取绝对值大的数的符号为结果符号。

2) 反码

正数的反码与原码相同,负数的反码则是在原码的基础上,符号位不变(仍为 1),其余的数值位按位求反(由 0 变成 1,由 1 变成 0)即可。

例如，针对例 1.5 中的 X 和 Y 两个数，有

$$[X]_{反}=[+7]_{反}=00000111B，[-X]_{反}=[-7]_{反}=11111000B$$
$$[Y]_{反}=[+99]_{反}=01100011B，[-Y]_{反}=[-99]_{反}=10011100B$$

反码通常用作求补码过程中的中间形式，其表示的整数范围与原码范围相同。

3) 补码

正数的补码表示同原码、反码，即有$[X]_{原}=[X]_{反}=[X]_{补}$，负数的补码求法很多，这里介绍的方法是：在其反码的基础上再在最低位（末位）加 1。

例如，针对例 1.5 中的 X 和 Y 两个数，有

$$[X]_{补}=[+7]_{补}=00000111B，[-X]_{补}=[-7]_{补}=11111001B$$
$$[Y]_{补}=[+99]_{补}=01100011B，[-Y]_{补}=[-99]_{补}=10011101B$$

【例 1.6】 设机器字长为 16 位，写出数 $X=-127$ 的十六进制补码表示。

已知机器字长为 16 位，其中符号位占据了 1 位，所以数值位部分占 15 位。

$-127=-1111111B=-0000000 1111111B$，则

-127 的原码表示为　　　1 000 0000 0111 1111B

-127 的反码表示为　　　1 111 1111 1000 0000B

-127 的补码表示为　　　1 111 1111 1000 0001B

所以，$[-127]_{补}=$FF81H。

补码的特点如下。

① 0 的补码只有一个，即$[+0]_{补}=[-0]_{补}=00000000B$。正因为补码中没有 +0 和 -0 之分，所以 8 位二进制补码所能表示的数值范围为 $-128\sim+127$，n 位二进制补码表示的范围为 $-2^{n-1}\sim+2^{n-1}-1$。

② 一个用补码表示的二进制数，当其为正数时，其最高位（符号位）为"0"，其余位即为此数的二进制值；当其为负数时，最高位为"1"，其余位不是此数的二进制值，必须把它们按位取反，且在末位（最低位）加 1，才是它的二进制值。

③ $[[X]_{补}]_{补}=[X]_{原}$。由此，当已知一个数的补码时，可求得其真值。方法是：当最高位为 0 时，表示为一正数，其真值等于其余各位数值位的值；当最高位为 1 时，表示为一负数，其真值等于其余各位数值位按位取反再在最低位加 1 后的值。

用 8 位二进制数来表示无符号数及带符号数的原码、反码、补码时的对应关系见表 1.5。

表 1.5　8 位二进制数所表示的无符号数及带符号数的原码、反码、补码的对应关系表

8 位二进制数	无符号十进制数	原　码	反　码	补　码
0000 0000	0	+0	+0	+0
0000 0001	1	+1	+1	+1
0000 0010	2	+2	+2	+2
⋮	⋮	⋮	⋮	⋮
0111 1100	124	+124	+124	+124

续表

8位二进制数	无符号十进制数	原码	反码	补码
0111 1101	125	+125	+125	+125
0111 1110	126	+126	+126	+126
0111 1111	127	+127	+127	+127
1000 0000	128	−0	−127	−128
1000 0001	129	−1	−126	−127
1000 0010	130	−2	−125	−126
⋮	⋮	⋮	⋮	⋮
1111 1100	252	−124	−3	−4
1111 1101	253	−125	−2	−3
1111 1110	254	−126	−1	−2
1111 1111	255	−127	−0	−1

由表1.5可知,用8位二进制数表示的无符号整数范围为0~255,原码表示范围为−127~+127,补码表示范围为−128~+127。可以推出,16位二进制数表示的无符号整数范围为0~65535,原码表示范围为−32767~+32767,补码表示范围为−32768~+32767。

5. 补码的运算规则与溢出判断

在计算机中,凡是带符号数一律采用补码形式进行存放和运算,其运算结果也用补码来表示:若最高位为0,表示结果为正;若最高位为1,表示结果为负。

设 X、Y 为两个任意的二进制数,则定点数的补码满足下面的运算规则。

$$[X+Y]_补 = [X]_补 + [Y]_补$$
$$[X-Y]_补 = [X]_补 + [-Y]_补$$

【例1.7】 设机器字长为8位,$X=+18$,$Y=-15$,计算 $[X+Y]_补 = ?$

$[X]_补 = 00010010B$, $[Y]_补 = 11110001B$

$[X]_补 + [Y]_补 = 00010010B + 11110001B = 00000011B$;符号位的进位自动丢失

$[X+Y]_补 = [(+18)+(-15)]_补 = [+3]_补 = 00000011B$

可以得出,$[X+Y]_补 = [X]_补 + [Y]_补$。

【例1.8】 设机器字长为8位,设 $X=-56$,$Y=-17$,计算 $[X-Y]_补 = ?$

$[X]_补 = 11001000B$, $[-Y]_补 = 00010001B$

$[X]_补 + [-Y]_补 = 11001000B + 00010001B = 11011001B$

$[X-Y]_补 = [(-56)-(-17)]_补 = [-39]_补 = [10100111B]_补 = 11011001B$

可以得出,$[X-Y]_补 = [X]_补 + [-Y]_补$。

由此可以看出,计算机中引入了补码后,带来了如下优点。

(1) 运算时,符号位与数值位同等对待,都按二进制数参加运算,符号位产生的进位自动丢失,其结果是正确的,简化了运算规则。

(2) 将减法运算变成了补码加法运算,这大大简化了运算器硬件电路的结构和设计,在微处理器中只需加法的电路就可以实现加、减法运算。

但需要注意:由于微型计算机的字长有一定限制,因此一个带符号数是有一定范围的,如字长为 8 位的二进制数可以表示 $2^8=256$ 个数,当它们是用补码表示的带符号数时,数的范围是 $-128\sim+127$,当运算结果超出这个范围时,便产生了溢出。也就是说,当两个带符号数进行补码运算时,若运算结果的绝对值超出运算装置容量,则数值部分就会发生溢出,占据符号位的位置,导致错误的结果,这种现象通常称为补码溢出,简称溢出。这和正常运算时符号位的进位自动丢失在性质上是不同的。那怎样来判断溢出呢?下面介绍两种补码定点加、减运算判断溢出的方法。

(1) 用一位符号位判断溢出(直接观察)法。对于加法,只有两个同符号的数相加才可能出现溢出;对于减法,只有两个异号的数相减才可能出现溢出。因此,在判断溢出时可以根据参加运算的两个数和结果的符号位进行。两个符号位相同的补码相加,如果和的符号位与被加数的符号位相反,则表明运算结果溢出;两个符号位相反的补码相减,如果差的符号位与被减数的符号位相反,则表明运算结果溢出。这种溢出判断方法不仅需要判断加法运算的结果,而且需要保存参与运算的原操作数。

(2) 双高位法。双高位判别法是微型计算机中常用的溢出判别方法,并常用"异或"电路来实现溢出判别,其运算式为

$$OF = C_S \oplus C_P$$

式中的 $OF=1$ 时,表明结果产生溢出,反之则表示没有溢出。其中,C_S 表示最高位是否出现进位,如果有则 $C_S=1$,否则 $C_S=0$;C_P 表示次高位(数值部分最高位)向符号位是否产生进位,如果有则 $C_P=1$,否则 $C_P=0$;异或的运算规则是相异或的这两位若相同,则结果为 0,若不相同,则结果为 1。

【例 1.9】 分别计算 $[+64]_\text{补}+[+65]_\text{补}=?$ 和 $[-117]_\text{补}+[+121]_\text{补}=?$(设机器字长为 8 位。)

```
    01000000  ……  [+64]补        10001011  ……  [-117]补
 +) 01000001  ……  [+65]补     +) 01111001  ……  [+121]补
    10000001      [-127]补     1 00000100      [+4]补
```

两个正数相加得到负数的结果　　一个负数和一个正数相加,结果不溢出

由以上运算知道,在计算 $[+64]_\text{补}+[+65]_\text{补}$ 时,由于 $OF=C_S \oplus C_P=0 \oplus 1=1$ 产生了溢出,导致运算结果出错;在计算 $[-117]_\text{补}+[+121]_\text{补}$ 时,$OF=C_S \oplus C_P=1 \oplus 1=0$ 没有溢出,运算结果也正确。

显然,只有在同符号数相加或者异符号数相减的情况下,才有可能产生溢出。

在微型计算机自动进行溢出判断时,为了使用户知道带符号数运算的结果是否发生了溢出,专门在标志寄存器中设置了溢出标志位 OF,有关内容将在 2.1.2 节中介绍。

1.3.4 计算机中常用的编码

计算机中的各种信息都是以二进制编码的形式存在的,也就是说,不论是文字、图形、动画、声音、图像还是电影等各种信息,在计算机中都是以 0 和 1 组成的二进制代码

表示的。计算机之所以能区别这些信息的不同,是因为它们采用的编码规则不同。例如,同样是文字,英文字母与汉字的编码规则就不同,英文字母用的是单字节的 ASCII 码,汉字采用的是双字节的汉字内码;图形、图像、声音等的编码就更复杂多样了。这也就告诉我们,信息在计算机中的二进制编码是一个不断发展的高深的跨学科的知识领域。本节讨论计算机中最常用的两种编码:ASCII 码和 BCD 码。

1. ASCII 码

ASCII(American Standard Code for Information-Interchange) 码是美国信息交换标准代码的简称,主要对西文字符进行编码。它用 7 位二进制码表示一个字母或符号,共能表示 $2^7=128$ 个不同的字符,其中包括数字 0~9,26 个大、小写英文字母,运算符,标点及其他的一些控制符号,常用的 7 位 ASCII 码编码见表 1.6。

表 1.6 7 位 ASCII 码编码表

低位 LSB		高位 MSB							
		0	1	2	3	4	5	6	7
		000	001	010	011	100	101	110	111
0	0000	NUL,空操作	DLE,转义	SP,空格	0	@	P	`	p
1	0001	SOH,标题开始	DC1,设备控制 1	!	1	A	Q	a	q
2	0010	STX,正文开始	DC2,设备控制 2	"	2	B	R	b	r
3	0011	ETX,正文结束	DC3,设备控制 3	#	3	C	S	c	s
4	0100	EOT,传输结束	DC4,设备控制 4	$	4	D	T	d	t
5	0101	ENQ,询问	NAK	%	5	E	U	e	u
6	0110	ACK,认可	SYN	&	6	F	V	f	v
7	0111	BEL,响铃	ETB	'	7	G	W	g	w
8	1000	BS,退格	CAN	(	8	H	X	h	x
9	1001	HT,横向列表	EM	)	9	I	Y	i	y
A	1010	LF,换行	SUB	*	:	J	Z	j	z
B	1011	VT,纵向列表	ESC 退出	+	;	K	[	k	{
C	1100	FF,换页	FS	,	<	L	\	l	|
D	1101	CR,回车	GS	—	=	M	]	m	}
E	1110	SO,移出	RS	.	>	N	^	n	~
F	1111	SI,移入	US	/	?	O	_	o	DEL,删除

从表 1.6 中可以看出,ASCII 码具有以下特点。

(1) 每个字符用 7 位二进制代码来表示,其排列次序为行上的 3 位和列上的 4 位,采用十六进制数表示，称为 ASCII 码值。如 41H（01000001B）代表字符"A"，20H（0100000B）代表空格"SP"，39H（0111001B）代表字符"9"。

（2）128 个字符按功能可分为以下两类。

94 个信息码：包括 32 个标点符号、10 个阿拉伯数字、52 个大小写英文字母；这些字符有确定的结构形状，可以在显示器或打印机等输出设备上输出显示；它们在键盘上能找到相应的键，按键后就可以将对应字符的二进制编码送入计算机内。

34 个功能码：表中用英文字母缩写表示的"控制字符"，在计算机系统中起各种控制作用；它们在表中占前两列，加上 SP 和 DEL 共 34 个，在传输、打印或显示输出时起控制作用。

2. BCD 码

计算机中采用的是二进制数，但人们所熟悉的是十进制数，所以在进行数据的输入和输出时习惯采用十进制数，只不过这样的十进制数是用二进制编码来表示的，被称为二进制编码的十进制数——BCD（Binary Code Decimal）码（二-十进制）。

揭开数的面纱

最常用的 BCD 码是 8421-BCD 码，方法是用 4 位二进制数来表示 1 位十进制数的数码 0~9，这 4 位的权从高位到低位依次为 8、4、2、1。表 1.7 所示为十进制数 0~15 与 8421-BCD 码的编码关系。

表 1.7　8421-BCD 码编码表

十 进 制 数	8421-BCD 码	十 进 制 数	8421-BCD 码
0	0000	8	1000
1	0001	9	1001
2	0010	10	00010000
3	0011	11	00010001
4	0100	12	00010010
5	0101	13	00010011
6	0110	14	00010100
7	0111	15	00010101

一般情况下，BCD 码有压缩 BCD 码和非压缩 BCD 码两种表示形式，压缩 BCD 码是用 4 位二进制数表示 1 位十进制数，即 1 字节表示两位十进制数。例如，28 的压缩 BCD 码表示为 00101000；非压缩 BCD 码采用 8 位二进制数来表示 1 位十进制数，即 1 字节表示 1 位十进制数，而且只用每字节的低 4 位来表示 0~9，高 4 位全为 0，如 28 的非压缩 BCD 码表示为 0000001000001000。

注意：BCD 码与二进制数在表示形式上看都是二进制数，但它们的值不同，例如十进制数 51 对应的 BCD 码为 01010001，二进制表示为 110011B。

习题与思考题

1.1 微型计算机系统中的硬件部分就是微型计算机,这种说法对吗?

1.2 微型计算机中的 CPU 由哪些部件组成?各部件的功能是什么?

1.3 请对字和字长加以区分。

1.4 请解释微处理器、微型计算机、微型计算机系统各自的含义,并说明它们之间的关系。

1.5 将下列十进制数分别转换为二进制数和十六进制数。
 128 　 625 　 67.5 　 24.25

1.6 将下列二进制数分别转换为十进制数和十六进制数。
 10110.001 　 11000.0101 　 1100010 　 101110

1.7 写出下列十进制数的原码和补码(采用 8 位二进制数表示)。
 87 　 −58 　 48 　 −100

1.8 写出下列十进制数的压缩 BCD 码表示形式。
 645 　 918 　 125

1.9 按照字符所对应的 ASCII 码表示,写出下列字符或符号所对应的 ASCII 码值。
 'A' 　 'b' 　 '1' 　 CR 　 '$'

1.10 已知 $X=-78, Y=15$,求 $[X+Y]_{补}$。

1.11 已知 $[X]_{补}=80H, [Y]_{补}=6FH$,求 X 和 Y 的真值。

第 2 章

80x86 微处理器

【学习目标】

在微处理器领域,虽然目前高档的现代微型计算机系统占主流,但 Intel 80x86 系列 CPU 在微型计算机的发展过程中具有不可替代的地位,特别是经典的 8086 CPU,其是现代微型计算机的延续与提升,是基础。本章的学习目标:深入理解 8086 CPU 的内部结构、存储器组织、外部基本引脚、工作模式、总线操作和时序,了解多核、超级流水线等 CPU 新技术。

2.1 8086 微处理器

8086 与 8088 的区别

第 1 章中已讲述,微处理器是微型计算机的核心部件,要构成一台微型计算机,需先了解微处理器。微处理器的基本功能主要概括如下。

(1) 能够进行算术运算和逻辑运算。
(2) 能对指令进行译码、寄存并执行指令所规定的操作。
(3) 具有与存储器和 I/O 接口进行数据通信的能力。
(4) 暂存少量数据。
(5) 能够提供这个系统所需的定时和控制信号。
(6) 能够响应 I/O 设备发出的中断请求。

Intel 8086 微处理器是典型的 16 位微处理器,它采用高速运算性能的 HMOS 工艺制造,芯片上集成了 29000 个晶体管,使用单一的 +5V 电源,被封装在标准 40 引脚的双列直插式(DIP)管壳内,时钟频率为 5~10MHz,内、外部数据总线均为 16 条,地址总线 20 条,可寻址的存储空间为 $2^{20}=1MB$,用其中的 16 条地址总线,可以访问 $2^{16}=64KB$ 的 I/O 端口。

8086 CPU 在内部采用了并行流水线结构,可以提高 CPU 的利用率和处理速度。

8086 CPU 被设计为支持多处理器系统,因此能方便地与数值协处理器 8087 或其他协处理器相连,构成多处理器系统,从而提高系统的数据处理能力。8086 CPU 还提供了一套完整的功能强大的指令系统,能对多种类型的数据进行处理,使程序设计方便、灵活。

2.1.1　8086 CPU 的内部结构

从功能角度看,8086 CPU 的内部结构可分为两大部分,分别为总线接口部件(Bus Interface Unit,BIU)和执行部件(Execution Unit,EU),如图 2.1 所示。这两大部件通过内部总线连接,它们既可以协同工作,又可以独立工作。

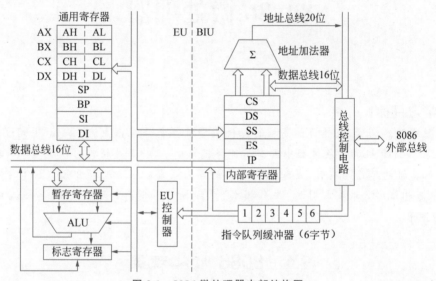

图 2.1　8086 微处理器内部结构图

1. BIU

总线接口部件 BIU 是 CPU 与存储器及 I/O 的接口,负责与存储器和外设之间的信息传送。具体为:当执行指令时,BIU 负责从内存的指定区域取出指令并送到指令队列排队;执行指令时如果所需要的操作数在内存或外设,由 BIU 从指定的内存单元或 I/O 端口中读取数据;指令执行的结果如需放在内存或外设,也由 BIU 将操作结果送到指定的内存单元或 I/O 端口。BIU 的各组成部分介绍如下。

1) 20 位地址加法器

20 位地址加法器用于将逻辑地址变换成存储器所需的 20 位物理地址,即完成地址加法操作。前已述及,8086 CPU 用 20 位地址总线寻址 1MB 的内存空间,但 8086 CPU 内部的所有寄存器都是 16 位的,无法保存和传送每个存储单元的 20 位地址信息,所以,8086 采用了分段结构。将 1MB 的内存空间划分为若干逻辑段,在每个逻辑段中使用 16 位段地址和 16 位偏移地址进行寻址,用段寄存器存放各段的段地址,通过地址加法器将 16 位的段地址和 16 位的偏移地址进行 20 位物理地址的合成,合成方法是将段寄存器的内容乘以 16(相当于左移二进制数的 4 位)后加上 16 位偏移地址,这就是 BIU 中地址加法器所完成的功能。

这里提到的段寄存器是代码段寄存器 CS、数据段寄存器 DS、附加段寄存器 ES 和堆栈段寄存器 SS,它们分别用于存放当前的代码段、数据段、附加段和堆栈段的段地址。

IP 是一个 16 位的指令指针寄存器,在后面介绍寄存器部分内容时还要介绍到,它用于存放下一条要执行指令的有效地址 EA(即偏移地址),IP 的内容由 BIU 自动修改。

2) 指令队列缓冲器

指令队列缓冲器是一个具有 6 字节的"先进先出"的 RAM 存储器,用来按顺序存放 CPU 要执行的指令代码,并送入 EU 中去执行。EU 总是从指令队列的输出端取指令,每当指令队列中存满一条指令后,EU 就立即开始执行。当指令队列中前两个指令字节被 EU 取走后,BIU 就自动执行总线操作,读出指令并填入指令队列中。当程序发生跳转时,BIU 则立即清除原来指令队列中的内容并重新开始读取指令代码。

3) 总线控制电路

总线控制电路用于产生并发出总线控制信号,以实现对存储器或 I/O 端口的读/写控制。它将 CPU 的内部总线与 16 位的外部总线相连,是 CPU 与外部进行读/写操作必不可少的路径。

2. EU

执行部件 EU 负责指令的译码和执行,如图 2.1 所示虚线左边的部分。它不断地从 BIU 的指令队列中取出指令、分析指令并执行指令,在执行指令的过程中所需要的数据和执行的结果,也都由 EU 向 BIU 发出请求,再由 BIU 对存储器或外设进行存取操作来完成。EU 主要包括以下几部分。

1) 算术逻辑单元 ALU

ALU 是一个 16 位的算术逻辑运算部件,用来对 16 位或 8 位的二进制操作数进行算术和逻辑运算,也可以按指令的寻址方式计算出 CPU 要访问的存储单元的 16 位偏移地址。在运算时,数据先传送至 16 位的暂存寄存器中,经 ALU 处理后,运算结果可以通过内部总线送入通用寄存器中或者是由 BIU 存入存储器中。

2) 暂存寄存器

暂存寄存器是一个 16 位的寄存器,它的主要功能是暂时保存数据,并向 ALU 提供参与运算的操作数。

3) 标志寄存器

标志寄存器是一个 16 位的寄存器(详见 2.1.2 节),用来反映 CPU 最近一次运算结果的状态特征或存放控制标志,8086 CPU 只用了其中的 9 位。

4) 通用寄存器

通用寄存器包括 4 个数据通用寄存器(AX、BX、CX、DX)、两个地址指针寄存器(BP、SP)和两个变址寄存器(SI、DI)。

5) EU 控制器

EU 控制器接收从 BIU 指令队列中取来的指令代码,经过分析、译码后形成各种实时控制信号,向 EU 内各功能部件发送相应的控制命令,以完成每条指令所规定的操作。

8086 CPU 的内部结构与指令流水操作动画演示

3. BIU 和 EU 的流水线管理

BIU 和 EU 的工作不同步,但两者的流水线管理是有原则的。BIU 负责从内存取指令,并送到指令队列供 EU 执行,BIU 必须保证指令队列始终有指令可供执行,指令队列允许预取指令代码,当指令队列有 2 字节的空余时,BIU 将自动取指令到指令队列;EU 直接从 BIU 的指令队列中取指令执行,由于指令队列中至少有 1 字节的指令,因此 EU 就不必因取指令而等待了。

在 EU 执行指令的过程中需要取操作数或存放结果时,EU 先向 BIU 发出请求,并提供操作数的有效地址,BIU 将根据 EU 的请求和提供的有效地址,形成 20 位的物理地址并执行一个总线周期去访问存储器或 I/O 端口,从指定存储单元或 I/O 端口取出操作数送交 EU 使用或将结果存入指定的存储单元或 I/O 端口。如果 BIU 已经准备好取指令但同时又收到 EU 的申请,则 BIU 先完成取指令的操作;然后进行操作数的读/写操作。

当 EU 执行转移、调用或返回指令时,BIU 先自动清除指令队列,再按 EU 提供的新地址取指令。BIU 新取得的第一条指令将直接送到 EU 中去执行;然后,BIU 将随后取得的指令重新填入指令队列。

从以上介绍可知,8086 CPU 中的 BIU 和 EU 两部分是按流水线方式并行工作的,即在 EU 执行指令的过程中,BIU 可以取出多条指令,放进指令队列中排队;EU 仅从 BIU 中的指令队列中不断地取指令并执行指令。这种两级指令流水线结构,既减少了 CPU 为取指令而必须等待的时间,提高了 CPU 的利用率,加快了整机的运行速度,也降低了对内存存取速度的要求,这成为 8086 CPU 的突出优点,它的执行过程如图 2.2(a)所示。这与早期的微处理器 8085 是不同的,8085 CPU 中指令的读取和执行是串行进行的,取指期间,CPU 必须等待,如图 2.2(b)所示。

取指令1	执行指令1				取指令1	执行指令1	取指令2	执行指令2…
	取指令2	执行指令2						
		取指令3	执行指令3					
			…					

(a) 8086 指令执行过程　　　　　　　　　(b) 8085 指令执行过程

图 2.2　8086 CPU 与 8085 CPU 的指令执行过程对比

2.1.2　8086 CPU 的寄存器结构

为了提高 CPU 的运算速度,减少访问存储器的存取操作,8086 CPU 内置了相应寄存器,用来暂存参加运算的操作数及运算的中间结果。指令通过寄存器实现对操作数的操作比通过存储器操作要快得多,因此在编程时,合理利用寄存器能提高程序的运行效率。8086 CPU 内部提供有共 14 个 16 位的寄存器,其结构如图 2.3 所示。

1. 通用寄存器

通用寄存器分为数据通用寄存器和地址指针与变址寄存器两组。

1) 数据通用寄存器

数据通用寄存器包括 AX、BX、CX 和 DX 共 4 个 16 位寄存器,它们既可以作为 16 位寄存器使用,也可以将每个寄存器分开作为两个独立的 8 位寄存器使用,即高 8 位寄存器 AH、BH、CH、DH 和低 8 位寄存器 AL、BL、CL、DL。这些寄存器既可以用作存放算

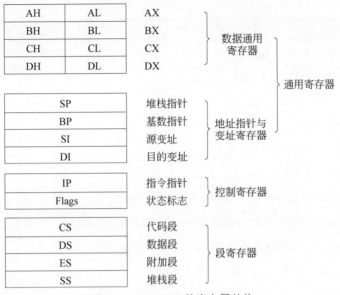

图 2.3　8086 CPU 的寄存器结构

术、逻辑运算的源操作数,向 ALU 提供参与运算的原始数据,也可以用作存放目的操作数,保存运算的中间结果或最后结果。

2) 地址指针与变址寄存器

地址指针寄存器 SP、BP 与变址寄存器 SI、DI 主要用来存放或指示操作数的偏移地址。其中,SP 中存放的是当前堆栈段中栈顶的偏移地址,在进行堆栈操作时,SP 的值随着栈顶的变化而自动改变,但始终指向栈顶位置;BP 是访问堆栈时的基址寄存器,存放的是堆栈中某一存储单元的偏移地址,使用 BP 是为了访问堆栈区内任意位置的存储单元。

变址寄存器 SI 和 DI 用来存放当前数据所在段的存储单元的偏移地址,SI 和 DI 除作为一般的变址寄存器外,在串操作指令中 SI 规定用作存放源操作数(即源串)的偏移地址,故称为源变址寄存器;DI 规定用作存放目的操作数(即目的串)的偏移地址,故称为目的变址寄存器。

以上 8 个 16 位通用寄存器在一般情况下都具有通用性,但为了缩短指令代码的长度,对某些通用寄存器又规定了专门的用途。例如,在字符串处理指令和循环指令中,约定必须用 CX 作为计数器存放串的长度,这样可以简化指令书写形式,这种使用方法称为"隐含寻址"。表 2.1 所列的是 8086 CPU 中通用寄存器的特殊用途和隐含性质。

表 2.1　8086 CPU 中通用寄存器的特殊用途和隐含性质

寄存器名	特 殊 用 途	隐含性质
AX,AL	在输入/输出(IN/OUT)指令中作数据寄存器用	不能隐含
	在乘法指令中存放被乘数或乘积,在除法指令中存放被除数或商	隐含

续表

寄存器名	特 殊 用 途	隐含性质
AH	在 LAHF 指令中，作目的寄存器用	隐含
	在十进制运算指令中，作累加器用	隐含
AL	在 XLAT 指令中，作累加器用	隐含
BX	在寄存器间接寻址中，作基址寄存器用	不能隐含
	在 XLAT 中，作基址寄存器用	隐含
CX	在串操作指令和 LOOP 指令中，作计数器用	隐含
CL	在移位/循环移位指令中，作移位次数计数器用	不能隐含
DX	在字乘法/除法指令中，存放乘积的高一半或者是被除数的高一半或余数	隐含
	在间接寻址的输入/输出(IN/OUT)指令中，作端口地址用	不能隐含
SI	在字符串运算指令中，作源变址寄存器用	隐含
	在寄存器间接寻址中，作变址寄存器用	不能隐含
DI	在字符串运算指令中，作目的变址寄存器用	隐含
	在寄存器间接寻址中，作变址寄存器用	不能隐含
BP	在寄存器间接寻址中，作基址指针用	不能隐含
SP	在堆栈操作中，作堆栈指针用	隐含

堆栈及其
操作动画
演示

说明：堆栈是内存中一个按照"先进后出"的原则进行数据操作的特殊区域。8086 中的堆栈是 1MB 存储器中的一个逻辑段，称为堆栈段，容量最大不能超过 64KB，其位置可以在 1MB 空间内浮动。堆栈的段地址存放在段寄存器 SS 中，栈顶地址存放在 SP 中，即 SP 始终指向最后压入堆栈的数据所在的单元。8086 CPU 堆栈操作必须以字为单位进行，把数据推入堆栈称为"压入"操作，从堆栈中取数据称为"弹出"操作，对应这两个操作提供的相应指令为 PUSH 和 POP，详见 3.3.1 节。

2. 控制寄存器

控制寄存器有指令指针寄存器 IP 和标志寄存器 Flags 两个。

1) IP

IP 用于存放代码段中的偏移地址，在程序运行过程中，它始终指向下一条要执行的指令的首地址。IP 实际上控制指令流的执行流程，是一个十分重要的控制寄存器，它的内容由 BIU 自动修改，用户不能通过指令预置或直接修改，但有些指令的执行可以修改它的内容，例如在遇到中断指令 INT 或子程序调用指令 CALL 时，IP 中的内容将被自动修改。

2) Flags

Flags 用于保存在一条指令执行之后，CPU 所处状态的信息及运算结果的特征，该寄存器又称为程序状态字(Program Status Word,PSW)。8086 CPU 设置的是一个 16 位标志寄存器，但实际上只使用了其中的 9 位。这 9 位标志位又分为状态标志位和控制标志位两类，图 2.4 所示为 8086 CPU 标志寄存器中各位的定义。

D_{15}	D_{14}	D_{13}	D_{12}	D_{11}	D_{10}	D_9	D_8	D_7	D_6	D_5	D_4	D_3	D_2	D_1	D_0
				OF	DF	IF	TF	SF	ZF		AF		PF		CF

图 2.4　8086 CPU 标志寄存器中各位的定义

（1）状态标志位。

状态标志位用来记录刚刚执行完算术运算、逻辑运算等指令后的状态特征，共有 6 个。

CF：进位标志位，主要用来反映运算结果是否产生进位或借位，如果运算结果的最高位向前产生了一个进位（加法）或借位（减法），则其值为 1，否则其值为 0。使用该标志位的情况有：多字（字节）数的加、减运算，无符号数的大小比较，移位操作，专门改变 CF 值的指令等。

PF：奇偶标志位，用于反映运算结果中低 8 位含有"1"的个数的奇偶性，如果"1"的个数为偶数，则 PF 的值为 1，否则为 0。利用 PF 可进行奇偶校验检查，或产生奇偶校验位。

AF：辅助进位标志位，表示加法或减法运算结果中 D_3 位向 D_4 位产生进位或借位的情况，有进位（借位）时 AF 的值为 1；无进位（借位）时 AF 的值为 0。该标志用于 BCD 运算中判别是否需要进行十进制调整。

ZF：零标志位，用来反映运算结果是否为 0，如果运算结果为 0，则其值为 1，否则其值为 0。

SF：符号标志位，用来反映运算结果的符号位，它与运算结果的最高位相同。前已述及，带符号数采用补码表示法，所以，SF 也就反映了运算结果的正负号，当运算结果为负数时，SF 的值为 1，否则其值为 0。

OF：溢出标志位，用于反映带符号数运算所得结果是否溢出，如果运算结果超过当前运算位数所能表示的范围，则称为溢出，OF 的值被置为 1，否则，OF 的值被清零。具体来说，就是当带符号数字节运算的结果超出了 -128～+127 范围，或者字运算时的结果超出了 -32768～+32767 范围，就产生溢出。

说明：

① "溢出"和"进位"是两个不同含义的概念，不要混淆。

② 对于以上 6 个状态标志位，一般编程中，CF、ZF、SF 和 OF 的使用频率较高，PF 和 AF 的使用频率相对较低。

区分进位位与溢出位

（2）控制标志位。

控制标志位有三个，是用来控制 CPU 的工作方式或工作状态的标志，它们的值的改变需要通过专门的指令来实现。

IF：中断允许标志位，用来决定 CPU 是否响应 CPU 外部的可屏蔽中断发出的中断请求。当 IF 的值为 1 时，CPU 响应；当 IF 的值为 0 时，CPU 不响应。8086 指令系统中提供专门改变 IF 值的指令。

DF：方向标志位，用来控制串操作指令中地址指针的变化方向。在串操作指令中，当 DF 的值为 0 时，地址指针为自动增量，即由低地址向高地址变化；当 DF 的值为 1 时，地址指针自动减量，即由高地址向低地址变化。指令系统中提供专门改变 DF 值的指令。

TF：追踪标志位（单步标志），当 TF 被置为 1 时，CPU 进入单步执行方式，即每执行一条指令，产生一个单步中断请求。

单步执行方式主要用于程序的调试，指令系统中没有提供专门的指令来改变 TF 的值，但用户可以通过编程办法来改变其值。

说明：

① 有些指令的执行会改变标志位（如算术运算指令等），不同的指令会影响不同的标志位；有些指令的执行不改变任何标志位（如 MOV 指令等）；有些指令的执行会受标志位的影响（如条件转移指令等）；也有些指令的执行不受标志位的影响。

② 要达到熟练运用这些标志位，须掌握每个标志位的含义、每条指令的执行条件和执行结果对标志位的影响。

【例 2.1】 试分析，将两个数据 5439H 与 456AH 相加后，对 6 个状态标志位的影响。

分析：将以上两个十六进制数展开为相应的二进制数，相加过程为

$$
\begin{array}{r}
0101\ 0100\ 0011\ 1001 \\
+\ 0100\ 0101\ 0110\ 1010 \\
\hline
1001\ 1001\ 1010\ 0011
\end{array}
$$

根据以上相加结果，对 6 个状态标志位的影响如下。

① 最高位没有产生进位，故 CF=0。

② 结果的低 8 位中含有 4 个 1，故 PF=1。

③ D_3 位向 D_4 位产生了进位，故 AF=1。

④ 结果非 0，故 ZF=0。

⑤ 结果的最高位（符号）为 1，故 SF=1。

⑥ 运算结果有溢出，OF=1。次高位向最高位产生了进位，最高位没有向前产生进位，说明产生了溢出，更直接的判断是，两个正数相加，得到的结果为负数。

3. 段寄存器

8086 CPU 中的 4 个 16 位段寄存器 CS、DS、SS 和 ES 用来存放各段的段地址。当用户用指令设定了它们的初值后，实际上就已经确定了一个 64KB 的存储区段。其中，代码段寄存器 CS 用来存放当前使用的代码段的段地址，用户编制的程序必须存放在代码段中，CPU 将会依次从代码段取出指令代码并执行；数据段寄存器 DS 用来存放当前使用的数据段的段地址，程序运行所需的原始数据以及运算的结果应存放在数据段中；附加段寄存器 ES 用来存放当前使用的附加段的段地址，附加段通常也用来存放数据，但在专为处理数据串设计的串操作指令中必须使用附加段作为其目的操作数的存放区域；堆栈段寄存器 SS 用来存放当前使用的堆栈段的段地址，所有堆栈操作的数据均保存在这个段中。

2.2 8086 CPU 的存储器组织及 I/O 结构

2.2.1 存储单元的地址和内容

CPU 对内存的访问是通过地址总线进行的,所有地址总线的每种二进制组态对应一个存储单元,可作为该存储单元的实际地址。1 条地址线可形成 $2^1=2$ 个存储单元,用无符号二进制数表示所形成的存储单元的地址分别为 0B、1B;3 条地址线可形成 $2^3=8$ 个存储单元,每个存储单元对应的地址从小到大排列分别为 000B,001B,…,110B,111B;8086 CPU 有 20 条地址线,显然共可以形成 $2^{20}=1M$ 个存储单元,如果用十六进制数表示这些存储单元所对应的地址,从小到大范围为 00000H～FFFFFH。这些实际地址就是存储单元的物理地址,图 2.5 所示为物理地址的顺序排列示意。从图中也可以看出,每一个存储单元都有唯一的一个物理地址,若用无符号十六进制数来表示,最低地址为 00000H,顺序依次加 1,则最高地址为 FFFFFH。

存储单元中存储的信息称为该存储单元的内容。8086 CPU 以字节为单位对存储单元进行编址,所以,每个存储单元中只能存放一个 8 位的二进制数据(1 字节),两个相邻的存储单元之间相隔的是 1 字节。例如在图 2.5 中,物理地址为 00003H 存储单元的内容为 3AH,可表示为(00003H)=3AH。一个字或者双字数据在内存中怎样存放呢?一个字在内存中要占相邻的两个存储单元,低字节存放在低地址中,高字节存放在高地址中,访问时以低地址作为该字的首地址,从内存示意图中看是"倒置"存放的,如在图 2.5 中,物理地址为 00003H 的字单元内容为 563AH。同样,一个双字在内存中要占相邻的 4 个存储单元,仍然遵从低字节往低地址存放,高字节往高地址存放的规则。所以在图 2.5 中,物理地址为 00003H 的双字内容为 00FF563AH。

内存储器	A_{19}	A_{18}	A_{17}	A_{16}	A_{15}	A_{14}	A_{13}	A_{12}	A_{11}	A_{10}	A_9	A_8	A_7	A_6	A_5	A_4	A_3	A_2	A_1	A_0	十六进制地址
	0	0	0	0	0	0	0	0	0	0	0	0	0	0	0	0	0	0	0	0	00000H
⋮	0	0	0	0	0	0	0	0	0	0	0	0	0	0	0	0	0	0	0	1	00001H
	0	0	0	0	0	0	0	0	0	0	0	0	0	0	0	0	0	0	1	0	00002H
3AH	0	0	0	0	0	0	0	0	0	0	0	0	0	0	0	0	0	0	1	1	00003H
56H																					
FFH										⋯											⋮
00H																					
	1	1	1	1	1	1	1	1	1	1	1	1	1	1	1	1	1	1	0	1	FFFFDH
⋮	1	1	1	1	1	1	1	1	1	1	1	1	1	1	1	1	1	1	1	0	FFFFEH
	1	1	1	1	1	1	1	1	1	1	1	1	1	1	1	1	1	1	1	1	FFFFFH

图 2.5 物理地址顺序排列示意

2.2.2 存储器的分段与物理地址的形成

1. 存储器的分段

8086 CPU 可直接访问的物理地址空间为 1MB,而 CPU 内部寄存器都为 16 位,8086

指令中给出的地址码也只有16位,这样,它们就只能访问到内存最低端的64KB空间,其他的空间将无法访问到。所以,为了能用16位寄存器访问整个1MB的存储空间,8086 CPU采用了内存分段的管理模式,即将1MB的内存空间划分为若干逻辑段(简称为段)。每个段要求:①段的起始地址必须是16的倍数,即最低4位二进制必须全为0;②最大容量为64KB。按照这样的规定,段与段之间就可以是连续的、分开的、部分重叠或完全重叠的;1MB内存空间最多可分成65536个相互重叠的段,至少分成16个相互不重叠的段。图2.6所示为内存储器各逻辑段之间的分布示意,其中有相连接的段(如C段和D段)、有间隔分开的段(如A段和B段)以及相互重叠的段(如B段和C段)。

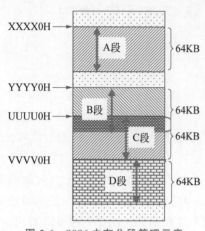

图2.6 8086内存分段管理示意

说明:存储器分段的内存管理模式不仅实现了可以用两个16位寄存器来访问1MB的内存空间,而且允许程序在存储器内重定位(浮动)。重定位就是把程序的逻辑地址空间变换成内存中的实际物理地址空间的过程,也就是说在装入时对目标程序中指令和数据的修改过程。

2. 逻辑地址与物理地址的形成

存储器采用分段结构以后,对内存中操作数的访问就可以使用两种地址,即逻辑地址和物理地址。什么是逻辑地址呢?这里涉及段地址和偏移地址两个概念。段地址是指逻辑段在1MB内存中的起始地址,只是利用了其值的最低4位二进制固定为0的特性,将这4位暂时舍去,而仅保存其前16位并存放在16位的段寄存器中;偏移地址是指某存储单元与本段段地址之间的距离,也叫偏移量。由于限定每段不超过64KB,因此偏移地址值最大不超过FFFFH。在后面讲到的存储器寻址中,偏移地址可以通过多种方法形成,在编程中也常被称作"有效地址"(EA)。

由此可见,存储单元的逻辑地址是一个相对的概念,对于任一个内存单元,它所处的逻辑段不同,就有不同的逻辑地址,由段地址和偏移地址两部分组成,表示形式为"段地址:偏移地址"。段地址和偏移地址的表示都是无符号的16位二进制数,一般用4位十六进制数。逻辑地址是用户在程序中采用的地址,物理地址是存储单元的实际地址,是CPU和内存储器进行数据交换时所使用的地址。对于任何一个存储单元来说,可以唯一地被包含在一个逻辑段中,也可以被包含在多个相互重叠的逻辑段中,也就是说,同一个物理地址可以对应多个逻辑地址,只要能得到它所在段的段地址和段内偏移地址,就可以对它进行访问。访问时,只需将逻辑地址转换为对应的物理地址即可。转换方法为

物理地址=段地址×16+偏移地址

其中,段地址×16的操作常常通过将16位段寄存器的内容(二进制形式)左移4位,末位补4个0来实现(这也就是前面讲到的将暂时舍去的4个0补回来)。这里读者只知道转

换的方法即可，具体的转换是由 BIU 中的 20 位地址加法器自动完成的，如图 2.7 所示。

【例 2.2】 根据已知条件求物理地址。

(1) 当 DS=5A00H，偏移地址=2245H 时；

(2) 当 DS=4C82H，偏移地址=FA25H 时。

根据物理地址的计算公式，可得

(1) 的物理地址 = DS×16＋偏移地址
　　　　　　　= 5A00H×16＋2245H
　　　　　　　= 5C245H

(2) 的物理地址 = DS×16＋偏移地址
　　　　　　　= 4C82H×16＋FA25H
　　　　　　　= 5C245H

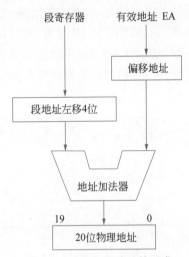

图 2.7 8086 物理地址的形成

从此例也可以看出：题(1)和(2)中给定的段地址和偏移地址各不相同，而计算所得的物理地址却是一样的，均为 5C245H。这说明，对于内存储器中的任意一个存储单元来说，物理地址是唯一的，而逻辑地址可以有多个，不同的段地址和相应的偏移地址可以形成同一个物理地址。

【例 2.3】 已知数据段寄存器 DS=2100H，试确定该存储区段物理地址的范围。

首先需要确定该数据区段中第一个存储单元和最后一个存储单元的 16 位偏移地址。因为一个逻辑段的最大容量为 64KB，所以第一个存储单元的偏移地址为 0000H，最后一个存储单元的偏移地址为 FFFFH，该数据区段由低至高相应存储单元的偏移地址为 0000H～FFFFH。按照公式计算：

存储区的首地址 = DS×16＋偏移地址首地址
　　　　　　　= 2100H×16＋0000H＝21000H

存储区的末地址 = DS×16＋偏移地址末地址
　　　　　　　= 2100H×16＋FFFFH＝30FFFH

从而得出该数据存储区段的物理地址范围是 21000H～30FFFH，如图 2.8 所示。

3. 段寄存器的引用

在存储器中，信息按特征可分为程序代码、数据和堆栈等，所以，8086 的 1MB 内存空间采取分段管理后，相应地逻辑段也可被定义为程序代码段、数据段、堆栈段来使用，每个段的段地址存放在段寄存器中。其中，CS 存放代码段的段地址，DS 存放数据段的段地址，SS 存放堆栈段的段地址，ES 存放附加段的段地址。从前面已知，程序设计中涉及内存中的数据时所采

段地址:偏移地址	内存储器	物理地址
2100H:0000H		21000H
2100H:0001H		21001H
2100H:0002H		21002H
2100H:0003H		21003H
⋮	⋮	⋮
2100H:FFFCH		30FFCH
2100H:FFFDH		30FFDH
2100H:FFFEH		30FFEH
2100H:FFFFH		30FFFH

图 2.8 数据段地址范围示意

用的是逻辑地址,在指令中直接表示的只是逻辑地址的偏移地址部分,偏移地址可由寄存器 BX、BP、SI 和 DI 给出,也可用符号地址或具体的数值给出(详见 3.2 节的寻址方式部分),段地址部分则由系统自动按约定"默认"一段寄存器引用。这个基本约定以及是否允许再重新选择其他段寄存器的情况见表 2.2。

表 2.2 8086 对段寄存器的引用关系

序号	访问存储器类型		默认段寄存器	可重设的段寄存器	偏移地址来源
1	取指令		CS	无	IP
2	堆栈操作		SS	无	SP
3	一般数据存取		DS	CS、ES、SS	有效地址
4	串操作	源操作数	DS	CS、ES、SS	SI
5		目的操作数	ES	无	DI
6	BP 用作基址寻址		SS	CS、DS、ES	有效地址

从表 2.2 可知,在访问存储器中的操作数时,段地址由"默认"的段寄存器提供,有些操作只能使用默认的段寄存器(见表中序号为 1、2、5 的)。例如在存储器中进行取指令操作时,段地址一定是由代码段寄存器 CS 提供,偏移地址从指令指针 IP 中获得,它们合在一起可在该代码段内取到下次要执行的指令;对字符串的目的操作数操作时,段地址一定是由附加段寄存器 ES 提供,偏移地址从变址寄存器 DI 中获得。但也有一些操作是可以通过"段超越"形式来指定为其他段寄存器(见表中序号 3、4、6 的)。例如对一般通用数据的存取,约定由 DS 给出段地址,但也可以通过在指令中显式地"指定"使用 CS、ES 或 SS 段寄存器,指令形式为 MOV AX,ES:[2000H],这种指定就是在内存的操作数前增加一个"段前缀"(具体一段寄存器名后面跟上冒号),这就是"可重设的段寄存器"的作用。这样带来的好处就是可以很灵活地对内存访问不同的段。对于表 2.2 中的引用关系,随着后续内容的学习,读者将会对它们有更进一步的理解。

2.2.3 8086 CPU 的 I/O 结构

在 8086 微型计算机系统中,配置了一定数量的 I/O 设备,而这些设备须通过 I/O 接口芯片来与 CPU 相连接,每个接口芯片都有一个或几个 I/O 端口,像内存储器一样,每个 I/O 端口都有一个唯一的端口地址,以供 CPU 访问。

8086 CPU 用地址总线的低 16 位 $A_{15} \sim A_0$ 来寻址端口地址,因此供可以访问的 I/O 端口地址共有 $2^{16} = 64K$ 个,其地址范围为 0000H~FFFFH,但实际上只使用了 $A_9 \sim A_0$ 共 10 条地址线作为 I/O 端口的寻址线,故最多可寻址 1024 个端口地址,地址范围为 0000H~03FFH。

对端口的寻址有直接寻址和间接寻址两种寻址方式。直接寻址只能用于地址在 00H~FFH 范围内的端口寻址;间接寻址适用于地址在 0000H~03FFH 范围内的端口寻址,输入/输出具体指令的讲解详见7.2.2节。

2.3 8086微处理器的外部引脚及工作模式

微处理器的外部特性表现在它的引脚上,即通过引脚连接发挥其在微型计算机系统中的核心控制作用。这里在具体介绍8086 CPU的引脚信号之前,先对它的工作模式及引脚做一总体上的了解。

8086 CPU可以工作在最小和最大两种不同的工作模式下。最小模式,是指在系统中只有一个8086微处理器的情况,所有的总线控制信号都直接由8086 CPU产生,因此,系统中的总线控制电路被减到最少;最大模式是相对最小模式而言的,在最大模式系统中,总是包含两个或两个以上微处理器,其中一个主处理器就是8086,其他的处理器称为协处理器,它们是协助主处理器工作的,如数学运算协处理器8087,输入/输出协处理器8089。8086 CPU工作在哪种模式下,完全由硬件决定。当CPU处于不同工作模式时,其部分引脚的功能是不同的。

在学习任何一个芯片引脚时,都需关注以下几方面。

(1) 引脚功能。引脚功能即引脚所起的作用,从引脚名称上大致可以反映出来,是记忆的基础。需要注意的是,有的引脚功能单一,有的引脚配合不同的用法有不同的功能,有的引脚在不同的时间段里有着不同的功能,还有的引脚可以通过初始化编程来设计它的功能和属性。

(2) 引脚的流向。引脚的流向指引脚的方向是从芯片本身流向外部(输出)还是从外部流入芯片(输入),抑或是双向。例如,CPU的地址线是输出的,通过输出地址可以对存储器或外设寻址;数据线是双向的,CPU通过数据线可以将数据输出到存储器或外设,也可以读取存储器或外设的数据;CPU的部分控制线是输出的,部分控制线是输入的。

(3) 有效方式。有效方式指引脚发挥作用时的特征。总的来说,引脚有两种有效方式:一种是电平有效(高电平和低电平),另一种是边沿有效(上升沿有效和下降沿有效,主要针对输入)。为了能直观地表示,低电平有效的引脚通常在引脚名上加一条小横线。

(4) 三态能力。三态能力主要针对输出方向的引脚,共有高电平、低电平和高阻三种状态。当输出为高阻态时,表示芯片实际上已放弃了对该引脚的控制,使之"悬空",这样它所连接的设备就可以接管对该引脚及所连导线的控制。

2.3.1 8086 CPU的具体引脚及其功能

8086 CPU引脚如图2.9所示,为了解决引脚功能多与引脚数少的矛盾,8086 CPU采用了引脚复用技术,使部分引脚具有双重功能。这些双功能引脚的功能转换分为两种情况:一种是采用分时复用的地址/数据总线,另一种是根据不同的工作模式定义不同的引脚功能。下面分三种情况介绍。

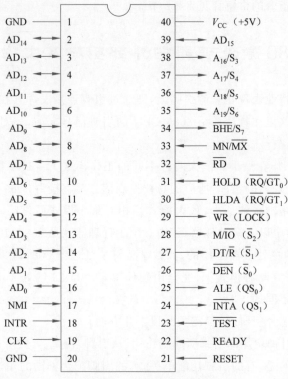

图 2.9 8086 CPU 引脚

1. 两种工作模式下具有相同功能的引脚

1) $AD_{15} \sim AD_0$ 地址/数据总线(输入/输出,三态,双向)

这是一组采用分时的方法传送地址或数据的复用引脚,在总线周期的 T_1 状态,用来输出访问存储器或 I/O 端口的 16 位地址;在 T_2 状态,如果是读周期则处于浮空(高阻)状态,如果是写周期则为传送数据。在 CPU 响应中断及系统总线处于"保持响应"时,$AD_{15} \sim AD_0$ 为高阻状态。

2) $A_{19}/S_6 \sim A_{16}/S_3$ 地址/状态线(输出,三态)

这是采用分时的方法传送地址或状态的复用引脚,其中,$A_{19} \sim A_{16}$ 为 20 位地址总线的高 4 位地址,$S_6 \sim S_3$ 是状态信号。S_6 表示 CPU 与总线连接的情况,其值总为 0,表示 8086 CPU 当前与总线相连;S_5 指示当前中断允许标志 IF 的状态,如果 IF 为 1,则 S_5 为 1,表示当前允许可屏蔽中断,如果 IF 为 0,则 S_5 为 0,表示当前禁止一切可屏蔽中断;S_4 和 S_3 的代码组合表示当前正在使用的段寄存器,具体规定见表 2.3。

表 2.3 S_4 和 S_3 的代码组合及对应段寄存器情况表

S_4	S_3	当前正在使用的段寄存器
0	0	附加段寄存器 ES
0	1	堆栈段寄存器 SS

续表

S_4	S_3	当前正在使用的段寄存器
1	0	对存储器寻址时使用代码段寄存器 CS，对 I/O 或中断向量寻址时未使用任何段寄存器
1	1	数据段寄存器 DS

3) $\overline{BHE}/S_7$ 允许总线高 8 位数据传送/状态线（输出，三态）

这是一个复用引脚信号，$\overline{BHE}$ 为总线高 8 位数据允许信号，当其为低电平有效时，表明在高 8 位数据总线 $D_{15} \sim D_8$ 上传送 1 字节的数据；S_7 为设备的状态信号，在 8086 芯片设计中没有赋予 S_7 实际意义。

4) $\overline{RD}$ 读信号（输出，三态）

当 $\overline{RD}$ 为低电平有效时，表示 CPU 正在对存储器或 I/O 端口进行读操作，具体是对存储器读还是对 I/O 端口读，取决于 M/$\overline{IO}$ 信号。M/$\overline{IO}$ 为低电平表示对 I/O 端口读，M/$\overline{IO}$ 为高电平表示对存储器读。

5) READY 准备就绪信号（输入，高电平有效）

READY 引脚用来实现 CPU 与存储器或 I/O 端口之间的时序匹配。当 READY 为高电平时，表示 CPU 要访问的存储器或 I/O 端口已经做好了输入或输出数据的准备工作，CPU 可以进行读/写操作；当 READY 为低电平时，则表示存储器或 I/O 端口还未准备就绪，CPU 需要插入若干"T_W 状态"进行等待（有关 T_W 状态详见 P46）。

6) INTR 可屏蔽中断请求信号（输入，高电平有效）

8086 CPU 在每条指令执行到最后一个时钟周期时，都要检测 INTR 引脚。当 INTR 为高电平时，表明有外部设备向 CPU 申请中断，此时，若 IF 为 1，则 CPU 会停止当前的操作，而转去响应外部设备所提出的中断请求。

7) $\overline{TEST}$ 等待测试控制信号（输入，低电平有效）

$\overline{TEST}$ 与等待指令 WAIT 配合使用，当 CPU 执行 WAIT 指令时，CPU 处于空转等待状态，每 5 个时钟周期检测一次 $\overline{TEST}$ 引脚。当测得 $\overline{TEST}$ 为高电平时，则 CPU 继续处于空转等待状态；当 $\overline{TEST}$ 变为低电平后，就会退出等待状态，继续执行下一条指令。$\overline{TEST}$ 信号用于多处理器系统中，实现 8086 主处理器与协处理器（8087 或 8089）间的同步协调功能。

8) NMI 非屏蔽中断请求信号（输入，上升沿有效）

当 NMI 引脚上有一个上升沿有效的触发信号时，表明 CPU 内部或外部设备提出了非屏蔽的中断请求，CPU 会在结束当前所执行的指令后，立即响应中断请求。NMI 中断经常由电源掉电等紧急情况引起。

9) RESET 复位信号（输入，高电平有效）

RESET 引脚有效时，CPU 立即结束现行操作，处于复位状态，初始化所有的内部寄存器，除 CS=FFFFH 外，包括 IP 在内的其余各寄存器的值均为 0。当 RESET 回到低电平时，CPU 从 FFFF0H 地址开始重新启动执行程序（引导）。一般在该地址处放置一条转移指令，以转到程序真正的入口地址处。

10) CLK 时钟信号(输入)

CLK 提供了 CPU 和总线控制的基本定时脉冲，8086 CPU 一般使用时钟发生器 8284A 来定时，要求时钟脉冲的占空比为 33%，即高电平为 1/3，低电平为 2/3。

11) V_{CC} 电源信号(输入)

8086 CPU 采用单一+5V 电源供电。

12) GND 接地信号(输入)

13) MN/$\overline{MX}$ 最小/最大模式控制信号(输入)

MN/$\overline{MX}$ 引脚用来设置 8086 CPU 的工作模式，当 MN/$\overline{MX}$ 为高电平(接+5V)时，CPU 工作在最小模式；当 MN/$\overline{MX}$ 为低电平(接地)时，CPU 工作在最大模式。

2. 8086 CPU 工作在最小模式时使用的引脚

引脚 24～31 在不同模式下的功能是不同的，当工作在最小模式时的含义及功能如下。

1) M/$\overline{IO}$ 存储器或 I/O 操作选择信号(输出，三态)

M/$\overline{IO}$ 引脚指明 CPU 当前访问的是存储器还是 I/O 端口。当 M/$\overline{IO}$ 为高电平时，访问存储器，表示当前要进行 CPU 与存储器之间的数据传送；当 M/$\overline{IO}$ 为低电平时，访问 I/O 端口，表示当前要进行 CPU 与 I/O 端口之间的数据传送；在 DMA 方式时，M/$\overline{IO}$ 为高阻状态。

2) $\overline{WR}$ 写信号(输出，三态)

$\overline{WR}$ 引脚低电平有效时，表明 CPU 正在执行写操作，同时由 M/$\overline{IO}$ 引脚决定是对存储器还是对 I/O 端口执行；在 DMA 方式时，$\overline{WR}$ 被置为高阻状态。

3) $\overline{INTA}$ 中断响应信号(输出，三态，低电平有效)

CPU 通过 $\overline{INTA}$ 信号对外设提出的可屏蔽中断请求做出响应，当 $\overline{INTA}$ 为低电平时，表示 CPU 已经响应外设的中断请求。

4) ALE 地址锁存允许信号(输出，高电平有效)

ALE 高电平有效时，表示当前 $AD_{15}\sim AD_0$ 地址/数据线、$A_{19}/S_6\sim A_{16}/S_3$ 地址/状态线上输出的是地址信息，并利用它的下降沿将地址锁存到锁存器中。ALE 引脚不能浮空。

5) DT/$\overline{R}$ 数据发送/接收信号(输出，三态)

DT/$\overline{R}$ 信号用来控制数据传送的方向，当 DT/$\overline{R}$ 为高电平时，CPU 发送数据到存储器或 I/O 端口；当 DT/$\overline{R}$ 为低电平时，CPU 接收来自存储器或 I/O 端口的数据。

6) $\overline{DEN}$ 数据允许控制信号(输出，三态，低电平有效)

$\overline{DEN}$ 信号用作总线收发器的选通控制信号，当 $\overline{DEN}$ 为低电平有效时，表明 CPU 进行数据的读/写操作；在 DMA 方式时，此引脚为高阻状态。

7) HOLD 总线保持请求信号(输入，高电平有效)

在 DMA 数据传送方式中，由总线控制器 8237A 或其他控制器发出，通过 HOLD 引脚输入给 CPU，请求 CPU 让出总线控制权。

8) HLDA 总线保持响应信号(输出，高电平有效)

HLDA 与 HOLD 配合使用，是对 HOLD 的响应信号。申请使用总线的 8237A 或其他控制器在收到 HLDA 信号后,就获得了总线控制权,在此后的一段时间内,HOLD 和 HLDA 均保持高电平。当获得总线使用权的控制器用完总线后,使 HOLD 信号变为低电平,表示放弃对总线的控制权,8086 CPU 检测到 HOLD 变为低电平后,会将 HLDA 变为低电平,同时恢复对总线的控制。

3. 8086 CPU 工作在最大模式时使用的引脚

引脚 24~31 工作在最大模式时的含义及功能如下。

1) $\overline{S_2}$、$\overline{S_1}$、$\overline{S_0}$ 总线周期状态信号(输出,低电平有效)

这三个引脚组合起来表示当前总线周期中所进行的操作类型(见表 2.4)。在最大模式下,总线控制器 8288 就是利用这些状态信号来产生访问存储器或 I/O 端口的控制信号的。

表 2.4 $\overline{S_2}$、$\overline{S_1}$、$\overline{S_0}$ 组合产生的总线控制功能

$\overline{S_2}$、$\overline{S_1}$、$\overline{S_0}$	操 作 过 程	$\overline{S_2}$、$\overline{S_1}$、$\overline{S_0}$	操 作 过 程
0 0 0	发中断响应信号	1 0 0	取指令
0 0 1	读 I/O 端口	1 0 1	读内存
0 1 0	写 I/O 端口	1 1 0	写内存
0 1 1	暂停	1 1 1	无源状态

表 2.4 中的总线周期状态中至少应有一个状态为低电平,才可以进行一种总线操作;当 $\overline{S_2}$、$\overline{S_1}$、$\overline{S_0}$ 都为高电平时,表明操作过程即将结束,而另一个新的总线周期尚未开始,这时称为"无源状态"。在总线周期的最后一个状态,$\overline{S_2}$、$\overline{S_1}$、$\overline{S_0}$ 中只要有一个信号改变,就表明下一个新的总线周期开始。

2) $\overline{RQ/GT_1}$、$\overline{RQ/GT_0}$ 总线请求/总线请求允许信号(输入/输出,低电平有效)

这两个引脚是双向的,是特意为多处理器系统而设计的,其含义与最小模式下的 HOLD 和 HLDA 两个引脚功能类同,即当系统中的其他协处理器(如 8087、8089)要求获得总线控制权时,就通过此信号向 CPU 发出总线请求信号,若 CPU 响应总线请求,就通过同一引脚发回响应信号,允许总线请求,表明 CPU 已放弃对总线的控制权,将总线控制权交给提出总线请求的部件使用。所不同的是,HOLD 和 HLDA 占两个引脚,而 $\overline{RQ/GT}$(请求/允许)出于同一个引脚,引脚 $\overline{RQ/GT_0}$ 的优先级高于 $\overline{RQ/GT_1}$。

3) $\overline{LOCK}$ 总线封锁信号(输出,三态,低电平有效)

当 $\overline{LOCK}$ 为低电平有效时,表示此时 8086 CPU 不允许其他总线部件占用总线。这里需要特别说明的是,在 8086 CPU 处于两个中断响应周期期间,$\overline{LOCK}$ 会自动变为低电平有效,以防止其他总线主模块在中断响应过程中占有总线而使一个完整的中断响应过程被间断。在 DMA 期间,$\overline{LOCK}$ 被置为高阻状态。

4) QS_1、QS_0 指令队列状态信号(输出)

QS_1 和 QS_0 引脚的组合用于指示总线接口部件 BIU 中指令队列的状态,以便其他处理器监视、跟踪指令队列的当前状态。QS_1、QS_0 的代码组合与指令队列的状态对应关系见表 2.5。

表 2.5　QS_1、QS_0 的代码组合与指定队列的状态对应关系

QS_1	QS_0	指令队列的状态
0	0	无操作
0	1	从队列中取出当前指令的第一个字节代码
1	0	队列为空
1	1	除第一个字节外,还从队列中取出指令的后续字节

2.3.2　8086微处理器的工作模式及系统结构

1. 最小工作模式及系统结构

当CPU的MN/$\overline{\text{MX}}$引脚接+5V时,8086工作于最小模式。在这种模式中,系统所有的总线控制信号都直接由8086产生,系统中的总线控制逻辑电路被减到最少。为了提高总线驱动能力,可配置总线收发器或驱动器,最小工作模式的典型配置如图2.10所示。

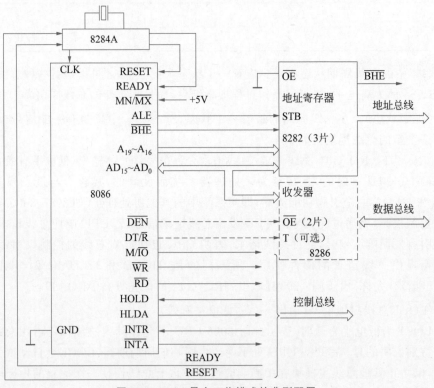

图 2.10　8086最小工作模式的典型配置

2. 最大工作模式及系统结构

当CPU的MN/$\overline{\text{MX}}$引脚接地时,8086工作于最大模式。在最大模式下,系统的许多

控制信号不再由 8086 直接发出，而是由总线控制器 8288 对 8086 发出的控制信号进行变换和组合，从而得到各种系统控制信号。图 2.11 所示为 8086 最大工作模式的典型配置。

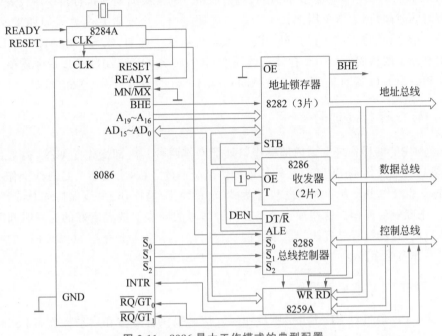

图 2.11　8086 最大工作模式的典型配置

2.4　8086 微处理器的总线操作与时序

理解时钟周期、总线周期和指令周期

微型计算机中的各个部件之间是通过总线来传输信息的，为了保证使用总线的各个部件能有序地工作，必须使各部件按规定的时间顺序工作，因此必须建立总线时序。微型计算机中的 CPU 总线时序通常分成三级，即时钟周期、总线周期和指令周期，类同于教学工作中的学时、周、学期。

2.4.1　时钟周期、总线周期和指令周期

8086 CPU 的各种操作是在时钟脉冲 CLK 的统一控制下协调同步进行的，时钟脉冲是一个周期性的脉冲信号，一个时钟脉冲的时间长度称为一个时钟周期（也称为一个 T 状态），是主频的倒数。时钟周期是 CPU 的基本时间计量单位，也是时序分析的刻度，8086 的主频为 5MHz，时钟周期为 200ns。

总线周期（也称机器周期）是 CPU 通过总线对存储器或 I/O 接口进行一次访问所需要的时间。总线操作的类型不同，总线周期也不同，一个基本的总线周期由 4 个 T 状态构成，分别称为 T_1、T_2、T_3 和 T_4，在每个 T 状态，8086 将进行不同的操作。一个实际的总线周期除 4 个 T 状态外，还可能在 T_3 和 T_4 之间插入若干等待周期 T_W。典型的总线

周期是在 CPU 的 BIU 需要取指令来填补指令队列的空缺或当 EU 在执行指令过程中需要申请一个总线周期时,BIU 才会进入执行总线周期的工作状态,在两个总线周期之间可能存在若干空闲状态。

CPU 执行一条指令所需要的时间(包括取指令的总线周期和执行指令所代表的具体操作所需的时间)称为指令周期。一个指令周期是由一个或者几个总线周期组成的,不同指令的指令周期是不等长的,最短为一个总线周期。例如,执行一条 MOV AL,[DI] 指令需要一个取指周期和一个存储器读周期;执行一条 OUT 70H,AL 指令需要一个取指周期和一个 I/O 写周期;执行一条 ADD AL,DL 指令只需要一个取指周期。

2.4.2 总线操作与时序

8086 CPU 的操作可分为内部操作与外部操作两种。内部操作是 CPU 内部执行指令的过程;外部操作是 CPU 与其外部进行信息交换的过程,主要指的是总线操作。8086 CPU 的总线操作主要有系统复位和启动操作、总线读/写操作、总线保持或总线请求/允许操作、中断响应操作。这些操作均是在时钟信号的同步下按规定好的先后时间顺序一步步执行的,这些执行过程构成了系统的操作时序。本节主要介绍 8086 CPU 的几个基本总线操作及时序。

1. 系统的复位和启动操作

8086 CPU 通过对 RESET 引脚施加触发信号来执行复位和启动操作,当 8284A 时钟发生器向 CPU 的 RESET 引脚输入一个触发信号时,操作就被执行。8086 要求 RESET 信号至少保持 4 个时钟周期的高电平,如果是初次加电启动,则有效信号至少保持 50μs。

当 RESET 引脚变为高电平后的第一个时钟周期的上升沿(图 2.12 中的①)时,8086 进入内部 RESET 阶段。经过一个时钟周期,所有三态输出线被设置成高阻状态,并且一直维持高阻状态,直到 RESET 信号回到低电平。但在进入高阻状态的前半个时钟周期,即在前一个时钟周期的低电平期间,这些三态输出线被设置成无作用状态,等到时钟信号又成为高电平时,三态输出线才进入高阻状态,如图 2.12 所示。

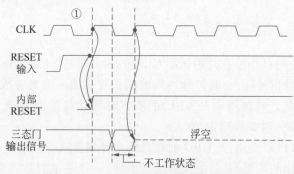

图 2.12　8086 CPU 的复位和启动时序图

当 8086 进入内部 RESET 时，CPU 结束现行操作，维持在复位状态。这时，CPU 内各寄存器都被设为初始值（见表 2.6），除 CS 外，所有内部寄存器都被清零。复位后，CPU 要经过 7 个时钟周期，完成启动操作；启动后，从内存的 FFFF0H 处开始执行指令。

表 2.6 8086 CPU 复位和启动内部寄存器

标志寄存器	清 零	标志寄存器	清 零
指令指针寄存器	0000H	ES 寄存器	0000H
CS 寄存器	FFFFH	指令队列	空
DS 寄存器	0000H	其他寄存器	0000H
SS 寄存器	0000H		

2. 总线操作

8086 CPU 在与存储器或者外设之间交换数据时，都需要通过总线操作实现，基本时序用总线周期描述。通常，总线操作按数据传输方向有总线读操作和总线写操作两种情况，这里以 8086 CPU 工作在最小模式下的信号时序为例来说明。

1）读操作

图 2.13 所示为 8086 CPU 最小模式下的总线读操作时序。

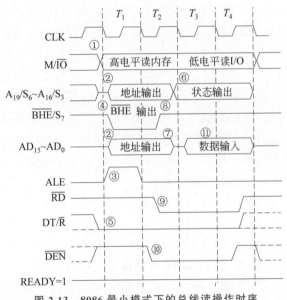

图 2.13 8086 最小模式下的总线读操作时序

T_1 状态：从存储器或 I/O 端口读出数据。首先要用 M/$\overline{\text{IO}}$ 引脚信号指出 CPU 是从内存（高电平）还是从 I/O 端口（低电平）读取数据，M/$\overline{\text{IO}}$ 信号在 T_1 状态有效（见图 2.13 ①），且有效电平要保持到整个总线周期结束；此外，CPU 要指出所读取的存储单元或 I/O 端口的地址，CPU 从地址/状态线 $A_{19}/S_6 \sim A_{16}/S_3$ 这 4 个引脚上送出 $A_{19} \sim A_{16}$，从地址/数据线 $AD_{15} \sim AD_0$ 这 16 个引脚上送出 $A_{15} \sim A_0$，在 T_1 状态的开始，CPU

通过这 20 个引脚形成 20 位地址信息送到存储器或 I/O 端口(见图 2.13 ②)。

在 T_1 状态之后，$AD_{15} \sim AD_0$ 引脚上将要传输其他信息。因此，CPU 要在 T_1 状态从 ALE 引脚上输出一个正脉冲作为地址锁存信号(见图 2.13 ③)，在 ALE 的下降沿到来之前，$M/\overline{IO}$ 信号、地址信号均已有效。锁存器 8282 正是通过 ALE 的下降沿实现对地址的锁存。

$\overline{BHE}$ 信号在 T_1 状态通过 $\overline{BHE}/S_7$ 引脚送出(见图 2.13 ④)，表示高 8 位数据总线的信息数据可用。此外，当系统中接有数据总线收发器时，需用 $DT/\overline{R}$ 和 $\overline{DEN}$ 作为控制信号，前者控制数据传输方向，后者实现数据通路的选通。为此，在 T_1 状态，$DT/\overline{R}$ 端输出低电平，表示本总线周期为读周期，需要数据总线收发器接收数据(见图 2.13 ⑤)。

T_2 状态：地址信号消失(见图 2.13 ⑦)，此时，$AD_{15} \sim AD_0$ 进入高阻状态，为读入数据做准备；$A_{19}/S_6 \sim A_{16}/S_3$ 及 $\overline{BHE}/S_7$ 引脚上输出状态信息 $S_7 \sim S_3$(见图 2.13 中的⑥和⑧)，但在 CPU 的设计中，S_7 未赋予实际意义。$\overline{DEN}$ 信号变为低电平(见图 2.13 ⑩)，使得在系统中接有总线收发器时，获得数据允许信号。同时，CPU 还会送出 $\overline{RD}$ 控制信号，在 $A_{19} \sim A_0$、$M/\overline{IO}$ 和 $\overline{RD}$ 的共同作用下，将要从被选中的存储单元或 I/O 端口读出的数据送往 $D_{15} \sim D_0$ 数据总线。

T_3 状态：从存储单元或者 I/O 端口将数据送到数据总线上，CPU 通过 $D_{15} \sim D_0$ 接收数据，在 T_3 状态结束时，CPU 开始从数据总线读取数据。

T_W 状态：当系统中的存储器或外设的工作速度较慢，以致不能通过最基本的总线周期执行读操作时，CPU 会在 T_3 状态之后插入一个或多个等待状态 T_W。通过 CPU 的 READY 引脚信号可产生 T_W，CPU 在 T_3 状态的下降沿处对 READY 进行采样，如果采样到 READY 为低电平(在这种情况下，在 T_3 状态，数据总线上不会有数据)，则会插入 T_W。以后，CPU 在每个 T_W 的下降沿处对 READY 信号进行采样，等到 CPU 接收到高电平的 READY 信号后，再把当前 T_W 状态执行完，便脱离 T_W 而进入 T_4，在最后一个 T_W 状态，数据肯定已经出现在数据总线上。所以，最后一个 T_W 状态中总线的动作和基本总线周期中 T_3 状态完全一样；而在其他 T_W 状态，所有控制信号的电平和 T_3 状态的一样，但数据信号尚未出现在数据总线上。

T_4 状态：在 T_4 状态和前一个 T 状态交界的下降沿处，CPU 对数据总线进行采样，从而获得数据。

【例 2.4】 假设 DS=3000H，BX=2050H，(32050H)=34H。结合指令 MOV AL，[BX]的执行，描述 8086 CPU 最小模式下的读操作时序。

分析：MOV AL，[BX]是一条对内存进行读操作的指令，已知内存单元的逻辑地址是 3000:2050H，依据逻辑地址和物理地址的关系可知，该内存单元的物理地址是 32050H。指令的执行时序如下。

T_1 状态：$M/\overline{IO}$ 变高，表明 CPU 将对内存进行访问。

　　　　$AD_{19} \sim AD_0$ 上输出地址信息 32050H，即 00110010000001010000B。

　　　　ALE 上出现高电平信号。

　　　　$DT/\overline{R}$ 输出低电平，数据收发器处于接收状态。

T_2 状态：$AD_{19} \sim AD_{16}$ 上输出状态信号，$S_6=0$，S_5 与 IF 的状态值相同，$S_4S_3=11$（使用 DS）。

　　　　$AD_7 \sim AD_0$ 变高阻态，准备接收数据。

　　　　$\overline{RD}$ 变低，CPU 发读选通命令给内存，准备读数据操作。

　　　　$\overline{DEN}$ 变低，允许数据收发器进行数据传送。

T_3 状态：$AD_7 \sim AD_0$ 接收到数据信号 34H，即 00110100B。

T_W 状态：若 READY 信号为低电平，则插入 T_W，在此状态下，除了数据未出现在 $AD_7 \sim AD_0$ 之外，其余的与 T_3 相同。

T_4 状态：$\overline{RD}$ 变高，CPU 从 $AD_7 \sim AD_0$ 上读取数据 34H 到 AL 中。

　　　　$\overline{DEN}$ 变高，数据收发器与总线断开。

　　　　$AD_7 \sim AD_0$ 变为高阻态。

2）写操作

总线写操作的执行过程与总线读操作基本类似，具体时序如图 2.14 所示，不同点有以下三点。

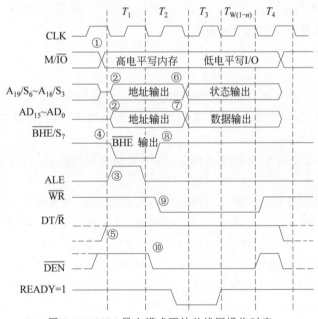

图 2.14　8086 最小模式下的总线写操作时序

（1）CPU 不是输出 $\overline{RD}$ 信号，而是输出 $\overline{WR}$ 信号，表示是写操作。

（2）$DT/\overline{R}$ 在整个总线周期为高电平，表示本总线周期为写周期，在接有数据总线收发器的系统中，用来控制数据传输方向。

（3）$AD_{15} \sim AD_0$ 在 T_2 到 T_4 状态输出数据，因输出地址与输出数据为同一方向，无须像读周期那样要高阻态作缓冲，故 T_2 状态无高阻态。

【例 2.5】 假设 DS＝A000H，SI＝301BH，AL＝8DH。结合指令 MOV [SI]，AL 的执行，描述 8086 CPU 最小模式下的写操作时序。

分析：MOV [SI],AL 是一条对内存进行写操作的指令,已知内存单元的逻辑地址是 A000:301BH,依据逻辑地址和物理地址的关系可知,该内存单元的物理地址是 A301BH。该指令的执行时序如下。

T_1 状态：M/$\overline{\text{IO}}$变高,表明 CPU 将对内存进行访问。

　　　　$AD_{19} \sim AD_0$ 上输出地址信息 A301BH,即 10100011000000011011B。

　　　　ALE 上出现正脉冲信号。

　　　　DT/$\overline{\text{R}}$ 输出高电平,数据收发器处于发送状态。

T_2 状态：$AD_{19} \sim AD_{16}$ 上输出状态信号,$S_6 = 0$,S_5 与 IF 的状态值相同,$S_4 S_3 = 11$（使用 DS）。

$AD_7 \sim AD_0$ 驱动要写出的数据 8DH,即 10001101B。

$\overline{\text{WR}}$变低,CPU 发写选通命令给内存,准备写数据操作。

$\overline{\text{DEN}}$变低,允许数据收发器进行数据传送。

T_3 状态：$AD_7 \sim AD_0$ 继续驱动数据信息。

T_W 状态：若 READY 信号为低电平,则插入 T_W,其余的与 T_3 相同。

T_4 状态：$\overline{\text{WR}}$变高,内存已经从 $AD_7 \sim AD_0$ 上接收到数据 8DH。

$\overline{\text{DEN}}$变高,数据收发器与总线断开。

$AD_7 \sim AD_0$ 变高阻态。

说明：

在最小模式下,对外设端口的输入(IN)和输出(OUT)操作,与上述访问内存的指令时序大致相同,但也有两点不同。一是 M/$\overline{\text{IO}}$信号为低电平;二是因端口地址为 16 位,故 $AD_{19} \sim AD_{16}$ 在 T_1 时不需要驱动地址。

8086 最大模式下与最小模式下的总线读/写操作原理相同,时序基本相似,不同点如下。

(1) 在最大模式下,8086 通过引脚 $\overline{S}_2$、$\overline{S}_1$、$\overline{S}_0$ 输出三位状态编码,这些编码信号被送往总线控制器 8288,由 8288 译码产生出各个控制信号。所产生的控制信号中,没有 M/$\overline{\text{IO}}$、$\overline{\text{RD}}$ 和 $\overline{\text{WR}}$,与 $\overline{\text{RD}}$ 信号功能相同的是 $\overline{\text{MRDC}}$（读存储器）或 $\overline{\text{IORC}}$（读 I/O）,与 $\overline{\text{WR}}$ 信号功能相同的是用于普通写信号 $\overline{\text{MWTC}}$（写存储器）、$\overline{\text{IOWC}}$（写 I/O）或用于提前一个时钟周期的写信号 $\overline{\text{AMWC}}$（写存储器）、$\overline{\text{AIOWC}}$（写 I/O）。图 2.15 所示为 8086 最大模式下的总线读操作时序。

(2) 数据允许信号 DEN 为高电平有效,最小模式下实现同样功能的信号为 $\overline{\text{DEN}}$,低电平有效。

3）总线请求与响应

当 CPU 工作在最小模式下时,外部设备如有需要,可向 CPU 发出使用总线的请求信号,如果 CPU 同意让出对总线的控制权,则外部设备就可以不经过 CPU 而直接与存储器之间传送数据。8086 CPU 为此提供了一对专门用于总线控制的联络信号 HOLD 和 HLDA。

HOLD 称为总线请求信号,这是外部设备(如 DMA 控制器)需要占用总线时,向

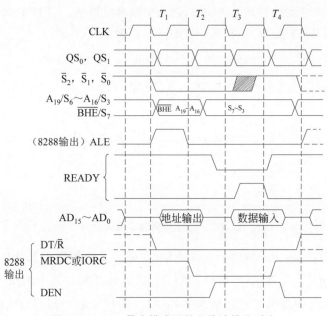

图 2.15　8086 最大模式下的总线读操作时序

CPU 发出请求总线使用权的信号，CPU 收到有效的 HOLD 信号后，如果允许让出总线，就在当前总线周期完成时，发出总线保持回答信号 HLDA。为此，CPU 会在每个时钟周期的上升沿处对 HOLD 引脚信号进行检测，如果测到 HOLD 变为高电平，则会在当前总线周期完成时，发出响应信号 HLDA，请求总线的外部设备获得了总线控制权。在这期间，HOLD 和 HLDA 都保持高电平，直到该外部设备完成对总线的占用后，又将 HOLD 变为低电平，撤销总线请求，CPU 收到信号后，变 HLDA 信号为低电平，收回总线控制权。CPU 一旦让出总线控制权，便将所有具有三态的输出线都置于高阻态。图 2.16 所示为最小模式下的总线请求与响应操作时序。

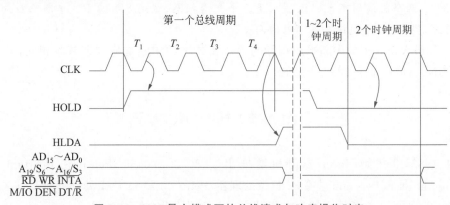

图 2.16　8086 最小模式下的总线请求与响应操作时序

4）中断响应周期

当外部中断源通过 INTR 向 CPU 发出了中断请求后，在 IF 为 1 的情况下，CPU 就会在执行完当前指令之后对其做出响应,进入中断响应周期。CPU 的这种响应中断请求方式称为可屏蔽中断的响应方式,其相应的时序如图 2.17 所示。

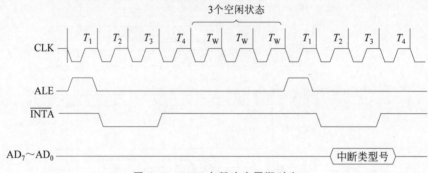

图 2.17　8086 中断响应周期时序

中断响应周期要占用连续两个总线周期,在每个总线周期中都从$\overline{\text{INTA}}$端输出一个负脉冲,其宽度是从 T_2 状态开始持续到 T_4 状态的开始。其中的第一个总线周期的$\overline{\text{INTA}}$信号,用来通知提出 INTR 请求的外设(一般经中断控制器),它的请求已得到响应,应准备好中断类型号;在第二个总线周期的$\overline{\text{INTA}}$负脉冲期间,提出 INTR 请求的外设应立即把它的中断类型号送到数据总线的低 8 位 $AD_7 \sim AD_0$ 上,CPU 读取到中断类型号后,就可以在中断向量表中找到该外设的中断向量,从而转去执行中断服务程序。

说明:

(1) 8086 CPU 要求中断请求信号 INTR 是一个高电平信号,且必须维持两个时钟周期的宽度,否则,在 CPU 执行完一条指令之后,如果 BIU 正在执行总线周期(如正在取指令),则会使中断请求得不到响应而执行其他的总线周期。

(2) 在两个总线周期的其余时间,$AD_7 \sim AD_0$ 呈浮空高阻态。

(3) 在两个总线周期之间还插入了三个空闲状态,这是 8086 CPU 中断响应周期的典型时序,实际上,空闲状态也可以为两个。

8086 最大模式下的中断响应周期与最小模式下的中断响应周期基本相同,但 ALE 信号和$\overline{\text{INTA}}$信号是由 8288 产生的。

2.5　Intel 的其他微处理器

从 1985 年开始,Intel 公司相继推出了 80386、80486、Pentium、Pentium Pro、Pentium Ⅱ/Ⅲ和 Pentium 4 等 32 位微处理器,Pentium D 64 位微处理器到目前主流的性能更为强大的多核微处理器。本节对这些微处理器做一简单介绍。

2.5.1　80x86 32 位微处理器

80x86 32 位微处理器的主要特点是将浮点运算部件集成在片内,普遍采用了时钟倍频技术、流水线和指令重叠执行技术、虚拟存储技术、片内存储管理技术、存储体分段分页双重管理和保护技术等,这些技术为在微型计算机环境下实现多用户多任务操作提供了有力的支持。这里主要以80486为例介绍32位微处理器。

80486是Intel公司的第二款32位微处理器,是为了支持多处理机系统而设计的。它采用了$1\mu m$的CHMOS制造工艺,内部集成了120万个晶体管。内部寄存器、内外部数据总线和地址总线都为32位,支持虚拟存储管理技术,虚拟存储空间为64TB。片内集成浮点运算部件和8KB的Cache(L1 Cache),同时也支持外部Cache(L2 Cache)。整数处理部件采用精简指令集RISC结构,提高了指令的执行速度。此外,80486微处理器还引进了时钟倍频技术和新的内部总线结构,从而使主频可以超出100MHz。

1. 80486 CPU 的主要特点

80486 CPU主要有以下特点。

(1) 80486 CPU除了具有一般32位微处理器的保护功能、存储器管理功能、任务转换功能、分页功能和片内高速缓存器外,还具有浮点数运算部件。因此,在微型计算机系统内不再需要数字协处理器,是一种完整的32位微处理器。

(2) 能运行Windows、DOS、OS/2和UNIX V/386等操作系统,它与Intel公司的80x86系列的各种微处理器兼容。

(3) 具有完整的RISC内核,使得常用指令的执行时间都只需要一个时钟周期。

(4) 采用8KB统一的代码Cache和数据Cache,采用了突发式总线技术,保证在整机中因为采用了廉价的DRAM而达到较高的系统流通量。

(5) 内部的自测试功能包括执行代码和访问数据时的断点陷阱,会广泛地测试片上逻辑、Cache和分页转换Cache。

2. 80486 CPU 内部结构

80486 CPU内部包括总线接口部件、指令预取部件、指令译码部件等9个功能部件,其内部结构如图2.18所示。80486将这些部件集成在一块芯片上,除了减少主板空间外,还提高了CPU的执行速度。

1) 总线接口部件

总线接口部件BIU与外部总线连接,用于管理访问外部存储器和I/O端口的地址、数据和控制总线。对于处理器内部,BIU主要与指令预取部件和高速缓存部件交换信息,将预取指令存入指令代码队列。

说明:在预取指令代码时,BIU把从外部存储器取出的指令代码同时传送给代码预取部件和内部Cache,以便在下一次预取相同的指令时,可直接访问Cache。

2) 指令预取部件

80486 CPU内部有一个32字节的指令预取队列,在总线空闲周期,指令预取部件形成存储器地址,并向BIU发出预取指令请求。预取部件一次读取16字节的指令代码存入预取队列中,指令队列遵循先进先出的规则,自动地向输出端移动。

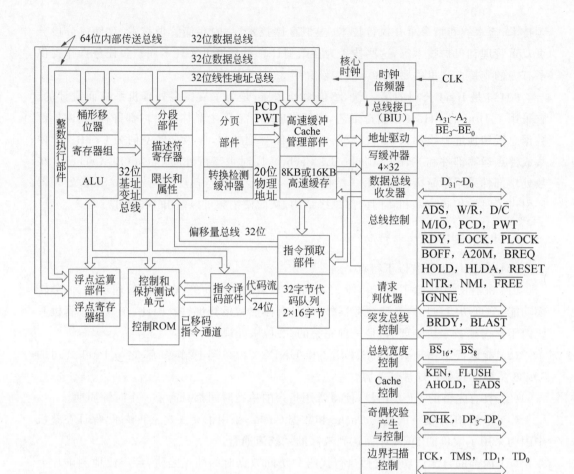

图 2.18　80486 CPU 内部结构

3）指令译码部件

指令译码部件从指令预取队列中读取指令并译码，将其转换成相应控制信号。

4）控制和保护测试单元部件

控制和保护测试单元部件对整数执行部件、浮点运算部件和分段管理部件进行控制，使它们执行已译码的指令。

5）整数执行部件

整数执行部件包括 4 个 32 位通用寄存器、2 个 32 位间址寄存器、2 个 32 位指针寄存器、1 个标志寄存器、1 个 64 位桶形移位寄存器和算术逻辑运算单元等。它能在一个时钟周期内完成整数的传送、加减运算和逻辑操作等。80486 CPU 采用了 RISC 技术，并将微程序逻辑控制改为硬件布线逻辑控制，缩短了指令的译码和执行时间，使一些基本指令可以在一个时钟周期内完成。

6）浮点运算部件

80486 CPU 内部集成了一个增强型 80487 数学协处理器，称为浮点运算部件 FPU，由指令接口、数据接口、运算控制单元、浮点寄存器和浮点运算器组成，可以处理一些超越函数和复杂的实数运算,以极高的速度进行单精度或双精度的浮点运算。

7) 分段部件和分页部件

80486 CPU 设置了分段部件 SU 和分页部件 PU,用于实现存储器保护和虚拟存储器管理。分段部件将逻辑地址转换成线性地址,采用分段 Cache 可以提高转换速度。分页部件用来完成虚拟存储,把分段部件形成的线性地址进行分页,转换成物理地址。

8) 高速缓冲 Cache 管理部件

80486 CPU 内部集成了一个既可以存放数据,又可以存放指令的共 8KB 高速缓冲 Cache 存储器管理部件。在绝大多数情况下,CPU 都能在片内 Cache 中存取数据和指令,减少了 CPU 的访问时间。

3. 80486 CPU 的寄存器结构

80486 CPU 的寄存器按功能可分为基本寄存器、系统寄存器、调试和测试寄存器以及浮点寄存器 4 种,这 4 种寄存器从总体上可分为程序可见和不可见两大类。其中,程序可见寄存器是指在程序设计期间要使用的,并可由指令来修改其内容的寄存器;程序不可见寄存器是指在程序设计期间不能直接寻址,但可以被间接引用的寄存器,用于在保护模式下控制和操作存储器系统。

1) 基本寄存器

80486 CPU 的基本寄存器包括 EAX、EBX 等 8 个通用寄存器,EIP 指令指针寄存器,CS、SS 等 6 个段寄存器和 EFLAGS 标志寄存器共 16 个,它们都是程序可见寄存器,如图 2.19 所示。

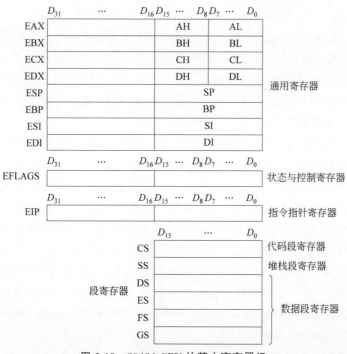

图 2.19　80486 CPU 的基本寄存器组

这 16 个寄存器中，4 个通用寄存器 EAX、EBX、ECX 和 EDX 中的每一个既可以作为 32 位寄存器使用，又可以将低 16 位当作一个 16 位寄存器（如 AX）或者两个独立的 8 位寄存器（如 AH、AL）使用，功能与 8086 CPU 中的寄存器相一致。

需要说明的是，这 4 个 32 位通用寄存器既可以用来存放操作数，也可以用来存放操作数的地址，而且在形成地址的过程中还可以进行加减运算。因此，这些 32 位寄存器更具有通用性，比 8086 更灵活方便。

32 位寄存器 ESP、EBP、ESI 和 EDI，它们的低 16 位分别对应 8086 CPU 中的 SP、BP、SI 和 DI。它们也可以用来存放 32 位操作数。

标志寄存器 EFLAGS 包括状态标志、控制标志和系统标志，用于指示 CPU 的状态并控制 CPU 的操作，如图 2.20 所示。

D_{31}	...	D_{19}	D_{18}	D_{17}	D_{16}	D_{15}	D_{14}	D_{13} D_{12}	D_{11}	D_{10}	D_9	D_8	D_7	D_6	D_5	D_4	D_3	D_2	D_1	D_0
			AC	VM	RF		NT	IOPL	OF	DF	IF	TF	SF	ZF		AF		PF		CF

图 2.20 80486 CPU 标志寄存器

其中 6 个状态标志位 CF、PF、AF、ZF、SF、OF 和 3 个控制标志位 TF、IF、DF 的含义与 8086 完全一样，这里就不再重复介绍。但需要注意的是，指令对状态标志位 CF、ZF、SF 和 OF 的影响情况与参加运算的操作数位数相适应。也就是说，这 4 个状态标志支持 8 位、16 位和 32 位运算，其中最高位分别指位 7、位 15、位 31；不管参加运算的操作数位数如何，PF 只反映低 8 位中 1 的个数的奇偶情况，AF 也只反映位 3 向位 4 的进位或借位情况。

EFLAGS 中的系统标志和输入/输出特权级标志位 IOPL（I/O Privilege Level Field），用于控制操作系统或执行某种操作，它们不能被应用程序修改。

其中，IOPL 标志占用两位二进制，组合成的 4 个状态用于确定需要执行的 I/O 敏感指令的特权级。在保护模式下，利用这两位编码可以分别表示 0(00)、1(01)、2(10)、3(11) 这 4 种特权级，0 级特权最高，3 级特权最低。

嵌套任务标志 NT(Nested Task Flag) 在保护模式下，指示当前执行的任务嵌套于另一任务中。当任务被嵌套时，NT=1；否则 NT=0。

恢复标志 RF(Resume Flag) 与调试寄存器一起使用，用于保证不重复处理断点。当 RF=1 时，即使遇到断点或故障，也不产生异常中断。

虚拟 8086 模式标志 VM(Virtual 8086 Mode Flag) 用于在保护模式系统中选择虚拟操作模式，当 VM=1 时，启用虚拟 8086 模式；当 VM=0 时，返回保护模式。

队列检查标志 AC(Alignment Check Flag)，如果在不是字或双字的边界上寻址一个字或双字，队列检查标志将被激活。

80486 CPU 共包括 6 个段寄存器，分别存放段地址（实地址模式）或选择符（保护模式），用于与 CPU 中的其他寄存器联合生成存储单元的物理地址，如图 2.21 所示。

其中的段寄存器 CS、DS、SS 和 ES，在实模式下使用方式与 8086 中的相同，只是新增加了两个附加段寄存器 FS 与 GS。

在保护模式下工作时，6 个段寄存器（也称为段选择器）中的每一个都有一个与之相

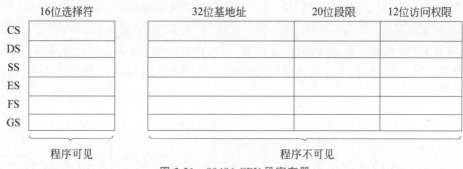

图 2.21　80486 CPU 段寄存器

联系的段描述符,这个描述符用来描述一个段的段基地址、段限和段的属性。每个段描述符有 64 位,其中 32 位为段基地址,另外 32 位为段限(本段的实际长度)和必要的属性。段描述符对程序员是不可见的,而 6 个段寄存器对程序员是可见的。

2) 系统寄存器

80486 CPU 的系统寄存器包括 4 个系统地址寄存器和 4 个控制寄存器,其中,系统地址寄存器和段寄存器一起,为操作系统完成内存管理、多任务环境、任务保护提供硬件支持,如图 2.22 所示。这些寄存器都是程序员不可见的寄存器,即只能由操作系统来维护和使用。

图 2.22　80486 CPU 系统地址寄存器

80486 CPU 中有 4 个 32 位控制寄存器 $CR_0 \sim CR_3$,用于保存全局性与任务无关的机器状态。其中,CR_0 中包含系统操作模式控制位和系统状态控制位,共定义了 11 位;CR_1 为与后续的 Intel CPU 兼容而保留;CR_2 中存放页故障的线性地址;CR_3 为处理器提供当前任务的页目录表地址。

3) 调试寄存器和测试寄存器

80486 CPU 提供了 32 位的可编程调试寄存器和 32 位的可编程测试寄存器,用于支持系统的调试功能。8 个 32 位的可编程调试寄存器 $DR_0 \sim DR_7$ 用于支持系统的 DEBUG 调试功能,其中,$DR_0 \sim DR_3$ 为断点寄存器,用于存放断点的线性地址,各个断点的发生条件可由调试寄存器 DR_7 分别设定;DR_4、DR_5 保留未用;DR_6 是断点状态寄存器,用于说明是哪一种性质的断点及断点异常是否发生;DR_7 为断点控制寄存器,指明断点发生的条件及断点的类型。

5 个 32 位测试寄存器 $TR_3 \sim TR_7$,用于存放测试控制命令。其中,TR_3、TR_4 和 TR_5

用于高速缓存 Cache 的测试；TR_6 和 TR_7 用于转换后援缓冲器 TLB 的测试。

4）浮点寄存器

80486 CPU 包括 8 个 80 位通用寄存器、2 个 48 位寄存器（指令指针寄存器和数据指针寄存器），以及 3 个 16 位寄存器（控制寄存器、状态寄存器和标志寄存器）。这些寄存器主要用于浮点运算。表 2.7 所列为这些寄存器在 80486 CPU 不同工作模式下的应用情况。

表 2.7　80486 CPU 寄存器在不同工作模式下的应用情况

寄存器	实地址模式		保护模式		虚拟 8086 模式	
	调用	存储	调用	存储	调用	存储
通用寄存器	是	是	是	是	是	是
段寄存器	是	是	是	是	是	是
标志寄存器	是	是	是	是	IOPL	IOPL
控制寄存器	是	是	PL=0	PL=0	否	否
GDTR	是	是	PL=0	是	否	否
IDTR	是	是	PL=0	是	否	否
LDTR	否	否	PL=0	是	否	否
TR	否	否	PL=0	是	否	否
调试寄存器	是	是	PL=0	PL=0	否	否
测试寄存器	是	是	PL=0	PL=0	否	否

4. 80486 CPU 主要引脚信号

80486 CPU 采用 PGA 封装形式，共有 168 个引脚信号，其中包括 30 个地址引脚信号、32 个数据引脚信号、35 个控制引脚信号、24 个 V_{CC} 引脚信号、28 个 V_{SS} 引脚信号和 19 个空脚。其引脚信号如图 2.23 所示。其中，引脚信号 CLK、$\overline{M/IO}$、RESET、INTR、NMI、HOLD、HLDA 与前面对 8086 的介绍相同。

5. 80486 CPU 的存储器组织及 I/O 结构

1）存储器组织与 I/O 结构

80486 CPU 有 32 条地址总线，可寻址 $2^{32}=4GB$ 的存储器空间，地址范围是 00000000H～FFFFFFFFH。32 条地址总线中的低 16 位地址用作对 64KB I/O 端口的寻址，地址范围是 0000H～FFFFH。80486 CPU 的存储器与 I/O 地址空间示意如图 2.24 所示。

2）存储器寻址

80486 CPU 的地址总线 A_{31}～A_2 与字节允许信号 $\overline{BE_3}$～$\overline{BE_0}$ 共同形成 32 位地址，可

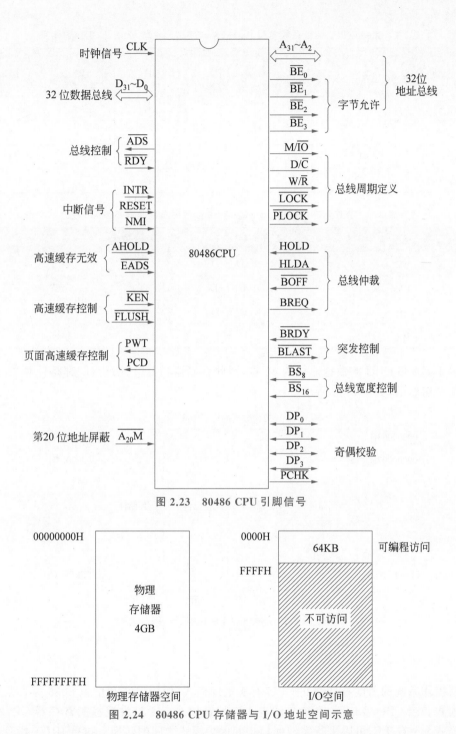

图 2.23　80486 CPU 引脚信号

图 2.24　80486 CPU 存储器与 I/O 地址空间示意

寻址 4GB 的存储器空间。从 80486 CPU 引脚信号图中可以发现，地址总线中没有 A_1 和 A_0 地址线，它们用于 CPU 内部，经译码产生字节允许信号 $\overline{BE_3} \sim \overline{BE_0}$。地址总线信号 $A_{31} \sim A_2$ 与字节允许信号 $\overline{BE_3} \sim \overline{BE_0}$ 的作用见表 2.8。字节允许信号 $\overline{BE_3} \sim \overline{BE_0}$ 与 32 位数据总线信号的对应情况见表 2.9。

表 2.8　80486 CPU 地址总线信号 $A_{31} \sim A_2$ 与字节允许信号 $\overline{BE_3} \sim \overline{BE_0}$ 的作用

$A_{31} \sim A_2$ 物理地址			$\overline{BE_3}$	$\overline{BE_2}$	$\overline{BE_1}$	$\overline{BE_0}$
$A_{31} \cdots A_2$	A_1	A_0				
$A_{31} \cdots A_2$	0	0	×	×	×	0
$A_{31} \cdots A_2$	0	1	×	×	0	1
$A_{31} \cdots A_2$	1	0	×	0	1	1
$A_{31} \cdots A_2$	1	1	0	1	1	1

表 2.9　字节允许信号 $\overline{BE_3} \sim \overline{BE_0}$ 与 32 位数据总线信号的对应情况

字节允许信号	数据总线信号	
$\overline{BE_0}$	$D_7 \sim D_0$	字节 0
$\overline{BE_1}$	$D_{15} \sim D_8$	字节 1
$\overline{BE_2}$	$D_{23} \sim D_{16}$	字节 2
$\overline{BE_3}$	$D_{31} \sim D_{24}$	字节 3

由于 80486 CPU 的数据总线为 32 位，因此存储器和 I/O 地址空间都是针对 32 位数据宽度来组织的，如图 2.25 所示。

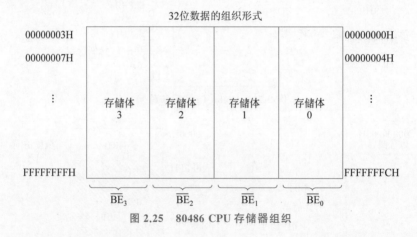

图 2.25　80486 CPU 存储器组织

6. 80486 CPU 的工作模式

从操作系统的角度看，80486 CPU 有实地址模式、保护模式和虚拟 8086 模式共三种工作模式。当 CPU 复位后，系统自动进入实地址模式。通过设置控制寄存器 CR_0 中的保护模式允许位 PE，可以进行实地址模式和保护模式之间的转换。执行 IRET 指令或进行任务切换，可由保护模式转换到虚拟 8086 模式。

1) 实地址模式

实地址模式是最基本的工作方式，与 16 位微处理器 8086 的实地址模式保持兼容，原有 16 位微处理器的程序不加任何修改就可以在 80486 微处理器实地址模式下运行。80486 微处理器的实地址模式具有更强的功能,增加了寄存器,扩充了指令,可进行 32 位操作。

实地址模式操作方式只允许微处理器寻址第一个 1MB 存储器空间,存储器中第一个 1MB 存储单元称为实地址模式存储器或常规内存,DOS 操作系统要求微处理器工作于实地址模式。当 80486 CPU 工作于实地址模式时,存储器的管理方式与 8086 CPU 存储器的管理方式完全相同,这里不再赘述。

2) 保护模式

通常在程序运行过程中,应防止以下情况的发生。

(1) 应用程序破坏系统程序。

(2) 某一应用程序破坏了其他应用程序。

(3) 错误地把数据当作程序运行。

为了避免以上情形的发生而采取的措施称作"保护",所以也就有了保护的工作模式。保护模式和实地址模式的不同之处在于存储器地址空间的扩大以及存储器管理机制的不同。

保护模式的特点是引入了虚拟存储器的概念,同时可使用附加的指令集,所以 80486 支持多任务操作。在保护模式下,80486 CPU 可访问的物理存储空间为 4GB,程序可用的虚拟存储空间为 64TB(2^{46})。

保护模式下存储器寻址允许访问第一个 1MB 及其以上的存储器内的数据和程序。寻址这个扩展的存储器段,需要更改用于实地址模式存储器寻址的段基址加偏移地址的机制。

在保护模式下,当寻址扩展内存里的数据和程序时,仍然使用偏移地址访问位于存储器段内的信息,但与实地址模式的区别是,实地址模式下的段地址由段寄存器提供,而保护模式下段寄存器里存放着一个选择符,用于选择描述表内的一个描述符,描述符描述存储器段的位置、长度和访问权限。由于段地址加偏移地址仍然用于访问第一个 1MB 存储器内的数据,因此保护模式下的指令和实地址模式下的指令完全相同。

3) 虚拟 8086 模式

虚拟 8086 模式是一种既有保护功能又能执行 16 位微处理器软件的工作方式,其工作原理与保护模式相同,但程序指定的逻辑地址与 8086 CPU 相同,可以看作保护模式的一种子方式。

80486 CPU 允许在实地址模式和虚拟 8086 模式下执行 8086 的应用程序,虚拟 8086 模式为系统设计人员提供了 80486 CPU 保护模式的全部功能,因而具有更大的灵活性。有了虚拟 8086 模式,允许 80486 CPU 同时执行 8086 操作系统和 8086 应用程序,以及 80486 CPU 操作系统和 80486 CPU 的应用程序。因此,在一台多用户的 80486 CPU 微型计算机里,多个用户可以同时使用计算机。

2.5.2 Pentium 系列微处理器

Pentium 是 Intel 公司在 1993 年推出的第 5 代 x86 架构的微处理器,是 486 产品的后代,人们为它起了一个相当好听的名字"奔腾",打破了长期传统的以顺序 x86 编号的命名方法。继 Pentium 之后,Intel 公司又推出高能 Pentium、多能 Pentium、Pentium Ⅱ、

Pentium Ⅲ、Pentium 4 等，这些都是以 Pentium 为基础逐代开发出来的 32 位微处理器。

1. Pentium 微处理器

1）Pentium 微处理器内部结构及特点

Pentium 微处理器由总线接口部件（64 位）、指令 Cache、数据 Cache、分支转移目标缓冲器、控制 ROM 部件、控制部件、预取缓冲部件、指令译码部件、整数运算部件、整数及浮点数寄存器组、浮点运算部件等 11 个功能部件组成，其功能框图如图 2.26 所示。与 80486 相比，Pentium 的性能指数提高了两倍以上，以下是其最突出的特点。

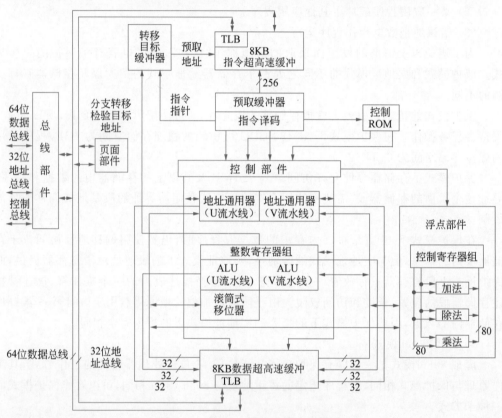

图 2.26　Pentium 微处理器功能框图

（1）超标量流水线。

Pentium 微处理器内部具有 U 和 V 两条流水线，U 流水线处理复杂指令，V 流水线处理简单指令。这两条流水线各配有 8KB 的高速缓存，这样，处理器的速度大大加快。每个时钟周期能同时执行两条整型指令，超标量流水线设计是 Pentium 微处理器新技术的核心。

（2）独立的指令 Cache 和数据 Cache。

Pentium 微处理器片内有各自独立的 8KB 指令 Cache 与 8KB 数据 Cache，而且这两个 Cache 都有各自的转换后援缓冲器 TLB，这样就完全避免了预取指令与数据两者之间的冲突。因而存储器管理部件 MMU 中的分页部件就能迅速地将代码或数据的线性地址转换成物理地址。

（3）全新的浮点部件。

Pentium 微处理器的浮点部件相对 80486 微处理器有了彻底的改进，它的浮点流水线 U 有 8 级，前 5 级与 V 流水线共享，后 3 级则有自己独立的浮点流水线，每个时钟周期可以执行一条浮点指令。

（4）分支转移的动态预测。

分支预测是指当 CPU 遇到无条件或条件转移指令、CALL 调用指令、RET 返回指令、INT n 中断调用以及中断返回指令 IRET 等指令时，指令预取单元能够较准确地判断是发生转移取指，还是依据 EIP 指针顺序往下取指。Pentium 微处理器借助跳转目标缓冲器(Branch Target Buffer,BTB)等逻辑部件实现了分支转移的动态预测。Pentium 微处理器的分支转移动态预测功能，使得主流水线不会空闲，而且大大加速了程序的执行，80486 微处理器不具备这样的功能。

（5）64 位外部数据总线。

Pentium 微处理器的外部数据总线经总线接口部件扩展到了 64 位。该接口电路与内部高速缓冲存储器 Cache 连接，因而外部数据与指令的传输速率比 80486 微处理器快很多，能有效地解决外部总线上的瓶颈问题。

2）Pentium 微处理器的特定寄存器

Pentium 微处理器除了与 80486 相同的 4 个控制寄存器 $CR_0 \sim CR_3$ 之外，还增加了 CR_4 控制寄存器，用于 Cache 禁止、写保护、虚拟方式扩展等控制。另外，在 Pentium 微处理器的标志寄存器中又增加了 4 个新的标志位 ID、VIP、VIF 和 AC，用于控制和指示一些 Pentium 新特性的条件。

3）Pentium 微处理器的存储器组织及 I/O 结构

Pentium 微处理器的 32 位地址总线($A_{31} \sim A_3$ 高 29 位地址信号线，低 3 位地址信号线 $A_2 \sim A_0$ 由字节允许信号 $\overline{BE_7} \sim \overline{BE_0}$ 产生)可寻址 4GB 存储空间，地址范围是 00000000H~FFFFFFFFH。32 条地址总线中的低 16 条和 $\overline{BE_7} \sim \overline{BE_0}$，用作对 64KB I/O 端口寻址，地址范围为 0000H~FFFFH。地址总线信号 $A_{31} \sim A_3$ 与字节允许信号 $\overline{BE_7} \sim \overline{BE_0}$ 的作用见表 2.10，字节允许信号 $\overline{BE_7} \sim \overline{BE_0}$ 与 64 位数据总线信号的对应情况见表 2.11。

表 2.10　Pentium 微处理器地址总线信号 $A_{31} \sim A_3$ 与字节允许信号 $\overline{BE_7} \sim \overline{BE_0}$ 形成 32 位地址

$A_{31} \sim A_3$ 物理地址				$\overline{BE_7}$	$\overline{BE_6}$	$\overline{BE_5}$	$\overline{BE_4}$	$\overline{BE_3}$	$\overline{BE_2}$	$\overline{BE_1}$	$\overline{BE_0}$
$A_{31} \cdots A_3$	A_2	A_1	A_0								
$A_{31} \cdots A_3$	0	0	0	×	×	×	×	×	×	×	0
$A_{31} \cdots A_3$	0	0	1	×	×	×	×	×	×	0	1
$A_{31} \cdots A_3$	0	1	0	×	×	×	×	×	0	1	1
$A_{31} \cdots A_3$	0	1	1	×	×	×	×	0	1	1	1
$A_{31} \cdots A_3$	1	0	0	×	×	×	0	1	1	1	1

续表

$A_{31} \sim A_3$ 物理地址					$\overline{BE_7}$	$\overline{BE_6}$	$\overline{BE_5}$	$\overline{BE_4}$	$\overline{BE_3}$	$\overline{BE_2}$	$\overline{BE_1}$	$\overline{BE_0}$
$A_{31}\cdots A_3$	A_2	A_1	A_0									
$A_{31}\cdots A_3$	1	0	1		×	×	0	1	1	1	1	1
$A_{31}\cdots A_3$	1	1	0		×	0	1	1	1	1	1	1
$A_{31}\cdots A_3$	1	1	1		0	1	1	1	1	1	1	1

表 2.11 字节允许信号 $\overline{BE_7} \sim \overline{BE_0}$ 与 64 位数据总线信号的对应情况

字节允许信号	数据总线信号	
$\overline{BE_0}$	$D_7 \sim D_0$	字节 0
$\overline{BE_1}$	$D_{15} \sim D_8$	字节 1
$\overline{BE_2}$	$D_{23} \sim D_{16}$	字节 2
$\overline{BE_3}$	$D_{31} \sim D_{24}$	字节 3
$\overline{BE_4}$	$D_{39} \sim D_{32}$	字节 4
$\overline{BE_5}$	$D_{47} \sim D_{40}$	字节 5
$\overline{BE_6}$	$D_{55} \sim D_{48}$	字节 6
$\overline{BE_7}$	$D_{63} \sim D_{56}$	字节 7

由于 Pentium 微处理器数据总线为 64 条，因此存储器和 I/O 地址空间都是针对 64 位数据宽度来组织的，如图 2.27 所示。

图 2.27 Pentium 微处理器存储器组织

2. Pentium Pro 微处理器

Pentium Pro 微处理器（中文名称"高能奔腾"，俗称 686）是 Intel 公司在 1995 年 11 月推出的，是第一个基于 RISC 内核和 32 位软件的微处理器，采用了 FPGA 封装技术和新的总线接口 Socket 8 插座，工作频率有 150MHz、166MHz、180MHz 和 200MHz 4 种。它们都具有 16KB 的一级缓存和 256KB 的二级缓存，很容易采用多处理器结构，适用于服务器。其中，Pentium Pro 200MHz CPU 的 L2 Cache 就运行在 200MHz，也就是工作在与处理器相同的频率上，这在当时来说是 CPU 技术的一个创新。Pentium Pro 的推出，为其后的 Pentium Ⅱ 奠定了基础。

3. Pentium MMX 微处理器

Pentium MMX 微处理器(中文名称"多能奔腾",代号 P55C)是 Intel 公司在 1996 年年底推出的又一个成功的产品。Pentium MMX 的 CPU 是第一个有 MMX 技术(整量型单元执行)的 CPU,拥有 16KB 数据 L1 Cache 和 16KB 指令 L1 Cache,兼容 SMM,64 位总线,频宽为 528MB/s,2 时钟等待时间,有 450 万个晶体管,功耗为 17W;支持的工作频率有 133MHz、150MHz、166MHz、200MHz、233MHz。特别是新增加的 57 条 MMX 多媒体指令,专门用于处理音频、视频等多媒体数据,使 CPU 的数据处理能力更强大了,即使在运行非 MMX 优化的程序时,也比同主频的 Pentium CPU 要快得多。

4. Pentium Ⅱ 微处理器

Pentium Ⅱ 微处理器是 Intel 公司在 1997 年 5 月推出的 x86 架构的处理器,它首次引入了单边接触(Single Edge Contact,SEC)封装技术,将高速缓存与处理器整合在一块 PCB 上;功能上整合了 MMX 指令集技术,可以更快、更流畅地播放影音 Video、Audio 以及图像等多媒体数据。在借助于当时 Windows 操作系统应用功能的支持下,Pentium Ⅱ 处理器在多媒体、互联网方面的应用水平得到了很大的提高,并且为广大用户所接受,当时的 PC 应用范围也得到了空前的扩张。

5. Pentium Ⅲ 微处理器

Pentium Ⅲ 微处理器是 Intel 公司在 1999 年 2 月推出的 x86 架构的处理器。与 Pentium Ⅱ 相比,Pentium Ⅲ 总体上做了以下改进。

(1) 新增加了 70 条新指令(SIMD,SSE),这些新增加的指令主要用于互联网流媒体扩展、3D 几何运算、流式音频、视频和语音识别功能的提升,可以使用户在网络上享受到高质量的影片,并以 3D 的形式参观在线博物馆、商店等。

(2) 集成了从 Compaq 公司购买的 P6 动态执行体系结构、双独立系统总线(DIB)架构、多路数据传输系统总线和 MMX 多媒体增强技术。

(3) Pentium Ⅲ 在缓存方面既支持全速、带 ECC 校正的 256KB 高级二级缓存(L2 Cache),也支持不连续、半速的 ECC 256KB 二级缓存,提供 32KB 一级缓存(L1 Cache);内存寻址达 4GB,物理内存可以支持到 64GB。制造工艺从最初的 $0.25\mu m$ 到后期的 $0.18\mu m$,而服务器所用的 Pentium Ⅲ Xeon 处理器还采用了最先进的 $0.13\mu m$ 制造工艺。

6. Pentium 4 微处理器

Pentium 4(俗称奔腾 4,简称奔 4 或 P4)是 Intel 公司在 2000 年 11 月推出的第 7 代 x86 架构的微处理器,也是第一款采用 NetBurst 结构的微处理器。NetBurst 微结构是新的 32 位结构,具有很多新特点。

1) 快速系统总线

Pentium 4 处理器的系统总线虽然仅为 100MHz,同样是 64 位数据带宽,但由于其利用了与 AGP4X 相同的 4 倍速技术,因此数据传输高达 $8B \times 100MHz \times 4 = 3200Mb/s$,

打破了 Pentium Ⅲ 处理器受系统总线瓶颈的限制。最新的 800MHz FSB Pentium 4 还支持双通道 DDR 技术。

2）高级传输高速缓存

Pentium 4 具有 256KB 的 2 级高级传输高速缓存，还有一个在 2 级高速缓存和微处理器之间的更高数据吞吐量的通道。高级传输高速缓存由每时钟传送 256 位（32 字节）数据的接口组成。这样，1.4GHz 的 Pentium 4 就可以得到 44.8Gb/s[32 字节×1（每时钟数据传输）×1.4GHz]的数据传输速率，Pentium 4 执行指令的频率大大提高。

3）高级动态执行

NetBurst 体系结构包含执行追踪缓存和高级分支预测两部分，使得 CPU 可以浏览更多需要执行的指令，比 Pentium Ⅲ 多 3 倍，因此，Pentium 4 微处理器能在更大范围内选择要执行的指令，并以更佳的顺序执行指令。这就是 Pentium 4 总体性能被大大提高了的主要原因。

4）超长管道处理技术

NetBurst 结构的超级管道技术加长了管道的深度，对于分支预测/恢复管道这个关键的管道在 P6 微结构中只有 10 级管道，而 NetBurst 微结构中用 20 级管道实现，这个技术显著地提高了处理器的性能和基本微结构的频率伸缩性。

5）快速执行引擎

通过将结构、物理和电路设计结合，使 CPU 中的算术逻辑单元（ALU）可以双倍的时钟速度运行，从而提高了指令的执行吞吐量和降低了指令执行响应延迟；再配上全新的高速缓存系统，使高速指令的执行与运行保持一致得到了保证。

6）高级浮点以及多媒体指令集（SSE2）

高级浮点运算功能使 Pentium 4 提供更加逼真的视频和三维图形，带来更加精彩的游戏和多媒体享受。多媒体指令集 SSE2 增加了 144 条全新指令，这样就可以采用多种数据结构处理数据。例如 128 位压缩的数据，在执行 SSE 指令集时仅能以 4 个单精度浮点值形式处理，而采用 SSE2 指令集，就可以以 2 个双精度浮点数或 16 字节数或 8 个字数或 4 个双字数或 2 个 4 字数或 1 个 128 位长的整数处理，极大地增强了对多媒体的处理能力。

2.5.3 CPU 新技术

1. 超线程技术

当主频接近 4GHz 时，CPU 的速度就到极限了，单纯靠提升主频已经无法明显提升系统整体性能了。因此，Intel 公司在 Pentium 4 处理器中引入了超线程技术。超线程技术是利用特殊硬件指令，把多线程处理器内部的两个逻辑内核模拟成两个物理芯片，从而使单个处理器能"享用"线程级的并行计算的处理器技术。简言之，就是将一个物理 CPU 模拟成两个逻辑 CPU，在操作系统任务管理器的"性能"选项卡中可以看到两个 CPU 使用记录。超线程技术可以使操作系统或者应用软件的多个线程同时运行于一个超线程处理器上，其内部的两个逻辑处理器共享一组处理器执行单元，并且能并行完成加、乘、负载等操作,充分利用芯片的各个运算单元。单线程芯片在某一时刻仅能对一条指令(单个线程)进行处理,因而处理器内部有许多处理单元闲置,超线程技术可以使处理器在某一时刻,同步并行处理多条指令和数据(多个线程),因此,超线程是充分利用CPU 内部暂时闲置的处理资源的技术。

引入超线程技术的目的是提高 CPU 的并行运算性能,事实证明,超线程技术也的确能使处理器的处理能力提高至少 30%。但因之而带来的问题是增加了 CPU 结构的复杂性,同时还有漏电现象。除此之外,超线程技术还有以下两点不足之处。一点是当运行单任务处理时,多线程的优势无法表现出来,并且一旦打开超线程,处理器内部缓存就会被划分成几个区域,互相共享内部资源,从而造成单个子系统性能下降;另一点是采用超线程技术虽然能同时执行多个线程,但它并不像两个真正的 CPU 那样,每个 CPU 都具有独立的资源。当两个线程同时需要某一个资源时,其中一个要暂时停止并让出资源,直到这些资源闲置后才能继续。因此,超线程技术被评为是失败的技术,但正因为此,才造就了真正的双核或多核微处理器。

2. 多核技术

多核技术,即 CPU 多核心(也称单芯片多处理器 Chip Multi Processors,简称 CMP),是由美国斯坦福大学提出的,其思想是将大规模并行处理器中的 SMP 集成到同一芯片内,各个处理器并行执行不同的进程。与 CMP 比较,SMP 处理器结构的灵活性比较突出。但是,当半导体工艺达到 $0.18\mu m$ 以后,线延迟已经超过了门延迟,要求微处理器的设计通过划分许多规模更小、局部性更好的基本单元结构来进行。相比之下,由于 CMP 结构已经被划分成多个处理器核来设计,每个核都比较简单,有利于优化设计,因此更有发展前途。多核处理器可以在处理器内部共享缓存,提高缓存利用率,同时简化多处理器系统设计的复杂度,是处理器发展的必然,这就开启了多核处理器的发展。目前的处理器都是多核处理器,不管通用的、专用的乃至异构微处理器。

多核处理器的优势如下。

(1) 控制逻辑简单。相对超标量微处理器结构和超长指令字结构而言,单芯片多处理器结构的控制逻辑复杂性要明显低很多。相应的单芯片多处理器的硬件实现必然要简单得多。

(2) 高主频。由于单芯片多处理器结构的控制逻辑相对简单,包含极少的全局信号,因此线延迟对其影响比较小,在同等工艺条件下,单芯片多处理器的硬件实现要获得比超标量微处理器和超长指令字微处理器更高的工作频率。

(3) 低通信延迟。由于多个处理器集成在一块芯片上,且采用共享 Cache 或者内存的方式,多线程的通信延迟会明显降低,这样也对存储系统提出了更高的要求。

(4) 低功耗。调节电压/频率、负载优化分布等,可有效降低 CMP 功耗。

(5) 设计和验证周期短。微处理器厂商一般采用现有的成熟单核处理器作为处理器核心,从而可缩短设计和验证周期,节省研发成本。

多核技术也面临着一些关键技术的挑战。

(1) 核结构。核本身的结构关系到整个芯片的面积、功耗和性能,怎样继承和发展传统处理器的成果,直接影响多核的性能和实现周期。

(2) 程序执行模型。程序执行模型是编译器设计人员与系统实现人员之间的接口,是处理器设计的首要问题,其适用性决定着多核处理器能否以最低的代价提供最高的性能。

(3) Cache 设计。处理器和内存间的速度差距对 CMP 来说是个突出矛盾,须使用多级 Cache 来缓解,而 Cache 自身的体系结构设计直接关系到系统整体性能。

(4) 核间通信技术。多个核在执行的程序之间有时需要进行数据共享与同步,因此其硬件结构必须支持核间通信,高效的通信机制是 CMP 处理器高性能的重要保障。

(5) 总线设计。寻找高效的多端口总线接口单元(BIU)结构,将多核心对内存的单字访问转为更高效的猝发(Burst)访问,同时,寻找对 CMP 处理器整体效率最佳的一次 Burst 访问字的数量模型以及高效多端口 BIU 访问的仲裁机制将是重要的研究内容。

(6) 操作系统设计。主要涉及任务调度、中断处理和同步互斥。对于多核 CPU,优化操作系统的任务调度算法是保证效率的关键;多核的中断处理和单核有很大不同,多个处理器之间的本地中断控制器和负责仲裁各核之间中断分配的全局中断控制器也需要封装在芯片内部;多核 CPU 是一个多任务系统,需要系统提供同步与互斥机制解决对共享资源的竞争问题。

(7) 低功耗设计。低功耗和热优化设计是微处理器研究中的核心问题,因为半导体工艺的迅速发展使微处理器的集成度越来越高,同时处理器表面温度也变得越来越高并呈指数级增长。

(8) 存储器墙。多核处理器对存储器带宽有要求,怎样能提供一个高带宽、低延迟的存储器接口带宽,是需解决的一个重要问题。

(9) 可靠性及安全性设计。多核已是目前的主流处理器,硬件本身的复杂性和设计时不可避免的失误等,使得处理器内部也未必是安全的。因此,可靠性与安全性设计任重而道远。

3. 流水线与超级流水线技术

流水线技术是一种将每条指令分解为多步,让各步操作重叠,从而实现几条指令并行处理的技术。程序中的指令仍是一条条顺序执行,但可以预先取若干条指令,并在当前指令尚未执行完时,提前启动后续指令的另一些操作步骤。这样可加速一段程序的运行过程。

采用简单指令以加快执行速度是所有流水线的共同特点,但超级流水线技术则以增加流水线级数的方法来缩短机器周期,通过配置多个功能部件、指令译码电路,多个寄存器端口和总线,采用多条流水线并行处理,实现在相同的时间内执行更多的机器指令。因此,超级流水线技术就是将标准流水线细分的技术,会比普通流水线执行得更快。这样的技术虽然提高了 CPU 的主频,但也带来了很大的副作用:一是会增加多余的时间消耗;二是随着流水线级数的加深,一旦分支预测出现错误,将会导致 CPU 中大量的指令作废。

4. 超标量技术

超标量(Superscalar)是指在 CPU 中有一条以上的流水线,并且在每个时钟周期内可以完成多条指令。

在单流水线结构中,指令虽然能够重叠执行,但仍然是顺序的,每个周期只能执行一条指令,而超级标量结构的 CPU 支持指令级并行,每个周期可以执行多条指令。与超级流水线技术相比,超标量技术的实质是以空间换取时间,超流水线实质是以时间换取空间。

习题与思考题

2.1 8086 CPU 中的哪些 16 位寄存器可分为两个 8 位寄存器使用?

2.2 8086 CPU 的标志寄存器有哪几个状态标志位?各个标志位为 1 时表示的含义是什么?有哪几个控制标志位?各个标志位的作用是什么?

2.3 在 8086 CPU 中,试说明物理地址、逻辑地址、段地址、偏移地址的含义。现已知有逻辑地址 1000H:F000H,试计算其对应的物理地址。

2.4 若某数据段位于存储区 38000H~47FFFH,试计算该数据段的段地址为多少。

2.5 8086 微型计算机最大可编址的存储空间是多少?它是由什么决定的?

2.6 给出下列 8 位数据在执行加法运算后,CF、OF、SF、ZF 的值。
  (1) EFH+2   (2) 80H+80H   (3) F9H+63H

2.7 给出 2.6 题中的每小题在执行减法运算后,CF、OF、SF、ZF 的值。

2.8 简要说明 8086 CPU 的内部功能结构及各部分的作用。

2.9 8086 CPU 按每个逻辑段最大为 64KB 划分,最多可分为多少个?最少可分为多少个?段和段之间存在哪些关系?段寄存器的作用是什么?段和段寄存器之间如何对应?

2.10 8086 CPU 的最大工作模式和最小工作模式的主要区别是什么?如何进行控制?

2.11 试解释时钟周期、总线周期和指令周期的概念,并结合指令"ADD [2000H],BX",说明执行该指令需要几个总线周期,以及各属于什么样的总线周期。

2.12 了解 Pentium 微处理器的内部组成结构和主要部件的功能;了解 Pentium 微处理器的主要特点。

2.13 了解 80486 微处理器的不同工作模式的特点。

2.14 简述对双核及多核微处理器的认识。

第 3 章 寻址方式与指令系统

【学习目标】

指令系统是指计算机所能执行的全部指令的集合,其描述了计算机内全部的控制信息和"逻辑判断"能力,每种 CPU 都有自己的指令系统。可以说,指令系统的功能强弱大体上决定了计算机硬件系统功能的强弱。本章的学习目标:掌握 8086 CPU 指令系统中主要指令的功能、指令格式及对操作数的要求,指令执行对标志位的影响;理解寻址方式的含义,熟悉具体的 7 种寻址方式。

3.1 指令系统概述

3.1.1 指令的基本概念

计算机通过执行程序来完成指定的任务,而程序是由完成一个完整任务的一系列有序指令组成的。指令是控制计算机完成指定操作并能够被计算机所识别的操作命令,每条指令都明确规定了计算机必须完成的一套操作以及对哪一组操作数进行操作。每种计算机都有一套能反映计算机全部功能的指令,这些所有指令的集合称为该机的指令系统。指令系统定义了计算机硬件所能完成的基本操作,其功能的强弱在一定程度上决定了硬件系统性能的高低;指令系统也是计算机硬件和软件之间的桥梁,是汇编语言程序设计的基础。不同的计算机(或者说不同的微处理器)具有各自不同的指令系统,但同一系列的计算机的指令系统是向前兼容的。

机器指令是一组用二进制编码的指令,是计算机能够直接识别和执行的指令。例如 8086 CPU 中的指令 INC AX,其机器指令形式为 01000000,十六进制形式为 40H,指令功能是将寄存器 AX 的内容加 1 后再回送给 AX。所有机器指令都是这样用 0、1 组成的二进制代码形式,不易理解,也不便于记忆和书写,因此,人们就采用便于记忆并能描述指令功能的符号来表示机器指令。这种用助记符或符号来表示操作码或操作数的指令就是汇编指令。汇编指令与机器指令间是一一对应的。

8086 CPU 的指令系统是 Intel 系列 CPU 的基本指令集。从 80286 到 Pentium 系列的指令系统是在 8086 CPU 基本指令集基础上的增强与扩充。

3.1.2 指令格式

1. 指令的组成

计算机中的指令通常由操作码和操作数两部分构成,其中,操作码部分规定计算机要执行的操作,操作数部分也称为地址码,用于描述该指令要操作的对象。

一个指令字中包含二进制代码的位数,称为指令字长度。指令字长度等于机器字长的指令,称为单字长指令;指令字长度等于半个机器字长的指令,称为半字长指令;指令字长度等于两个机器字长的指令,称为双字长指令。Intel 8086 的指令采用变字长格式,指令由 1~6 字节组成,其中第 1 字节至少包含操作码,大多数指令的第 2 字节表示寻址方式,第 3~6 字节表示的是一个或两个操作数。

2. 8086 汇编指令格式

8086 汇编语言的每条指令最多由 4 部分组成,其格式如下:

[标号:] 操作码　操作数 [;注释]

其中,方括号标识的表示该部分为可选部分。

1) 标号

标号表示一条指令在代码段中的偏移地址。在汇编源程序中,只有在需要转向一条指令时,才为该指令设置标号,以便在转移或循环指令中直接引用这个标号。标号和其后的操作码之间必须用冒号":"分隔。

2) 操作码

操作码也称指令码或助记符,用来规定计算机要执行的具体操作(如传送、运算、移位、跳转等),通常用一些意义相近的英文缩写(即助记符)来表示。操作码是所有指令中必不可少的部分。

3) 操作数

操作数是指令执行过程中参与指令操作的对象,它的表现形式比较复杂,可以是操作数本身,也可以是操作数地址或是地址的一部分,还可以是指向操作数地址指针或其他有关操作数据的信息。根据指令的不同,在指令中可以不含有操作数或者隐含操作数,即无操作数;也可以只含有一个操作数,即单操作数;或者是含有两个操作数,即双操作数。当是双操作数时,两个操作数间必须用逗号","分隔,并且称逗号左边的操作数为目的操作数,逗号右边的操作数为源操作数。操作数与操作码之间必须以空格分隔。

4) 注释

注释是对有关指令及程序功能的标注性说明,以增加程序的可读性;注释是用户根据自己的需要可选的,不影响程序的执行,但要注意注释与操作数之间需用分号";"分隔。

说明:读者要正确理解指令格式中方括号"[ ]"所表示的可选内容的含义。其中,"注释"可选项完全决定于用户,是真正的可选;但对于"标号"部分的可选项则是出于指令的需要,对于需要的指令就一定要写,对于不需要的指令就不必写了。

3.1.3 操作数类型

存储器操作数及实例操作演示

8086 指令中的操作数按其存放的地方,可分为立即操作数、寄存器操作数和存储器操作数三种类型。

1. 立即操作数

立即操作数简称立即数,是指具有固定数值的操作数(即常数),它不因指令的执行而发生变化。8086 指令中的立即数具体可以是一字节、一个字或双字,可以是无符号数或带符号数。在指令书写中,立即数作为指令代码的一部分出现在指令中,作为源操作数使用;书写形式可以是二进制、十进制或十六进制,也可以是一个可以求出确定值的表达式,但数的取值范围必须符合相应的机器字长数的规定,如果取值超出了规定的范围,就会发生错误。存放时,立即数跟随指令操作码一起被存放在代码区。

2. 寄存器操作数

事先存放在 CPU 的 8 个通用寄存器和 4 个段寄存器中的操作数为寄存器操作数,在指令执行时只要知道寄存器名就可以寻找到操作数。寄存器操作数既可以作为源操作数使用,也可以作为目的操作数使用。

3. 存储器操作数

事先存放在内存中的操作数为存储器操作数,在指令中,只要知道存放操作数的存储单元的偏移地址就可以寻找到该操作数。由于 8086 指令系统中的操作数一般均为 8 位或 16 位字长,因此存储器操作数通常以字节和字类型居多,分别存放在一个和连续两个存储单元中,极个别指令中用到双字类型操作数。在指令中,存储器操作数都给出了偏移地址,段地址一般以隐含方式给出。存储器操作数既可以作为源操作数使用,也可以作为目的操作数使用。

说明:存储器操作数的表示有两种形式。

(1) 若用数字形式表示的某存储单元的物理地址为 M,该地址中的内容为 N,则有 $(M)=N$,即用圆括号将地址括起来表示该地址的内容,这种形式通常在文字描述中引用。

(2) 带方括号"[ ]"的操作数表示存储器操作数,这种形式通常在程序指令中引用。

3.1.4 指令的执行

程序中要执行的所有指令,均保存在存储器中,当计算机需要执行一条指令时,首先根据这条指令的地址,访问相应的存储单元,取出指令代码,CPU 再根据指令代码的要求以及指令中的操作数,去执行相应的操作。

3.2 寻址方式

寻址方式主要是指获得操作数所在的地址的方法。8086 CPU 的寻址分为两类：一类是寻找操作数的地址；另一类是寻找要执行的下一条指令的地址，即指令地址。后者主要在程序转移或过程调用时用来寻找目标地址或入口地址，这将在 3.3.4 节的转移和过程调用类指令中介绍。本节讨论针对操作数地址的寻址方式，并且如无特殊声明，一般都指源操作数，下面介绍这种寻址方式。

3.2.1 立即寻址

立即寻址方式所提供的操作数直接包含在指令中，此操作数紧跟在操作码后面，与操作码一起存放于内存的代码段中，在 CPU 取指令时，立即数随指令码一起取出并直接参与运算。立即寻址方式中的操作数只能用于源操作数，主要用来给寄存器或存储单元赋初值。

对于 16 位微型计算机系统，立即数可以是一个 8 位或 16 位的整数。若为 16 位，则存放时其低 8 位存放在相邻两个存储单元的低地址单元中，高 8 位存放在高地址单元中。例如：

```
MOV  BL,0EH        ;将 8 位立即数 0EH 传送到 BL 寄存器中
MOV  AX,5102H      ;将 16 位立即数 5102H 传送到 AX 寄存器中,AH=51H,AL=02H
MOV  DL,'6'        ;将字符'6'的 ASCII 码值 36H 送入寄存器 DL 中,'6'是立即数
```

机器执行立即寻址方式的指令过程如图 3.1 所示。

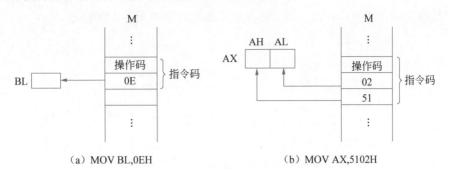

(a) MOV BL,0EH　　　　　　(b) MOV AX,5102H

图 3.1　立即寻址示意

3.2.2 寄存器寻址

寻址方式动画演示（立即寻址与寄存器寻址）

寄存器寻址的操作数存放在 CPU 的某个寄存器中，在指令中写出指定的寄存器名即可。对于 8 位操作数，可用的寄存器是 AL、AH、BL、BH、CL、CH、DL 和 DH；对于 16 位的操作数，可使用 8 个通用寄存器 AX、BX、CX、DX、SI、DI、SP、BP 和 4 个段寄存器。例如：

```
MOV  AX, CX        ;将 CX 中的内容传送到 AX 中
```

若指令执行前 AX=6545H,CX=8932H,则指令执行后 AX=8932H,而 CX 中的内

容保持不变。

对于寄存器寻址方式,指令的操作码存放在代码段中,但操作数在 CPU 的寄存器中,执行指令时不必访问存储器就可获得操作数,故其执行速度较快。

3.2.3 存储器寻址

寻址方式
动画演示
(5 种存储
器寻址)

在存储器寻址方式中,操作数存放在内存的存储单元中,执行指令时,CPU 要访问到操作数须先计算出存放该操作数的存储单元在内存中的物理地址,然后才能进行数据读/写的操作。

前已述及,8086 CPU 对存储器采用分段管理,所以在指令中直接引用存储单元的物理地址较困难,而是直接或间接地给出存放操作数的偏移地址,并用方括号"[ ]"括起来,以达到访问操作数的目的,以下介绍具体的存储器寻址方式。

1. 直接寻址

在直接寻址方式中,指令中的操作数部分直接给出操作数的偏移地址,且该地址与操作码一起被放在代码段中。通常,直接寻址方式的操作数放在存储器的数据段中,这是一种默认方式,当然也可以使用段超越。例如:

```
MOV AX,[2000H]       ;将数据段中偏移地址为 2000H 和 2001H 的两单元的内容送到 AX 中
MOV AX,ES:[2000H]    ;将附加段中偏移地址为 2000H 和 2001H 的两单元的内容送到 AX 中
```

存储器操作数本身并不能表明数据的类型,需要通过另一个寄存器操作数的类型或别的方式来确定。因此对于以上两例,由于目的操作数 AX 为字类型,因此,作为存储器操作数的源操作数也应与之配套为字类型。假设 DS=3000H,则在执行 MOV AX, [2000H] 指令后,AX=9310H。指令的寻址及执行过程如图 3.2 所示。

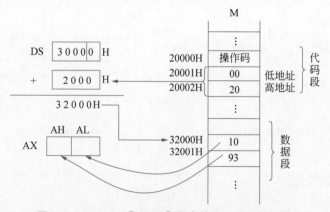

图 3.2 MOV AX,[2000H] 指令的寻址及执行过程

说明:在汇编语言源程序中,直接寻址方式不以在方括号内括一个 16 位常数这样的形式表示,常用变量名表示偏移地址。如上例中若用符号 BUF 代替地址 2000H,则 MOV AX,[2000H] 指令可写成 MOV AX,BUF。因为在源程序中若以 MOV AX, [2000H] 形式寻址,则汇编时,汇编程序会将源操作数 [2000H] 当成立即数汇编,即将该指

令汇编成 MOV AX,2000H,这样就变成了立即寻址,而不是直接寻址了,读者不妨试一试。

指令 MOV AX,BUF 中的 BUF 为存放操作数的存储单元的偏移地址,须在汇编源程序的开始处予以定义,该内容将在 4.2.2 节中介绍。

2. 寄存器间接寻址

在寄存器间接寻址方式中,操作数的偏移地址在指令指明的寄存器中,即寄存器的内容就是操作数的偏移地址,而操作数存放在存储器中。

对于寄存器间接寻址,存放操作数偏移地址的寄存器只能是 BX、BP、SI 和 DI,选择不同的寄存器涉及的段寄存器不同。指令中如果指定的寄存器是 BX、SI、DI,则操作数默认在数据段中,段地址由 DS 提供;如果指定的寄存器是 BP,则操作数默认在堆栈段中,段地址由 SS 提供,但允许段超越。

【例 3.1】 已知 DS=3000H,BX=1000H,(31000H)=56H,(31001H)=34H,试分析指令 MOV AX,[BX]的寻址情况。

由已知条件可计算出源操作数的物理地址=30000H+1000H=31000H,执行指令 MOV AX,[BX]操作的示意如图 3.3 所示。

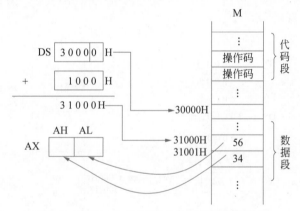

图 3.3　MOV AX,[BX]指令的寻址及执行结果

指令执行结果为 AX=3456H。

【例 3.2】 若已知 SS=8000H,BP=0400H,(80400H)=3AH,(80401H)=59H,则执行指令 MOV　BX,[BP]后,结果为 BX=593AH。

寄存器间接寻址允许在指令中通过段超越前缀来存取其他段中的操作数。例如:

```
MOV   AX,ES:[BX]        ;将以 ES 的内容为段地址,以 BX 的内容为偏移地址的附加段中的
                        ;相应字内容送给 AX
```

3. 寄存器相对寻址

在寄存器相对寻址方式中,操作数的偏移地址由一个基址或变址寄存器与指令中指定的 8 位或 16 位位移量形成,即

$$EA = \begin{pmatrix} BX \\ BP \\ SI \\ DI \end{pmatrix} + \begin{pmatrix} 8\text{位} \\ 16\text{位} \end{pmatrix}\text{位移量}$$

对于寄存器相对寻址，段寄存器的引用规则与寄存器间接寻址方式相同，即指令中如果指定的寄存器是 BX、SI 或 DI，段地址默认由 DS 提供；如果指定的寄存器是 BP，段地址默认由 SS 提供，但允许段超越。例如：

```
MOV  SS:STR[SI],AX       ;SS 是段超越前缀，即 SS 为当前段寄存器
```

在汇编语言程序设计中，寄存器相对寻址的书写形式较灵活，允许有不同的书写形式，以下是与 MOV AX,COUNT[BX]指令等价的另外几种书写形式。

```
MOV  AX,[BX+COUNT]
MOV  AX,[COUNT+BX]
MOV  AX,[BX]COUNT
```

【例 3.3】 假设 DS=3000H，BX=1000H，COUNT=4000H，(35000H)=90H，(35001H)=19H，则在执行 MOV AX,COUNT[BX]指令后，AX=1990H。该指令的寻址及执行结果如图 3.4 所示。

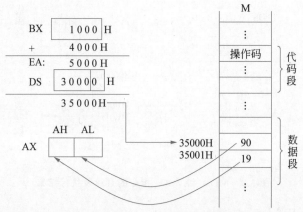

图 3.4　MOV AX,COUNT[BX]指令的寻址及执行结果

4. 基址变址寻址

在基址变址寻址方式中，操作数的偏移地址由一个基址寄存器(BX 或 BP)和一个变址寄存器(SI 或 DI)的内容相加而成，两个寄存器均由指令指出，即

$$EA = BX + \begin{pmatrix} SI \\ DI \end{pmatrix} \quad \text{或} \quad EA = BP + \begin{pmatrix} SI \\ DI \end{pmatrix}$$

基址变址寻址的操作数段地址引用随基址寄存器的不同而不同，指令中如果指定的基址寄存器是 BX，段地址默认由 DS 提供，如果指定的基址寄存器是 BP，则段地址默认由 SS 提供，但允许段超越，操作数的书写形式也有多种。

【例 3.4】 请分析指令 MOV AX,[BX][DI]的执行情况。设 DS=2000H，BX=

8000H，DI＝1000H，物理地址(29000H)的字单元内容为5678H。

分析：对于指令 MOV AX,[BX][DI]，源操作数的偏移地址为 BX＋DI＝9000H，与段地址 DS＝2000H 形成的物理地址为 29000H，执行该指令，将(29000H)字单元中的内容送给 AX。因此，AX＝5678H。

说明：

(1) 与寄存器相对寻址一样，基址变址寻址的操作数书写形式较为灵活。对于例 3.4 中的 MOV AX,[BX][DI] 指令，也可以写成 MOV AX,[BX+DI] 或 MOV AX,[DI][BX] 等形式。

(2) 在实际编程应用中，基址变址寻址适用于对数组和表格的处理，可将首地址放在基址寄存器中，而用变址寄存器来访问数组或表格中的各个元素。

5. 基址变址相对寻址

在基址变址相对寻址方式中，操作数的偏移地址由一个基址寄存器、一个变址寄存器，同时还有一个由指令中指定的 8 位或 16 位位移量三者内容之和形成，即

$$EA = \binom{BX}{BP} + \binom{SI}{DI} + \binom{8\text{位}}{16\text{位}}\text{位移量}$$

基址变址相对寻址方式对操作数段地址的引用与基址变址寻址方式相同，即 BX 默认的段寄存器为 DS，BP 默认的段寄存器为 SS，允许段超越。基址变址相对寻址方式中操作数的书写形式也可采用多种等价形式。例如以下指令：

```
MOV   DX,disp[BX][SI]
MOV   DX,disp[BX+SI]
MOV   DX,[BX+SI+disp]
MOV   DX,[BX+SI]disp
MOV   DX,[BX]disp[SI]
```

这 5 种不同形式指令的寻址含义相同，都是将由 DS 段寄存器与偏移地址 BX＋SI＋disp 所形成的物理地址所对应的字存储单元中的内容传送到 DX 寄存器中。

【例 3.5】 设 DS＝3000H，BX＝2000H，SI＝1000H，位移量 disp＝0250H，物理地址＝DS×16＋BX＋SI＋disp＝30000H＋2000H＋1000H＋0250H＝33250H 的字单元内容为 3132H，则在执行指令 MOV DX,disp[BX][SI] 后，DX＝3132H，该指令的寻址及执行过程如图 3.5 所示。

3.3 8086 CPU 指令系统

Intel 的 8086 CPU 指令系统是 80x86/Pentium 的基本指令集，提供了共 133 条指令，按功能可分为数据传送类、算术运算类、逻辑运算与移位类、串操作类、控制转移类和处理器控制类六大类。本节介绍部分常用指令。学习指令，需掌握指令的书写格式、指令功能、寻址方式、对操作数的规定以及指令对标志位的影响等，这是编写汇编程序的关键。

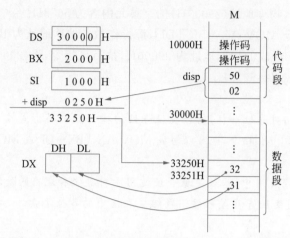

图 3.5　MOV DX,disp[BX][SI]指令的寻址及执行过程

汇编语言对指令的书写不区分大小写字母,本节在介绍具体的指令之前,先介绍本教材中要用到的一些符号所表示的含义。

mem：存储器操作数。
opr：泛指各种类型的操作数。
src：源操作数。
dest：目的操作数。
label：标号。
disp：8 位或 16 位位移量。
port：输入/输出端口,可用数字或表达式表示。
[ ]：整体上是一存储器操作数。
reg：通用寄存器。
count：移位次数,可以是 1 或 CL。
S_ins：串操作指令。

3.3.1　数据传送类指令

传送数据是计算机中量最大、最基本、最主要的操作,所以数据传送类指令也是实际程序中使用最多的指令,是指令系统中提供的传送种类和条数最多的一类指令,常用于将原始数据、中间运算结果、最终结果及其他信息在 CPU 的寄存器和存储器之间进行传送。根据所执行的功能不同,数据传送类指令分为通用数据传送指令、交换指令、堆栈操作指令、地址传送指令、标志寄存器传送指令和查表转换指令 6 种。

1. 通用数据传送指令 MOV

指令格式：

```
MOV dest,src
```

功能：将源操作数 src 的内容传送给目的操作数 dest，源操作数内容不变。
MOV 指令的主要数据传送方式如图 3.6 所示。

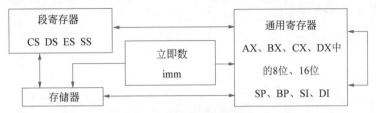

图 3.6　数据传送方式示意

图 3.6 中表示的是 MOV 指令能实现的其中大多数的数据传送方式，但也存在 MOV 指令不能实现的传送情况。以下为一些具体的规定，其中有些规定对后面其他的一些指令同样有效。

(1) 两个操作数的数据类型须匹配（即位数要一致，需同为字节类型或字类型数据），两个操作数不能同时为段寄存器；也不能同时为存储器操作数。

(2) 操作数不能出现二义性，即至少一个操作数需明确类型。

(3) 代码段寄存器 CS 不能作为目的操作数使用，但可以作为源操作数。

(4) 立即数不能作为目的操作数使用，也不能直接传送给段寄存器。

(5) 指令指针寄存器 IP 既不能作为目的操作数使用，也不能作为源操作数使用。

下面列举几组正确的指令例子。

(1) 源操作数是寄存器操作数：

```
MOV  DL,AL           MOV  BP,SP           MOV  CX,BX
MOV  DS,BX           MOV  [BX],AH         MOV  [BX+SI],DX
```

(2) 源操作数是存储器操作数（其中，VARW 是字类型内存变量，以下同）：

```
MOV  AL,[2000H]      MOV  AX,ES:[DI]      MOV  AX,[BX]
MOV  AX,VARW         MOV  DX,[BX+SI]      MOV  AH,[BX+DI+100H]
```

(3) 源操作数是立即数：

```
MOV  AL,99H          MOV  BX,-100         MOV  WORD PTR [BX],300
```

下面是一些错误指令的例子（其中，VARA 和 VARB 为变量）：

```
MOV  BL,AX           ;操作数类型不匹配
MOV  ES,DS           ;两个操作数都为段寄存器
MOV  CS,AX           ;CS 不能为目的操作数
MOV  DS,100H         ;立即数不能直接传送给段寄存器
MOV  100H,AX         ;立即数不能作为目的操作数
MOV  VARA,VARB       ;VARA 和 VARB 都属于存储器操作数，不能直接进行
MOV  [BX],12H        ;两个操作数的类型都不明确
```

说明：立即数的类型是不明确的，不能把 16 位二进制数当作字类型的立即数，也不能把 8 位二进制数当作字节类型的立即数。在将立即数传送给存储器时，若存储器操作数的类型不明确，则需使用操作符 PTR 来明确其类型。BYTE 规定为字节，WORD 规定

为字。因此,对于指令 MOV [BX],12H,若将其修改为 MOV BYTE PTR [BX],12H 或 MOV WORD PTR [BX],12H 就是正确的指令了。有关 PTR 内容将在 4.1.4 节介绍。

MOV 指令不影响标志位。

2. 交换指令 XCHG

指令格式:

```
XCHG dest,src
```

功能:将源操作数和目的操作数的内容相互交换。

说明:指令中的两个操作数类型须匹配;交换只能在两个通用寄存器之间,通用寄存器与存储器操作数之间进行,不能同时为两个存储器操作数。例如:

```
XCHG  AL,BL       ;AL 和 BL 的内容相互交换
XCHG  SI,DI       ;SI 和 DI 的内容相互交换
XCHG  CX,[3450H]  ;CX 中的内容和由 DS:3450H 所形成的物理地址字单元中的内容进行交换
```

XCHG 指令不影响标志位。

3. 堆栈操作指令 PUSH 和 POP

指令格式:

```
PUSH src
```

功能:将指令中指定的 16 位操作数 src 压入堆栈,该操作数可以是通用寄存器操作数、存储器操作数或者是段寄存器操作数。

PUSH 指令的执行过程:

$$SP \leftarrow SP-2$$
$$(SP+1,SP) \leftarrow src$$

即先修正堆栈指针 SP 的值,然后将 16 位源操作数压入堆栈,压入的顺序是先高字节后低字节。

【例 3.6】 若给定 SP=00F8H,SS=4000H,AX=5102H,则在执行指令 PUSH AX 后,SP=00F6H,(400F6H)=5102H。该指令执行前后的堆栈变化示意如图 3.7 所示。

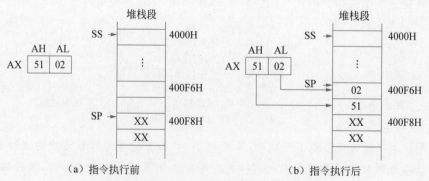

图 3.7 PUSH AX 指令执行前后的堆栈变化

执行 PUSH 指令，先将 SP 的值减 2 变为 00F6H，然后再将 AX 的内容 5102H 送入由 SS 和 SP 所形成的物理地址 400F6H 字单元中。

指令格式：

```
POP  dest
```

功能：将堆栈栈顶指针 SP 所指的 16 位字内容弹出给指令中指定的操作数。同 PUSH 指令一样，POP 指令中的操作数可以是一通用寄存器、一存储器或段寄存器操作数（CS 除外）。

POP 指令具体执行的操作：

$$dest \leftarrow (SP+1, SP)$$
$$SP \leftarrow SP+2$$

即先从栈顶弹出 16 位操作数给目的操作数，然后再修正堆栈指针 SP，使 SP 指向新的栈顶。

【例 3.7】 若给定 SP=0100H，SS=2000H，BX=78C2H，(20100H)=6B48H，则在执行指令 POP BX 后，SP=0102H，BX=6B48H。该指令执行前后堆栈变化示意如图 3.8 所示。

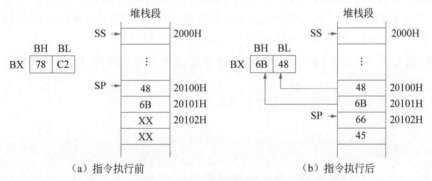

（a）指令执行前　　　　　　　　　（b）指令执行后

图 3.8　POP BX 指令执行前后的堆栈及 BX 变化情况

POP 指令执行时，首先将 SP=0100H 所指的栈顶地址单元中的内容 6B48H 弹出来送入 BX 中，然后再将 SP 加 2 指向 0102H 单元，SP 在原来 0100H 的基础上增加了 2。

在程序设计中，堆栈是一种十分有用的结构，其经常用于子程序的调用与返回、中断处理过程中的断点地址保存以及暂时保存程序中的某些信息等。

8086 堆栈的使用规则如下。

（1）堆栈的使用要遵循后进先出（LIFO）的准则。

（2）堆栈的存取每次必须是一个字（16 位），即堆栈指令中的操作数必须是 16 位。

（3）8086 CPU 堆栈操作可以使用除立即寻址以外的任何寻址方式。

以上两条堆栈指令都不影响标志位。

4. 地址传送指令

地址传送指令传送的是存储器操作数的地址（偏移地址和段地址），而不是内容。这组指令都不影响标志位,指令中的源操作数都必须是存储器操作数。

1) 取有效地址指令 LEA

指令格式:

```
LEA  reg,mem
```

功能:将源操作数的有效地址送到指令中指定的寄存器中。源操作数只能是一存储器操作数,目的操作数只能是一16位的通用寄存器。例如:

```
LEA   BP,[3456H]            ;将偏移地址 3456H 送入 BP
LEA   BX,BUF                ;将变量 BUF 所指的存储单元的偏移地址送给 BX
```

【例 3.8】 设 BX=1000H,DS=6000H,[61032H]=33H,[61033H]=44H,试比较以下两条指令单独执行时的结果。

```
LEA   BX,50[BX]
MOV   BX,50[BX]
```

分析:执行第一条指令后,BX=1032H;执行第二条指令后,BX=4433H。

要特别注意 LEA 指令和 MOV 指令间的区别。从以上例子也可以看出:指令 LEA BX,50[BX]是将 BX 的内容 1000H 与 50 之和 1032H 作为存储器的有效偏移地址送入 BX 中;而指令 MOV BX,50[BX]则是将源操作数通过寄存器相对寻址方式所确定的物理地址 61032H 存储单元中的字内容送入 BX 中。

实际编程时,常通过 LEA 指令以使一个寄存器作为地址指针用,这个寄存器通常为 BX、BP、SI、DI。

2) 地址指针装到 DS 和指定的寄存器指令 LDS

指令格式:

```
LDS   reg,mem
```

功能:从指令的源操作数所指定的存储单元开始,将连续 4 字节存储单元中的第一个字内容送入指令中指定的通用寄存器中,而第二个字内容送入段寄存器 DS 中。

【例 3.9】 假设当前 DS=3000H,存储单元(30100H)=80H,(30101H)=20H,(30102H)=00H,(30103H)=25H。则在执行指令 LDS SI,[0100H]后,SI=2080H,DS=2500H。

3) 地址指针装到 ES 和指定的寄存器指令 LES

LES 指令的操作与 LDS 指令基本类似,所不同的只是第二个字内容送往的段寄存器是 ES,即将源操作数所指定的地址指针中的后 2 字节内容传送到 ES 段寄存器中。

地址传送类指令应用于串操作时,需建立初始的串地址指针。

5. 标志寄存器传送指令

与标志寄存器有关的传送指令共 4 条,它们都是无操作数指令,但操作数规定为隐含方式。利用这些指令,可以读出标志寄存器的内容,也可以对标志寄存器的某些标志位设置新值。

1) 读取标志指令 LAHF
指令格式：

LAHF

功能：将标志寄存器的低 8 位读出后传送给 AH 寄存器。
LAHF 指令的操作情况如图 3.9 所示。

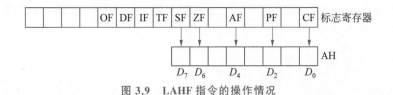

图 3.9　LAHF 指令的操作情况

2) 设置标志寄存器指令 SAHF
指令格式：

SAHF

SAHF 指令与 LAHF 指令正好相反，它将 AH 寄存器内容送到标志寄存器的低 8 位。实际编程时，常用该指令修改某些状态标志位的值。

【例 3.10】　编写程序段，实现将标志寄存器中的 SF 标志位置为"1"。
程序段如下：

```
LAHF                ;标志寄存器的低 8 位送到 AH
OR  AH,80H          ;使用逻辑"或"指令将 SF 置为"1"
SAHF                ;AH 的内容返回到标志寄存器
```

3) 标志寄存器压栈指令 PUSHF
指令格式：

PUSHF

功能：先执行栈顶指针 SP 减 2 操作，然后再将 16 位标志寄存器的所有标志位送入到 SP 指向的栈顶字单元中，其操作过程与 PUSH 指令类似。

4) 标志寄存器出栈指令 POPF
指令格式：

POPF

功能：POPF 指令与 PUSHF 指令刚好相反，执行时将堆栈栈顶指针所指的一个字内容弹出来送到标志寄存器中，然后再将 SP 的值加 2，其操作过程与 POP 指令类似。

实际编程时，常利用 PUSHF 和 POPF 指令保护和恢复标志位，即用 PUSHF 指令保护调用子程序之前的标志寄存器值，而在子程序执行之后，再利用 POPF 指令恢复这些标志位状态；利用 PUSHF 和 POPF 指令，也可以方便地改变标志寄存器中任一标志位的值。

【例 3.11】　编写程序段，将 TF 标志位置为"1"。

程序段如下:

```
PUSHF                    ;将当前标志寄存器的内容压入堆栈
POP  AX                  ;标志寄存器的内容弹出至 AX
OR   AH,01H              ;将 TF 位置为"1"
PUSH AX
POPF                     ;AX 的内容送至标志寄存器
```

以上指令中,LAHF 和 PUSHF 对标志位无影响,SAHF 和 POPF 会影响相应标志位。

6. 查表转换指令 XLAT

指令格式:

```
XLAT 或 XLAT  表首址
```

功能:实现将 AL 中的值变换成内存表格中的对应值。XLAT 指令的操作数是隐含的,所执行的操作是将 BX 中的值为基地址、AL 中的值为位移量所形成的偏移地址所对应的字节存储单元中的内容送到 AL 中,即执行 AL←[BX+AL]操作。XLAT 指令的功能可以用如下程序段代替。

```
ADD  BL,AL
ADC  BH,0                ;代替的条件是该指令不再产生进位
MOV  AL,[BX]
```

实际编程时,常使用该指令实现代码转换(将一种代码转换为另一种代码)或查表的功能。方法是:首先在数据段中建立一个长度小于 256 字节的数据表,将该表的首地址存放在 BX 中,将欲查找对象所在表中的地址下标值(数据表内位移量)存放在 AL 中,最后运用 XLAT 指令即可将该地址处的值送到 AL 中。

【例 3.12】 编程实现将十六进制数 0H~FH 的某一数转换为其字符对应的 ASCII 码值,假设存放 ASCII 码值的数据表首地址为 2000H,如图 3.10 所示。

以下是要取出十六进制数 B 所对应的 ASCII 码值的程序段。

```
MOV  BX,2000H            ;将 ASCII 码表首地址置入 BX 中,
                         ;BX=2000H
MOV  AL,0BH              ;将待转换的数据 0BH 在表中的位
                         ;移量送入 AL 中
XLAT                     ;完成代码转换,AL=42H
```

3.3.2 算术运算类指令

8086 CPU 的算术运算类指令包括针对二进制数运算的加、减、乘、除指令和十进制数算术运算调整指令,参加运算的操作数可以是字节、字,可以是带符号数或无符

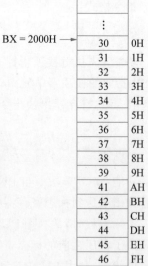

图 3.10 0H~FH 的十六进制数对应的 ASCII 码值

号数。对本类指令的学习,除了掌握指令的格式及操作功能外,还需要掌握指令对标志位的影响,因为这类指令的执行结果大多要影响标志位。

1. 加法指令

1) 加法指令 ADD
指令格式:

```
ADD dest,src
```

功能:将源操作数的内容和目的操作数的内容相加后的结果保存在目的操作数中,并根据结果设置相关标志位。

注意:

(1) 源操作数和目的操作数应同时为带符号数或无符号数,且两者的数据类型应匹配。

(2) 源操作数可以是8/16位的通用寄存器操作数、存储器操作数或立即数;目的操作数只能是与源操作数相匹配的通用寄存器或存储器操作数,且两者不能同时为存储器操作数。

以下是一些合法的加法指令例子:

```
ADD  AL,50H           ;AL←AL+50H
ADD  BX,AX            ;BX←BX+AX
ADD  AX,[BX+3000H]    ;DS:[BX+3000H]所指的字单元内容与AX内容相加,结果送入AX中
```

【例 3.13】 设指令执行前,AL=66H,BL=20H,执行指令 ADD AL,BL 之后,则 AL=86H,BL 仍为 20H。

$$
\begin{array}{r}
0110\ 0110 \quad \text{AL} \\
+)\ 0010\ 0000 \quad \text{BL} \\
\hline
1000\ 0110 \quad \text{AL}
\end{array}
$$

标志位影响情况为 CF=0,ZF=0,SF=1,AF=0,OF=1,PF=0。

2) 带进位的加法指令 ADC
指令格式:

```
ADC dest,src
```

功能:ADC 指令的操作功能与 ADD 指令基本相同,唯一不同的是还要加上当前进位标志位的值。实际编程时,常使用该指令实现多字节/字的加法运算。由于 8086 一次最多只能实现两个 16 位的数据相加,因此对于多于 2 字节/字的加法,只能先加低 8 位(或低 16 位),再加高 8 位(或高 16 位),但在进行高部分内容相加时,需要考虑低部分的进位位,这时就需要使用 ADC 指令。

【例 3.14】 两个无符号双精度数的加法例子,求 0002F365H+0005E024H=?

假设目的操作数存放在 DX 和 AX 寄存器中,其中,DX=0002H 存放高字部分,AX=F365H 存放低字部分;源操作数存放在 BX 和 CX 寄存器中,其中,BX=0005H 存放高字部分,CX=E024H 存放低字部分。

完成以上操作的双字加法指令序列：

```
ADD    AX, CX               ;低字内容相加
ADC    DX, BX               ;高字内容带进位相加
```

执行第一条指令的相加运算

$$
\begin{array}{r}
1111\ 0011\ 0110\ 0101 \quad \text{AX} \\
+)\ 1110\ 0000\ 0010\ 0100 \quad \text{CX} \\
\hline
\text{CF}\leftarrow 1 \quad 1101\ 0011\ 1000\ 1001 \quad \text{AX}
\end{array}
$$

之后，AX=D389H，CF=1，AF=0，PF=0。

执行第二条指令的相加运算

$$
\begin{array}{r}
0000\ 0000\ 0000\ 0010 \quad \text{DX} \\
0000\ 0000\ 0000\ 0101 \quad \text{BX} \\
+)\ \qquad\qquad\qquad\quad 1 \quad \text{CF} \\
\hline
0000\ 0000\ 0000\ 1000 \quad \text{DX}
\end{array}
$$

之后，DX=0008H，CF=0，ZF=0，SF=0，AF=0，OF=0，PF=0。

该指令序列执行完后，相加的 32 位和存放在 DX 与 AX 中，DX=0008H，AX=D389H，即相加的结果为 0008D389H。

3）加 1 指令 INC

指令格式：

```
INC dest
```

功能：将指定操作数的内容加 1 后，再回送给该操作数。

实际上，指令中的操作数既是目的操作数，同时又是源操作数，其可以是任意一个 8/16 位的通用寄存器或存储器操作数，但不能是立即数。指令执行的结果将影响 PF、AF、ZF、SF 和 OF，但不影响 CF 标志位。

实际编程时，INC 指令常用于循环程序中对循环计数器的计数值或修改地址指针之用。例如，执行 INC CX 指令后，将 CX 寄存器中的内容加 1 后又回送到 CX 中。

2. 减法指令

1）减法指令 SUB

指令格式：

```
SUB dest,src
```

功能：将目的操作数内容与源操作数内容相减之后的结果（差）存入目的操作数中。该指令对操作数的要求以及对标志位的影响与 ADD 指令完全相同。

【例 3.15】 设 SS=5000H，BP=2000H，AL=45H，存储单元(52008H)=87H。试分析指令 SUB AL,[BP+8] 执行后的情况。

执行指令 SUB AL,[BP+8]，实际上执行的就是以下操作：

```
            0100 0101    AL
          -)1000 0111    (52008H)
       CF←1 1011 1110    AL
```

指令执行后：AL=BEH,(52008H)单元内容仍为87H。标志位的影响情况为CF=1,ZF=0,SF=1,AF=1,OF=1,PF=1。

2) 带借位的减法指令SBB

指令格式：

```
SBB dest,src
```

功能：指令执行时,用目的操作数减去源操作数,还要减去标志位CF的值,并将相减的结果回送给目的操作数。SBB指令对操作数的要求以及对标志位的影响与SUB指令完全相同。与ADC指令类似,在实际编程中,SBB指令主要用于两个多字节/字二进制数的相减运算。

【例3.16】 设指令执行前,DX=0012H,AX=7546H,CX=0010H,BX=9428H。编写程序段,完成00127546H−00109428H的运算。

双字减法指令段为

```
SUB    AX, BX          ;低字部分相减
SBB    DX, CX          ;高字带借位CF部分相减
```

第一条指令执行相减运算

```
            0111 0101 0100 0110    AX
          -) 1001 0100 0010 1000    BX
       CF←1 1110 0001 0001 1110    AX
```

之后,AX=E11EH,CF=1,AF=1,PF=1。

第二条指令执行相减运算

```
         0000 0000 0001 0010    DX
         0000 0000 0001 0000    CX
        -)                  1    CF
         0000 0000 0000 0001    DX
```

之后,DX=0001H,CF=0,ZF=0,SF=0,AF=0,OF=0,PF=0。

该指令序列执行完后,相减的32位差值存放在DX与AX中,DX=0001H,AX=E11EH,即相减的结果为0001E11EH。

3) 减1指令DEC

指令格式：

```
DEC dest
```

功能：完成对指令中指定操作数的内容减1后,又回送给该操作数。该指令对操作数的要求及对标志位的影响与INC指令完全相同,实际使用场合也与INC指令一样,通常用于在循环过程中对地址指针和循环次数的修改。

4）求补指令 NEG

指令格式：

```
NEG dest
```

NEG 指令及其操作与动画演示

功能：对指令中指定的操作数内容求补后，再将结果回送给该操作数。该操作数只能是通用寄存器操作数或存储器操作数。

对一个操作数求补实际上就相当于用 0 减去该操作数的内容，故 NEG 指令属于减法指令。该指令的间接求法是将操作数的内容按位求反末位加 1 后，再回送给该操作数。为什么可以这样？请读者思考。

该指令执行的效果是改变了操作数的符号，即将正数变为负数或将负数变为正数，但绝对值不变。由于带符号数在机器中是用补码表示的，因此，对于一个负数的操作数进行求补，实际上就是求其绝对值。例如：

设 BX 所指的字节单元内容为 -4（补码为 1111 1100 B），则在执行 NEG BYTE PTR[BX] 后，其值变成了 0000 0100＝＋4（-4 的绝对值）。

从以上例子也可以看到，对一个负数的补码进行求补，得到的是该负数的绝对值。因此在实际编程时，常用 NEG 指令求负数的绝对值。

NEG 指令影响所有标志位。

5）比较指令 CMP

指令格式：

```
CMP dest,src
```

功能：CMP 指令除了不回送相减结果外，其他的均与 SUB 指令相同。例如：

设指令 CMP AL,CL 在执行之前，AL＝68H，CL＝9AH，该指令执行操作

```
           0110 1000    AL
       -)  1001 1010    CL
       CF←1  1100 1110
```

之后，AL＝68H，CL＝9AH，CF＝1，ZF＝0，SF＝1，AF＝1，OF＝1，PF＝0。

在该例中，当把两个操作数作为无符号数比较时，被减数小于减数，不够减，有借位，CF＝1；当把两个操作数作为带符号数比较时，相减结果超出了带符号数所能表示的范围，因此 OF＝1，有溢出。

实际编程时，常利用 CMP 指令判断两数的大小或是否相等，在该指令后跟一条条件转移指令，根据比较的结果实现程序的分支。

【例 3.17】 在数据段的 BUF 存储单元开始处分别存放了两个 8 位无符号数，试比较它们的大小，并将较大者送到 MAX 单元。程序段如下：

```
        ⋮
    LEA  BX,BUF      ;BUF 偏移地址送 BX,设置地址指针
    MOV  AL,[BX]     ;第一个无符号数送 AL
    INC  BX          ;BX 指针指向第二个无符号数
    CMP  AL,[BX]     ;比较两个数
```

```
        JNC   NEXT            ;第一个数大于第二个数,即 CF=0,则转向 NEXT 处
        MOV   AL,[BX]         ;否则,第二个无符号数送至 AL(中间寄存器)
NEXT:   MOV   MAX,AL          ;较大的无符号数送至 MAX 单元
          ⋮
```

3. 乘法指令

乘法指令分为无符号数乘法指令和带符号数乘法指令两种,它们唯一的区别是相乘的两个操作数是带符号数还是无符号数。

乘法指令的被乘数是隐含操作数,乘数需在指令中显式地写出来。执行指令时,CPU 会根据乘数是 8 位还是 16 位来自动选用被乘数是 AL 还是 AX。

1) 无符号数乘法指令 MUL

指令格式:

```
MUL opr
```

功能:将指令中指定的操作数与隐含的被乘数(都为无符号数)相乘,所得的乘积按表 3.1 中的对应关系存放。

表 3.1 乘法指令中乘数、被乘数与乘积的对应关系

乘 数 位 数	隐含的被乘数	乘积的存放位置	举　　例
8 位	AL	AX 中	MUL BL
16 位	AX	DX 与 AX 中	MUL BX

MUL 指令对标志位 CF、OF 有影响,而对 SF、ZF、AF、PF 无定义。如果运算结果的高一半(AH 或 DX)为零,则 CF=OF=0;否则 CF=OF=1。

说明:

(1) 指令中的操作数可以使用除立即数以外的其他寻址方式,但当是寄存器寻址时,操作数只能是通用寄存器。

(2) 对标志位的"无定义"和"不影响"不同。无定义是指指令执行后,标志位的状态不确定;而不影响是指指令的结果不影响标志位,因而标志位应保持原状态不变。

2) 带符号数乘法指令 IMUL

该指令的格式和功能与 MUL 相同,只是要求两个操作数都须为带符号数。IMUL 指令对标志位的影响为:若乘积的高半部分是低半部分的符号位扩展,则 OF=CF=0;否则 OF=CF=1。

说明:IMUL 指令中对操作数寻址方式的规定同 MUL 指令,但表示形式为补码,乘积也是以补码形式表示的数。

【例 3.18】 MUL 指令和 IMUL 指令的乘法例子。

将以下指令中的立即数看作无符号数实现相乘。

```
MOV  AL,0B4H    ;AL=B4H=180
MOV  BL,11H     ;BL=11H=17
MUL  BL         ;AX=0BF4H=3060,高 8 位 0BH 不为 0,OF=CF=1
```

将以下指令中的立即数看作带符号数实现相乘。

```
MOV   AL,0B4H      ;AL=B4H=-76
MOV   BL,11H       ;BL=11H=17
IMUL  BL           ;AX=FAF4H=-1292,高8位FAH不是低半部分的符号位扩展,OF=
                   ;CF=1
```

4. 除法指令

除法指令的被除数是隐含操作数,除数需要在指令中显式地写出来。CPU会根据除数是8位还是16位来自动选用被除数是16位还是32位。

1) 无符号数除法指令 DIV

指令格式：

```
DIV src
```

功能：用指令中的显式操作数去除隐含操作数（都为无符号数）,所得的商和余数按表3.2中的对应关系存放。

表3.2 除法指令中除数、被除数、商和余数的对应关系

除数位数	隐含的被除数	商	余数	举例
8位	AX	AL	AH	DIV BH
16位	DX 与 AX	AX	DX	DIV BX

2) 带符号数除法指令 IDIV

该指令的格式和功能与 DIV 相同,只是要求操作数必须为用补码表示的带符号数。计算的商和余数也是用补码表示的带符号数,且余数的符号与被除数的符号相同。

说明：

(1) 除法指令对所有状态标志位的值均无定义。

(2) 除法指令中被除数的长度应为除数长度的2倍,如果被除数和除数长度相等,则应在使用除法指令之前,用专门的符号扩展指令 CBW 或 CWD 对被除数进行扩展（大小和符号不变）。

(3) 一条除法指令可能导致两类错误：一类是除数为零；另一类是除法溢出。当被除数的绝对值大于除数的绝对值时,商就会产生溢出。例如,AX=4000 被 4 除,由于 8 位除法的商将存于 AL 中,而结果1000无法存入 AL 中,导致除法溢出。当产生这两类除法错误时,微处理器就会产生除法错中断警告。

(4) 除法指令对操作数寻址方式的规定同乘法指令。

5. 符号扩展与符号扩展指令

执行除法指令时,由于对字节除数相除要求被除数为16位,对字除数相除要求被除数为32位,即被除数必须为除数的倍长数据,因此就涉及数据的位数扩展问题。

符号扩展及其指令的操作与动画演示

1) 符号扩展

对数据位数的扩展具体分为符号扩展和零扩展两种。当要扩展的数据是无符号数时可采用零扩展,即在最高位前扩展 0,补充够位数即可;当要扩展的数据是带符号数时需采用符号扩展,即在最高位前扩展符号位来补充够位数。需注意,如果要扩展的数是补码形式表示的带符号数,则对其符号扩展后,结果仍是该数的补码。

2) 符号扩展指令

(1) 字节扩展为字指令 CBW。

指令格式:

```
CBW
```

功能:该指令的隐含操作数为 AH 和 AL,功能是用 AL 的符号位去填充 AH,即若 AL 为正数,则 AH=00H;否则,AH=FFH。

(2) 字扩展为双字指令 CWD。

指令格式:

```
CWD
```

功能:该指令的隐含操作数为 DX 和 AX,功能是用 AX 的符号位去填充 DX,即若 AX 为正数,则 DX=0000H;否则,DX=FFFFH。

以上两条指令的执行都不影响任何标志位。

【例 3.19】 通过以下指令的执行,仔细领会符号扩展指令的作用。

```
MOV  BX,008FH        ;BX=008FH
MOV  AL,90H          ;AL=90H
CBW                  ;AL 的符号位扩展到 AH 中,AX=FF90H
ADD  AL,0FFH         ;AL=8FH
CBW                  ;AL 的符号位扩展到 AH 中,AX=FF8FH
CWD                  ;AX 的符号位扩展到 DX 中,DX=FFFFH,AX=FF8FH
IDIV BX              ;存放在 DX 和 AX 中的 32 位操作数除以 BX 中的 16 位数据,
                     ;商 AX=0000H,余数 DX=FF8FH
```

6. BCD 码(十进制)调整指令

以上介绍的加、减、乘、除指令都针对的是二进制数,80x86 系列系统中没有提供十进制数的运算指令,但我们也希望计算机能按十进制规则来进行运算,那怎样来实现呢?在 1.3.4 节中曾介绍过 BCD 码,系统提供有相对应的 BCD 码调整指令,通过 BCD 码调整指令可以间接实现十进制数的运算。

8086 CPU 共提供了 6 条用于 BCD 码的调整指令,这些指令都采用隐含寻址方式,即将 AL(或 AX)作为隐含的操作数,与前面介绍过的二进制数加、减、乘、除指令配合使用,实现 BCD 码的算术运算。这 6 条指令如下。

(1) DAA:压缩 BCD 码加法调整。

(2) DAS:压缩 BCD 码减法调整。

(3) AAA:非压缩 BCD 码加法调整。

（4）AAS：非压缩BCD码减法调整。

（5）AAM：非压缩BCD码乘法调整。

（6）AAD：非压缩BCD码除法调整。

这些指令的详细功能请参阅有关书籍，这里不做详细介绍。

3.3.3 逻辑运算与移位类指令

逻辑运算与移位类指令是以二进制位为基本单位进行数据的操作，所以也称为位操作类指令，是一类常用的指令。

1. 逻辑运算指令

1）逻辑与指令 AND

指令格式：

```
AND dest,src
```

功能：将两个操作数的内容进行按位相"与"运算，并将结果回送目的操作数。源操作数可以是8/16位通用寄存器、存储器操作数或立即数，而目的操作数只允许是通用寄存器或存储器操作数。注意，段寄存器既不能作为源操作数也不能作为目的操作数，两个操作数不能同时为存储器操作数。

指令对标志位的影响：CF=OF=0，SF、ZF和PF按各自的定义影响，AF位无定义。

【例3.20】 已知BH=67H，要求把其中的第0、1、5位置为0，其余位保持不变。

构造一个立即数，使其第0、1、5位的值为0，其他位的值为1，该立即数即为DCH（11011100B），然后执行指令 AND BH,0DCH。指令执行的操作：

$$
\begin{array}{r}
01100111 \\
\wedge\ 11011100 \\
\hline
01000100
\end{array}
$$

实际编程时，AND指令常用于实现以下操作。

（1）屏蔽运算结果中的某些位。

（2）对CF状态位清零。将操作数自己与自己相"与"，虽然操作数内容不变，但该操作却影响了SF、ZF和PF状态标志位，且将OF和CF清零。

2）逻辑或指令 OR

指令格式：

```
OR dest,src
```

功能：将两个操作数的内容进行按位相"或"运算，并将结果回送目的操作数。指令对源操作数和目的操作数的规定及对标志位的影响同AND指令。例如，执行OR AL,80H指令，可使AL寄存器中的最高位置1，其余位不变。假设指令执行前，AL=3AH，则指令执行后，AL=BAH。

实际编程时，利用OR指令可将操作数的某些位置1，而其余位不变；利用OR指令，也可对两个操作数进行组合(称为拼字)。

3) 逻辑异或指令 XOR

指令格式:

```
XOR dest,src
```

功能:将两个操作数的内容进行按位相"异或"运算,并将结果回送目的操作数。指令对源操作数和目的操作数的规定及对标志位的影响同 AND 指令。

【例 3.21】 设 DL=46H,要求将其对应二进制数的位 0、2、5 和 7 值变反。

构造一个立即数,使其第 0、2、5 和 7 位的值为 1,其他位的值为 0,该立即数即为 A5H(10100101B);然后执行指令 XOR DL,0A5H 即可实现。

实际编程时,XOR 指令常用于实现以下操作。

(1) 将操作数的某些位取"反",其他位不变。

(2) 将寄存器内容清零。

4) 逻辑非指令 NOT

指令格式:

```
NOT dest
```

功能:将操作数的内容按位求反,并将结果回送到目的操作数中。指令中的操作数可以是 8(或 16)位的寄存器或存储器操作数,但不能是立即数。

该指令的执行不影响任何标志位。

例如:设 AL=33H,执行指令 NOT AL 后,AL=CCH。

5) 测试指令 TEST

指令格式:

```
TEST dest,src
```

功能:TEST 指令所完成的操作以及对操作数的约定和对标志位的影响都与 AND 指令相同,所不同的只是 TEST 指令不回送结果给目的操作数。

实际编程时,通常是在需要检测某一位或某几位的状态,但又不希望改变原有操作数值的情况下时使用 TEST 指令,所以,该指令常被用于条件转移指令之前,根据测试的结果实现相应的程序转移。这种作用类似于 CMP 指令,只不过 TEST 指令测试的是某一特定位,而 CMP 指令比较的是整个操作数。

【例 3.22】 检测 AL 中的最高位是否为 1,若为 1 则转移到标号 NEXT 处执行,否则顺序执行。

程序段如下:

```
        ⋮
        TEST  AL,80H
        JNZ   NEXT
        ⋮
NEXT:   MOV   DL,BL
        ⋮
```

移位指令动画演示

2. 移位指令

移位指令是一组经常使用的指令,共提供 8 条指令,它们的共同特点是实现对一个二进制数进行移位操作。在书写指令时,目的操作数(被移位的内容)可以是 8/16 位的通用寄存器或存储器操作数,源操作数只能是立即数 1 或 CL。对于 8086 CPU,若执行一次移位指令只移动一位,则可在指令中直接写出移位位数 1;若移动多位(一般为 2~15 位),则应先将这多位数值预先放在 CL 中,在移位指令中用 CL 表示移位位数,各指令的功能示意如图 3.11 所示。

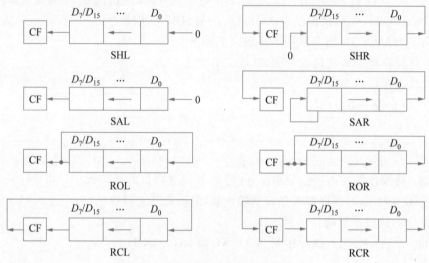

图 3.11 移位与循环移位指令功能示意

1) 非循环移位指令
(1) 逻辑左移指令 SHL。
指令格式:

```
SHL  mem/reg,count
```

功能:将目的操作数的内容向左移位,移位次数由源操作数 count 决定,count 可以是 1 或 CL。每左移一位,目的操作数的最高位移入 CF 标志位,最低位补 0。

SHL 指令对标志位的影响:对于 OF,在移位位数为 1 的情况下,若移位后的结果使最高符号位发生了变化,则 OF=1,否则 OF=0;对 AF 无定义;对 CF、PF、SF 和 ZF 按照各自的定义受影响。以下的逻辑右移指令 SHR 及算术右移指令 SAR 对标志位的影响与 SHL 指令相同。

(2) 逻辑右移指令 SHR。
功能:SHR 指令实现将目的操作数的内容向右移位,每右移一位,操作数的最低位移入 CF 标志,最高位补 0。

(3) 算术左移指令 SAL。
SAL 指令与 SHL 指令是一条机器指令的两种汇编指令表示。对其功能这里不再重复介绍。

(4) 算术右移指令 SAR。

功能：将目的操作数的内容向右移位，移位次数由源操作数给定，每右移一位，操作数最低位移入 CF 标志位，最高位在移入次高位的同时其值不变。这样移位后最高位和次高位的值相同，即符号位始终保持不变。

以上4条移位指令分为逻辑移位和算术移位。逻辑移位是针对无符号数的，移位时，总是用 0 来填补已空出的数位。每左移一位，只要左移后的数未超出一字节或一个字的范围，则相当于将原数据乘以 2；每右移一位，相当于将原数据除以 2。算术移位是针对带符号数的，对于算术右移指令 SAR，在移位过程中必须保持符号位不变。以下是上述这些指令的执行示例。

操作数的初值	执行的指令	执行后操作数的内容	对标志位的影响
AH=82H	SHL AH,1	AH=04H	CF=1,OF=1,PF=0,SF=0,ZF=0
AH=82H	SHR AH,1	AH=41H	CF=0,OF=1,PF=1,SF=0,ZF=0
AH=82H	SAL AH,1	AH=04H	CF=1,OF=1,PF=0,SF=0,ZF=0
AH=82H	SAR AH,1	AH=C1H	CF=0,OF=0,PF=0,SF=1,ZF=0

【例 3.23】 编程实现将一16位无符号数 Y 乘以 10 的运算，假设运算结果没有超出字的范围。

程序段如下：

```
MOV  AX,Y
SHL  AX,1          ;AX←AX×2
MOV  BX,Y
MOV  CL,3
SHL  BX,CL         ;BX←BX×8
ADD  BX,AX         ;BX 中存放的是 Y×10 的结果
```

2) 循环移位指令

循环移位指令的指令格式以及对操作数的规定都与非循环移位指令相同，所不同的是在功能上，循环移位指令的移位将按一闭环回路进行，所以下面只介绍各指令的功能。

(1) 循环左移指令 ROL。

功能：将目的操作数的内容向左移动源操作数所规定的位数，每移一位，最高位在进入进位位 CF 的同时，也移入空出的最低位，形成环路。

(2) 循环右移指令 ROR。

功能：将目的操作数的内容向右移动源操作数所规定的位数，每移一位，最低位在进入进位位 CF 的同时，也移入空出的最高位，形成环路。

(3) 带进位循环左移指令 RCL。

功能：将目的操作数的内容向左移动源操作数所规定的位数，每移一位，最高位进入标志位 CF，而 CF 原先的状态值移入最低位。

(4) 带进位循环右移指令 RCR。

功能：将目的操作数的内容向右移动源操作数所规定的位数，每移一位，最低位进入标志位 CF，而 CF 原先的状态值移入最高位。

循环移位指令动画演示

以上4条循环移位指令也分为两类，即不带进位标志CF的循环移位(小循环)和带进位标志CF的循环移位(大循环)，它们仅影响CF和OF两个标志位。对于CF，其值总是等于目的操作数最后一次循环移出的那一位，OF的变化规则与非循环移位指令中OF的变化规则相同。

总之，循环移位指令与非循环移位指令有所不同，循环移位操作后，操作数中原来各位的信息并未丢失，只是移到了操作数中的其他位或进位标志位中，必要时还可以恢复。

以下为循环移位指令的执行示例。

指令操作数及CF的初值	执行的指令	指令执行后的结果	对标志位的影响
AX=8067H	ROL AX,1	AX=00CFH	CF=1,OF=1
AX=8067H	ROR AX,1	AX=C033H	CF=1,OF=0
AX=8067H,CF=0	RCL AX,1	AX=00CEH	CF=1,OF=1
AX=8067H,CF=0	RCR AX,1	AX=4033H	CF=1,OF=1

【例3.24】 编写程序，将DX和AX所组成的32位二进制数据算术左移一位。
程序段如下：

```
SHL  AX, 1
RCL  DX, 1
```

3.3.4 控制转移类指令

控制转移类指令用于控制程序的流程，是汇编程序中经常使用的一类指令。8086 CPU所提供的控制转移类指令有无条件转移指令、条件转移指令、循环控制指令、子程序调用指令和中断指令。这类指令的共同特点是通过修改IP(或CS与IP)值来改变程序的正常执行顺序。

1. 无条件转移指令JMP

无条件转移指令JMP使程序从当前执行的地址无条件地转移到另一个地址去执行。在JMP指令中，必须要指定出要转移的目标地址，这个地址是通过修改IP(或CS与IP)的值来指定的，具体的指定方式可以是直接的，也可以是间接的，具体有以下4种形式。

1) 段内直接转移

指令格式：

```
JMP  label
```

功能：无条件转移到本段label所指的目标地址处执行，即执行"IP←IP+位移量"操作。指令被汇编时，汇编程序会计算出JMP指令的下一条指令到label所指示的目标地址之间的位移量。

说明：

(1) label表示的是一个标号，其在本程序所在的代码段内，表示要转移的目标地址，在具体源程序中，标号名由用户自己命名。

(2) 位移量是要转移到的目标指令的偏移地址与紧跟在 JMP 指令后的那条指令的偏移地址之间的差值(也就是相距的字节单元个数)。当向地址增大方向转移时,位移量为正;向地址减小方向转移时,位移量为负。

(3) 根据位移量的值范围,JMP label 指令又可分为段内短转移和近转移。其中,短转移指 8 位的位移量,值在 $-128 \sim +127$ 范围内;近转移指 16 位的位移量,值在 $-32768 \sim +32767$ 范围内。汇编程序也提供了相应的短转移 SHORT 操作符和 NEAR 类型来明确,但用户不必考虑是短转移还是近转移,汇编程序汇编时会计算位移量值并根据计算值进行自动转移。在具体的段内直接近转移指令中,标号前的"NEAR PTR"可写出来也可省略,其中,NEAR 为类型,PTR 为属性操作符(详见 4.1.4 节)。

(4) 对"直接"的理解:标号可以直接写在指令中。

例如:

```
            ⋮
        JMP   NEAR  PTR  OUTPUT    ;段内近转移,OUTPUT 为标号,NEAR PTR 可省略
OUTPUT: MOV   RESULT,AL            ;OUTPUT 指向目标地址处的指令
            ⋮
        JMP   SHORT L1             ;段内短转移,L1 为标号
            ⋮
L1:     ADD   BX,AX
            ⋮
```

2) 段内间接转移

指令格式:

```
JMP  opr
```

功能:无条件转移到本段 opr 所指定的目标地址去执行程序。opr 可为一寄存器或存储器操作数,在其中预放着要转移的目标地址。执行 JMP 指令时,将 opr 中取得的偏移地址作为新的指令指针装入到 IP 中,实现程序转移。

例如:

```
MOV  BX,2000H
JMP  BX                ;操作数为寄存器,程序将直接转到 2000H 处执行,即 IP←2000H
JMP  WORD  PTR[BX]     ;操作数为存储器操作数,需定义类型为 WORD(即 16 位字)
```

若 DS=1000H,(12000H)=34H,(12001H)=12H,则第二条 JMP 指令将使程序转移到 1234H 处执行,即 IP=1234H。

以上的段内转移是在同一代码段中进行,只涉及偏移地址的改变,即用指令中提供的操作数修改指令指针 IP 的内容,段地址 CS 的值不变。

3) 段间直接转移

指令格式:

```
JMP FAR PTR label
```

功能:无条件转移到另外一个代码段中标号 label 所指的目标地址处去执行。指令

中的 FAR PTR 为远转移属性操作符,表示转移是在段间进行,label 为另外一个代码段中目标地址的标号。例如：

```
JMP  FAR  PTR  OTHERP  ;远转移到另一代码段的 OTHERP 处执行指令
```

4）段间间接转移

指令格式：

```
JMP DWORD PTR opr
```

功能：无条件地转移到另外一个代码段中由操作数所指定的目标地址去执行。指令中的操作数 opr 只能是一个存储器操作数,涉及连续 4 个存储单元,通过 DWORD PTR 明确类型。指令执行时,由 opr 的寻址方式确定出具体的有效偏移地址,将该偏移地址所指的双字单元中的低字内容送给 IP,高字内容送给 CS,形成新的指令执行地址 CS:IP,从而实现段间间接转移。例如：

```
MOV  WORD  PTR[BX],1000H
MOV  WORD  PTR[BX+2],1500H
JMP  DWORD  PTR[BX]       ;程序将转移到 1500H:1000H 处执行
```

2. 条件转移指令

条件转移指令的执行不影响状态标志位,通常是根据其前一条指令执行后对状态标志位的影响状态来决定程序是否转移。当满足转移指令中所规定的条件时,程序就转移到指令中指定的目标地址处执行;否则,依然顺序执行下一条指令。所有的条件转移指令都是段内直接短转移,即只能在以当前 IP 值为中心的 $-128 \sim +127$ 字节范围内转移。

8086 CPU 共提供 18 条条件转移指令,分为三类。第一类为根据单个标志位的判断;第二类为两个无符号数的比较判断;第三类为两个带符号数的比较判断(如表 3.3 所列)。在汇编源程序中,条件转移指令一般都跟在算术运算、逻辑运算或移位指令之后,通过检测运算结果所影响的某个标志位的状态或者是综合检测几个标志位的状态,判断转移条件是否满足。

表 3.3 条件转移类指令

类 型	指令格式	转移测试条件	功能描述
单个标志位	JC opr	CF=1	有进(借)位转移
	JNC opr	CF=0	无进(借)位转移
	JP/JPE opr	PF=1	奇偶性为 1(偶)状态转移
	JNP/JPO opr	PF=0	奇偶性为 0(奇)状态转移
	JZ/JE opr	ZF=1	结果为 0/相等转移
	JNZ/JNE opr	ZF=0	结果不为 0/不相等转移
	JS opr	SF=1	符号位为 1 转移
	JNS opr	SF=0	符号位为 0 转移
	JO opr	OF=1	溢出转移
	JNO opr	OF=0	无溢出转移

续表

类型	指令格式	转移测试条件	功能描述
无符号数	JA/JNBE opr JNA/JBE opr JB/JNAE opr JNB/JAE opr	CF=0 且 ZF=0 CF=1 或 ZF=1 CF=1 且 ZF=0 CF=0 或 ZF=1	高于/不低于也不等于转移 不高于/低于或等于转移 低于/不高于也不等于转移 不低于/高于或等于转移
带符号数	JG/JNLE opr JNG/JLE opr JL/JNGE opr JNL/JGE opr	SF=OF 且 ZF=0 SF≠OF 或 ZF=1 SF≠OF 且 ZF=0 SF=OF 或 ZF=1	大于/不小于也不等于转移 不大于/小于或等于转移 小于/不大于也不等于转移 不小于/大于或等于转移

【例 3.25】 对 CF 标志位的测试应用例子。编写一程序段,统计 BX 数据中所包含的 1 的个数。

程序段如下:

```
        ⋮
        XOR    AL,AL           ;AL=0,CF=0
AGAIN:  CMP    BX,0            ;等价于 TEST BX,0FFFFH
        JZ     NEXT            ;ZF 为 1,BX 为 0,转移到 NEXT 处
        SHL    BX,1
        JNC    AGAIN           ;CF 不为 1,转移到 AGAIN 处
        INC    AL              ;AL 中为统计结果
        JMP    AGAIN
NEXT:          ⋯
        ⋮
```

【例 3.26】 对 ZF 标志位的测试应用例子。编写一程序段,实现测试 AL 寄存器的最高位值,若最高位为 0,则将 1 送给 AH;若最高位为 1,则将-1 送给 AH。

程序段如下:

```
        ⋮
        TEST   AL,80H          ;测试 AL 最高位
        JZ     NEXT0           ;最高位为 0(ZF=1),转移到 NEXT0 处
        MOV    AH,-1           ;最高位为 1,顺序执行,-1 送给 AH
        JMP    DONE
NEXT0:  MOV    AH,1
DONE:          ⋯
        ⋮
```

【例 3.27】 对 SF 标志位的测试应用例子。编写一程序段,实现将 BX 与 AX 相减的值的绝对值存入 BX 中。

程序段如下:

```
        ⋮
        SUB    BX,AX
        JNS    NEXT
        NEG    BX
NEXT:
        ⋮
```

【例 3.28】 无符号数的比较应用例子。编写一程序段,实现比较两个无符号数的大小,将较大者存放在 AX 寄存器中。

程序段如下:

```
        ⋮
        CMP   AX,BX      ;执行 AX-BX,比较 AX 和 BX
        JAE   NEXT       ;若 AX≥BX,则转移到 NEXT 处
        XCHG  AX,BX      ;若 AX<BX,则交换 AX 与 BX
NEXT:   ⋯
```

3. 循环控制指令

循环控制指令是一组增强型的条件转移指令,也是通过检测状态标志是否满足给定的条件而进行控制转移,转移范围只能在 -128~+127 字节范围内,具有短距离属性,所有的循环控制指令都不影响状态标志位,但与条件转移指令不同的是,循环次数必须预先送入 CX 寄存器中,并根据对 CX 内容的检测结果来决定是循环至目标地址还是顺序执行下一条指令。

表 3.4 所列为 8086 CPU 提供的 4 条循环控制指令。

表 3.4 循环控制指令

指令类型	执行的操作及功能描述
LOOP label	执行 CX←CX-1 操作。若 CX≠0,则转移到目标地址 label 处;若 CX=0,则顺序执行下一条指令
LOOPZ/LOOPE label	执行 CX←CX-1 操作。若 CX≠0 且 ZF=1,则转移到目标地址处;否则顺序执行下一条指令
LOOPNZ/LOOPNE label	执行 CX←CX-1 操作。若 CX≠0 且 ZF=0,则转移到目标地址处;否则顺序执行下一条指令
JCXZ label	若 CX=0,则转移到目标地址 label 处;若 CX≠0,则顺序执行下一条指令

【例 3.29】 LOOP 指令的应用例子。编写一程序段,实现求 1+2+⋯+100 之和,并把结果存入 AX 中。

方法 1:利用循环计数器 CX 进行累加,相应程序段如下:

```
            ⋮
            XOR   AX,AX      ;AX=0,CF=0
            MOV   CX,100
AGAIN:      ADC   AX,CX      ;计算过程为 100+99+⋯+2+1
            LOOP  AGAIN
            ⋮
```

方法 2:不用循环计数器 CX 进行累加,程序段如下:

```
            ⋮
            XOR   AX,AX      ;AX=0,CF=0
            MOV   CX,100
```

```
             MOV   BX, 1
    AGAIN:   ADC   AX, BX              ;计算过程为 1+2+3+…+99+100
             INC   BX
             LOOP  AGAIN
                ⋮
```

以上 LOOP AGAIN 指令相当于以下两条指令的组合。

```
    DEC   CX
    JNZ   AGAIN
```

【例 3.30】 LOOPZ 与 JCXZ 指令的应用例子。为检查当前数据段中 64KB 存储单元空间能否正确地进行读/写操作,一般做法是:先向每个字节单元写入一位组合模式,例如 01110111B(77H),然后读出来进行比较,若读/写正确则转入正确处理程序段,否则转入出错处理程序段。

程序段如下:

```
                ⋮
             XOR    CX,CX             ;初始化 CX 为 0,实际表示循环的最大次数
             XOR    BX,BX             ;初始化 BX 为 0
             MOV    AL,01110111B      ;设置位组合模式为 77H
    CHECK:   MOV    [BX],AL           ;将 77H 写入存储单元
             INC    BX                ;修改地址
             CMP    [BX-1],AL         ;取出写入单元的内容与 AL 相比较
             LOOPZ  CHECK             ;满足 ZF=1,且 CX≠0 则转移
             JCXZ   RIGHT             ;若 64KB 存储单元均能正确读/写,则转到 RIGHT 处
    ERROR:                            ;处理出错程序
                ⋮
    RIGHT:                            ;处理正确程序
                ⋮
```

4. 子程序调用与返回指令

在一个程序中,当不同的地方需要多次使用某段功能独立的程序时,可以将这段程序单独编制成一个模块,称为子程序(或过程)。程序执行中,主程序或子程序在需要时可随时调用这些子程序;子程序执行完后,再返回到调用处的下一条指令继续执行。这种子程序的结构不仅可以缩短源程序长度、节省目标程序的存储空间,而且可以提高程序的可维护性和共享性,是程序设计中被广泛使用的一种方法。8086 CPU 为子程序的调用和返回提供了相应的指令。

1) 子程序调用指令 CALL

子程序调用分为段内调用和段间调用,无论是段内还是段间调用都有直接和间接两种寻址方式,因此,CALL 指令与 JMP 指令在格式上很相似,也有 4 种基本格式,CALL 指令不影响标志位。

(1) 段内直接调用。

指令格式:

```
CALL opr
```

指令中的 opr 为子程序名,代表子程序的入口地址。指令的执行过程为:先保存断点,即将 CALL 指令的下一条指令的 IP 值入栈;然后再将 opr 所表示的偏移地址送 IP,转到子程序处去执行指令。

说明:段内调用是在同一段内进行的,所以只改变 IP 值;因为是直接调用,子程序名直接写在指令中。

(2) 段内间接调用。

指令格式:

```
CALL  opr
```

段内间接调用所执行的操作同段内直接调用,只是这里的 opr 只能用 16 位的寄存器或存储器操作数表示,具体对操作数的约定完全同 JMP 指令中的段内间接转移形式。

(3) 段间直接调用。

指令格式:

```
CALL  FAR  PTR  opr
```

段间直接调用的子程序名可直接写在指令中,但在其之前必须冠以 FAR PTR 属性。执行过程为:先保存断点,即将 CALL 指令的下一条指令的 CS 和 IP 分别压入堆栈;然后再将 opr 所表示的子程序的偏移地址送 IP,段地址送 CS,实现段间调用。

(4) 段间间接调用。

指令格式:

```
CALL  DWORD  PTR opr
```

段间间接调用要求指令中的操作数 opr 所表示的子程序地址只能用存储器操作数表示,涉及连续 4 个存储单元。执行时,将前两个单元的字内容(子程序的偏移地址)送 IP,后两个单元的字内容(子程序所在段的段地址)送 CS,实现段间调用。

以下是 4 种 CALL 指令形式的具体指令示例。

```
CALL  DISPLAY          ;段内直接调用,DISPLAY 是子程序名,省略 NEAR PTR
CALL  BX               ;段内间接调用,BX 中存放子程序的偏移地址
CALL  WORD PTR [BX]    ;段内间接调用,BX 所指的存储单元的字内容为子程序的偏移地址
CALL  DWORD PTR [BX]   ;段间间接调用,将 BX 所指的存储单元的双字内容分别送入 IP 和 CS
```

【例 3.31】 段间直接调用示例。

```
CODE1  SEGMENT                      CODE2  SEGMENT
         ⋮                                   ⋮
START:   ⋯                          START:   ⋯
         ⋮
       CALL  FAR  PTR  SUBR                SUBR  PROC  FAR
       MOV  BUF,AX
                                            SUBR  ENDP
CODE1  ENDS                         CODE2  ENDS
       END  START                          END  START
```

该示例中,指令"CALL FAR PTR SUBR"中的"SUBR"为代码段 CODE2 中的子程

序名,属于段间直接调用。

2) 子程序返回指令 RET

指令格式:

```
RET [n]
```

功能:执行从堆栈顶部弹出断点,恢复原来的 IP(或 IP 与 CS)返回到调用处继续往下执行。该指令通常放在子程序的最后。

说明:

(1) RET 指令执行与 CALL 指令相反的操作。具体的执行分为远返回和近返回,与子程序的远、近调用相对应。对于近过程,RET 返回时只需从栈顶弹出一个字(16 位)内容给 IP 作为返回的偏移地址;对于远过程,RET 返回时则需从栈顶弹出两个字内容作为返回地址,先弹出的字内容送给 IP 作为返回的偏移地址,再弹出的字内容送给 CS 作为返回的段地址,并相应修改 SP 的值。

(2) RET 指令中的可选参数"n"通常是一个立即数,当指令中带有该立即数时,表示在得到返回地址之后,SP 还要加上该立即数的值,即要多执行"SP←SP+n"的操作。这个操作相当于从堆栈中多弹出了几个参数,这些参数一般是子程序调用前通过堆栈向子程序传递的参数。当子程序返回后,这些参数不再有用,就可以修改指针使其指向参数入栈前的单元地址,即自动删除了原子程序参数所占用的字节。由于堆栈操作针对的是字数据,因而该立即数通常应为偶数。

(3) CALL 指令和 RET 指令都不影响状态标志位。

5. 中断调用及返回指令

中断的有关内容将在第 8 章专门介绍,这里只介绍与中断有关的几条指令及相应的操作。

1) 中断指令 INT

指令格式:

```
INT  n
```

功能:产生一个中断类型号为 n 的内部中断,其中,n 值是一个 0~FFH 范围内的整数。

INT n 指令的具体执行步骤和操作为:①标志寄存器内容压入堆栈,将标志位 IF、TF 清零;②将当前的 CS 和 IP 值压入堆栈,将中断服务程序的入口地址(在 8.2.3 节中介绍)分别装入 CS 和 IP。

INT 指令只影响 IF 和 TF 标志位。

2) 溢出中断指令 INTO

指令格式:

```
INTO
```

功能:产生一个溢出中断。该指令是 INT 指令的特例,中断类型号隐含为 4(即 INT 4),只有当某运算结果产生溢出(OF=1)时才产生中断。该指令也只影响标志位 IF 和 TF。

3) 中断返回指令 IRET

指令格式：

```
IRET
```

功能：退出中断过程，返回到中断时的断点处继续执行。所有的中断程序，不管是由软件引起还是由硬件引起，其最后一条指令必须是 IRET。执行该指令首先将堆栈中的断点地址弹出到 IP 和 CS，程序返回到原断点处，然后接着将 INT 指令执行时压入到堆栈的标志字内容弹出到标志寄存器以恢复中断前的标志状态。

3.3.5 串操作类指令

在微型计算机应用中，若处理的数据较多，可以将这些数据连续存放在一片存储区中，形成一个数据块，这一片数据可以是字符或其他数据，这样一个数据块就称为串。换言之，串就是存储器中一片连续的字节或字单元中的数据，串操作就是针对这些串数据进行的某种相同的操作，串操作指令就是为此而设置的。8086 CPU 的串操作指令都具有以下特点。

(1) 串操作指令均采用隐含寻址方式，源串一般存放在当前的数据段中，由 DS 提供段地址（允许段超越），由 SI 提供偏移地址；目的串默认在 ES 附加段中（不允许段超越），偏移地址由 DI 提供；如果要在同一段内进行串操作，必须使 DS 和 ES 指向同一段；字符串长度须存放在 CX 寄存器中。

(2) 在串操作指令前可通过加重复前缀（如 REP）来控制串操作指令的重复执行。

(3) CPU 执行串指令后，地址指针 SI 和 DI 的值会自动变化，其变化方向受标志位 DF 控制。当 DF=0 时，SI、DI 自动以递增方向修改；当 DF=1 时，SI、DI 自动以递减方向修改。

(4) 串操作指令是唯一一组能使源操作数和目的操作数都在存储器内进行操作的指令。

因此，在执行串指令之前，须做好以下初始化操作。

(1) 将源串和目的串的首或末偏移地址分别送入 SI、DI 中。
(2) 将字符串长度送给 CX。
(3) 通过 CLD 或 STD 指令设置好 DF 的值。

1. 串传送指令 MOVS

指令格式：

```
MOVS    dest,src        (一般格式)
MOVSB                   (字节格式)
MOVSW                   (字格式)
```

功能：将 DS:SI 所指的源串中的 1 字节或字，传送到由 ES:DI 所指的目的串中，同时根据方向标志位 DF 的值自动修改 SI 和 DI 的值。其执行的具体操作如下。

(1) [DI]←[SI]。

(2) 字节操作：SI←SI±1,DI←DI±1。

字操作：SI←SI±2,DI←DI±2。

说明：

(1) SI、DI 所执行的"＋""－"操作与 DF 有关。当 DF＝0 时，执行"＋"操作；当 DF＝1 时，执行"－"操作，后面介绍到的其他串指令中的 SI 和 DI 的作用及变化与此相同，将不再重复说明。

(2) 指令格式中的第一种形式，需写明操作数的类型，即表明是字节串还是字串，其优点是源串可采用段超越；第二种和第三种形式，在指令操作码中已用字母"B"或"W"明确注明操作数类型是字节串或字串，因此不再需要操作数（属于无操作数指令），实际编程中多采用这两种形式。

(3) 该指令不影响任何标志位。

【例 3.32】 编写一程序段，将源数据串中的 100 字节数据传送到目的串数据区中。设源数据串的首偏移地址为 2000H，目的串的首偏移地址为 5000H。

程序段如下：

```
        ⋮
        MOV   SI,2000H      ;设置源数据串首偏移地址
        MOV   DI,5000H      ;设置目的串首偏移地址
        MOV   CX,100        ;CX←传送次数 100
        CLD                 ;置 DF=0,地址增加
AGAIN:  MOVSB               ;传送 1 字节
        DEC   CX            ;传送次数减 1
        JNZ   AGAIN         ;判断 CX 是否为 0,不为 0,则到 AGAIN 处执行指令,否则结束
        ⋮
```

对于以上程序段，也可以将 MOVSB 修改为 MOVSW 传送，但此时的 CX 也相应需修改为 50。另外，最后的两条指令也可以用一循环指令"LOOP AGAIN"取代。

2. 读字符串指令 LODS

指令格式：

```
LODS  src            (一般格式)
LODSB                (字节格式)
LODSW                (字格式)
```

功能：将 DS:SI 指定的源串中的 1 字节或字内容送到累加器 AL 或 AX 中，同时相应修改 SI 值。该指令不影响标志位。

【例 3.33】 编写一程序段，计算字符串"12345ABC"中各字符所对应的 ASCII 值之和。

程序段如下：

```
        ⋮
STR     DB '12345ABC'       ;在数据段中定义变量 STR
N       EQU $-STR
```

```
            ⋮
        MOV    AX,SEG STR         ;取变量 STR 所在的数据段段地址
        MOV    DS,AX
        LEA    SI,STR             ;将 DS:SI 指向字符串的首地址
        MOV    CX,N               ;重复次数
        XOR    BX,BX              ;置求和初值 BX 为 0,CF=0
        XOR    AH,AH              ;AH=0,为后面的累加做准备
        CLD
AGAIN:  LODSB
        ADC    BX,AX              ;AL 中存放被取出的字符的 ASCII 值,AH 已被清零
        LOOP   AGAIN              ;BX 中存放和值
            ⋮
```

3. 写字符串指令 STOS

指令格式：

```
STOS    dest              (一般格式)
STOSB                     (字节格式)
STOSW                     (字格式)
```

功能：把 AL 或 AX 中的值送至 ES:DI 所指的字节或字存储单元中,同时修改地址指针 DI。该指令不影响任何标志位。

【例 3.34】 将字符"♯"装入到当前数据区中从偏移地址 100H 开始的 200 字节存储空间中。

程序段如下：

```
            ⋮
        MOV    AL,'#'
        MOV    DI,100H
        MOV    CX,200
        CLD                       ;DF=0,地址增量
AGAIN:  STOSB                     ;传送一个字符"#"
        LOOP AGAIN                ;传送次数 CX 不为 0,继续传送
            ⋮
```

实际编程时,常采用这种方法进行数据存储区的初始化。

4. 串比较指令 CMPS

指令格式：

```
CMPS src,dest             (一般格式)
CMPSB                     (字节格式)
CMPSW                     (字格式)
```

功能：将由 DS:SI 所指的源串中的 1 字节或字减去由 ES:DI 所指的目的串中的 1 字节或 1 个字,相减结果不回送目的操作数,仅反映在状态标志位上,同时修改 SI 和 DI 值。该指令对 6 个状态标志位都有影响。

注意：CMPS 指令的源串操作数(由 SI 寻址)写在逗号左边,目的串操作数(由 DI 寻

址)写在逗号右边,这是指令系统中唯一例外的指令语法结构,编程时要特别注意。

【例 3.35】 以下程序段是对数据区中定义的两个字符串 STR1 和 STR2 相比较的例子,若两串相等,给 AL 送 1,否则给 AL 送-1。

程序段如下:

```
         ⋮
       MOV  SI,OFFSET STR1
       MOV  DI,OFFSET STR2
       MOV  CX,COUNT           ;COUNT 为循环次数
       CLD
AGAIN: CMPSB                   ;比较两个字符
       JNZ  UNMAT              ;字符不等,转移
       DEC  CX
       JNZ  AGAIN              ;进行下一个字符比较
       MOV  AL,1               ;字符串相等,AL 为 1
       JMP  EXIT               ;转向 EXIT
UNMAT: MOV  AL,-1              ;AL 为-1
EXIT:
         ⋮
```

5. 串搜索指令 SCAS

指令格式:

```
SCAS dest          (一般格式)
SCASB              (字节格式)
SCASW              (字格式)
```

功能:将 AL 或 AX 中的内容减去由 DI 指定的目的串中的字节或字内容,根据相减结果影响标志位,但不保存结果,同时修改 DI。

【例 3.36】 以下程序段为在某一数据区中所定义的字符串 STR 中搜索字符"♯"的例子。

```
         ⋮
       MOV  DI,OFFSET STR
       MOV  AL,'#'
       MOV  CX,COUNT           ;COUNT 为循环次数
       CLD
AGAIN: SCASB                   ;搜索
       JZ   FOUND              ;ZF=1,找到"#"
       DEC  CX                 ;不是"#"
       JNZ  AGAIN              ;搜索下一个字符
         ⋮                     ;不含"#"部分的处理
FOUND: …                       ;找到"#"部分的处理
         ⋮
```

6. 重复前缀

前面介绍的 5 种字符串操作指令,所叙述的都是这些指令在执行一次时所具有的功

能,但每个字符串通常都包含多个字符,这样,就需要重复执行这些串操作指令。重复前缀指令正是为了满足这种需求而提供的,其功能是重复执行紧跟在其后的串操作指令,重复次数由 CX 控制。下面介绍三种重复前缀指令。

1) REP

指令格式:

```
REP S_ins
```

重复前缀
指令功能
动画演示

指令中的 S_ins 表示一具体串指令。指令的功能是当 CX≠0 时,REP 后的串指令被重复执行。具体操作过程如下。

(1) 首先判断 CX 是否为 0,若 CX=0,则退出 REP 操作,否则重复执行串指令。

(2) 根据 DF 标志位修改地址指针。

(3) 将 CX 减 1 后再回送 CX。

(4) 重复(1)~(3)。

REP 指令常用作 MOVS、STOS 指令的前缀。

【例 3.37】 使用 REP 指令完成例 3.32 中的功能。

将例 3.32 程序段中的以下三条指令用 REP MOVSB 代替即可。

```
AGAIN: MOVSB
       DEC  CX
       JNZ  AGAIN
```

2) REPZ/REPE

指令格式:

```
REPZ/REPE S_ins
```

功能:当 CX≠0 且 ZF=1 时,重复执行其后紧跟的串操作指令 S_ins。该指令的操作过程同 REP,所不同的只是判断条件中,重复串指令操作的次数不仅与 CX 有关,还与 ZF 有关。REPZ/REPE 指令常与 CMPS 指令结合使用,用于判断两个字符串是否相同。

【例 3.38】 对于例 3.35 中两个字符串比较的一段程序,用 REPZ 指令可改写为

```
              ⋮
       REPZ   CMPSB        ;重复比较两个字符
       JNZ    UNMAT        ;字符串不等,转移到 UNMAT 处
       MOV    AL,1         ;字符串相等,将 1 送 AL 中
       JMP    EXIT         ;转向 EXIT
UNMAT: MOV    AL,-1        ;字符串不等,将-1 送 AL 中
EXIT:
              ⋮
```

对以上程序段的解释如下。

指令 REPZ CMPSB 结束重复执行的条件为:ZF=0(出现不相等的字符)或 CX=0(比较完所有字符)。如果 ZF=0,说明最后比较完的两个字符不等;而 CX=0 表示所有字符比较后都相等,也就是两个字符串相等。所以,当执行到指令"JNZ UNMAT"时表明 CMPSB 指令已不再被重复执行,这时就需要进一步判断条件是 ZF=0 还是 CX=0

了,如果 JNZ 成立,说明 ZF=0,两个字符串不相等。

3) REPNZ/REPNE

指令格式:

```
REPNZ/REPNE S_ins
```

功能:当 CX≠0 且 ZF=0 时,重复执行其后的串操作指令 S_ins。REPNZ/REPNE 指令常与 SCAS 指令结合使用,用于在字符串中查找关键字。

【例 3.39】 对于例 3.36 中搜索字符"♯"的一段程序,使用 REPNZ/REPNE 指令可改写为

```
        ⋮
    REPNZ  SCASB              ;搜索
    JZ  FOUND                 ;ZF=1,找到"♯"字符
        ⋮                      ;不含"♯"后的处理
FOUND:  ⋯
        ⋮
```

3.3.6 处理器控制类指令

处理器控制指令用于对 CPU 进行控制,主要包括对 CPU 的标志寄存器的某些标志位状态进行操作,以及对 CPU 的暂停、等待、交权等的操作,这类指令均为隐含操作数的无操作数指令。各指令的功能见表 3.5。

表 3.5 处理器控制类指令

类 别	指令格式	功 能 描 述
标志位操作指令	CLC	CF=0,使进位标志位 CF 清零
	STC	CF=1,使进位标志位 CF 置位
	CMC	使 CF 标志位的值取反
	CLD	DF=0,使方向标志位 DF 清零,串操作从低地址到高地址
	STD	DF=1,使方向标志位 DF 置位,串操作从高地址到低地址
	CLI	IF=0,使中断标志位 IF 清零,实现关中断
	STI	IF=1,使中断标志位 IF 置位,实现开中断
外同步指令	WAIT	使 CPU 处于等待状态,直到协处理器完成运算,并用一个重启信号唤醒 CPU 为止,主要用于 CPU 与协处理器和外部设备的同步
	ESC	处理器交权指令,当执行 ESC 指令时,CPU 将控制权交给协处理器,以完成协处理器运算指令的操作
	LOCK	总线锁定指令,置于指令前时,可使 CPU 在执行这条指令期间将总线封锁,使其他控制器不能控制总线
其他指令	HLT	处理器暂停指令,使 CPU 处于暂停状态,常用于等待中断的产生
	NOP	空操作指令,消耗三个时钟周期时间,常用于程序的延时等。其与 HLT 不同,NOP 指令执行后,CPU 继续执行其后的下一条指令

3.4 80x86新增指令简介

8086 CPU指令系统是80x86系列CPU的基本指令系统,它的指令编码、寻址方式与80x86系列CPU运行在实模式下是完全相同的。由于从80386起增加了虚地址模式,因此相应地增加了虚地址模式下的寻址方式,后续的32位/64位CPU指令系统在指令数量和功能上也随之进行了扩充和增强。

3.4.1 80x86寻址方式

80x86支持8086 CPU的各种寻址方式,在此基础上还增加了虚地址模式下的32位数的寻址能力。对于32位数的寻址,立即寻址和寄存器寻址方式与8086 CPU的基本相同,只是操作数可达32位宽,但存储器寻址,不仅操作数可达32位宽,而且寻址范围和方式也更加灵活。如下是立即寻址和寄存器寻址的例子。

```
MOV  EAX, 23451023H      ;将32位立即数23451023H传送到EAX寄存器中
MOV  EAX, ECX            ;将ECX中的内容传送到EAX中
```

下面主要介绍32位的存储器寻址方式。

32位的存储器寻址,有效地址由三部分形成。这三部分分别是:一个32位的基址寄存器,一个可以乘以1、2、4或8的32位变址寄存器,一个8位或32位的位移量,并且这三部分还可以进行任意组合,省去其中的之一或之二。其中的32位基址寄存器可以是EAX、EBX、ECX、EDX、ESI、EDI、EBP和ESP;32位变址寄存器可以是EAX、EBX、ECX、EDX、ESI、EDI和EBP。32位寻址的有效地址计算公式可以归纳为

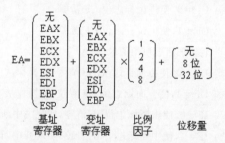

由于32位存储器寻址方式能使用所有的通用寄存器,因此,和该有效地址相组合的段寄存器也就有了新的规定,具体如下。

(1) 指令的有效地址中的寄存器的书写顺序决定该寄存器是基址寄存器,还是变址寄存器。例如,[EBX+EBP]中的EBX是基址寄存器,EBP是变址寄存器,而[EBP+EBX]中的EBP是基址寄存器,EBX是变址寄存器。

(2) 默认段寄存器的选用取决于基址寄存器,当基址寄存器是EBP或ESP时,默认的段寄存器是SS,否则,默认的段寄存器是DS。

(3) 在指令中,如果使用段前缀的方式,则显式给出的段寄存器优先。

以下是32位存储器寻址的例子。

```
指令举例                                  访问存储单元所用的段寄存器
MOV  AX, [123456H]                    ;默认段寄存器 DS
MOV  EAX, [EBX+EBP]                   ;默认段寄存器 DS
MOV  EBX, [EBP+EBX]                   ;默认段寄存器 SS
MOV  EBX, [EAX+100H]                  ;默认段寄存器 DS
MOV  EDX, ES:[EAX*4+200H]             ;显式段寄存器 ES
MOV  [ESP+EDX*2], AX                  ;默认段寄存器 SS
MOV  EBX, GS:[EAX+EDX*2+300H]         ;显式段寄存器 GS
```

3.4.2 80x86 CPU 新增指令

这里主要介绍在 8086 指令基础上新增加的和新扩充的一些 80486 常用指令。表 3.6 所列为 80486 CPU 新增加的指令。

表 3.6 80486 CPU 新增加的指令

指令类型	指令格式	指令功能
数据传送类	PUSHA/POPA	将所有通用寄存器的值压入/弹出堆栈
	MOVSX 寄存器,寄存器/存储器	带符号扩展的传送
	MOVZX 寄存器,寄存器/存储器	带零扩展的传送
算术运算类	XADD 寄存器/存储器,寄存器	交换两个操作数,并将两个操作数相加,和送入目的操作数
	CMPXCHG 寄存器/存储器,寄存器	比较源操作数与目的操作数是否相等,结果影响标志位
逻辑运算与移位类	SHLD 寄存器/存储器,寄存器,CL/立即数	双精度左移,产生一个单精度量
	SHRD 寄存器/存储器,寄存器,CL/立即数	双精度右移,产生一个单精度量
位操作类	BT 寄存器/存储器,寄存器/立即数	位测试
	BTC 寄存器/存储器,寄存器/立即数	位测试并求反
	BTS 寄存器/存储器,寄存器/立即数	位测试并置位
	BTR 寄存器/存储器,寄存器/立即数	位测试并复位
	BSF 寄存器,寄存器/存储器	向前位扫描
	BSR 寄存器,寄存器/存储器	向后位扫描
条件设置类	SET 条件 寄存器/存储器	根据条件测试标志寄存器中一个或多个标志
Cache 管理类	INVD	指示 CPU 高速缓冲存储器中的数据失效
	WBINVD	高速缓冲存储器的内容写入内存,然后清除高速缓冲存储器
	INVLPG	使 TLB 中的页无效

说明:指令"SET 条件 寄存器/存储器"中的寄存器/存储器为目的操作数,其只能

指定一个字节单元；条件与3.3.4节条件转移指令中的条件一样，通常以标志寄存器中一个或多个标志位的状态作为条件，如条件满足，则目的操作数字节置1，否则置0。指令本身不影响标志位。

表3.7所列为80486 CPU增强功能指令。

表3.7 80486 CPU增强功能指令

指令类型	指令格式	指令功能
数据传送类	PUSH 源操作数	将包括立即数在内的源操作数压入堆栈
	PUSHAD/POPAD	将所有32位通用寄存器的值压入/弹出堆栈
	PUSHFD/POPFD	将32位标志寄存器的值压入/弹出堆栈
算术运算类	IMUL 寄存器/存储器，寄存器/存储器/立即数	带符号数相乘，将目的操作数与源操作数相乘，结果送目的操作数中。目的操作数可以是寄存器或存储器操作数，源操作数是与目的操作数等长的立即数、寄存器操作数或存储器操作数
	IMUL 目的,源,立即数	将源操作数乘以立即数，结果送目的寄存器。目的操作数只能是16位或32位通用寄存器，源操作数可以是与目的等长的通用寄存器或存储器操作数，立即数可以为16位或32位，且与源和目的等长
	CWDE	将AX的符号扩展到EAX的高16位中
	CDQ	将EAX的符号扩展到EDX中
逻辑运算与移位类	SAL 目的操作数,立即数(1～31) SAR、SHL、SHR、ROL、ROR、RCL、RCR 均同SAL	功能与3.3.3节中相应的基本指令一样，但可以根据立即数指定移位次数(1～31)
串操作类	MOVSD、CMPSD、SCASD、LODSD、STOSD	功能类似于3.3.5节中相应的串操作指令

习题与思考题

3.1 设 BX=0123H，DI=1000H，DS=3200H，试指出下列各条指令中源操作数的寻址方式，对于是存储器操作数的，还需写出其操作数的有效地址和物理地址。

(1) MOV　AX,[2A38H]

(2) MOV　AX,[BX]

(3) MOV　AX,[BX+38H]

(4) MOV　AX,[BX+DI]

(5) MOV　AX,[BX+DI+38H]

(6) MOV　AX,2A38H

(7) MOV　AX,BX

3.2 设 AX=96BCH,BX=AC4DH,CF=0。分别执行指令 ADD AX,BX 和 SUB AX,BX 后,AX 与 BX 的值各为多少？并指出标志位 SF、ZF、OF、CF、PF、AF 的状态。

3.3 采用三种不同的方法实现 AX 与 DX 的内容交换。

3.4 编写程序段实现：当 DL 中存放的数据是奇数时使 AL=1,否则使 AL=－1。

3.5 用尽可能少的指令实现使 DL 中的高 4 位内容与低 4 位内容互换。

3.6 编写程序段,判断 AL 中的带符号数是正数还是负数。若是负数,则将－1 送给 AH；否则将 1 送给 AH。

3.7 假设 DX=87B5H,CL=4,CF=0,确定下列各条指令单独执行后 DX 中的值。

  (1) SHL DL,1

  (2) SHR DX,CL

  (3) SAR DX, CL

  (4) ROL DX,CL

  (5) ROR DX,CL

  (6) RCL DX,CL

  (7) RCR DX,1

3.8 按下列要求编写指令序列。

  (1) 将 AX 中的低 4 位置 1,高 4 位取反,其他位清零。

  (2) 检查 DX 中的第 1、6、11 位是否同时为 1。

  (3) 清除 AH 中最低三位而不改变其他位,将结果存入 BH 中。

3.9 分析下面的程序段完成什么功能(提示：将 DX 与 AX 中的内容作为一个整体来考虑)。

  MOV CL, 04

  SHL DX, CL

  MOV BL, AH

  SHL AX, CL

  SHR BL, CL

  OR DL, BL

3.10 设 SS=1000H,SP=2000H,AX=345AH,BX=F971H,Flags=4509H,则执行以下指令：

  PUSH BX

  PUSH AX

  PUSHF

  POP CX

  之后,SP、SS、CX 的值各为多少？

3.11 指出下列指令中哪些是错误的,并说明错误原因。

  (1) MOV DL,CX   (2) MOV DS,1000H

  (3) MOV [DI],[BX]   (4) MOV DL,[BX][BP]

  (5) XCHG AX,[5000H] (6) PUSH 3541H

(7) INC　[BX]　　　　　　　　　(8) POP　CS
(9) MOV　A[BX+SI],0　　　　　(10) MOV　AL,300

3.12 已知各寄存器和存储单元的内容(如图 3.12 所示,图中数据为十六进制形式),阅读下列程序段,并将中间结果填入相应指令右边的空格。

CPU

CS = 3000	CX = FFFF
DS = 2050	BX = 0004
SS = 50A0	SP = 0000
ES = 0FFF	DX = 17C6
IF = 0000	AX = 8E9D
DI = 000A	BP = 1403
SI = 0008	CF = 1

RAM

(20506) = 06
(20507) = 00
(20508) = 87
(20509) = 1A
(2050A) = 3E
(2050B) = C5
(2050C) = 2F

图 3.12　各寄存器和存储单元的当前状态值

```
MOV    DX,[BX+4]      ;DX=(    )
PUSH   DS             ;SP=(    )
TEST   AX,DX          ;AX=(    )   SF=(    )
ADC    AL,[DI]        ;AL=(    )
XCHG   AX,DX          ;AX=(    )   DX=(    )
XOR    AH,BL          ;AH=(    )
SAR    AH,1           ;AH=(    )   CF=(    )
```

3.13 假设以 1000H 为起始地址的内存单元内容显示如图 3.13 所示,指出在 DEBUG 环境中如下每条指令执行后的结果。

MOV　AX,1000
MOV　BX,AX
MOV　AX,[BX]
MOV　AX,10[BX]

```
-d 1000
0B0C:1000  12 34 23 9A 01 BF 78 8A-33 C0 AB AA 58 5F 8B F7   .4#...x.3...X_..
0B0C:1010  77 88 51 83 7F 04 00 75-09 F6 47 07 04 75 03 8C   w.Q....u..G..u..
0B0C:1020  4F 04 83 C3 0B E2 EC 59-8B DE 81 7F 02 A0 98 75   O......Y.......u
0B0C:1030  07 8B 16 A0 98 89 57 02-8B 1E 29 93 8A 16 77 8A   ......W...)...w.
0B0C:1040  8A 36 76 8A C6 06 77 8A-00 C6 06 76 8A FF 1E 06   .6v...w....v....
0B0C:1050  E8 55 02 07 1F 73 03 A3-27 9A 5A 5E 07 59 5B      .U...s..'.Z^.Y[
0B0C:1060  58 83 3E 27 9A 00 75 03-8E 07 83 3E 29 9A 02      X.>'..u....>)..
0B0C:1070  75 03 E9 CF A7 A1 27 9A-8E 06 B2 96 26 F6 06 31   u.....'.....&..1
```

图 3.13　以 1000H 为起始地址的内存单元内容

3.14 设 AL=-86,BL=21,在分别执行 MUL BL 与 IMUL BL 指令后,各自的结果是什么? OF=? CF=?

第 4 章 汇编语言程序设计

【学习目标】

本章包括汇编语言的程序设计与上机操作两部分。本章的学习目标：掌握汇编语言源程序的基本结构；熟悉主要的伪指令和运算符；深入理解中断调用的作用、调用方法，熟悉常用的 DOS 系统功能调用；结合实例掌握汇编语言的顺序程序设计、分支程序设计、循环程序设计和子程序设计基本方法；熟悉汇编语言程序的上机过程与操作方法，学会搭建环境，熟悉 DEBUG 工具中的常用命令。

4.1 汇编语言源程序

4.1.1 汇编语言基本概念

按照计算机语言是更接近人类还是更接近于计算机，可将其分为高级语言和低级语言两大类。低级语言中又包括汇编语言和机器语言两种。

1. 机器语言和汇编语言

计算机的所有操作都是在指令的控制下进行的，能够直接控制计算机完成指定动作的是机器指令。机器指令是由 0 和 1 组成的二进制代码序列，用机器指令编写的程序即为机器语言程序。机器语言程序是唯一能够被计算机直接理解和执行的，具有执行速度快、占用内存少等优点，但其不便于编程和记忆，阅读和修改也较麻烦，由此产生了用指令助记符表示的汇编语言指令，对应的程序称为汇编语言程序。

汇编语言程序的基本单位仍然是机器指令，只是为了便于人们记忆和理解，将机器指令用助记符来表示，称为汇编指令，因此，汇编语言也称为符号语言，是一种依赖于具体微处理器的语言。每种微处理器都提供有自己专有的汇编指令，故汇编语言一般不具有通用性和可移植性(同一系列的 CPU 是向前兼容的)。由于进行汇编语言程序设计须熟悉机器的硬件资源和软件资源，因此相对于高级语言来说，汇编语言具有较大的难度和复杂性，但其优点仍是较突出的，主要体现在以下几点。

(1) 与机器语言相比，汇编语言易于理解和记忆，编写的源程序可读性较强。

(2)汇编语言仍然是各种系统软件(如操作系统)设计的基本语言;利用汇编语言可以设计出效率极高的核心底层程序,如设备驱动程序;在许多高级应用编程中,32位汇编语言编程迄今仍然占有较大的市场。

(3)用汇编语言编写的程序一般比用高级语言编写的程序执行速度快,且占用内存较少。

(4)汇编语言程序能够直接有效地利用机器硬件资源,在一些实时控制系统中是不可缺少的或是高级语言所无法替代的。

(5)学习汇编语言对于理解和掌握计算机硬件组成及工作原理是十分重要的,也是进行计算机应用系统设计的先决条件。

总而言之,随着计算机技术的发展,人们已极少直接使用机器语言编写程序;高级语言虽然有较多较突出的优点,但它也有占用内存容量大、执行速度相对较慢等缺点。因此,对执行速度或实时性要求较高的场合,汇编语言是最好的选择。

2. 汇编语言源程序、汇编程序和链接程序

用汇编语言编写的程序称为汇编语言源程序。由于计算机只认识由0、1编写的机器语言程序,因此对汇编语言源程序不认识。为此,人们创造了一种叫作"汇编程序"的程序。如同英汉之间对话需要"翻译"一样,汇编程序的作用就相当于一个"翻译员",自动地把汇编语言源程序翻译成机器语言。这个翻译过程称为汇编,完成汇编任务的这个程序称为汇编程序,所形成的相应机器语言程序称为目标程序(.OBJ文件)。汇编后形成的目标程序虽然已经是二进制代码,但还不能被计算机直接执行,必须经过链接程序的链接,将所需的库文件或其他目标文件链接到一起形成可执行文件(一般为.EXE文件)后,才能被计算机直接执行。

4.1.2 汇编语言源程序的结构

第3章的指令系统部分曾列举了大量程序代码实例,这些程序代码都不是完整的汇编语言源程序,在计算机上不能通过汇编程序生成目标文件。那完整的汇编语言源程序是什么样的呢?以下是一个完整的汇编语言源程序例子。

【例 4.1】 编写一个在屏幕上显示字符串"Hello,China!"的汇编程序,文件名命名为mypgm.ASM。

```
;SAMPLE   PROGRAM   DISPLAY   MESSAGE        ;注释行
DATA      SEGMENT                            ;定义数据段
MS        DB 'Hello,China!$'                 ;定义变量 MS
DATA      ENDS
STACK     SEGMENT STACK                      ;定义堆栈段
          DW  50 DUP(?)
STACK     ENDS
CODE      SEGMENT                            ;定义代码段
          ASSUME DS: DATA,CS:CODE, SS:STACK
START:    MOV  AX,DATA                       ;初始化 DS
```

```
            MOV     DS,AX
            MOV     DX,OFFSET MS
            MOV     AH,9
            INT     21H
            MOV     AH,4CH              ;返回 DOS
            INT     21H
    CODE    ENDS                        ;代码段结束
            END     START               ;整个程序汇编结束
```

结合例 4.1 可以知道,完整的汇编语言源程序采用分段结构(由多个逻辑段组成),具体的段包括代码段、数据段、堆栈段和附加段。每个段都以 SEGMENT 语句开始,以 ENDS 语句结束,段中由若干条语句组成,即汇编语言源程序是以语句为基本单位的,整个源程序以 END 语句结尾。代码段、数据段、堆栈段和附加段的作用各不相同,在一个汇编语言源程序中,代码段是必不可少的,其中主要书写源程序的所有指令语句,并指示程序中指令执行的起始点(如例 4.1 中的 START),一个程序只有一个起始点;数据段、堆栈段和附加段则视情况而定,对于简单程序一般不需要附加段和堆栈段,对于复杂的程序,却可以有多个数据段、堆栈段以及代码段。一般来讲,数据段中主要定义变量、符号常量;附加段中定义目的字符串;堆栈段中定义堆栈区,用于执行压栈和弹出操作以及在中断或子程序调用中各模块之间传递参数时使用。将源程序以分段形式组织是为了对源程序汇编后,能将指令代码和数据分别装在存储器的相应物理段中。如下为汇编语言源程序的基本格式。

```
    DATA    SEGMENT
            ⋮                           ;存放数据的数据段
    DATA    ENDS
    EXTRA   SEGMENT
            ⋮                           ;存放目的串数据的附加段
    EXTRA   ENDS
    STACK   SEGMENT STACK
            DW    100   DUP(?)         ;定义了 100 个字单元的堆栈段
    STACK   ENDS
    CODE    SEGMENT
            ASSUME  CS:CODE,DS:DATA,SS:STACK,ES:EXTRA
    START:  MOV     AX,DATA
            MOV     DS,AX               ;段地址装入 DS
            MOV     AX,EXTRA
            MOV     ES,AX               ;段地址装入 ES
            ⋮                           ;核心程序段
            MOV     AH,4CH              ;系统功能调用,返回操作系统
            INT     21H
    CODE    ENDS
            END     START
```

4.1.3 汇编语言语句类型及格式

1. 汇编语言语句类型

汇编语言源程序的语句分为三大类：指令性语句、指示性语句和宏指令语句。

指令性语句是由指令助记符等组成的可被 CPU 执行的语句，其通过汇编后能生成相应的机器指令，即每条指令语句都对应着 CPU 的一条机器指令（详见第 3 章中所讲的指令）。

指示性语句仅在汇编过程中指示汇编程序如何进行汇编，并不产生对应的机器代码，它不能使 CPU 执行某种操作，故又称为伪指令（详见 4.2 节中的伪指令）。

宏指令语句是通过宏名定义的一段指令序列，是一般性指令语句的扩展。使用宏指令语句可以避免重复书写，使源程序更加简洁。

通常，一个汇编源程序至少应包含指令语句和伪指令语句两类，本书也只涉及这两类语句。对于宏指令内容，感兴趣的读者可查看专门的汇编语言书籍。

2. 汇编语言语句格式

指令语句的格式在 3.1.2 节中已介绍过，这里主要介绍伪指令语句的格式，同时也对两种语句格式进行比较。

伪指令语句的一般格式：

| [名字] 伪指令助记符 [操作数,…,操作数] [;注释] |

指令语句和伪指令语句从格式上看都由 4 部分组成，但它们是有区别的，具体如下。

（1）从形式上看，伪指令语句中的"名字"对应于指令语句中的"标号"，但标号后需要加上"："，名字后不需要；名字通常是为了识别而由用户定义的符号（术语上也称标识符）。标识符的命名规则同高级语言中的相同，一般最多由 31 个字母、数字及规定的特殊字符（?、@、_ 等）组成，并且不能用数字开头；通常情况下，汇编语言不区分标识符中字母的大小写；不同的伪指令语句对是否有名字一项有不同的规定，有些伪指令语句规定前面必须有，有些则不允许有，还有一些可以任选。

（2）对于第二部分，伪指令助记符是由系统提供的表示伪指令操作的符号，用于规定伪指令语句的伪操作功能，不可省略，例如，定义变量的伪指令 DB、DW，定义段的伪指令 SEGMENT 等。

（3）对于第三部分操作数部分，指令语句中的操作数最多为两个（双操作数），有的指令没有操作数，而伪指令语句中的操作数个数随不同的伪指令而相差悬殊，有的伪指令可以是多个操作数，这时必须用逗号将各个操作数分开。伪指令语句中的操作数一般是常量、变量、标号、寄存器和表达式等。

（4）对于第四部分的注释部分，两者完全一样，就是用于对当前语句（或一小段程序）进行说明，以增加程序的可读性，而不会被计算机执行。

注意：一些已经被系统赋予一定意义的标识符为保留字，例如寄存器名、指令助记符、伪指令名、运算符号和属性符号等均不能被用户定义为其他（如标号或名字等）使用。

说明：指令语句和伪指令语句还有一点重要的区别就是它们起作用的时间不同，指令语句是在运行时起作用，伪指令语句是在汇编时起作用。

4.1.4 数据项及表达式

操作数是汇编语言源程序语句中的一个重要组成部分，具体的操作数可以是寄存器、存储单元或数据项，数据项的形式对语句格式有很大影响，它可以是常量、变量、标号和表达式。

1. 常量、变量与标号

常量、变量和标号是操作数中的三种基本数据。

1）常量

常量是一个立即数，在程序的执行过程中，其值不发生变化，可直接写在汇编程序语句中。汇编语言中的常量包括数值型常量、字符串型常量和符号常量三种。数值型常量常用二进制、十进制或十六进制书写；字符串型常量是指用单引号或双引号引起来的一个或多个可打印的 ASCII 码字符串，一个字符对应 1 字节，汇编程序汇编时把引号中的字符"翻译"成它的 ASCII 码值并存放在相应的内存单元中，例如'a'、'12345'、'How are you?'等都是字符串型常量；符号常量是指对经常使用的数值常量可以先为它定义一个名字，然后在语句中用名字来表示该常量（符号常量的定义方法详见 4.2.1 节）。

2）变量

变量是一个存放数据的存储单元的名字，当存储单元中的数据在程序运行中随时可以修改时，这个存储单元的数据就可以用变量来定义。为了便于对变量的访问，需给变量取一个名字，这个名字称为变量名。变量名的命名规则按标识符的命名规定，这里不再重复。

变量实际上表示的是其后所定义的第一个操作数的偏移地址，在程序中作为存储器操作数来使用，例如第 3 章所举的一些指令例子中出现过的 BUF、STR 等都是变量。在汇编源程序中使用变量需预先定义（定义方法详见 4.2.2 节）。定义后的变量都具有以下三种属性。

段属性：定义变量所在段的段起始地址（即段地址），此值必须在一个段寄存器中。

偏移量属性：表示从段的起始地址到定义变量的地址之间的字节数，此值为一个 16 位无符号数。

类型属性：说明定义变量时，每个操作数占几个字节单元。类型属性由数据定义伪指令规定，具体的类型及对应关系为 DB（字节类型，每个数据占一个字节单元）、DW（字类型，每个数据占用连续两个字节单元）、DD（双字类型，每个数据连续占用 4 个字节单元）、DQ（8 个字节单元）和 DT（10 个字节单元）。

说明：每一个变量被定义后都具有这三种属性，设置变量名是为了方便存取它所指示的存储单元。

3) 标号

标号在代码段中定义,表示紧跟在其后的指令的符号地址(即指令的第一个字节所对应单元的地址),用标号名表示,具体的标号名由用户命名。在汇编语言源程序中,并不是每条指令前都必须有标号,只有在需要转向一条指令语句时,才为该指令语句加上标号,以便在转移和循环等控制类指令中直接引用这个标号。标号具有以下三种属性。

段属性:定义标号所在段的段起始地址,标号的段地址总是在代码段 CS 中。

偏移量属性:表示该标号所在段的起始地址到定义标号的地址之间的字节数。

类型属性:标号的类型有 NEAR 和 FAR 两种。其中,NEAR 属性表示近标号,只能在段内被引用,它所代表的地址指针占 2 字节;FAR 属性表示远标号,可以在其他段被引用,它所代表的地址指针占 4 字节。若没有对标号进行类型说明,默认为 NEAR 属性。

2. 表达式

由运算对象和运算符组成的合法式子就是表达式。表达式是操作数的常见形式,表达式的运算不是由 CPU 完成,而是在汇编时由汇编程序按一定的优先规则对表达式进行计算后,将返回结果形成新的操作数。汇编语言中的表达式分为数值表达式和地址表达式两种。

数值表达式的运算结果是一个数据,其只有大小没有属性。例如指令 MOV DX, (6*A-B)/2 中的源操作数 (6*A-B)/2 就是一个数值表达式。若变量 A 的值为 1,B 的值为 2,则此表达式的值为 (6*1-2)/2=2 是一个数值结果。地址表达式的运算结果是存储单元的偏移地址,其是用运算符将常量、变量、标号或寄存器的内容连接而成的式子。

说明:

(1) 变量和标号是最简单的地址表达式。

(2) 地址表达式的返回值应有实际意义。当两个地址在同一个段内时,它们之间的差值表示两个地址之间的距离(即字节数);两个地址表达式相加、相乘或相除都是无意义的,两个不同段的地址相加、相减也是无意义的,在汇编语言源程序中使用较多的是偏移地址加、减一数字量。

3. 运算符

8086 汇编语言提供了多种类型的运算符。

1) 算术运算符、逻辑运算符和关系运算符

算术运算符、逻辑运算符和关系运算符的含义见表 4.1。

其中,算术运算符常用于数值表达式和地址表达式中,参与运算的数和结果必须是整数,除法运算的结果只保留商值。在数值表达式中,运算结果是一个数值;在地址表达式中,经常采用的是"地址±数值常量"形式,其运算结果是地址。例如,假设 BUF 为一变量名,则 BUF+1 为一地址表达式,值为 BUF 字节单元的下一个单元的地址。

表 4.1 算术运算符、逻辑运算符和关系运算符的含义

类 型	符 号	名 称	运 算 结 果	示 例
算术运算符	+	加法	和	3+2=5
	−	减法	差	8−4=4
	*	乘法	乘积	3 * 4=12
	/	除法	商	7/2=3
	MOD	模除	余数	7 MOD 2=1
	SHL	左移	左移后的二进制数值	1010B SHL 2=1000B
	SHR	右移	右移后的二进制数值	1010B SHR 2=0010B
逻辑运算符	AND	与运算	逻辑与	1011B AND 1100B=1000B
	OR	或运算	逻辑或	1011B OR 1100B=1111B
	XOR	异或运算	逻辑异或	1011B XOR 1100B=0111B
	NOT	非运算	逻辑非	NOT 1011B=0100B
关系运算符	EQ	相等	关系成立结果为全'1' 关系不成立结果为全'0'	5 EQ 4=全'0'
	NE	不相等		5 NE 4=全'1'
	GT	大于		5 GT 4=全'1'
	LE	不大于		5 LE 4=全'0'
	LT	小于		5 LT 4=全'0'
	GE	不小于		5 GE 4=全'1'

逻辑运算符按"位"进行逻辑运算,得到一个数值结果,其仅适用于数值表达式。

注意:逻辑运算符与指令系统中的逻辑运算指令助记符在形式上相同,但两者的含义却不同。逻辑运算符是在程序汇编时由汇编程序计算,运算结果是指令中的一个操作数或操作数的一部分,且逻辑运算符的操作对象只能是整数常量;而指令助记符则是在程序运行中执行,其操作对象除了整数常量以外,还可以是寄存器或存储器操作数。

例如,指令 MOV CL,36H AND 0FH,经汇编程序汇编后变为 MOV CL,06H。

关系运算符用于对两个操作数的比较,相比较的两个操作数必须同是常量,或者是同一逻辑段内的两个存储单元的偏移地址。当比较关系成立(为真)时,结果为全"1";比较关系不成立(为假)时,结果为全"0",汇编时,可以得到比较后的结果。例如:

```
MOV    AX,5 EQ 101B      等效于    MOV   AX,0FFFFH
MOV    BH,10H GT 16      等效于    MOV   BH,00H
```

说明:关系运算符一般不单独使用,而是与逻辑运算符组合起来使用。

2) 取值运算符

取值运算符又称分析运算符,它的操作对象是一个存储器操作数,这个存储器操作数通常为一变量或标号,返回值是其后操作数的属性值。

(1) SEG 和 OFFSET 运算符。

SEG 运算符返回的是变量或标号的段属性值；OFFSET 返回的是变量或标号的偏移地址属性值。例如以下两条指令。

```
MOV   AX,SEG BUF                    ;BUF 为所定义的变量
MOV   SI,OFFSET BUF
```

如果变量 BUF 所在段的段地址为 1000H，其在段内的偏移地址为 0300H，则以上第一条指令执行后 AX 的内容为 1000H；第二条指令执行后 SI 的内容为 0300H。

(2) TYPE 运算符。

TYPE 运算符返回的是变量或标号的类型属性值，用一个数字表示。各种类型和返回值的对应关系见表 4.2。

表 4.2　TYPE 返回值与变量、标号类型的对应关系

变量或标号类型		TYPE 返回值
变量	字节	1
	字	2
	双字	4
标号	近	−1
	远	−2

3) 合成运算符

合成运算符又称为属性运算符，功能是修改存储器操作数的原有类型属性并赋予其新的类型，以满足不同的访问要求，这个存储器操作数通常是一变量或标号。这里介绍两个常用的合成运算符。

(1) PTR 运算符。

PTR 称为修改属性运算符，其格式为

类型 PTR 存储器操作数

PTR 的功能是用来指定位于其后的存储器操作数的类型。当存储器操作数是变量时，其类型可以是 BYTE、WORD、DWORD；当存储器操作数是标号时，其类型可以是 NEAR 或 FAR。

PTR 经常有以下三种情况的应用。

第一种情况：对于类型不确定的存储器操作数，需要用 PTR 明确类型。例如在第 3 章中已经出现过的指令"MOV [BX],12H"，该指令中的目的操作数[BX]是寄存器间接寻址方式，它指向某一存储单元，在执行传送数据操作时，是把"12H"作为 8 位字节传送，还是扩展成 16 位按字传送呢？这就使该指令具有二义性，因为[BX]指向的存储单元可以是字节或字的首地址，因此该指令是错的。如果修改成"MOV WORD PTR[BX],12H"或"MOV BYTE PTR[BX],12H"，类型明确后就是正确的了。

第二种情况：对于已定义的存储器操作数的类型需要临时修改时，必须使用 PTR 运

算符。经 PTR 修改后的类型属性仅在当前指令中有效。

【例 4.2】 PTR 应用示例。

```
        ⋮
TAB  DB   1,2,3,4,5,'A'        ;定义 TAB 为字节类型变量
        ⋮
     MOV  BH,TAB                ;BH=01H
     MOV  AX,TAB                ;本条指令是错的,两个操作数类型不匹配
```

变量 TAB 已经被定义为字节类型,所以指令"MOV AX,TAB"是错误的,若将其修改成"MOV AX,WORD PTR TAB"就是正确的指令了。PTR 的作用只是在"MOV AX,WORD PTR TAB"当条指令中临时修改了 TAB 的属性,将字节修改为了字,但并没有改变 TAB 本身的字节类型属性。

第三种情况:当 PTR 用来指明标号属性时,可以确定指令中标号的属性。例如:

```
JMP  FAR  PTR  NEXT            ;表示为段间直接调用
```

(2) THIS 运算符。

在程序中,已定义了某一变量的数据类型,但如果需要以另一种数据类型来访问该变量,可通过修改属性运算符 PTR 来实现。但如果在程序中要经常以某种其他的数据类型来访问该变量,那就必须在每次访问时都加上 PTR,这样做虽然可行,但在编写程序时就显得比较麻烦。THIS 运算符正是为了克服这种不便而提供的,其一般格式为

```
THIS 类型
```

THIS 运算符用于规定所指变量或标号的类型属性,当它的作用对象是变量时,其后的"类型"是 BYTE、WORD、DWORD 等,当它的作用对象是标号时,其后的"类型"是 NEAR 和 FAR,使用时常和 EQU 伪指令连用。也就是说,THIS 运算符可为当前的存储单元重新定义一种类型属性,同时定义了一个名字。例如:

```
WBUF  EQU  THIS  WORD
BBUF  DB   20 DUP(?)           ;定义 BBUF 为字节型变量
```

经过上述定义后,变量 WBUF 和 BBUF 就指向了同一个地址,此地址开始有 20 字节数据。虽然两个变量的偏移地址相同,但 WBUF 的类型为字,BBUF 的类型为字节。这样,当在编程中访问这一片数据时,就既可以按字类型来访问,也可以按字节类型来访问。若是按"字"类型来访问,就使用变量名 WBUF;若是按"字节"类型来访问,就使用变量名 BBUF,为编程人员提供了极大的便利。例如可使用以下指令:

```
MOV  AL,BBUF
MOV  AX,WBUF
```

说明:THIS 运算符要借助 EQU 伪指令定义,同时要与下一条变量定义伪指令联用。

4) 其他运算符

其他运算符见表 4.3。

表 4.3　其他运算符

符号	名　称	含　　义
( )	圆括号	改变运算符的优先级
[ ]	方括号	表示存储器操作数,方括号里的内容表示操作数的偏移地址
:	段前缀运算符	跟在某个段寄存器名之后,用来指定一个存储器操作数的段属性而不管其原来隐含的段是什么

在汇编语言中,当各种运算符同时出现在一个表达式中时,它们具有不同的优先级,优先级规定见表 4.4,优先级相同的运算符操作顺序为先左后右。

表 4.4　运算符的优先级

优　先　级	运　算　符
高 ↑ ↓ 低　1	( ),[ ],< >,·,LENGTH,SIZE,WIDTH,MASK
2	PTR,OFFSET,SEG,TYPE,THIS,段前缀
3	HIGH,LOW
4	*,/,MOD,SHL,SHR
5	+,-
6	EQ,NE,LT,LE,GT,GE
7	NOT,AND,OR,XOR
8	SHORT

4.2　汇编语言伪指令

伪指令即指示性语句,用于在汇编过程中告诉汇编程序如何进行汇编,例如定义数据、分配存储空间、定义段以及定义子程序等。在所有的伪指令中,除了变量定义伪指令以外,其余的伪指令都不占用存储空间,仅在汇编时起说明作用。按照伪指令的功能大致可分为符号定义伪指令、变量定义伪指令、段定义伪指令、子程序定义伪指令、宏处理伪指令、模块定义与通信伪指令、条件汇编伪指令等,本节介绍 8086 CPU 系统中常用到的几种伪指令。

4.2.1　符号定义伪指令

程序中有时会多次用到同一个表达式,为了方便起见,可以给该表达式赋予一个新的名字,以后凡是要用到该表达式的地方就可以直接用这个名字来代替。汇编语言中是通过符号定义伪指令来完成这种功能的。

1. 等值伪指令 EQU

指令格式:

符号名　EQU　表达式

功能：用 EQU 左边的符号名代表右边表达式的值或符号。

说明：

(1) EQU 不给符号名分配存储空间，符号名不能与已定义的其他符号同名，也不能被重新定义。

(2) 被定义的表达式可以是一个常数、符号、数值表达式、地址表达式，甚至可以是指令助记符和寄存器名。

(3) EQU 伪指令在使用 PURGE 伪指令解除之前，不允许重新定义。

例如以下的定义：

```
MOVE    EQU  MOV              ;给助记符 MOV 取另一个符号名 MOVE
CONST   EQU  60               ;定义常量符号 CONST 为 60
STR     EQU  "How are you!"   ;定义符号名 STR 为字符串"How are you!"
ADI     EQU  [SI+4]           ;定义 ADI 为地址表达式
```

2. 等号伪指令＝

指令格式：

符号名=表达式

等号伪指令与 EQU 伪指令功能类似，它们之间的区别仅在于"＝"允许重新定义，使用更加方便灵活。汇编语言中常用"＝"伪指令来定义符号常数。例如：

```
COUNT=10                      ;定义符号名 COUNT 的值为 10
COUNT=2 * COUNT+ 1            ;重新定义符号名 COUNT 的值为 21
```

3. 定义符号名伪指令 LABEL

LABEL 伪指令定义一个指定的符号名，该符号名的段地址和偏移量与其下面紧跟的存储单元的相应属性相同，但该符号的类型是新指定的。对于变量，类型可以为 BYTE、WORD、DWORD；对于标号，类型可以为 NEAR 或 FAR。LABEL 的指令格式如下：

符号名 LABEL 类型

例如：

```
WBUFFER   LABEL   WORD
BUFFER    DB   100  DUP(1)
          ⋮
FNEXT     LABEL   FAR
NEXT: MOV  AX,BX
```

上述程序段中，100 个字节单元数据被赋予了两个地址相同、类型不同的变量。其中，WBUFFER 变量通过 LABEL 伪指令定义，类型为字，但系统并不为其分配内存空间；变量 BUFFER 通过数据定义伪指令 DB 定义，类型为字节，系统为其分配了 100 个字节单元空间。WBUFFER 与 BUFFER 具有相同的段地址和偏移地址，但它们的数据类型不同。在程序中若采用变量 WBUFFER,可把这 100 个字节单元作为 50 个字单元使用,即可采用下列指令访问存储单元。

```
MOV  AL, BUFFER           ;将字节单元的内容送 AL
MOV  AX,WBUFFER           ;将字单元的内容送 AX
```

"MOV AX,BX"指令同时拥有两个标号,即近类型的标号 NEXT 和远类型的标号 FNEXT。该条指令既可以通过标号 NEXT 实现段内调用,也可以通过标号 FNEXT 实现段间调用。

数据定义伪指令及动画演示

4.2.2 数据定义伪指令

数据定义伪指令用于定义变量的类型、给操作数项分配存储单元,并将变量与存储单元相联系。其一般格式为

```
[变量名]  数据定义伪指令  操作数,…,操作数;注释
```

格式中的变量名虽是可选项,但通常情况下都要写。因为如果不写变量名,就意味着只能用存储单元的偏移地址来访问它,这时,一旦存储单元的偏移地址发生变化,则程序中的所有引用都要修改,这不仅增加了程序维护的工作量,而且也容易因遗漏修改而出错。

数据定义伪指令用于说明所定义数据的数据类型,有 DB、DW、DD、DF、DQ 和 DT 共 6 种。8086 汇编程序常使用前三种伪指令。

DB:定义变量为字节类型。变量中的每个操作数均占用一个字节存储单元。定义字符串时常用该伪指令。

DW:定义变量为字类型。变量中的每个操作数均占用连续两个字节存储单元。变量在内存中存放时,遵循"高高低低"(即"低字节存放在低地址,高字节存放在高地址")的存放原则。

DD:定义双字类型的变量。变量中的每个操作数均占用连续 4 个字节存储单元。变量在内存中存放时,同样遵循"高高低低"的存放原则。

格式中的操作数是给变量定义的初值,可以是一个或多个,当是多个时,操作数之间须用逗号","分隔。操作数的表示形式归纳起来有 5 种,下面结合实例介绍每种具体的形式。

1. 操作数为数值型表达式形式

【例 4.3】 分析以下数据定义情况。

```
DATA   SEGMENT              ;定义数据段
A      DB 10,5,30H          ;操作数类型为字节
B      DW 100H,100,-4       ;操作数类型为字
C      DD 2*30,-100         ;操作数类型为双字
DATA   ENDS                 ;数据段结束
```

在数据段中定义了 A、B、C 三个类型不同的变量，汇编后的内存分配示意如图 4.1 所示。

注意：数值型数据的值不能超过由伪指令所定义的数据类型限定的范围。

说明：示意图中，内存中的数据都以十六进制形式表示，以下同。

2. 操作数为地址表达式形式

用地址表达式形式定义数据时，只能使用 DW 和 DD 两种伪指令。

【例 4.4】 分析以下数据定义情况。

```
DATA    SEGMENT
X       DW 2,1,$+5,7,8,$+5        ;"$+5"为地址表达式
LEN     DB $-X                    ;"$-X"为地址表达式
DATA    ENDS
```

分析：X 为数据段中定义的第一个变量，汇编后其偏移地址为 0000H，操作数的存放情况如图 4.2 所示。

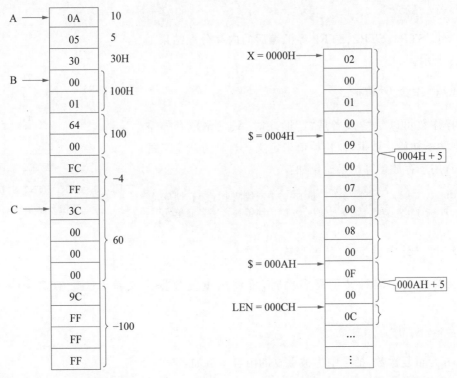

图 4.1　A、B、C 变量分配示意　　　图 4.2　变量 X 与 LEN 分配示意

解释：在 MASM 对汇编源程序进行汇编的过程中，汇编程序专门设置了一个表示当前位置的计数器，称为地址计数器。地址计数器用于保存当前正在汇编的指令地址。每进入一个新段，地址计数器清零；每分配一个存储单元，地址计数器自动加1，指向下一

个待分配单元;在汇编伪指令中,用 $ 来表示地址计数器的当前值。地址计数器在代码段、数据段以及堆栈段中都有效。

3. 操作数为字符串形式

定义字符串时,必须用成对的单引号或双引号把所要定义的字符括起来。汇编后,引号内的字符以其 ASCII 码值依次存放在相应的字节存储单元内。

注意:对字符串的定义可以用伪指令 DB,也可以用 DW,但用 DB 和 DW 定义的数据在存储单元中存放的格式是不同的。DB 可定义包含一个或多个字符的字符串,汇编后,按字符在字符串中出现的先后次序分配存储单元;DW 只能定义包含一个或两个字符的字符串,按"字"类型存放规则分配存储单元。

【例 4.5】 分析以下数据定义情况。

```
DATA    SEGMENT
STR1    DB '12'          ;使用 DB 伪指令定义字符串
STR2    DB 'HELLO!'
STR3    DW 'CD','3'      ;使用 DW 伪指令定义字符串
DATA    ENDS
```

变量 STR1、STR2、STR3 经汇编后的内存分配结果如图 4.3 所示。

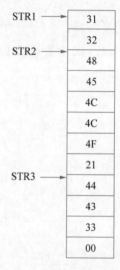

图 4.3 STR1、STR2、STR3 变量分配示意

4. 操作数为"?"形式

操作数可以是"?",当是"?"形式时,只是预留存储空间,但并不初始化数据,即初始值未定义。这种方法定义的变量常用于存放运算结果。例如:

```
OPER1 DB ?,?       ;为变量 OPER1 预留两个字节存储单元
OPER2 DW ?         ;为变量 OPER2 预留一个字存储单元
```

5. 操作数中含有 DUP 的形式

当操作数相同且又重复多次时,可使用重复数据定义符 DUP。DUP 的一般格式为

```
n DUP(操作数 1, 操作数 2, …)
```

其中,n 为重复次数,括号中为被重复的内容。例如:
A DB 0,1,?,?,? 与 A DB 0,1,3 DUP(?)是等价的。
BUF DB 2 DUP(0,1,2,?)与 BUF DB 0,1,2,?,0,1,2,? 是等价的。
BUF DW 50 DUP(?)为变量 BUF 预留了 50 个字单元。
DUP 还可以嵌套,例如定义以下 DAT 变量

```
DAT DW 2 DUP(10H, 2 DUP(1,2))
```

后,DAT 的内存分配示意如图 4.4 所示。

注意:以上 DUP 格式中,在 n 与 DUP 间需用空格分隔。

4.2.3 段定义伪指令

前面已经介绍过,汇编语言源程序是用分段的方法来组织程序、数据和变量的。一个源程序由多个段组成,每个段通过段定义伪指令来定义。在 MASM 5.0 以上的版本中,段定义伪指令有完整段定义伪指令和简化段定义伪指令两种(完整段定义伪指令适用于所有版本),本教材只介绍完整段定义伪指令。

指令格式:

段名　SEGMENT　[定位类型]　[组合类型]　['类别']
　　　…　　　　　　　　　　　　　　;段体
段名　ENDS

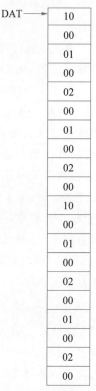

图 4.4　DAT 变量分配示意

功能:定义段名及段的各种属性,并指示段的起始位置和结束位置。

格式中的段名由用户命名,其取名方法遵守标识符的规定,不可省略;SEGMENT 和 ENDS 是定义段的一对伪指令,SEGMENT 表示段的开始,ENDS 表示段的结束,二者必须成对出现,且它们之前的段名必须一致;SEGMENT 和 ENDS 之间的为段体部分,段体的具体内容在不同类型段中不同。对于数据段、附加段及堆栈段,段体一般是符号的定义、数据的定义和分配等伪指令;代码段中主要是完成程序功能的指令代码。

在一个源程序中,不同的段不能有相同的段名。为了阅读方便,人们习惯上总是根据段体的性质起一个适当的段名,如通常用 DATA 作为数据段的段名,用 STACK 作为堆栈段的段名,用 CODE 作为代码段的段名。

定位类型、组合类型和'类别'均为可选项,用于分别确定段名的属性。实际编程时,可视需要选取各选项。

4.2.4　ASSUME 指定段寄存器伪指令

ASSUME 伪指令用于向汇编程序说明所定义的逻辑段属于何种类型的逻辑段,说明的方法是将逻辑段的段名与对应的段寄存器联系起来。该伪指令的一般格式为

ASSUME 段寄存器名:段名[,段寄存器名:段名,…]

格式中的段寄存器名是 CS、DS、SS、ES 中的一个,段名必须是由 SEGMENT 和 ENDS 伪指令定义的段名。

说明:

(1) ASSUME 伪指令只能设置在代码段内,放在段定义伪指令之后。在一条

ASSUME 伪指令中可以建立多组段寄存器与段名之间的关系,每种对应关系要用逗号","分隔。

（2）由于不同的段之间可以彼此分离、重叠或完全重叠,因此,不同的段名可以指定不同的段寄存器,也可以指定同一个段寄存器。

（3）通过 ASSUME 伪指令的指定仅仅是建立了段名与某个段寄存器之间的对应关系,而并未将段地址真正装入到相应的段寄存器中,要向各个段寄存器写入初值,还必须在代码段中通过指令实现(向段寄存器写入初值也称装填)。特别强调,代码段不需要这样做,它的这一操作是由系统在装载代码段且进入系统运行状态时自动写入的;对于堆栈段,若在段定义时使用了组合类型 STACK,则在链接时,系统会自动初始化 SS 和 SP,因而也可省去(或者系统在装载没有定义堆栈段的程序时,会指定一个段作为堆栈段,因此,对于较小的程序,可以不定义堆栈段)。因此,通常在程序中仅需对数据段和附加段进行装填,这个过程也称为段寄存器的初始化。

例如,设 DATA 为数据段的段名,用以下指令可实现将数据段的段地址写入到数据段寄存器 DS 中。

```
MOV  AX,DATA
MOV  DS,AX
```

通过 ASSUME 的指定和段寄存器的装填,当汇编程序汇编一个逻辑段时,即可利用相应的段寄存器寻址该逻辑段中的指令或数据。

4.2.5 ORG 指定地址伪指令

ORG 的格式为

```
ORG 表达式
```

ORG 伪指令强行指定地址指针计数器的当前值,以改变段内在它之后的代码或数据存放的偏移地址。汇编时,汇编程序把 ORG 中表达式的值赋给汇编地址计数器作为起始地址,连续存放 ORG 之后定义的数据或指令,除非遇到另一个 ORG 伪指令(地址计数器在 4.2.2 节已做说明)。

说明:一般情况下不使用 ORG 设置地址指针,因为段定义伪指令是段的起始点,它所指的存储单元的偏移地址为 0000H,以后每分配一个存储单元,地址指针自动加 1,所以每条指令都有确定的偏移地址。只有程序要求改变这个地址指针时,才安排 ORG 伪指令。

【例 4.6】 分析以下数据段中所定义变量的存储单元分配情况。

```
DATA    SEGMENT
ORG     1000H
D1      DB 10H,5AH,'abc'
ORG     3000H
D2      DW 1142H,2262H,0A0DH
DATA    ENDS
```

以上定义中,如果不设置 ORG 伪指令,则变量 D1 的第一个数据 10H 的偏移地址为 0000H,变量 D2 的第一个数据 1142H 的偏移地址为 0005H。由于定义了 ORG,则 D1 的第一个数据 10H 的偏移地址为 1000H,D2 的第一个数据 1142H 的偏移地址为 3000H。

4.2.6　END 源程序结束伪指令

指令格式:

> END　[地址]

功能:END 伪指令是源程序的最后一条语句,表示整个汇编源程序的结束。汇编程序在对源程序进行汇编时,一旦遇到 END 伪指令,则结束整个汇编(汇编程序不处理 END 之后的语句)。

说明:

(1) 源程序中必须有 END 伪指令。

(2) 格式中的地址表示启动地址,通常是一标号名或过程名。当其是标号名时,对应源程序中的开始标号;若一个源程序中包含多个模块,则每个模块的最后必须有一条 END 伪指令,但只有主模块文件才可以指出执行的起始地址。也就是说,如果源程序是一个独立的程序或主模块,那么,END 后面一定要带地址。

例如在例 4.1 中,START 表示程序的开始和结束。程序装入内存后,系统跳转到程序的入口处 START 指示的地址开始执行,执行到 END START 结束程序。

4.3　汇编语言实验操作

4.3.1　上机环境

汇编语言实验既可以在单个独立环境中进行,也可以在集成环境中进行。相对于集成环境,单个独立环境中的操作要烦琐些,但却能很好地理解每个环境所起的作用和每一步的执行情况。对于已有高级语言学习史的入门用户来说,可能更熟悉和习惯集成环境,但当遇到问题时可能就不知所措了。如果掌握了在单个独立环境中的操作,就自然地会在集成环境中操作了。所以这里仅介绍在每个独立环境下的汇编程序完整操作过程。

在本地微型计算机中需要有以下工具软件。

(1) 编辑软件。指能够编辑汇编源程序的软件,例如 EDIT.COM、NE.COM、WORD、PE 等。

(2) 汇编程序。对汇编源程序进行汇编的工具,例如 MASM.EXE、TASM.EXE 等,一般使用宏汇编 MASM.EXE。TASM 是比较先进的汇编工具,适用于 8086/8088～Pentium 系列指令系统所编写的汇编源程序。

(3) 链接程序。能将 MASM 产生的机器代码(.OBJ)文件链接成可执行文件(.EXE)的工具,例如 LINK.EXE、TLINK.EXE 等。

(4) 运行、调试程序。对由 LINK 产生的可执行(.EXE)文件进行运行和调试的工具,例如 DEBUG.EXE、CodeView.EXE、TD.EXE 等。

说明:

(1) 实验时为了操作起来方便,最好将以上 4 个工具放在同一个文件夹下,用户编写的源程序也放在该文件夹下,文件夹与文件名称都用英文命名。

(2) 现代的 64 位机无法直接打开以上工具,使用前需安装 DOSBox 软件并进行配置。

安装与启动 DOSBox

4.3.2 上机过程

前面已提及,把汇编语言源程序翻译成目标代码程序的过程叫作汇编;完成这种汇编任务的专用软件程序叫作汇编程序。汇编程序的主要功能概括起来有三点:一是检查出源程序中的语法错误,并给出出错信息提示;二是生成源程序的目标代码程序,也可给出列表文件;三是在遇到宏指令时要展开。

汇编语言的源程序必须要经过编辑建立、汇编和链接的过程,得到扩展名为.EXE(或.COM)的可执行文件后,才能运行查看结果,如图 4.5 所示。下面以例 4.1 中的源程序 mypgm.ASM 为例,介绍汇编程序的整个上机过程。这里设汇编上机所需的文件全部放在文件夹 E:\hbyy> 中。

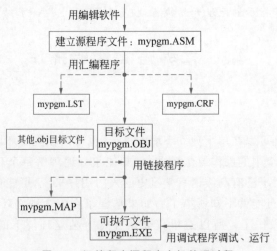

图 4.5 汇编程序源程序上机处理过程

1. 编辑建立源程序文件

通过 EDIT 等文字编辑软件建立扩展名为.ASM 的源程序文件(如 mypgm.ASM),并保存到磁盘的目标文件夹如 E:\hbyy> 中。

注意:所创建的汇编源程序文件必须为纯文本文件;保存时需指定文件的扩展名为.ASM。

2. 汇编形成目标文件

利用 MASM 等汇编程序工具对.ASM 的源程序文件进行汇编，若源程序没有语法错误，则会生成用二进制代码表示的.OBJ 目标文件，如 mypgm.OBJ。

如下是在命令方式下执行的操作示例。

MASM mypgm.ASM↙　　　　；.ASM 扩展名也可省略，直接输入 MASM mypgm↙

如图 4.6 所示为操作结果。

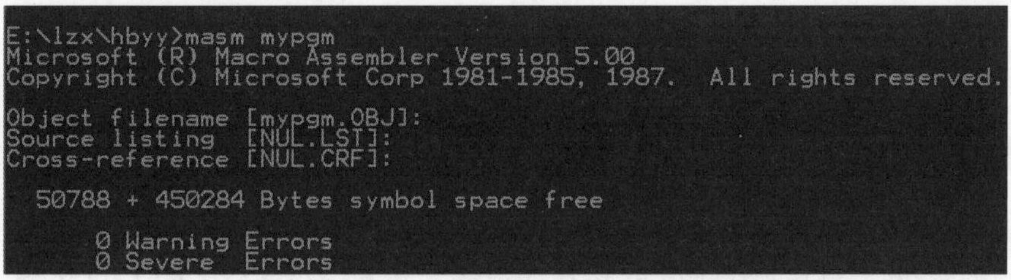

```
E:\lzx\hbyy>masm mypgm
Microsoft (R) Macro Assembler Version 5.00
Copyright (C) Microsoft Corp 1981-1985, 1987.  All rights reserved.

Object filename [mypgm.OBJ]:
Source listing  [NUL.LST]:
Cross-reference [NUL.CRF]:

  50788 + 450284 Bytes symbol space free

      0 Warning Errors
      0 Severe  Errors
```

图 4.6　源程序 mypgm.ASM 的汇编过程

从图 4.6 可知，在汇编过程中，汇编程序共有三次输出，分别为提示输入目标文件名(.OBJ)、列表文件名(.LST)和交叉引用文件名(.CRF)，方括号中的信息为每次提问的默认回答值，冒号后面等待用户输入信息，若不改变默认值则直接按 Enter 键即可。

其中，输出文件.OBJ 是必须生成的目标代码文件，当源程序中无语法错误时，则在当前文件夹中会自动生成一个.OBJ 文件（默认目标文件与源文件的主文件名同名），以供下一步链接使用。

若源程序有语法错误，还会在下面显示错误信息提示，如图 4.7 所示的操作示例。

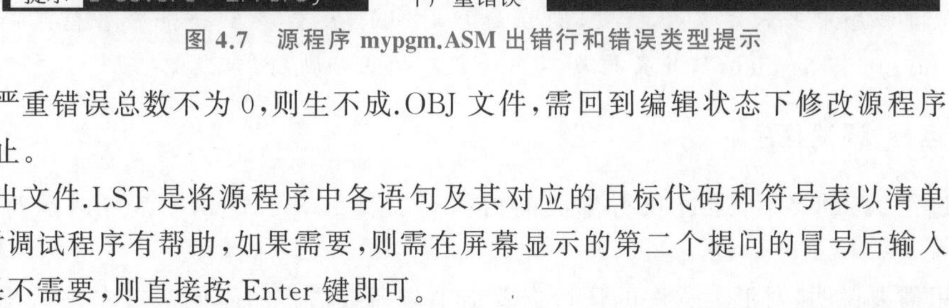

```
E:\lzx\hbyy>masm mypgm
Microsoft (R) Macro Assembler Version 5.00
Copyright (C) Microsoft Corp 1981-1985, 1987.  All rights reserved.

Object filename [mypgm.OBJ]:
Source listing  [NUL.LST]:
Cross-reference [NUL.CRF]:
mypgm.ASM(8): warning A4001: Extra characters on line
mypgm.ASM(11): error A2105: Expected: comma

  50788 + 450284 Bytes symbol space free

      1 Warning Errors    ← 一个警告错误
      1 Severe  Errors    ← 一个严重错误
```
（出错行提示）

图 4.7　源程序 mypgm.ASM 出错行和错误类型提示

若严重错误总数不为 0，则生不成.OBJ 文件，需回到编辑状态下修改源程序直到无错误为止。

输出文件.LST 是将源程序中各语句及其对应的目标代码和符号表以清单方式列出，它对调试程序有帮助，如果需要，则需在屏幕显示的第二个提问的冒号后输入主文件名；如果不需要，则直接按 Enter 键即可。

输出文件.CRF 是交叉引用文件，其能给出源程序中定义的符号引用情况，按字母顺序排列。.CRF 文件不可显示，须用 CREF.EXE 系统程序将.CRF 文件转换成为.REF 文件后方可显示输出。

说明:

(1) 在通过 MASM 汇编时,源程序文件的扩展名.ASM 可以省略,对输出文件的主文件名选择,最好与源程序的主文件名同名。

(2) 在源程序汇编后的输出文件中,一般只需要.OBJ 文件,因此在汇编过程中,可以直接按 Enter 键。

(3) 在汇编过程中,若源程序没有语法错误,将会生成相应的目标文件,例如 mypgm.OBJ;否则,将显示错误所在的行与错误信息。若是严重错误,则不能生成.OBJ 目标文件,这时必须修改源程序,然后再汇编,直到没有错误为止;若只有警告错误,则 MASM 将按默认处理方式生成目标文件,但其处理方式不一定与编程人员的初衷相吻合。因此,用户应养成良好的程序开发习惯,使程序在汇编后无任何错误。

3. 链接

经汇编后生成的.OBJ 文件,其所有目标代码的地址都是浮动的偏移地址,机器不能直接运行,必须利用链接程序 LINK 将其进行链接装配定位,产生.EXE 可执行文件后,方可运行。一般来说,单个目标文件的链接很少有错误。

图 4.8 所示为在 DOS 状态下,进行链接的操作过程。具体命令为

```
LINK mypgm.OBJ↙
```

```
E:\lzx\hbyy>link mypgm
Microsoft (R) Overlay Linker  Version 3.60
Copyright (C) Microsoft Corp 1983-1987.  All rights reserved.

Run File [MYPGM.EXE]:
List File [NUL.MAP]:
Libraries [.LIB]:
LINK : warning L4021: no stack segment
```

图 4.8 目标程序的链接过程

链接过程中会有三次提示,LINK 提示输入可执行文件名(.EXE)、映像文件名(.MAP)和库文件名(.LIB),一般直接按 Enter 键即可,表示采用默认方式。即可执行文件的主文件名与目标文件主文件名同名,不需要库文件,也不生成映像文件。

说明:

(1) 在使用 LINK 时,目标文件的扩展名.OBJ 可以省略,即输入命令"LINK mypgm ↙"。

(2) 源程序中若未定义堆栈段,则在链接时,LINK 会输出一条警告信息"warning L4021: no stack segment",此条信息不影响程序的正确执行,可忽略。

4. 运行、调试程序

经过汇编、链接后,通过执行生成的可执行文件 mypgm.EXE 就可以运行查看结果了。

这里需要说明,对汇编程序的运行查看结果与高级语言的不同。首先是运行结果会有两种情况。

① 程序编写正确,得到了预期的运行结果,但这种情况的输出也有两种情况。如果程序中有直接把结果在显示器上输出显示的指令,则在显示器上能看到结果;另一种则

往往是还没有看到任何显示结果程序就结束了,这是因为程序中没有显示结果的指令,所以看不到结果。要想查看结果,还需通过 DEBUG 等调试工具中的相应命令。

② 运行结果不正确,也就是可执行文件的运行出现异常,或者是结果不正确。这种情况就说明汇编源程序中有功能性错误,需返回去修改源程序。对于小且简单的程序,错误原因比较容易找到,但对于较大且复杂的程序来说,靠人工分析是很难发现的,需要借助 DEBUG 等调试工具来调试发现错误,然后再修改源程序、汇编和链接,如此反复多次,直到最后得到预期结果。

对于用户编写的汇编程序,其运行结果大部分是在寄存器或存储单元当中,因此,DEBUG 等调试工具是调试汇编程序和查看运行结果必不可少的工具。

4.4 调试工具 DEBUG

DEBUG.EXE 是 DOS 的外部命令,也是专为汇编语言提供的一种调试工具,用户通过其所提供的命令可以直接建立简单的汇编语言程序,装入、启动运行所生成的.EXE 汇编程序,可以跟踪程序的运行过程,直接修改目标程序,还可以直接查看和修改存储单元及寄存器的内容,使编程人员触及机器内部。不仅如此,对于入门级用户来说,DEBUG 也是学习汇编指令的一种有效工具,初学者可以直接在 DEBUG 环境下练习学习汇编指令。

4.4.1 DEBUG 的启动

在 DOS 命令方式状态下输入 DEBUG 命令,下面是几个启动 DEBUG 示例。

```
DEBUG mypgm.EXE↙          ;启动 DEBUG 的同时将 mypgm.EXE 装入内存
DEBUG↙                    ;仅仅启动 DEBUG
```

成功启动 DEBUG 后的提示符为一小短线"—",如图 4.9 所示。

图 4.9　DEBUG 环境

说明:

(1) DOS 命令方式下的操作,在进行选择路径等操作时要涉及 DOS 的一些常用命令,读者在用到时请自行查阅有关资料。

(2) 执行 DEBUG 命令时,其后可附跟文件名。当指定了文件名时,则此文件需是一个扩展名为.EXE 或.COM 的完整文件,此时,系统在启动 DEBUG 的同时,还自动将指定文件装入到了内存;若默认文件名,则只是启动了 DEBUG,此时在 DEBUG 环境下,还可使用 N 命令和 L 命令将需要调试运行的程序装入到内存中。

(3) 同使用 EDIT 等其他工具一样,对于现代的 64 位机型,在启动 DEBUG 时,还需预先通过 DOSBox 进行环境配置。

4.4.2 DEBUG 的主要命令

1. 有关 DEBUG 命令的一些共同信息

DEBUG 的所有命令都是一个英文字母,它反映该命令的功能,命令字符后面可跟一个或多个参数,其格式为

```
命令字母 [参数]
```

DEBUG 所有命令都遵从以下约定。

(1) DEBUG 不区分大小写。

(2) DEBUG 命令中的参数及汇编指令中的数据均规定为十六进制,输入时不需加十六进制标志 H,A~F 打头时前面也无须补加"0"。

(3) 命令和参数之间可用(也可以不用)定界符分隔,对于参数之间,当相邻的两个参数都为数值型数据时,之间必须用定界符分隔,定界符可以是空格或逗号。

(4) 每一个命令,只有在按下 Enter 键后才执行,按 Ctrl+Break 组合键可中止命令的执行。

(5) 命令执行时,如果命令不符合 DEBUG 规则,则会提示"Error"错误信息。

(6) 参数既可以表示地址也可以表示地址范围。当是地址时,只能用逻辑地址形式表示,具体有以下三种表示形式。

一是完整的逻辑地址(段地址:偏移地址)形式。例如:

```
D 0400:2500              ;逻辑地址为 0400:2500H
D DS:0004                ;逻辑地址为 DS:0004H
D CS:0100                ;逻辑地址为 CS:0100H
```

二是只写出偏移地址的形式。这种形式 DEBUG 认为输入的是偏移地址,段地址采用默认的段寄存器,对于不同命令默认的段寄存器不同。若是针对汇编指令所操作的命令,DEBUG 默认的段寄存器为 CS,涉及的命令主要有 A、U、G、T、L、W 等;若是针对数据所操作的命令,则 DEBUG 默认的段寄存器为 DS,涉及的命令主要有 D、E、F。例如:

```
-D 2505                  ;2505 为偏移地址,默认段地址由 DS 提供
-A 100                   ;0100 为偏移地址,默认段地址由 CS 提供
```

三是既不写段地址也不写偏移地址的形式。这种形式的段地址采用默认的段寄存器,偏移地址采用当前值。例如:

```
-A                       ;默认的逻辑地址是当前的 CS:IP 值
```

当参数表示的是地址范围时,具体有以下两种表示形式。

一是"地址 地址"形式。第一个地址表示的是起始地址,起始地址可以用完整的逻辑地址来表示,也可以只用偏移地址来表示;第二个地址表示的是结束地址,其只能用偏移地

址来表示,段地址默认同起始地址的段地址相同,即指定的地址范围不能跨段。例如:

```
-D DS:0    50         ;第一个起始地址为 DS:0000H,第二个结束地址为 DS:0050H
-D 2AC0:100 200       ;第一个起始地址为 2AC0:0100H,第二个结束地址为 2AC0:0200H
-D 100    120         ;第一个起始地址为 DS:0100H,第二个结束地址为 DS:0120H
```

二是"地址 L 长度"形式。这里的地址表示起始地址,用逻辑地址表示;长度表示该区域的大小(字节数),用以字母"L"开头的数值型数据表示。例如,D DS:0 L 10、D 100 L 20 等。这里需注意 L 是必需的。

2. DEBUG 的主要命令

1) D —— 查看内存单元内容命令

格式:

D[地址/地址范围]

功能:显示内存单元的内容。具体操作有如下三种。

① 若 D 命令中只指定了地址,则从指定地址开始显示 128 字节(共 8 行,每行 16 字节)内容。

② 若 D 命令中指定的是一个地址范围,则只显示地址范围的内容。

③ 若 D 命令中没有参数选项,则从上一个 D 命令所显示的最后一个单元的下一个单元开始显示,若之前没有用过 D 命令,则从 0100H 开始显示。

说明:执行 D 命令后,对屏幕上显示的内容可分为三部分。左边部分是每一行内存单元的起始地址(逻辑地址形式表示);中间部分是每一地址对应的各内存单元的内容(十六进制数表示),一行 16 个单元共 16 字节(分为前 8 个和后 8 个,中间用"-"号分隔);右边是各单元内容相应的 ASCII 码字符(不可显示的字符用"."代替)。

示例:-D DS:10 50 或 -D DS:10 L 41。

以上两条命令是等效的,都是显示当前 DS 段中,偏移地址从 0010H~0050H 存储区域单元内容,显示结果如图 4.10 所示。其中 0010H、0014H、0016H、002EH 和 0030H 单元中存放的是可显示的字符。

图 4.10 执行"D DS:10 50"命令的显示内容

2) E —— 修改内存单元内容命令

格式:

E <地址>/<地址><数据表>

功能:修改内存单元的内容。

针对 E 命令的两种格式,具体有以下两种修改方法。

① E 地址。

此种方法实现从指定地址开始,逐个修改内存单元的内容。

执行 E 命令后,屏幕上显示指定内存单元的地址及其内容,此时可以有三种操作选择:若要修改原有内容,可输入新的数据(字节类型);若按空格键,则显示下一个内存单元内容并可修改;若按减号"-"键,则显示上一个内存单元内容并可修改。按 Enter 键,结束 E 命令状态。

这种方法可以连续修改内存单元内容,当其中部分单元不需修改而操作还要进行下去时可直接按空格键或减号"-"键,最终以 Enter 键结束 E 命令。

② E 地址 数据表。

此种方法实现用数据表中给定的内容去修改以指定的起始地址开始的内存单元的内容。其中,"数据表"中的内容可以是以逗号或空格分隔的字节类型数据,数据可以是用引号括起来的字符串,也可以是二者的组合。图 4.11 所示为执行命令"-E DS:100 33 'AB' 66"前后,相关内存单元内容的变化情况。

```
-d ds:100 l 10
0B07:0100  F3 61 62 8D D5 96 E3 13-B0 1A 06 33 FF 8E 06 B4   .ab.......3...
-e ds:100 33 'AB' 66
-d ds:100 l 10
0B07:0100  33 41 42 66 D5 96 E3 13-B0 1A 06 33 FF 8E 06 B4   3ABf......3...
```

图 4.11　执行"-E DS:100 33 'AB' 66"命令的显示内容

3)F —— 填充内存单元内容命令

格式:

F 地址范围 数据表

功能:将"数据表"中的数据逐个填入指定的内存地址单元中。

执行 F 命令,若"地址范围"包含的单元数比"数据表"中给定的数据多,则数据表中的内容被反复使用,直到地址范围中的所有地址被全部填充;若少,则忽略数据表中多余的数据。

例如,执行命令"-F 2000:100 150 1,2,'123' (或-F 2000:100 150 1 2 '123')"后,将反复使用 1H、2H、31H、32H、33H 依次填充数据段中偏移地址为 0100H~0150H 的存储单元。图 4.12 所示为执行命令后相关内存单元的执行情况。

```
-f 2000:100 150 1,2,'123'
-d 2000:100
2000:0100  01 02 31 32 33 01 02 31-32 33 01 02 31 32 33 01   ..123..123..123.
2000:0110  02 31 32 33 01 02 31 32-33 01 02 31 32 33 01 02   .123..123..123..
2000:0120  31 32 33 01 02 31 32 33-01 02 31 32 33 01 02 31   123..123..123..1
2000:0130  32 33 01 02 31 32 33 01-02 31 32 33 01 02 31 32   23..123..123..12
2000:0140  33 01 02 31 32 33 01 02-31 32 33 01 02 31 32 33   3..123..123..123
2000:0150  01 00 00 00 00 00 00 00-00 00 00 00 00 00 00 00   ................
```

图 4.12　命令"-F 2000:100 150 1,2,'123'"的执行结果

4)R —— 查看和修改寄存器内容命令

格式 1:

R

功能:显示 CPU 内部所有寄存器的内容、标志寄存器中 8 个标志位的状态(9 个标志位中不包含 TF)以及下一条要执行的指令的地址、机器代码及汇编指令。其中标志位以每位所对应的代号形式显示,见表 4.5。

第4章 汇编语言程序设计

表 4.5 标志寄存器中标志位的显示形式

标志位	OF	DF	IF	SF	ZF	AF	PF	CF
状态	1/0	1/0	1/0	1/0	1/0	1/0	1/0	1/0
代号显示	OV/NV	DN/UP	EI/DI	NG/PL	ZR/NZ	AC/NA	PE/PO	CY/NC

如果当前位置是 CS:2000H,图 4.13 所示为执行"R"命令后的显示结果。

```
-r
AX=0000  BX=0000  CX=0000  DX=0000  SP=FFEE  BP=0000  SI=0000  DI=0000
DS=0B07  ES=0B07  SS=0B07  CS=0B07  IP=2000    NV UP EI PL NZ NA PO NC
0B07:2000 6E           DB        6E
```

图 4.13 执行"R"命令后的显示结果

格式 2：

> R 寄存器名

功能：显示并修改指定寄存器的内容。例如：
执行"-R CX"后，将显示

> CX 0000
> :

显示的"0000"是 CX 的内容，若不需要修改其内容，可直接按 Enter 键，若需要修改，则在冒号":"后输入一个有效十六进制数据后按 Enter 键结束。

格式 3：

> -R F

功能：显示当前 8 个标志位状态并可以修改。例如：
执行"-R F"命令后，屏幕将显示以下内容：

> NV UP DI NG NZ AC PE NC -

此时,若不需要修改,就直接按 Enter 键;若要修改,就在"-"之后输入一个或多个标志位所对应的"1/0"的相应代号;当是多个时,与标志位的次序无关,且它们之间可以有也可以没有定界符。图 4.14 所示为执行"-R F"命令前后的结果情况,修改的标志位有 CF、AF、SF、DF 和 OF 共 5 个(其中的 AC 和 NG 间没有输入定界符)。

```
-rf
NV UP EI PL NZ NA PO NC   -cy acng,dn,ov
-rf
OV DN EI NG NZ AC PO CY   -
```

图 4.14 执行"-R F"命令前后的结果情况

5) A —— 建立汇编指令命令

格式：

> A [地址]

功能：在命令中指定的地址开始建立汇编指令,也可修改已有的汇编指令。若省略地址,则接着上一个 A 命令之后的最后一个单元开始给定地址;若第一次使用 A 命令时省略地址,则从当前 CS:IP 开始(通常是 CS:100)给定地址。

说明：

（1）在 DEBUG 下编写简单程序时适合使用 A 命令。

（2）输入每条指令后要按 Enter 键结束。

（3）按 Ctrl+C 组合键或者是不输入指令就直接按 Enter 键，可结束 A 命令。

（4）如果有段超越，则要将段超越前缀放在相关指令的前面，或者单独一行输入。

示例：实现将数据 4000H 送往附加段中 4000H 偏移地址处，在 DEBUG 下通过 A 命令建立的汇编指令如图 4.15 所示。

6）U —— 反汇编命令

程序在内存中是以机器码的形式存在的，通过机器码是很难读懂程序的，为了能清楚地了解此程序的功能，就需要有对应此程序的汇编指令码。把程序的目标机器码转换为汇编前汇编指令码的过程，称为反汇编。DEBUG 提供的 U 命令就是反汇编命令，其能显示装入在内存某一区域中程序的机器码以及相应的汇编指令码。

格式：

U［<地址>/<地址范围>］

此格式具体可分解为以下三种形式。

① U。

② U 地址。

③ U 地址范围。

功能：将二进制机器代码反汇编为汇编符号指令，并按行显示指令的内存地址、机器码及对应的汇编指令。

形式①中没有指定地址，则默认从当前 CS：IP 所指的那条指令起开始反汇编，共显示连续 32 字节内容；形式②中指定了地址，则从指定地址开始反汇编，共显示连续 32 字节内容；形式③中指定了范围，则对指定地址范围的单元内容进行反汇编。

示例：通过 U 命令反汇编 mypgm.EXE 程序文件，结果如图 4.16 所示。

图 4.15　通过 A 命令建立的汇编指令　　图 4.16　对 mypgm.EXE 文件执行 U 命令后的屏幕显示

从图 4.16 中可以看到，左边部分显示的是程序指令所对应的逻辑地址，例如图中第一条指令"MOV AX,142B"的逻辑地址为 142C：0000，这表明指令是从代码段的 0000H 单元地址开始存放的，这也就意味着标号 START 所代表指令的偏移地址是 0000H。如果程序较长一屏显示不完，应接着执行 U 命令，直到该程序中的指令全部显示出来。若想再反汇编出程序的第一条指令，可以执行"U 0000"命令。

说明：

（1）执行 U 命令后，IP 指向已反汇编过的下一条指令的地址，这样，对于形式①，如果在此之前执行过 U 命令,则是从上次 U 命令执行之后接着的下一条指令地址处开始的,这样就可以实现连续反汇编。

(2) 反汇编时一定要确认指令的起始地址后再操作,否则将得不到自己想要的结果。

7) G —— 运行命令

格式:

G[<=起始地址>][<断点地址 1>,<断点地址 2>,…]

功能:从命令中指定的起始地址处开始执行指令,直到程序结束或遇到指定的断点地址。具体运行时,如果命令中指定有断点地址,则在遇到断点后自动停下来,并显示当前各寄存器的内容和下一条要执行的指令;如果没有指定且还是一个完整的程序,则会运行到程序结束,并显示"Program terminated normally"(程序正常结束),这样,通过 G 命令就可以连续运行程序,或通过断点一段一段地运行调试。

说明:

(1) 对于起始地址或断点地址,必须设置在一条指令的首地址,否则会出现不可预料的结果。

(2) 格式中的断点地址,是指程序中除第一条指令以外的其他指令的地址,最多可以设置 10 个。

(3) 断点地址通常是为了调试程序所设,用户要根据具体程序和程序的执行情况学会设置断点地址。

(4) 如果默认起始地址,则从当前地址处开始执行。

8) T —— 跟踪命令

格式:

T[=<地址>][<指令条数>]

功能:T 命令也称为单步执行命令,功能是执行命令格式中从指定的"地址"起始的、"指令条数"指定的若干条指令后返回提示符状态,并显示所有寄存器的内容、标志位的状态以及下一条要执行的指令的地址和内容。

实际操作中,常用的 T 格式有两种。

① T。执行由 CS:IP 指向的那条指令。

② T=地址。执行命令中由地址指定的那条指令。

说明:

(1) T 命令通常用于跟踪一条指令的执行,虽然也可以用"指令条数"设定一次跟踪多条指令,但这种情况一般不用 T 命令,而是用 G 命令。

(2) 第一次执行 T 命令时,"地址"应指定为自己程序的开始地址。

(3) 执行 T 命令时,若遇到 CALL 或 INT 命令,则会跟踪进入到相应过程或中断服务程序的内部,对于带重复前缀 REP 的指令,每重复执行一次算一步。

9) P —— 跟踪命令

P 命令的格式和功能与 T 命令相同,所不同的是 P 命令在遇到 CALL、INT 或串等指令时可以一次执行完毕,简化了跟踪过程。

10) N —— 命名命令

格式：

```
N 文件名
```

功能：N 命令单独使用无意义，通常与 L 或 W 命令联合使用，用于指定要读写的硬盘上的文件(包括盘符和路径)。

11) L —— 装入命令

格式：

```
L [地址]
```

功能：把在 N 命令中指定的硬盘文件装入到内存中指定的地址，默认地址为 CS:IP。

说明：L 命令通常用在 N 命令之后，规定 N 命令中指定的文件必须为一可执行文件(.EXE 或.COM)，且扩展名不能省略。

例如，以下两条命令：

```
-N    mypgm.EXE            ;指定磁盘文件名为 h1.EXE
-L
```

该两条命令连续执行后，则会将 mypgm.EXE 文件装入到 CS:IP 地址处，此时 IP 值为 0000H。

12) W —— 写磁盘命令

W 命令与 L 命令的格式相同，而功能正好相反，其实现将内存中指定地址的内容写入到由 N 命令命名的文件中，默认地址为 CS:0100。在写入之前，需将写入的文件长度(字节数)送入到寄存器 BX 和 CX 中，BX 中放字节长度的高字内容，CX 中放字节长度的低字内容。

注意：DEBUG 只支持写入.COM 类型的文件(不支持.EXE 类型)；另外，在执行 W 命令前，须正确设置 BX 和 CX 的值。

【例 4.7】 假设 mypgm.EXE 文件在内存中占 16 字节，现要将其所包含的这 16 字节内容写到 mypgm1.COM 中，请写出有关命令。

从图 4.16 所示的显示结果，已知 mypgm.EXE 程序文件的内容为偏移地址 0000H～000EH。若要将此范围内容写入到 mypgm1.COM 文件中，则后续的操作如下。

第一步：修改 BX 的值为 0000H，修改 CX 的值为 0010H。
第二步：用 N 命令指定要写入的文件名：-N   mypgm1.COM。
第三步：执行 W 命令：-W。

以上操作如图 4.17 所示。

图 4.17   通过 W 写命令建立.COM 型文件

13) Q ——退出命令

格式：

Q

功能：退出 DEBUG 环境。

4.5 DOS 系统功能调用

微型计算机系统提供了一组实现特殊功能的可供用户调用的功能子程序，用户通过调用这些子程序，可以方便地实现对底层硬件接口的操作，为汇编语言程序设计提供了许多便利。

系统提供的功能调用有两种，分别为 BIOS(Basic Input and Output System)和 DOS(Disk Operation System)。BIOS 固化在 ROM 中，可与任何操作系统一起工作，是机器出厂时就带有的；DOS 存放于硬盘的系统区中，是在 BIOS 之上的系统软件，通过 BIOS 访问外设。对于绝大部分的功能调用，DOS 和 BIOS 都同时提供，但也有个别功能只有 BIOS 提供，例如读打印机状态功能，就只能通过 BIOS 调用实现。

BIOS 与 DOS 都采用 INT n 中断调用指令实现，方法基本相同。本节仅介绍 DOS 系统功能调用。

4.5.1 DOS 系统功能调用方法

DOS 提供的系统功能子程序有上百个，其中的 INT 21H 软中断是一个具有几十种功能的大型中断服务程序，DOS 给这些功能程序分别予以编号，称为功能号。汇编程序通过引用功能号执行相应程序所提供的功能的调用称为 DOS 系统功能调用。

应用 INT 21H 系统功能调用的方法如下。

（1）设置入口参数，即将入口参数送给指定的寄存器或内存单元。
（2）将系统功能调用的功能号送 AH 中。
（3）执行 INT 21H 指令，转到相应的功能程序入口处执行。
（4）系统功能调用处理完后，处理相应的出口参数。

说明：有的系统功能调用不需要入口参数，也有的系统功能没有出口参数。在调用系统功能的过程中，用户只要给出调用系统功能所需的信息即可，而不必关心程序具体如何执行，在内存中的存放地址如何，等等，DOS 会根据所给的参数信息自动转入相应的功能程序去执行并产生相应结果。

4.5.2 常用的 DOS 系统功能调用

1. 带回显的单字符输入（01 号功能）

入口参数：无。
功能号：AH=01H。
出口参数：AL=所输入字符的 ASCII 码值。
功能：实现单字符输入，即将从键盘输入的字符 ASCII 码值送到 AL 寄存器中，同时回显在屏幕上。

调用格式：

```
MOV  AH,01H
INT  21H
```

2. 不带回显的单字符输入（08 号功能）

08 号功能调用所实现的功能同 01 号功能调用，只是所输入的字符不在屏幕上回显。

调用格式：

```
MOV  AH,08H
INT  21H
```

3. 单字符输出（02 号功能）

入口参数：DL＝要输出的字符（或字符的 ASCII 码值）。

功能号：AH＝02H。

出口参数：无。

功能：将 DL 寄存器中的字符在显示器上输出显示。

调用格式：

```
MOV  DL,字符
MOV  AH,02H
INT  21H
```

例如：以下三条指令实现在屏幕上输出字符"Z"。

```
MOV  DL,'Z'              ; MOV DL,5AH
MOV  AH,02H
INT  21H
```

注意：02 号功能调用没有出口参数，但却自动修改了 AL 的值，读者可亲自实践。

4. 字符串输出（09 号功能）

入口参数：DS:DX 指向字符串首地址。

功能号：AH＝09H。

出口参数：无。

功能：将数据段 DS 中从偏移地址 DX 处开始的、以"＄"字符结尾的字符串输出到显示器上。

调用格式：

```
MOV  DX,字符串的首地址
MOV  AH,09H
INT  21H
```

说明：

（1）数据段中定义的待显示的字符串必须以"＄"作为结束标志，但"＄"并不属于被显示的字符串内容。

(2) 同02号功能调用一样,09号功能调用自动修改了AL的值,读者可亲自实践。

例4.1就是09号功能调用的程序示例,执行该程序,将在屏幕上输出字符串"Hello China!"。

5. 字符串输入(0A号功能)

入口参数:DS:DX=存放字符串的输入缓冲区的首地址。

功能号:AH=0AH(10)。

出口参数:实际输入的字符个数保存在缓冲区中第二个字节内存单元位置,实际输入的字符的ASCII码值(包括回车符0DH)顺序保存在缓冲区中从第三个字节内存单元开始的位置。

功能:从键盘接收字符串,并存放到内存缓冲区中。

调用格式:

```
MOV    DX,已定义的缓冲区的偏移地址
MOV    AH,0AH
INT    21H
```

说明:在使用0A号功能前,应在内存中先定义一个输入缓冲区,缓冲区内的第一个字节内存单元定义为允许最多输入的字符个数(包括必须要输入的回车符在内),长度为1~255;第二个字节内存单元保留,在执行中断功能调用完毕后由系统自动填入实际输入的字符个数(不包括回车符);从第三个字节内存单元开始连续存放从键盘接收到的字符的ASCII码值,直到输入回车符为止,并将回车符的ASCII码值(0DH)跟在字符串的末尾。所以,在设置缓冲区的长度时,要比所计划输入的最多字符数多一个。在实际输入时,若输入的字符个数少于定义的最大字符个数,则缓冲区中所剩的单元自动清零;若实际输入的字符个数多于定义的字符个数,则多输入的字符会丢弃不用,且响铃示警,直到输入回车符为止。

【例4.8】 字符串输入功能调用方法示例。

```
DATA SEGMENT
BUF    DB   20              ;缓冲区长度,最多输入的字符数为19,不包括回车符
       DB   ?               ;预留的单元,存放实际输入的字符个数,由系统自动填入
       DB   20 DUP (?)      ;存放实际输入的字符串(包括回车符在内最多20个)
DATA ENDS
CODE SEGMENT
       ASSUME CS: CODE,DS: DATA
START: MOV  AX,DATA
       MOV  DS,AX
         ⋮
       MOV  DX,OFFSET BUF
       MOV  AH,0AH
       INT  21H
         ⋮
CODE ENDS
       END  START
```

本例可从键盘接收19个有效字符并依次存入到以BUF+2为首址的缓冲区中。

6. 返回 DOS 操作系统（4CH 号功能）

调用格式：

```
MOV  AH,4CH
INT  21H
```

功能：终止当前程序的运行，并返回 DOS 系统。

汇编程序若不是以子程序的形式编写，常采用这种结束方法，而且一般将这两条指令放在代码段的结束伪指令 CODE ENDS 之前。

说明：相比较而言，DOS 系统功能调用离用户近些，而且还增加了许多必要的检测，操作简易、对硬件依赖性少，比 BIOS 调用方便。因此，对具有能实现相同功能的调用，最好使用 DOS。

4.6 汇编语言程序设计

在学习了 8086 CPU 指令及伪指令之后，按照汇编语言语句的格式要求，就可以编写具有一定功能的汇编语言程序了。同高级语言一样，汇编语言源程序的设计也有四大基本结构形式，即顺序结构、分支结构、循环结构和子程序。在实际的汇编程序设计中，单纯一种结构的程序并不多见，大多数都是多种结构的组合。本节通过实例介绍这些基本结构的汇编程序设计方法。

4.6.1 顺序结构程序设计

顺序结构是最简单的程序结构，程序的执行顺序就是指令的编写顺序。因此，在进行顺序结构程序设计时，主要应考虑如何选择简单有效的算法，如何安排指令的先后次序，如何选择存储单元和寄存器。另外，在编写程序时，还要妥善保存已得到的处理结果，以为后面的进一步处理提供有关信息，避免不必要的重复操作。

顺序结构主要用到数据传送类指令、算术运算类指令、逻辑运算和移位类指令等，下面是两个简单的示例程序。

【例 4.9】 编写计算表达式 $(X-Y+25)/Z$ 的值的程序，要求将其商和余数分别放在 A、B 单元中。（设 X 和 Y 是 32 位无符号数，A、B 和 Z 是 16 位无符号数，不考虑溢出情况。）

分析：表达式中的 X、Y 变量为 32 位数，这里使用 DD 定义；A、B 和 Z 为 16 位数，通过 DW 定义；因为是无符号数，所以，除法运算使用 DIV 指令，将相除以后的结果（商和余数）放在相应的 A、B 单元。程序流程如图 4.18 所示，程序如下。

```
DATA    SEGMENT                 ;定义数据段
X       DD 334467ABH            ;分别在 X、Y、Z 单元预先定义数据
Y       DD 0DF342189H
Z       DW 5476H
A       DW ?
B       DW ?
DATA    ENDS
STACK   SEGMENT   STACK         ;定义堆栈段
```

```
                DB 50 DUP(0)
STACK   ENDS
CODE    SEGMENT                         ;定义代码段
        ASSUME CS:CODE,DS:DATA,SS:STACK
START:  MOV AX,DATA
        MOV DS,AX
        MOV AX,WORD   PTR X             ;取 X 的低字内容
        SUB AX,WORD   PTR Y             ;与 Y 的低字内容相减
        MOV DX,WORD   PTR X+2           ;取 X 的高字内容
        SBB DX,WORD   PTR Y+2           ;与 Y 的高字内容相减,考虑低字部分的借位
        ADD AX,25                       ;结果的低字与 25 相加
        ADC DX,0                        ;可能产生进位,再加上进位
        DIV Z                           ;DX 与 AX 中的 32 位无符号数除以 16 位无符号数 Z
        MOV A,AX                        ;商在 AX 中,保存商到 A 单元中
        MOV B,DX                        ;余数在 DX 中,保存余数到 B 单元中
        MOV AH,4CH
        INT 21H
CODE    ENDS
        END START
```

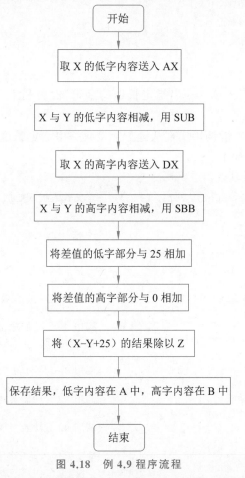

图 4.18 例 4.9 程序流程

【**例 4.10**】 编写一个程序,实现将存放在 AX 与 DX 中的 32 位数据循环右移二进制

数的 4 位。

分析：循环右移操作本应采用循环右移指令实现，但因要移位的是一个 32 位的操作数，一次实现不了，所以需要通过两次逻辑左移、两次逻辑右移和两次逻辑或指令实现。程序如下（注：本程序中，DX 中存放高字内容，AX 中存放低字内容）。

```
CODE    SEGMENT
        ASSUME CS:CODE
START:
        MOV  AX,1234H
        MOV  DX,5678H
        MOV  CL,04
        MOV  BH,AL
        SHL  BH,CL
        SHR  AX,CL              ;逻辑右移指令
        MOV  BL,DL
        SHR  DX,CL
        SHL  BL,CL              ;逻辑左移指令
        OR   AH,BL
        OR   DH,BH
        MOV  AH,4CH
        INT  21H
CODE    ENDS
        END  START
```

【例 4.11】 从键盘上读入一串指定长度的字符，然后利用 09 号系统功能调用显示输出该串字符。

分析：用 0AH 号功能调用实现从键盘上接收一串指定长度的字符，用 09 号功能调用输出该字符串，程序如下。

```
DATA    SEGMENT
MESS    DB 'Please input a string !:$'    ;定义输入提示信息
BUF     DB 20,?,20 DUP(0)
DATA    ENDS
CODE    SEGMENT
        ASSUME CS:CODE,DS:DATA
START:  MOV  AX,DATA
        MOV  DS,AX
        MOV  DX,OFFSET MESS              ;09 号功能入口参数设置
        MOV  AH,09H
        INT  21H                         ;调用 09 号功能输出提示信息
        MOV  DX,OFFSET  BUF              ;0AH 号功能入口参数设置
        MOV  AH,0AH
        INT  21H                         ;调用 0AH 号功能
        MOV  AH,02H
        MOV  DL,0AH                      ;调用 02 号功能实现换行
        INT  21H
        MOV  DL,0DH                      ;调用 02 号功能实现回车
        INT  21H
        MOV  BL,BUF+1                    ;取实际输入的字符长度
        MOV  BH,0
        MOV  BYTE PTR BUF+2[BX],'$'      ;将"$"字符放在字符串的尾部
```

```
            MOV   DX,OFFSET BUF+2       ;09号功能入口参数设置
            MOV   AH,09H
            INT   21H                   ;调用09号功能输出字符串
            MOV   AH,4CH
            INT   21H
   CODE     ENDS
            END   START
```

4.6.2 分支结构程序设计

分支结构是一种非常重要的程序结构,也是实现程序功能选择所必需的程序结构。汇编语言中的分支与高级语言中的分支相对应,通常有以下三种形式。

IF-THEN 型:也称单分支结构,满足条件则转向语句体2执行;否则顺序执行。

IF-THEN-ELSE 型:也称双分支结构,满足条件则执行语句体2;否则执行语句体1。

DO-CASE 型:也称多分支结构,可视为多个并行分支的组合,依据程序的转向开关(所设置的分支条件选择)转向相应的程序段。

说明:这里的"语句体2"指距离条件转移指令较远的那个语句体,即条件成立的那段指令,较近的为"语句体1"。

图4.19所示为各种分支的结构形式。

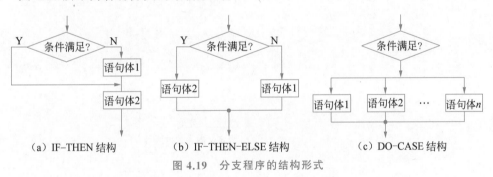

(a) IF-THEN 结构　　　(b) IF-THEN-ELSE 结构　　　(c) DO-CASE 结构

图 4.19　分支程序的结构形式

在汇编语言中,分支程序主要靠条件转移指令实现,其设计要领如下。

(1) 首先要根据处理的问题用比较、测试、算术运算、逻辑运算等指令,使标志寄存器产生相应的标志位。例如,比较两个单元地址的高低、两个数的大小,测试某个数据是正还是负,测试数据的某位是"0"还是"1"等,将处理的结果反映在 CF、ZF、SF 和 OF 等标志位上。

(2) 根据转移条件选择适当的转移指令。通常一条条件转移指令只能产生两路分支,因此要产生 n 路分支需要 $n-1$ 条条件转移指令。

(3) 各分支之间不能产生干扰,如果产生干扰,可用无条件转移指令 JMP 进行隔离。

(4) 要尽可能避免编写"头重脚轻"的分支程序,即当分支条件成立时,将执行指令较多的分支;而条件不成立时,所执行的指令很少。这样就会使后一个分支离分支点较远,有时甚至会遗忘编写后一分支程序,这种分支方式不仅不利于程序的阅读,而且也不便于将来的维护。所以,在编写分支结构的程序时,一般先处理简单的分支,再处理较复杂的分支。对于多分支结构,可逐层分解来实现。

【例 4.12】 编写一个程序，计算 |X−Y| 的值，并将结果存入 RESULT 单元中，其中 X 和 Y 都为带符号字数据。

分析：求一个数的绝对值，有两种情况。对于正数或零，绝对值就是自己本身；而对于负数，绝对值就是其相反数，NEG 指令正是完成此功能的。此分支程序是一个较简单的单分支结构例子，程序流程如图 4.20 所示，程序如下。

```
DATA    SEGMENT
X       DW  -10                 ;分别在 X 和 Y 单元定义一任意字数据
Y       DW  20
RESULT  DW  ?
DATA    ENDS
STACK   SEGMENT  STACK
        DB  100  DUP(?)
STACK   ENDS
CODE    SEGMENT
        ASSUME CS:CODE,DS:DATA,SS:STACK
START:  MOV  AX,DATA
        MOV  DS,AX
        MOV  AX,X
        SUB  AX,Y                ;求 X-Y
        JNS  DONE                ;若 X-Y≥0,转 DONE 处
        NEG  AX                  ;若 X<0,求补得|X-Y|,为语句体 1
DONE:   MOV  RESULT,AX           ;送结果,为语句体 2
        MOV  AH,4CH
        INT  21H
CODE    ENDS
        END  START
```

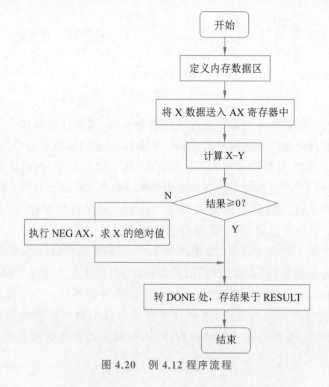

图 4.20 例 4.12 程序流程

【例 4.13】 从键盘输入一个字符,判断其是不是大写字母,如果是则输出这个大写字母,如果不是,输出"这不是一个大写字母"的英文信息(要求:能连续输入直到输入"♯"结束)。

分析:这是一个双分支结构示例。接收键盘输入的单个字符用 01 号系统功能调用实现,判断其是大写字母后用 02 号系统功能调用输出该字母,判断其不是大写字母后用 09 号系统功能调用输出相应信息。程序流程如图 4.21 所示,程序如下。

```
DATA    SEGMENT
STR     DB  0DH,0AH,'This is not an upper letter!$'    ;定义字符串
DATA    ENDS
CODE    SEGMENT
        ASSUME  CS:CODE,DS:DATA
START:  MOV AX,DATA
        MOV DS,AX
NEXT:   MOV AH,01H
        INT 21H                 ;01 号功能调用
        CMP AL,'#'
        JZ  EXIT                ;输入字符为"#",转 EXIT 处退出
        CMP AL,'A'
        JB  OUTPUT              ;不是大写字母,转 OUTPUT 处
        CMP AL,'Z'
        JA  OUTPUT
        MOV AH,02H
        MOV DL,AL
        INT 21H                 ;调用 02 号功能输出大写字母
        JMP NEXT
OUTPUT: MOV DX,OFFSET   STR     ;设置字符串入口地址
        MOV AH,09H
        INT 21H                 ;调用 09 号功能输出字符串信息
        JMP NEXT                ;转 NEXT 处继续输入
EXIT:   MOV AH,4CH
        INT 21H
CODE    ENDS
        END START
```

【例 4.14】 设计一个能完成以下功能的程序。

当按"1"键时,在显示屏上能输出显示"CHAPTER 1…";当按"2"键时,在显示屏上能输出显示"CHAPTER 2…";……;当按"8"键时,在显示屏上能输出显示"CHAPTER 8…"。

分析:这是一个典型的多分支选择程序结构,有多种实现方法,这里采用地址表方法。即在数据段事先定义一个地址表 TABLE,依次存放 8 个处理程序的入口地址 DISP1,DISP2,…,DISP8,将所有代码放在同一个代码段中,据输入的数字"0"~"8",将相应处理程序的入口地址取到 BX 寄存器,然后通过段内间接转移指令实现转移,执行相应的程序,程序如下。

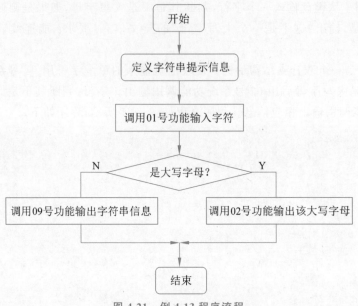

图 4.21 例 4.13 程序流程

```
        DATA    SEGMENT
        MSG     DB 'Input number(1~8):',0DH,0AH,'$'           ;定义提示字符串
        MSG1    DB 'CHAPTER 1 : ...',0DH,0AH,'$'
        MSG2    DB 'CHAPTER 2 : ...',0DH,0AH,'$'
        MSG3    DB 'CHAPTER 3 : ...',0DH,0AH,'$'
        MSG4    DB 'CHAPTER 4 : ...',0DH,0AH,'$'
        MSG5    DB 'CHAPTER 5 : ...',0DH,0AH,'$'
        MSG6    DB 'CHAPTER 6 : ...',0DH,0AH,'$'
        MSG7    DB 'CHAPTER 7 : ...',0DH,0AH,'$'
        MSG8    DB 'CHAPTER 8 : ...',0DH,0AH,'$'
        TABLE   DW DISP1,DISP2,DISP3,DISP4,DISP5,DISP6,DISP7,DISP8
        DATA    ENDS
        STACK   SEGMENT  STACK
                DW 50 DUP(?)
        STACK   ENDS
        CODE    SEGMENT
                ASSUME   CS:CODE,DS:DATA,SS:STACK
        START:  MOV  AX,DATA
                MOV  DS,AX
        STT1:   MOV  DX,OFFSET   MSG                           ;提示输入数字
                MOV  AH,9
                INT  21H
                MOV  AH,1                                      ;等待按键
                INT  21H
                CMP  AL,'1'                                    ;数字<1?
                JB   STT1
                CMP  AL,'8'                                    ;数字>8?
                JA   STT1
```

```
            AND     AX,000FH                    ;将 ASCII 码转换成数字
            DEC     AX
            SHL     AX,1                        ;等效于 ADD AX,AX
            MOV     BX,AX
            JMP     TABLE[BX]                   ;段内间接转移：IP←[TABLE+BX]
    STT2:   MOV     AH,9
            INT     21H
            JMP     DONE                        ;循环
    DISP1:  MOV     DX,OFFSET   MSG1            ;处理程序 1
            JMP     STT2
    DISP2:  MOV     DX,OFFSET   MSG2            ;处理程序 2
            JMP     STT2
    DISP3:  MOV     DX,OFFSET   MSG3            ;处理程序 3
            JMP     STT2
    DISP4:  MOV     DX,OFFSET   MSG4            ;处理程序 4
            JMP     STT2
    DISP5:  MOV     DX,OFFSET   MSG5            ;处理程序 5
            JMP     STT2
    DISP6:  MOV     DX,OFFSET   MSG6            ;处理程序 6
            JMP     STT2
    DISP7:  MOV     DX,OFFSET   MSG7            ;处理程序 7
            JMP     STT2
    DISP8:  MOV     DX,OFFSET   MSG8            ;处理程序 8
            JMP     STT2
    DONE:   MOV     AH,4CH                      ;退出分支选择
            INT     21H
    CODE    ENDS
            END     START
```

4.6.3 循环结构程序设计

1. 循环程序的结构形式

循环结构也是非常重要的程序结构之一，它具有重复执行某段程序的功能。同高级语言一样，汇编语言中常见的循环程序结构有 DO-UNTIL 和 DO-WHILE 两种形式，如图 4.22 所示。这两种形式的基本组成部分一样，通常都由以下 4 部分组成。

(1) 初始化部分。主要为循环做准备工作，包括循环次数初值的设置、变量、存放数据的内存地址指针的初值以及装入暂存单元的初值设定等。正确地归纳出循环初始状态值，是循环程序顺利执行的基础。

(2) 工作部分。这部分是循环的主体，也叫循环体，是针对具体情况而设计的程序段，从初始新状态开始，动态地执行相同的操作。

(3) 修改部分。为执行循环而修改某些参数，如地址指针、计数循环次数或某些变量等，以为下次循环做准备。

(4) 控制部分。是循环程序设计的关键，在编写循环体之前，须认真考虑循环能进行或结束的控制条件，以避免无法进入循环状态或又重新回到初始化状态(即进入"死循环")。

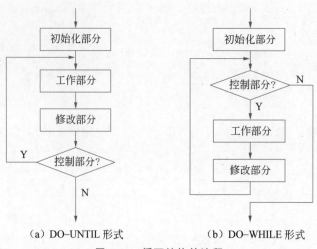

(a) DO–UNTIL 形式　　　(b) DO–WHILE 形式

图 4.22　循环结构的流程

根据循环的层次不同,汇编循环程序也分为单重循环和多重循环(两重以上的循环)两种。

汇编语言的循环控制可以用专门的循环指令(如 LOOP 等)实现,也可以用转移指令和串处理中的重复前缀实现。常用的循环控制方式有以下两种。

计数控制:这种方式一般用于循环次数已知的情况,通过加 1 或减 1 计数来控制循环。

条件控制:用于循环次数未知的情况,通过判定某种条件"真"或"假"来控制循环是否结束。

2. 循环结构程序设计举例

【例 4.15】　编程实现:从键盘上输入任意一个字符,将该字符的 ASCII 码值以二进制形式显示输出(例如输入"A",则运行时在屏幕上显示输出"01000001B")。

分析:用 01 号功能调用实现从键盘上输入一个字符,由于程序中用到了 02 号中断功能调用,而 02 号功能要修改 AL 的值,因此要将出口参数 AL 的值倒到 BL 中。从最高位开始判断 BL 中的每一位是"0"还是"1",通过逻辑左移指令实现,通过 02 号中断功能调用输出,AL 寄存器为 8 位,故循环次数为 8,采用计数控制循环实现。程序如下。

```
CODE    SEGMENT
        ASSUME CS:CODE
START:
        MOV  CX,8
        MOV  AH,01H
        INT  21H              ;调用 01 号功能输入字符
        MOV  BL,AL             ;将输入字符的 ASCII 码值备份在 BL 中
NEXT:   SHL  BL,1
        JC   N1                ;CF=1,跳转到 N1 标号处
        MOV  DL,'0'            ;为通过调用 02 号功能输出"0"分支设置入口参数
        JMP  N0                ;通过 JMP 指令跳过另一个分支
```

```
N1:     MOV   DL,'1'
N0:     MOV   AH,02H          ;通过02号功能调用输出
        INT   21H
        LOOP  NEXT             ;循环判断8位中的每一位
        MOV   DL,'B'
        MOV   AH,02H
        INT   21H
        MOV   AH,4CH
        INT   21H
CODE    ENDS
        END   START
```

【例4.16】 已知有几个数据存放在以 BUF 为首地址的字节存储区中,试统计其中正数的个数,并将结果存入 ZNUM 单元中。

分析:BUF 数据区中定义的数据,个数是已知的,对于每一个数据判断其是不是正数的方法是一样的,所以可以通过计数循环控制方式设计程序。程序流程如图 4.23 所示,程序如下。

```
DATA    SEGMENT
BUF     DB  3,5,2,7,0,-1,-7,9,-4,8
N       EQU $-BUF
ZNUM    DW  ?
DATA    ENDS
STACK   SEGMENT STACK
        DB  100 DUP(?)
STACK   ENDS
CODE    SEGMENT
        ASSUME CS:CODE,DS:DATA,SS:STACK
START:  MOV   AX,DATA
        MOV   DS,AX
        LEA   BX,BUF           ;BX 指向 BUF 数据区首地址
        MOV   CX,N             ;循环次数送 CX
        XOR   AX,AX            ;AX 中存放正数的个数,初始化为 0
L1:     CMP   BYTE PTR [BX],0  ;判断数据是否为正数
        JLE   L2
        INC   AX               ;是正数,累加 1
L2:     INC   BX               ;修改地址指针,指向下一个数据
        LOOP  L1               ;数据没有判断完转向 L1 处,继续判断下一个数
        MOV   ZNUM,AX          ;将正数统计结果送 ZNUM 单元
        MOV   AH,4CH
        INT   21H
CODE    ENDS
        END   START
```

程序中的 LOOP L1 指令与以下连续的两条指令是等价的。

```
DEC  CX
JNE  L1
```

【例4.17】 编程统计 BUF 字单元数据中所含的 1 的个数,并将结果存入 COUNT 单元中。

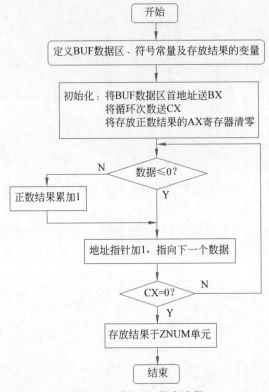

图 4.23 例 4.16 程序流程

分析：统计一字数据中含有 1 的个数，需要进行逐位测试，可通过移位指令实现。采用计数控制方法，循环 16 次可以实现，但这种方法不灵活，也不可取。因为如果数据是 8000H 甚至是 0 的情况，仍然循环 16 次就很没有必要了。更有效的方法是在处理过程中，若发现该数据已变为 0，即可退出循环。这样，循环次数就不确定了，所以，本题采用条件控制循环实现。具体思路是：将数据进行逻辑左移，每移一位，判断 CF 是否为 1，若是，则累加 1，同时，判断移位后的数据是不是已变为 0，如果是，则退出循环体。程序流程如图 4.24 所示，程序如下。

```
        DATA    SEGMENT
        BUF     DW 2345H              ;用户自己预先定义一数据
        COUNT   DB ?                  ;存放结果的变量
        DATA    ENDS
        STACK   SEGMENT STACK
                DB 100 DUP(?)
        STACK   ENDS
        CODE    SEGMENT
                ASSUME  CS:CODE,DS:DATA,SS:STACK
        START:  MOV     AX,DATA
                MOV     DS,AX
                MOV     AX,BUF        ;将 BUF 中的数据存于 AX 寄存器中
                XOR     CL,CL         ;初始化 CL,用于存放 1 的个数
```

```
NEXT:   AND  AX,AX        ;判断 BUF 中的数据是不是为 0
        JZ   EXIT         ;数据为 0,则退出,是循环的出口条件
        SHL  AX,1         ;将数据逻辑左移一位,判断 CF 是不是为 1
        JNC  NEXT
        INC  CL           ;是 1,CL 累加 1
        JMP  NEXT
EXIT:   MOV  COUNT,CL     ;将统计结果送入 COUNT 单元
        MOV  AH,4CH
        INT  21H
CODE    ENDS
        END  START
```

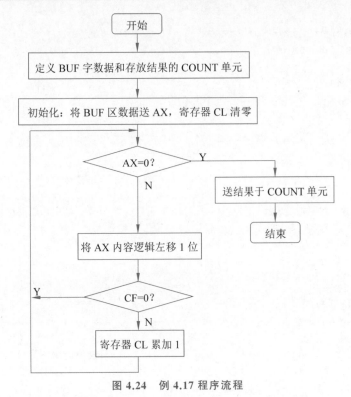

图 4.24 例 4.17 程序流程

该程序是条件控制的循环例子,程序通过逻辑左移指令将数据中的各位依次移进 CF 来进行判断。当然也可以用逻辑右移指令实现;或者是通过移位将各位依次移到最高位,通过判断 SF 来实现。读者不妨自己编写程序试一试。

从以上两个程序也可以得知,当循环次数已知时,可用 LOOP 指令来构造循环;当循环次数未知或是不确定时,可用条件转移或无条件转移指令来构造循环。

以上三个程序都是单重循环的例子,下面以一双重循环为例介绍多重循环的程序设计方法。

【例 4.18】 在以 BUF 为首地址的字存储区中存放有 N 个带符号数据,现需将它们按由大到小的顺序排列后仍存放回原存储区中,试编程实现。

分析：这是一个各类计算机语言中都作为典型范例的双重循环程序，常用的编程算法有冒泡排序法、插入排序法、选择排序法等多种，这里采用冒泡排序法实现。即从第一个数开始依次对相邻的两个数据进行比较，若次序对，则不交换两数位置；若次序不对则使这两个数据交换位置。可以看出，第一趟需比较 $N-1$ 次，此时，最小的数已经放到了最后；第二趟比较只需考虑剩下的 $N-1$ 个数，只需比较 $N-2$ 次；第三趟只需比较 $N-3$ 次，……，整个排序过程最多需要 $N-1$ 趟。趟数用外循环控制，每趟中的次数用内循环控制，可用双重循环实现。程序流程如图 4.25 所示，程序如下：

```
        DATA    SEGMENT
        BUF     DW   30,-44,62,57,19,23,60,-86,-97,-10    ;BUF 数据区中定义的 10 个字数据
        N=($-BUF)/2
        DATA    ENDS
        STACK   SEGMENT STACK
                DB   200 DUP(0)
        STACK   ENDS
        CODE    SEGMENT
                ASSUME CS:CODE,DS:DATA,SS:STACK
        START:  MOV  AX,DATA
                MOV  DS,AX
                MOV  CX,N
                DEC  CX
        NEXT1:  MOV  DX,CX                          ;趟数送 DX 中
                MOV  BX,0                           ;BX 为基地址
        NEXT2:  MOV  AX,BUF[BX]                     ;每一趟中比较的次数
                CMP  AX,BUF[BX+2]
                JGE  L
                XCHG AX,BUF[BX+2]
                MOV  BUF[BX],AX
        L:      ADD  BX,2
                DEC  CX
                JNE  NEXT2
                MOV  CX,DX
                LOOP NEXT1                          ;趟数的比较
                MOV  AH,4CH
                INT  21H
        CODE    ENDS
                END  START
```

多重循环程序设计的方法与单重循环程序设计的方法基本是一样的，但多重循环程序在具体实现时的处理要比单重循环程序复杂得多。需注意以下几点。

(1) 内循环必须完整地包含在外循环内，内、外循环不能相互交叉。

(2) 多个内循环可以拥有一个外循环，这些内循环间的关系可以嵌套或并列，但不可以交叉。当通过外循环再次进入内循环时，内循环中的初始条件必须重新设置。

(3) 可以从内循环直接跳到外循环，但不能从外循环直接跳到内循环。

(4) 要分清循环的层次，不能使循环回到初始化部分，否则会出现死循环。

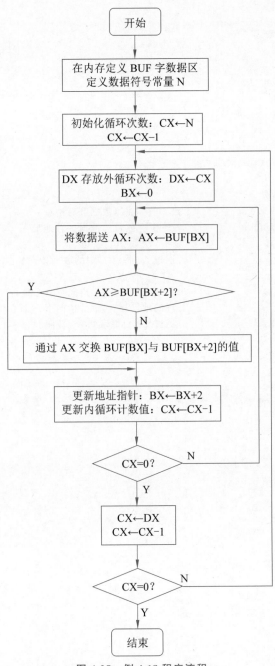

图 4.25 例 4.18 程序流程

3. 串操作指令与循环程序的编写

【例 4.19】 串操作指令 MOVS 的应用例子。对于例 3.32 中的问题,可以使用三种不同的方法完成,即不用串操作指令、用单一的串操作指令和用带重复前缀的串操作指令。这里给出了"不用串操作指令"和"用带重复前缀的串操作指令"两种方法实现。具体程序如下。

```asm
;不用串操作指令实现
DATA    SEGMENT
        ORG 2000H
        DB 100 DUP('A')
        ORG 5000H
        DB 100 DUP('Z')
DATA    ENDS
CODE    SEGMENT
        ASSUME CS:CODE,DS:DATA
START:  MOV  AX,DATA
        MOV  DS,AX
        MOV  SI,2000H          ;SI中存放源数据区首地址
        MOV  DI,5000H          ;DI中存放目的数据区首地址
        MOV  CX,100            ;循环次数100送CX
NEXT:   MOV  AL,[SI]           ;通过AL将[SI]中的数据传送到[DI]
        MOV  [DI],AL
        INC  SI                ;源地址指针加1,指向下一个地址
        INC  DI                ;目的地址指针加1,指向下一个地址
        LOOP NEXT              ;通过LOOP循环指令,转向NEXT处继续传送
        MOV  AH,4CH
        INT  21H
CODE    ENDS
        END  START
;用带重复前缀REP的串操作指令实现
DATA    SEGMENT
ORG     2000H
        DB 100 DUP('A')
        ORG  5000H
        DB  100  DUP('Z')
DATA    ENDS
CODE    SEGMENT
        ASSUME DS:DATA,ES:DATA,CS:CODE
START:  MOV  AX,DATA
        MOV  DS,AX
        MOV  ES,AX
        MOV  SI,2000H
        MOV  DI,5000H
        MOV  CX,100
        CLD
        REP  MOVSB
        MOV  AH,4CH
        INT  21H
CODE    ENDS
        END  START
```

请读者参考例3.32,自行完成用单一的串操作指令编写程序。对于同一个问题,分别采用了三种不同方法,通过对这三种方法程序的比较,希望读者能体会到使用重复前

缀指令实现循环的功能,同时也进一步体会串操作指令的作用。

【例 4.20】 串操作指令 LODS 和 STOS 的应用示例。设在 BUF 数据区有一组带符号字数据(只有正数和负数的情况),试编程实现将这组数据区当中的正数和负数分开存放在两个不同的数据区中,并分别统计正数和负数的个数。

分析:对一组数据中每一个数的判断方法是一样的,所以可采用循环实现。在本例子中,对于取数据和存数据的操作都使用了串操作指令,而且通过使用交换指令 XCHG 使得对正数和负数的存放都能采用 STOSW 指令,从而简化了程序的编写。程序流程如图 4.26 所示,程序如下。

```
DATA    SEGMENT
BUF     DW  COUNT              ;BUF 中的数据个数
        DW  2341H,6790H,0ABCDH,0F645H,8567H,2456H,6905H,0FBCEH
COUNT=($-BUF)/2-1
ZBUF    DW  0                  ;正数的个数
        DW  COUNT DUP (0)      ;存放正数
FBUF    DW  0                  ;负数的个数
        DW  COUNT DUP (0)      ;存放负数
DATA    ENDS
CODE    SEGMENT
        ASSUME CS:CODE,DS:DATA,ES:DATA
START:  MOV  AX,DATA
        MOV  DS,AX
        MOV  ES,AX
        LEA  SI,BUF+2          ;SI 指向 BUF 数据区
        LEA  DI,ZBUF+2         ;DI 指向正数区
        LEA  BX,FBUF+2         ;BX 指向负数区
        MOV  CX,BUF            ;循环次数给 CX
        CLD
NEXT:   LODSW                  ;从数据区取出一个数据
        CMP  AX,0              ;判断 AX 中的数是不是负数
        JS   FUSU              ;若是负数,则转向 FUSU 处
        STOSW                  ;若是正数,则存入正数区 ZBUF
        INC  ZBUF              ;累计正数的个数
        JMP  CONT
FUSU:   XCHG BX,DI             ;通过交换指令 XCHG 使 DI 指向负数区
        STOSW                  ;是负数,存入负数区 FBUF
        XCHG BX,DI             ;又一次通过 XCHG 指令恢复 DI 的值
        INC  FBUF              ;累计负数的个数
CONT:   LOOP NEXT              ;数据还没有处理完,转向 NEXT 继续
        MOV  AH,4CH
        INT  21H
CODE    ENDS
        END  START
```

【例 4.21】 编程实现从键盘输入字符串 STR1 与 STR2(STR2 长度小于 STR1),并判断 STR2 是不是 STR1 的子串,若是则输出"Y",否则输出"N"。

分析:判断一个串是不是另一个串的子串,可采用 REPNZ SCASB 或 REPZ

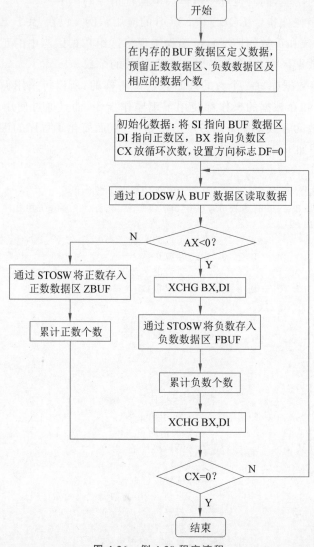

图 4.26　例 4.20 程序流程

CMPSB。若采用第一种方法：则首先在 STR1 中查找 STR2 的首字符，若找到了，则再依次比较下一个字符是否相等，直到比较完子串 STR2 的全部字符；若采用第二种方法，则是将 STR2 作为一个整体进行比较，直到匹配为止。本例采用了第一种方法，且 STR2 中只包含两个字符，读者不妨试一试第二种方法。

```
DATA    SEGMENT
STR1    DB 20,0,20 DUP(?)
STR2    DB 3,0,3 DUP(?)
DATA    ENDS
CODE    SEGMENT
        ASSUME   CS:CODE,DS:DATA,ES:DATA
```

```
START:      MOV   AX,DATA
            MOV   DS,AX
            MOV   ES,AX
            LEA   DX,STR1        ;STR1 入口参数设置,输入 STR1
            MOV   AH,0AH         ;MOV  AH,10
            INT   21H
            MOV   DL,0AH         ;调用 02 号功能实现换行
            MOV   AH,02H
            INT   21H
            LEA   DX,STR2        ;STR2 入口参数设置,输入 STR2
            MOV   AH,0AH
            INT   21H
            MOV   DL,0AH         ;换行
            MOV   AH,02H
            INT   21H
            MOV   CL,STR1+1      ;STR1 的字符个数送 CX
            XOR   CH,CH
            DEC   CX
            JZ    NOTEXIST
            MOV   AL,STR2+2
            LEA   DI,STR1+2      ;DI 指向 STR1 第一个字符
            CLD
SEARCH:REPNZ SCASB               ;在没有搜索完且没有搜索到的情况下,重复串指令继续搜索
            JNZ   NOTEXIST
            MOV   DL,STR2+3      ;STR2 的下一个字符送 DL
            CMP   ES:[DI],DL     ;与 STR1 的下一个字符比较
            JZ    EXIST
            JCXZ  NOTEXIST
            JMP   SEARCH
NOTEXIST:MOV  DL,'N'             ;不是子串,显示"N"
            JMP   DISP
EXIST:      MOV   DL,'Y'         ;是子串,显示"Y"
DISP:       MOV   AH,02H
            INT   21H
            MOV   AH,4CH
            INT   21H
CODE        ENDS
            END   START
```

4.6.4 子程序设计

在一个程序中,当不同的地方需要多次使用某段功能独立的程序时,可以将这段程序单独编制成一个子程序,在程序中任何需要的地方,可以用一个调用指令来调用它,而在完成确定的功能之后,又可以自动返回到调用程序处。这种子程序的结构不仅可以缩短源程序长度、节省目标程序的存储空间,而且可以提高程序的可维护性和共享性,是程序设计中被广泛使用的一种方法。在汇编语言中,子程序(也称为过程)加以定义后方可使用。

1. 子程序的定义

定义子程序的一般格式为

```
子程序名    PROC   NEAR/FAR
            ...                    ;子程序体
            RET[n]
子程序名    ENDP
```

对格式中各部分的解释如下。

子程序名是为该子程序指定的一个名称,其必须是一个合法的标识符,且前后要一致。子程序名同标号一样,也具有段属性、偏移地址属性及类型属性。

PROC 和 ENDP 是定义子程序的伪指令,它们分别表示子程序定义的开始和结束,二者必须成对出现。

NEAR/FAR 表示子程序的类型(NEAR 表示近类型,FAR 表示远类型,默认类型为近类型)。如果一个子程序要被另一个段的程序调用,那么,其类型应定义为 FAR,否则,其类型可以是 NEAR。显然,NEAR 类型的子程序只能被与其同段的程序所调用。

RET(在 3.4.4 节中已做介绍)是子程序的返回指令,它将堆栈内保存的返回地址弹出,以实现程序的正确返回,在子程序的最后必须有一条返回指令。

2. 子程序的调用与返回

子程序的调用与返回是通过调用和返回指令 CALL、RET 实现的,为了保证子程序的正确调用与返回,这里强调几点在使用时应注意的问题。

(1) 在设计程序时,对子程序的类型要做出正确、合理的选择。通常基于以下原则:若子程序只在同一代码段中被调用,则应定义为 NEAR 类型;若子程序可以在不同代码段中被调用,则应定义为 FAR 类型。

(2) 在子程序内要保持堆栈的平衡,使进栈与出栈的字节数保持一致,以确保在执行 RET 指令时,栈顶的内容正好是子程序的返回地址。

(3) 要注意现场的保护与恢复。在子程序中若要用到主程序正在使用的某些寄存器或存储单元,而其中的内容在子程序运行后主程序还要继续使用,则须将它们加以保护,在子程序结束后再将这些内容恢复,这种操作通常称为现场的保护与恢复。现场保护与恢复的方法很多,通常的方法是使用堆栈,即在子程序的开始,将要修改的寄存器(作为返回参数的寄存器除外)的值进栈,在子程序返回前,通过出栈恢复这些寄存器的值。形如以下指令。

```
SUBP   PROC
       PUSH   AX            ;现场保护
       PUSH   BX
       PUSH   CX
       ⋮                    ;子程序主体
       POP    CX            ;恢复现场
```

```
        POP   BX
        POP   AX
        RET
SUBP   ENDP
```

一定要注意保护和恢复现场的顺序不能搞错。

（4）子程序可以与主程序定义在同一个代码段中，也可以定义在不同的代码段中。若在同一个代码段，则需将子程序定义放在主程序的程序退出指令。

```
MOV   AH,4CH
INT   21H
```

之后，或放在程序执行的起始地址之前，以保证子程序只有被调用时才会执行。

（5）一个子程序可以调用另一个子程序，甚至可以调用自己本身。

以下是几种子程序的书写形式和结构示例。

（1）NEAR 类型的子程序结构示例。

```
CODE   SEGMENT              ;CODE 段
         ⋮
START :
        CALL  SUBP           ;调用指令,XOR 指令处的地址入栈
        XOR   AX,AX
         ⋮
        MOV   AH,4CH
        INT   21H
SUBP   PROC                  ;过程定义
         ⋮
        RET                  ;返回
SUBP   ENDP
CODE   ENDS
        END   START
```

（2）多处调用完成同一功能的子程序结构示例。

```
CODE   SEGMENT
         ⋮
START:
        CALL  SUBP
         ⋮
        CALL  SUBP
         ⋮
        MOV   AH,4CH
        INT   21H
SUBP   PROC
         ⋮
        RET
SUBP   ENDP
CODE   ENDS
        END   START
```

（3）多个子程序的调用示例。

```
        CODE    SEGMENT
                  ⋮
        START :
                CALL   SUB1
                CALL   SUB2
                CALL   SUB3
                MOV    AH, 4CH
                INT    21H
        SUB1    PROC
                  ⋮
                RET
        SUB1    ENDP
        SUB2    PROC
                  ⋮
                RET
        SUB2    ENDP
        SUB3    PROC
                  ⋮
                RET
        SUB3    ENDP
        CODE    ENDS
                END    START
```

通过以上示例可知，子程序的位置通常在主程序的所有可执行指令之前或之后，不能放在主程序的可执行指令序列内部，否则会破坏主程序结构。

3. 子程序的参数传递方法

当一个程序在调用一个子程序时需要传递一些参数给子程序，这些参数是子程序运行中所需要的原始数据；当子程序处理完后，一般也要向调用它的程序传递处理结果，所传递的原始数据和处理结果可以是数据，也可以是地址，这种在调用程序和子程序之间的信息传递统称为参数传递。把程序向子程序传递的参数称为子程序的入口参数，子程序向调用它的程序传递的参数称为子程序的出口参数。在编写具有子程序的程序中，程序员要据具体情况来确定入口参数和出口参数。

参数传递须事先约定，这种参数传递的方法有多种，常用的有寄存器传递法、存储单元传递法和堆栈传递法三种。

（1）寄存器传递法。把所需传递的参数通过某些通用寄存器传递给子程序，这是一种最直接、简便，也是最常用的参数传递方式，适用于参数传递较少的情况。

（2）存储单元传递法。主程序和子程序间通过存储单元（组）传递参数，可理解为：主程序把参数放在公共存储单元，子程序则从公共存储单元取得参数。这种方法适合参数较多的情况，所传递的数据长度和个数可不受限制，程序设计比较灵活。

（3）堆栈传递法。主程序将参数压入堆栈，子程序运行时则从堆栈中取参数。堆栈传递法适合参数较多且子程序有嵌套或递归调用的情况。

4. 子程序的嵌套与递归调用

子程序作为调用程序又去调用其他子程序的情况称为子程序嵌套。一般来说，只要堆栈空间允许,子程序嵌套的层数不限,但嵌套层数较多时应特别注意寄存器内容的保护与恢复,以避免各层子程序之间寄存器使用发生冲突,造成程序出错。

当子程序直接或间接地嵌套调用自身时称为递归调用,含有递归调用的子程序称为递归子程序。采用递归子程序能设计出效率较高的程序,可完成相当复杂的计算。递归子程序必须采用寄存器或堆栈传递参数。

5. 子程序设计举例

【例 4.22】 已知两个 N 字节的数据已分别放在了以 NUM1 和 NUM2 为首地址的存储单元中,要求编程实现将这两个 N 字节的数据相加,并将和存入以 NUM3 为首地址的存储单元中(不考虑溢出情况)。

方法一:用寄存器传递法实现。程序流程如图 4.27 所示,程序如下。

```
       DATA    SEGMENT
       NUM1    DB 10H,20H,30H,40H,50H     ;给定的第一个 N 字节数据
       NUM2    DB 0FH,07H,09H,33H,55H     ;给定的第二个 N 字节数据
       LEN     EQU $-NUM2                 ;定义数据个数
       NUM3    DB LEN DUP(?)              ;存放结果数据区
       DATA    ENDS
       STACK   SEGMENT STACK
               DW 100  DUP(?)
       STACK   ENDS
       CODE    SEGMENT
               ASSUME CS:CODE,DS:DATA,SS:STACK,ES:DATA
       START:  MOV AX,DATA
               MOV DS,AX
               MOV ES,AX
               LEA SI,NUM1                ;NUM1 首地址送 SI
               LEA BX,NUM2                ;NUM2 首地址送 BX
               LEA DI,NUM3                ;NUM3 首地址送 DI
               MOV CX,LEN                 ;数据长度送 CX
               CALL MPADD
               MOV AH,4CH
               INT 21H
       MPADD   PROC                       ;定义 MPADD 子程序
               PUSH AX                    ;现场保护
               PUSH BX
               PUSH CX
               PUSH SI
               PUSH DI
               PUSHF
               JCXZ EXIT                  ;判断数据区个数是否为 0,如果是,直接退出
               CLC
               CLD
       NEXT:   LODSB                      ;取数
               ADC AL,[BX]                ;两个操作数相加
               STOSB                      ;存放结果
               INC BX                     ;修改 BX 地址指针
               LOOP NEXT                  ;CX 不为 0,转 NEXT 处继续
       EXIT:   POPF
               POP DI
```

```
        POP  SI
        POP  CX
        POP  BX
        POP  AX
        RET
        MPADD ENDP
CODE    ENDS
        END  START
```

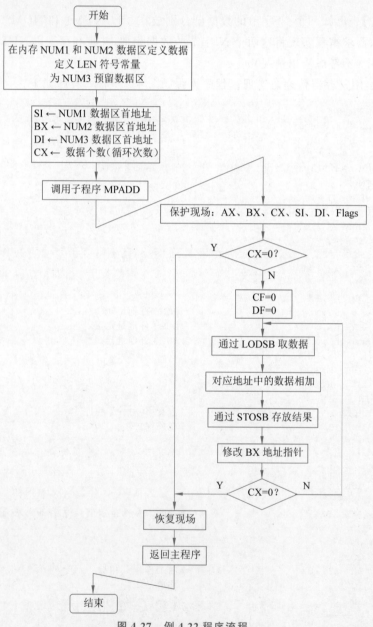

图 4.27 例 4.22 程序流程

方法二：用存储单元传递法实现，程序如下。

```
DATA    SEGMENT
NUM1    DB 10H,20H,30H,40H,50H
NUM2    DB 0FH,07H,09H,33H,55H
LEN     EQU $-NUM2
NUM3    DB LEN DUP(?)
DATA    ENDS
STACK   SEGMENT STACK
        DW 100 DUP(?)
STACK   ENDS
CODE    SEGMENT
        ASSUME CS:CODE,DS:DATA,SS:STACK
START:  MOV  AX,DATA
        MOV  DS,AX
        CALL MPADD
        MOV  AH,4CH
        INT  21H
MPADD   PROC
        PUSH AX
        PUSH BX
        PUSH CX
        PUSHF
        MOV  CX,LEN
        JCXZ EXIT
        CLC
        MOV  BX,0
NEXT:   MOV  AL,NUM1[BX]        ;采用寄存器相对寻址方式取数
        ADC  AL,NUM2[BX]        ;相加
        MOV  NUM3[BX],AL        ;保存结果
        INC  BX
        LOOP NEXT
EXIT:   POPF
        POP  CX
        POP  BX
        POP  AX
        RET
MPADD   ENDP
CODE    ENDS
        END  START
```

方法三：用堆栈传递法实现，程序如下。

```
DATA    SEGMENT
NUM1    DB 10H,20H,30H,40H,50H
NUM2    DB 0FH,07H,09H,33H,55H
LEN     EQU $-NUM2
NUM3    DB LEN DUP(?)
DATA    ENDS
STACK   SEGMENT STACK
        DW 100 DUP(?)
STACK   ENDS
CODE    SEGMENT
```

```
                ASSUME CS:CODE,DS:DATA,SS:STACK,ES:DATA
        START:  MOV   AX,DATA
                MOV   DS,AX
                MOV   ES,AX
                LEA   AX,NUM1
                PUSH  AX                      ;NUM1 偏移地址进栈
                LEA   AX,NUM2
                PUSH  AX                      ;NUM2 偏移地址进栈
                LEA   AX,NUM3
                PUSH  AX                      ;NUM3 偏移地址进栈
                MOV   AX,LEN
                PUSH  AX                      ;数据长度进栈
                CALL  MPADD
                MOV   AH,4CH
                INT   21H
        MPADD   PROC
                PUSH  BP
                MOV   BP,SP                   ;BP 为后面读取堆栈中的内容做准备
                PUSH  AX
                PUSH  BX
                PUSH  CX
                PUSH  SI
                PUSH  DI
                PUSHF                         ;保护现场
                MOV   CX,4[BP]                ;数据长度送 CX
                JCXZ  EXIT
                MOV   DI,6[BP]                ;取 NUM3 首地址送 DI
                MOV   BX,8[BP]                ;取 NUM2 首地址送 BX
                MOV   SI,10[BP]               ;取 NUM1 首地址送 SI
                CLC
                CLD
        NEXT:   LODSB
                ADC   AL,[BX]
                STOSB
                INC   BX
                LOOP  NEXT
        EXIT:   POPF
                POP   DI
                POP   SI
                POP   CX
                POP   BX
                POP   AX
                POP   BP
                RET   8                       ;返回调用点,并废除 4 个参数共 8 字节
        MPADD   ENDP
        CODE    ENDS
                END   START
```

【例 4.23】 编程计算 $N!(N \geq 0)$。

分析：根据阶层的定义：

$$N! = \begin{cases} N(N-1)! & N > 0 \\ 0 & N = 0 \end{cases}$$

由公式可知，计算 $N!$ 即为求 $N(N-1)!$，而求 $(N-1)!$ 的值要调用 $N!$ 子程序，只需将调用参数修改即可，以此类推，直至 $N=0$ 为止。这是一个典型的递归调用，可通过堆栈将调用参数、寄存器内容等保护起来，每调用一次将 $(N-1)$ 的有关信息入栈，直到出口条件 $N=0$ 为止，然后返回。返回时，将 N 乘以 $(N-1)!$，直到 N 为设置值为止，图 4.28 所示为 $N=3$ 时该子程序递归调用中堆栈的变化状态，具体程序如下。

```
        DATA    SEGMENT
        N       DW  3
        RESULT  DW  2 DUP(?)
        DATA    ENDS
        STACK   SEGMENT STACK
                DW  100 DUP(?)
        STACK   ENDS
        CODE    SEGMENT
                ASSUME CS:CODE,DS:DATA,SS:STACK
        START:  MOV  AX,DATA
                MOV  DS,AX
                MOV  BX,N
                PUSH BX              ;入口参数 N 入栈
                CALL FACT            ;调用递归子程序
                POP  RESULT          ;出口参数：N!
                MOV  AH,4CH
                INT  21H
        ;计算 N!的近过程
        ;入口参数：压入 N,出口参数：弹出 N!
        FACT    PROC
                PUSH AX
                PUSH BP
                MOV  BP,SP
                MOV  AX,[BP+6]       ;取入口参数 N
                CMP  AX,0
                JNE  FACT1           ;N>0,N!=N×(N-1)!
                INC  AX              ;N=0,N!=1
                JMP  FACT2
        FACT1:  DEC  AX              ;N-1
                PUSH AX
                CALL FACT            ;调用递归子程序求(N-1)!
                POP  AX
                MUL  WORD PTR [BP+6] ;求 N×(N-1)!
        FACT2:  MOV  [BP+6],AX       ;存入出口参数 N!
                POP  BP
                POP  AX
                RET
        FACT    ENDP
        CODE    ENDS
                END  START
```

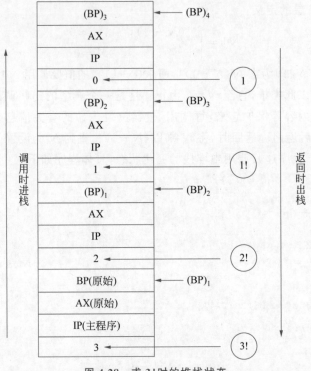

图 4.28 求 3! 时的堆栈状态

习题与思考题

4.1 简述汇编语言的特点。

4.2 简述汇编指令与伪指令间的区别。

4.3 区分以下概念。

(1) 变量和符号常量。

(2) 变量和标号。

(3) 数值表达式和地址表达式。

4.4 循环程序由哪几部分组成?解释各部分的功能。

4.5 汇编语言程序的操作有哪 4 个步骤?分别通过什么工具完成?每步产生什么输出文件?

4.6 设 TABLE 为数据段中 0100H 单元的变量名,其中存放的内容为 FF00H,试分析以下两条指令分别执行后的结果,并指出它们之间的区别。

```
MOV  AX,TABLE
MOV  AX,OFFSET  TABLE
```

4.7 设有如下变量定义。

```
        DATA    SEGMENT
        ARRAY   DW   1000H,2000H,3000H,4000H,5000H
        BUF     DW   ?
        DATA    ENDS
```

请分别完成以下操作。

(1) 用一条指令完成将 ARRAY 的偏移地址送 BX。

(2) 用一条指令完成将 ARRAY 的第一字节单元内容送 AL。

(3) 用一条指令完成将 ARRAY 定义的数据个数送 CX。

4.8 已知一数据段中的数据定义如下。

```
        DATA    SEGMENT
        STR1    DB  1,2,3,4,5
        STR2    DB  '12345'
        CONT    EQU 20
        NUMB    DB  3 DUP(6)
        NUMW    DW  20H,860H
        TABLE   DW  0
        DATA    ENDS
```

试根据以上数据段的定义,指出下列每小题指令中的错误或者用得不当的指令。

(1) MOV   AX,STR1

(2) MOV   BX,OFFSET   NUMB

　　MOV   [BX],'+'

(3) MOV   DL,NUMW+2

(4) MOV   BX,OFFSET   STR1

　　MOV   DH,BX+3

(5) INC   CONT

(6) MOV   STR1,STR2

(7) MOV   AX,NUMW+2

　　MOV   DX,2

　　DIV   NUMW

4.9 试用图示说明下列变量的内存分配空间及初始化的数据值。

```
        BUF1  DB   100,-1,3 DUP('2')
        BUF2  DW   0A5FBH,BUF1
        N     EQU  $-BUF2
        BUF3  DB   'Hello',N
```

4.10 编写一个汇编语言程序,将字符串"Hello World!"中的全部小写字母转换为大写字母,并存放回原地址处。

4.11 编写一个带符号数四则运算的程序,完成 $(Z-(X \times Y+200))/20$ 的运算,商送 V 单元,余数送 W 单元。这里,X、Y、Z 均为 16 位的带符号数,内容由用户自己定义。

4.12 编写一个汇编语言程序,完成以下要求。从 BUF 单元处定义有 10 个带符号字数据：-1、3、24、94、62、72、55、0、-48、99，试找出它们中的最大值和平均值，并依次分别存放至该数据区的后两个单元中(假设这10个数的和值不超过16位范围)。

4.13 编写一个统计分数段的子程序，要求将100分、90~99分、80~89分、70~79分、60~69分、60分以下的学生人数统计出来，并分别送往S10、S9、S8、S7、S6、S5各单元中(学生人数和每人的成绩由用户自己定义)。

4.14 将AX寄存器中的16位数据分成4组(从高到低)，每组4位，然后把这4组数作为数当中的低4位分别放在AL、BL、CL和DL中。

4.15 设有两个16位整数变量A和B，试编写完成下述操作的程序。
(1) 若两个数中有一个是奇数，则将奇数存入A中，偶数存入B中。
(2) 若两个数均为奇数，则两数分别减1，并存回原变量中。
(3) 若两个数均为偶数，则两变量不变。

4.16 设有一段英文，其字符变量名为ENG，并以$字符结束。试编写一程序，查找单词"is"在该文中的出现次数，并将次数显示出来。(英文内容由用户自己定义。)

4.17 编写程序实现以下功能：设在A、B和C单元中分别存放着一个8位带符号数。试比较这三个数，若三个数都不是0，则求出三个数之和并存放于D单元中；若其中有一个数为0，则把其他两个单元也清零。

4.18 从键盘输入一系列字符(以回车符结束)，并按字母、数字及其他字符分类计数，最后显示出这三类的计数结果。

第 5 章

存储器技术

【学习目标】

现代计算机存储系统是由速度各异、容量不等的多级层次存储器组成的,存储系统的性能是影响计算机系统性能的一大瓶颈。现代的信息处理,如图像处理、数据库、知识库、语音识别、多媒体等对存储系统的要求很高。如何设计容量大、速度快、价格低的存储系统是计算机系统发展的一个重要问题。本章主要介绍半导体存储器基本知识,存储器芯片及其与 CPU 之间的连接和扩展方法,Cache 高速缓冲存储器和虚拟存储器。本章的学习目标:了解存储系统的体系结构;掌握存储器芯片与 CPU 的连接方法及存储器扩展技术;了解 Cache 高速缓冲存储器和虚拟存储器的作用。

5.1 存储器概述

5.1.1 存储器系统与多级存储体系结构

存储器系统与存储器是两个不同的概念。存储器系统是指计算机中由存放程序和数据的各种存储设备、控制部件及管理信息调度的硬件设备和软件算法所组成的系统。存储器系统的性能在现代计算机中的地位日趋重要,主要原因是:①冯·诺依曼体系结构是建筑在存储程序概念基础上的,访问存储器的操作约占 CPU 时间的 70%;②对存储器系统管理与组织的好坏影响到整个计算机的效率;③现代的信息处理,如图像处理、数据库、知识库、语音识别、多媒体等对存储器系统的要求越来越高。

随着 CPU 速度的不断提高和软件规模的不断扩大,人类总希望存储器能同时满足速度快、容量大、价格低等要求,而采用单一工艺制造的半导体存储器很难同时满足这三方面的要求。为了解决这一矛盾,现代微机系统中普遍采用速度由慢到快、容量由大到小的多级层次存储器体系结构构成的存储器系统。如图 5.1 所示,系统呈现金字塔形结构,越往上存储器件的速度越快,CPU 的访问频度越高,同时系统的拥有量也越小;位于塔底的存储设备,其容量最大,价格最低,但速度相对也是最慢的。

图 5.1 微型计算机存储器系统的多级层次结构

5.1.2 存储器的分类与组成

1. 存储器的分类

存储器的种类繁多,根据存储器的存储介质的性能及使用方法的不同,可以从不同角度对存储器进行分类。

存储介质是指能寄存"0"和"1"两种代码并能区别两种状态的物质或元器件。按照存储介质的不同,存储器可分为半导体存储器、磁存储器和光存储器。由于半导体存储器具有存取速度快、集成度高、体积小、功耗低、应用方便等优点,因此微型计算机内存多用半导体存储器构成,外存多以磁性材料或光学材料制造。以下介绍半导体存储器的分类。

半导体存储器的分类如图 5.2 所示,其按照存储原理可分为 RAM 和 ROM 两大类。其中,RAM(Random Access Memory,随机存取存储器)按照制造工艺可分为双极型 RAM 和 MOS 型 RAM,其中 MOS 型 RAM 是目前广泛使用的半导体存储器,又可分为静态 RAM(SRAM)和动态 RAM(DRAM)两种。ROM(Read Only Memory,只读存储器)根据其不同的编程写入方式,又可分为掩模 ROM、PROM、EPROM、E^2PROM 和闪速存储器(Flash Memory)几种。

图 5.2 半导体存储器的分类

2. 半导体存储器的组成

半导体存储器由存储体、地址译码驱动电路、地址寄存器、读/写驱动器、数据寄存器、读/写控制逻辑 6 部分组成,通过系统数据总线、地址总线和控制总线与 CPU 相连,如图 5.3 所示。

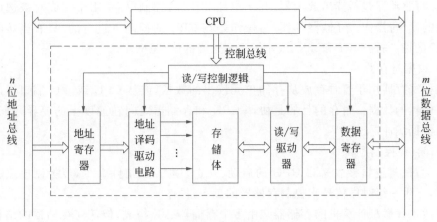

图 5.3 半导体存储器的基本组成

1) 存储体

存储体(也称存储矩阵)是存储器的核心,由若干存储单元组成,每个存储单元又由多个基本存储电路(也称基本存储单元)组成。通常,一个存储单元存放一个 8 位二进制数据。为了区分不同的存储单元和便于读/写操作,每个存储单元都有一个编号,这个编号称为存储单元的地址,CPU 访问存储单元时按地址访问。为了减少存储器芯片的封装引脚数和简化译码器结构,存储体总是按照二维矩阵的形式来排列存储单元电路。存储体内基本存储单元的排列结构通常有两种方式:一种是"多字一位"结构(简称位结构),即将多个存储单元的同一位排在一起,其容量表示成 N 字×1 位,如 1K×1 位、4K×1 位等;另一种排列是"多字多位"结构(简称字结构),即将多个存储单元的若干位(如 4 位、8 位)连在一起,其容量表示为 N 字×4 位/字或 N 字×8 位/字,如静态 RAM 的 6116 为 2K×8 位,6264 为 8K×8 位。

存储器的最大存储容量取决于 CPU 本身提供的地址线条数,这些地址线的每一位编码对应一个存储单元的地址。因此,当 CPU 的地址线为 n 条时,可生成的编码状态有 2^n 个,也就是说 CPU 可寻址的存储单元个数为 2^n 个。若采用字节编址,那么存储器的最大容量为 2^n×8 位。例如,8086 CPU 的地址线为 20 条,可寻址的最大存储空间为 2^{20}B=1MB,80486 CPU 的地址线为 32 条,可寻址的最大存储空间为 2^{32}B=4GB。

2) 地址译码驱动电路

地址译码驱动电路包含译码器和驱动器两部分,译码器的功能是将地址总线输入的地址码转换成与其对应的译码输出线上的高电平(或低电平)信号,以表示选中了某一存储单元,并由驱动器提供驱动电流去驱动相应的读/写电路,完成对被选中单元的读/写操作。

3）地址寄存器

地址寄存器用于存放 CPU 要访问的存储单元地址,经译码驱动后指向相应的存储单元。通常,微型计算机中访问的地址由地址锁存器提供,例如 8086 CPU 中的地址锁存器 8282。存储单元地址由地址锁存器输出后,经地址总线送到存储器芯片内直接译码。

4）读/写驱动器

读/写驱动器包括读出放大器、写入电路和读/写控制电路,用于完成对被选中单元中各位的读/写操作。存储器的读/写操作是在 CPU 的控制下进行的,只有当接收到来自 CPU 的读/写命令 $\overline{RD}$ 和 $\overline{WR}$ 后,才能实现正确的读/写操作。

5）数据寄存器

数据寄存器用于暂时存放从存储单元读出的数据,或从 CPU 或 I/O 端口送出的要写入存储器的数据。暂存的目的是协调 CPU 和存储器之间在速度上的差异,故又称为存储器数据缓冲器。

6）读/写控制逻辑

读/写控制逻辑接收来自 CPU 的启动、片选、读/写及清除命令,经控制电路综合和处理后,产生一组时序信号来控制存储器的读/写操作。

虽然现代微型计算机的存储器多由多个存储器芯片构成,但任何存储器的结构都保留着这 6 个基本组成部分,只是在组成各种存储器时做了一些相应的调整。

5.1.3 存储器的性能指标

存储器的性能指标是评价存储器性能优劣的主要因素,也是选购存储器的主要依据。衡量半导体存储器性能的指标很多,但从功能和接口电路的角度来看,主要有以下几项。

1. 存储容量

存储容量是存储器的一个重要指标,是指存储器所能容纳二进制信息的总量。容量越大,意味着所能存储的二进制信息越多,系统处理能力就越强。半导体存储器是由多个存储器芯片按照一定方式组成的,所以其存储容量为组成存储器的所有存储芯片容量的总和。

2. 存取速度

存储器的存取速度可以用存取时间和存取周期来衡量。存取时间是指完成一次存储器读/写操作所需要的时间,具体是指存储器接收到寻址地址开始,到取出或存入数据为止所需要的时间,通常用 ns 表示,存取时间越短,存取速度越快;存取周期是连续进行读/写操作所需的最小时间间隔。由于在每一次读/写操作后,都需有一段时间用于存储器内部线路的恢复操作,因此存取周期要比存取时间大。

3. 存储带宽

存储带宽表示单位时间内内存存取的信息量,即吞吐数据的能力,是改善机器瓶颈的一项关键指标,通常以位/秒或字节/秒作为度量单位。设 B 表示带宽(MB/s), F 表示存储器时钟频率(MHz), D 表示存储器数据总线位数,则存储器的带宽计算方法为

$$B = F \times D / 8$$

例如,PC-100 的 SDRAM 带宽为 100MHz×64bit/8=800MB/s。

4. 可靠性

可靠性是指在规定的时间内,存储器无故障读/写的概率,通常用平均无故障时间(Mean Time Between Failures,MTBF)来衡量。MTBF 可以理解为两次故障之间的平均时间间隔,其越长,说明存储器的可靠性越高。

5. 性能价格比

性能价格比是衡量存储器的综合指标,不同用途的存储器对其性能要求不同,例如对外存储器主要看容量,而对 Cache 则主要看速度。

5.2 RAM 存储器

RAM 的特点是在使用过程中能随时进行数据的读出和写入,故又称为读/写存储器,使用非常灵活,但 RAM 中存放的信息不能被永久保存,断电后会自动丢失。所以,RAM 是易失性存储器,只能用来存放暂时性的输入/输出数据、中间运算结果和用户程序,也常用它来与外存交换信息或作堆栈使用。通常人们所说的微型计算机存储容量指的就是 RAM 存储器的容量。

5.2.1 SRAM 存储器

SRAM 是一种静态随机存储器,其特点是只要不断电,所存信息就不会丢失;速度快,工作稳定,不需要外加刷新电路,使用方便灵活。但它所用的 MOS 管较多,致使集成度降低,功耗较大,成本也高。所以在微型计算机系统中,SRAM 常用作小容量的高速缓冲存储器 Cache。

1. SRAM 的基本存储电路

SRAM 的基本存储电路是由两个增强型的 NMOS 反相器交叉耦合而成的触发器,每个基本的存储单元由 6 个 MOS 管构成,因此,静态存储电路又称为六管静态存储电路,如图 5.4 所示。其中 T_1、T_2 为工作管,T_3、T_4 为负载管,T_5、T_6 为控制管,T_7、T_8 也为控制管,它们为同一列线上的存储单元共用。

2. SRAM 的基本结构

SRAM 的基本结构如图 5.5 所示。其中存储体是一个由 64×64=4096 个六管静态存储电路组成的存储矩阵。在存储矩阵中,X 地址译码器输出端提供 $X_0 \sim X_{63}$ 共 64 根行

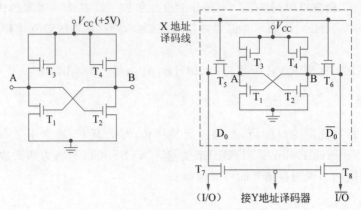

图 5.4 六管 SRAM 基本存储单元及基本存储电路

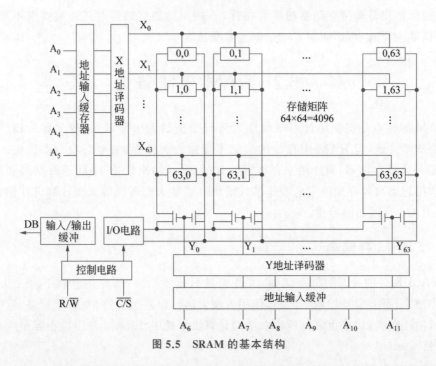

图 5.5 SRAM 的基本结构

选择线,而每一行选择线接在同一行中的 64 个存储电路的行选端,故行选择线能同时为该行 64 个行选端提供行选择信号。Y 地址译码器输出端提供 $Y_0 \sim Y_{63}$ 共 64 根列选择线,而同一列中的 64 个存储电路共用同一位线,故由列选择线同时控制它们与输入/输出电路(I/O 电路)连通。显然,只有行、列均被选中的某个单元存储电路,在其 X 向选通门与 Y 向选通门同时被打开时,才能进行读出信息和写入信息的操作。

图 5.5 所示的存储体是容量为 4K×1 位的存储器,因此,它仅有一个 I/O 电路,用于存取各存储单元中的 1 位信息。如果要组成字长为 4 位或 8 位的存储器,则每次存取时,同时应有 4 个或 8 个单元存储电路与外界交换信息。因此,在这种存储器中,要将列的列向选通门控制端引出线按 4 位或 8 位来分组,使每根列选择线能控制一组的列向选通门同时打开;相应地,I/O 电路也应有 4 个或 8 个。每一组的同一位共用一个 I/O 电路。

这样,当存储体的某个存储单元在一次存取操作中被地址译码器输出端的有效输出电平选中时,则该单元内的 4 位或 8 位信息将被一次读/写完毕。

通常,一个 RAM 芯片的存储容量是有限的,需要用若干片才能构成一个实用的存储器。这样,地址不同的存储单元就可能处于不同的芯片中,因此,在选中地址时,应先选择其所属的芯片。对于每块芯片,都有一个片选控制端($\overline{CS}$),只有当片选端加上有效信号时,才能对该芯片进行读或写操作。一般地,片选信号由地址码的高位译码产生。

3. SRAM 的读/写过程

1) 读出过程

(1) 地址码 $A_0 \sim A_{11}$ 加到 RAM 芯片的地址输入端,经 X 与 Y 地址译码器译码,产生行选与列选信号,选中某一存储单元,经一定时间,该单元中存储的代码出现在 I/O 电路的输入端。I/O 电路对读出的信号进行放大、整形,送至输出缓冲寄存器。缓冲寄存器一般具有三态控制功能,没有开门信号,所存数据也不能送到 DB 上。

(2) 在传送地址码的同时,还要传送读/写控制信号($R/\overline{W}$ 或 $\overline{RD}$,$\overline{WR}$)和片选信号($\overline{CS}$)。读出时,使 $R/\overline{W}=1$,$\overline{CS}=0$,这时,输出缓冲寄存器的三态门将被打开,所存信息送至 DB 上。于是,存储单元中的信息被读出。

2) 写入过程

(1) 地址码加在 RAM 芯片的地址输入端,选中相应的存储单元,使其可以进行写操作。

(2) 将要写入的数据放在 DB 上。

(3) 加上片选信号 $\overline{CS}=0$ 及写入信号 $R/\overline{W}=0$。这两个有效控制信号打开三态门,使 DB 上的数据进入输入电路,送到存储单元的位线上,从而写入该存储单元。

4. SRAM 芯片举例

不同 SRAM 的内部结构基本相同,只是在容量不同时其存储矩阵排列结构不同,即有些采用多字一位结构,有些采用多字多位结构。

常用的 SRAM 芯片有 2114(1K×4 位)、6116(2K×8 位)、6264(8K×8 位)、62256(32K×8 位)、62512(64K×8 位)、628128(128K×8 位)、628512(512K×8 位)、6281024(1024K×8 位)等,它们的引脚信号功能及操作方式基本相同,下面以 6116 为例进行简单介绍。

Intel 6116 的引脚信号如图 5.6 所示,是 24 引脚双列直插式芯片,采用 CMOS 工艺制造,存储容量为 2KB。有 11 条地址线($A_0 \sim A_{10}$),其中,$A_0 \sim A_3$ 用作列地址译码,$A_4 \sim A_{10}$ 用作行地址译码;有三条控制线 $\overline{CE}$、$\overline{WE}$ 和 $\overline{OE}$,6116 的操作方式就是由这三条控制线共同作用决定的,具体如下。

图 5.6 Intel 6116 的引脚信号

(1) 写入。当$\overline{CE}$和$\overline{WE}$为低电平时,数据输入缓冲器打开,数据由数据线 $D_7 \sim D_0$ 写入被选中的存储单元。

(2) 读出。当$\overline{CE}$和$\overline{OE}$为低电平,且$\overline{WE}$为高电平时,数据输出缓冲器选通,被选中单元的数据送到数据线 $D_7 \sim D_0$ 上。

(3) 保持。当$\overline{CE}$为高电平、$\overline{WE}$和$\overline{OE}$为任意时,芯片未被选中,处于保持状态,数据线呈现高阻态。

5.2.2 DRAM 存储器

DRAM 是一种动态随机存储器,其特点是集成度高、功耗低、价格便宜,但由于电容存在漏电现象,电容电荷会因为漏电而逐渐丢失,因此,需要外加刷新电路定时地对 DRAM 进行刷新,即对电容补充电荷。DRAM 的工作速度比 SRAM 慢得多,一般微型计算机系统中的内存储器(即内存条)多采用 DRAM。

1. DRAM 的基本存储电路

典型的单管 DRAM 基本存储电路如图 5.7 所示,由存储部分 C_s 和选择电路 T_1、T_2 构成,其中 T_1、T_2 是 MOS 开关管。DRAM 电路在读出数据时,C_s 放电,原有信息被破坏,因此需要恢复原有存储的信息,这个恢复过程称为再生或重写。

由于 C_s 的电容值很小,又由于电容会漏泄,尤其是在温度上升时,漏泄放电会加快,所以典型的维持信息的时间约为 2ms,超过 2ms 信息就会丢失,因此需要进行动态刷新。这种电路的优点是结构简单、集成度较高且功耗小,但缺点是元件多,占用芯片面积大,噪声干扰也大。因此,要求 C_s 值做得比较大,刷新放大器应有较高的灵敏度和放大倍数。

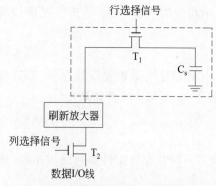

图 5.7 单管 DRAM 基本存储电路

2. DRAM 的基本结构

1) DRAM 芯片的结构

DRAM 也是由许多基本存储电路按行、列排列组成的二维存储矩阵,但为了降低芯片的功耗,保证足够的集成度,减少芯片对外封装引脚数目和便于刷新控制,DRAM 芯片都设计成了位结构形式,即每个存储单元只有一位数据位,一个芯片上含有若干字,如 4K×1 位、8K×1 位、16K×1 位、64K×1 位或 256K×1 位等,二维存储矩阵的这一结构形式也是 DRAM 芯片的结构特点之一。而且,这种存储矩阵结构也使得 DRAM 的地址线总是分成行地址线和列地址线两部分,芯片内部设置有行、列地址锁存器。在对 DRAM 进行访问时,总是先由行地址选通信号$\overline{RAS}$(CPU 产生)把行地址打入内置的行地址锁存器,随后再由列地址选通信号$\overline{CAS}$把列地址打入内置的列地址锁存器,再由读/

写控制信号控制数据的读出/写入。所以在访问 DRAM 时,访问地址需要分两次打入,这又是 DRAM 芯片的特点之一。行、列地址线的分时工作,可以使 DRAM 芯片的对外地址线引脚大大减少,仅需与行地址线相同即可。

2) DRAM 的刷新

所有的 DRAM 都是利用电容存储电荷的原理来保存信息的,虽然利用 MOS 管间的高阻抗可以使电容上的电荷得以维持,但由于电容总存在漏泄现象,时间长了其存储的电荷会消失,从而使其所存信息自动丢失。所以,必须定时对 DRAM 的所有基本存储单元进行补充电荷,即进行刷新操作,以保证存储的信息不变。刷新,就是不断地每隔一定时间(一般每隔 2ms)对 DRAM 的所有单元进行读出,经读出放大器放大后再重新写入原电路中,以维持电容上的电荷,进而使所存信息保持不变。虽然每次进行的正常读/写存储器的操作也相当于进行了刷新操作,但由于 CPU 对存储器的读/写操作是随机的,并不能保证在 2ms 时间内能对存储器中的所有单元都进行一次读/写操作,因此,必须设置专门的外部控制电路和安排专门的刷新周期来系统地对 DRAM 进行刷新。

3. DRAM 芯片举例

常用的 DRAM 芯片有 2164/4164(64K×1 位)、21256/41256(256K×1 位)、41464(64K×4 位)以及 414256(256K×4 位)等产品,下面以 Intel 2164 芯片为例,介绍其结构及工作原理。

Intel 2164 是 64K×1 位的 DRAM 芯片,采用单管动态基本存储电路,具有 16 个引脚。其内部结构如图 5.8 所示,芯片引脚与逻辑符号如图 5.9 所示。2164 的存储体由 4 个 128×128 的存储矩阵组成,每个存储矩阵由 7 条行地址线和 7 条列地址线进行选择,7 条行地址经过 128 选 1 行译码器产生 128 条行选择线,7 条列地址经过 128 选 1 列译码器产生 128 条列选择线,分别选择 128 行和 128 列。

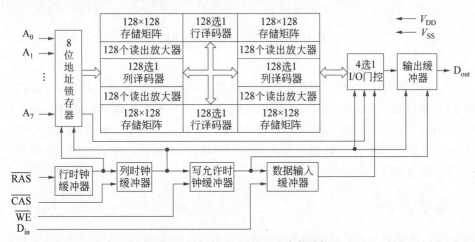

图 5.8　Intel 2164 DRAM 内部结构

从图中可知,2164 芯片本身只有 $A_7 \sim A_0$ 8 条地址线,每个存储单元只有一位,若要

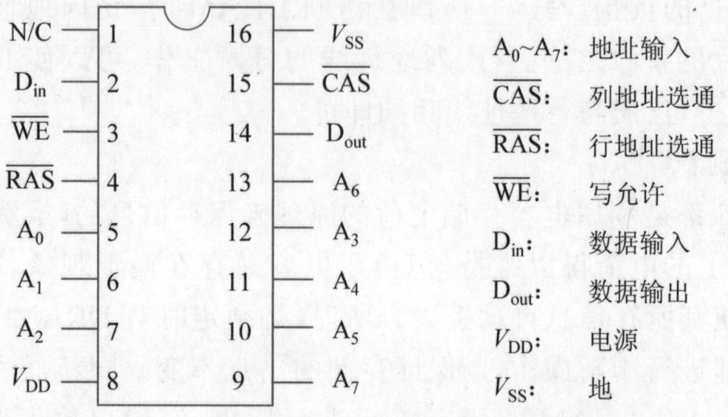

```
N/C      — 1   16 — V_SS
D_in     — 2   15 — CAS̄
W̄Ē      — 3   14 — D_out
R̄ĀS̄     — 4   13 — A_6
A_0      — 5   12 — A_3
A_1      — 6   11 — A_4
A_2      — 7   10 — A_5
V_DD     — 8    9 — A_7
```

$A_0 \sim A_7$：地址输入
$\overline{CAS}$：列地址选通
$\overline{RAS}$：行地址选通
$\overline{WE}$：写允许
D_{in}：数据输入
D_{out}：数据输出
V_{DD}：电源
V_{SS}：地

图 5.9　Intel 2164 DRAM 芯片引脚与逻辑符号

构成 64KB 的 DRAM 存储器实现 64KB 的 DRAM 寻址，则需要共 16 条地址线、8 片 2164。因此，该芯片采用了行地址线和列地址线分时工作的方式。其工作原理是：利用内部地址锁存器和多路开关，先由行地址选通信号 $\overline{RAS}$，把 8 位地址信号 $A_7 \sim A_0$ 送到行地址锁存器锁存，随后出现的列地址选通信号 $\overline{CAS}$ 把后送来的 8 位地址信号 $A_7 \sim A_0$ 送到列地址锁存器锁存。锁存在行地址锁存器中的 7 位行地址 $RA_6 \sim RA_0$ 同时加到 4 个存储器矩阵上，在每个存储矩阵中选中一行；锁存在列地址锁存器中的 7 位列地址 $CA_6 \sim CA_0$ 选中 4 个存储器矩阵中的一列，选中 4 行 4 列交点的 4 个存储单元，再经过由 RA_7 和 CA_7 控制的"4 选 1"I/O 门控电路，选中其中的一个单元进行读/写。

2164 芯片数据的读出和写入是分开的，具体由 $\overline{WE}$ 信号控制。当 $\overline{WE}$ 为高电平时，读出数据；当 $\overline{WE}$ 为低电平时，写入数据。在对芯片进行刷新时，只需加上行选通信号 $\overline{RAS}$ 即可，即把地址加到行译码器上，使指定的 4 行存储单元只被刷新，而不被读/写，一般 2ms 可全部刷新一次。

实现 DRAM 定时刷新的方法和电路有多种，可以由 CPU 通过控制逻辑实现，也可以采用 DMA 控制器实现，还可以采用专用 DRAM 控制器实现。

5.3　ROM 存储器

ROM 存储器是一种非易失性半导体存储器件，其特点是信息一旦写入，就固定不变，断电后，信息也不会丢失，使用时，信息只能读出，一般不能修改。因此，ROM 常用于保存可长期使用且无须修改的程序和数据，如监控程序、主板上的 BIOS 系统程序等。在不断发展变化的过程中，ROM 也产生了掩模 ROM、PROM、EPROM、E^2PROM 等各种不同类型的器件。

5.3.1　掩模 ROM

掩模 ROM 是指生产厂家根据用户需要，在 ROM 的制作阶段通过"掩模"工序将信息做到芯片里，一经制作完成就不能更改其内容。因此，掩模 ROM 适合存储永久性保存的程序和数据，大批量生产时成本较低。如国家标准的一、二级汉字字模就可以做到一个掩模的 ROM 芯片中,这类 ROM 可由二极管、双极型晶体管和 MOS 电路组成,图 5.10 所示为一个简单的 4×4 位 MOS ROM 存储阵列,其地址译码采用字译码方式,有两位地址输入,经译码后输出 4 条字选择线,每条字选择线选中一个字,此时位线的输出即为这个字的每一位。

在图 5.10 中,若 $A_1A_0=00$,则第一条字线输出高电平,位线 1 和 4 与其相连的 MOS 管导通,于是该两条位线输出为"0";而位线 2 和 3 没有管子与字线 1 相连,则输出为"1"。由此可知,当某一字线被选择(输出高电平)时,连有管子的位线输出为"0",没有管子相连的位线输出为"1"。

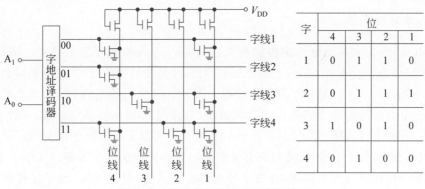

图 5.10　4×4 位 MOS ROM 存储阵列

5.3.2　可编程 ROM

可编程 ROM(又称为 PROM)是一种允许用户编程一次的 ROM,在出厂时器件中没有任何信息,为空白存储器。在使用时由用户根据需要,利用特殊的方法写入程序和数据,一旦写入后就不能擦除和改写。PROM 类型有多种,基本存储单元通常用二极管或三极管实现,这里以三极管熔丝式 PROM 为例来说明其存储原理。

如图 5.11 所示,存储单元的双极型三极管的发射极串接了一个可熔金属丝,因此这种 PROM 也称为"熔丝式" PROM。这种 PROM 存储器在出厂时,所有存储单元的熔丝都是完好的,编程时,通过字线选中某个晶体管。若准备写入"1",则向位线送高电平,此时管子截止,熔丝将被保留;若准备写入"0",则向位线送低电平,此时管子导通,控制电流使熔丝烧断。

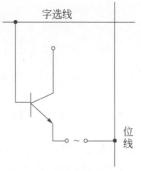

图 5.11　熔丝式 PROM 的基本存储结构

所有的存储单元在出厂时均存放信息"1",一旦写入"0"即将熔丝烧断,不可能再恢复,故只能进行一次编程,适合小批量生产。

5.3.3 可擦除可编程 ROM

在实际工作中,一个新设计的程序往往需要经历调试、修改过程,如果将这个程序写在 ROM 和 PROM 中,就很不方便了。可擦除可编程的 ROM(也称 EPROM)是一种可以多次进行擦除和重写的 ROM,允许用户按照规定的方法对芯片进行多次编程,当需要改写时,通过紫外线灯制作的抹除器照射 15~20min,便可使存储器全部复原,用户可以再次写入新的内容。EPROM 的这种特性对于工程研制和开发特别方便,因此应用较为广泛。但在使用时需要注意,应在玻璃窗口处用不透明的纸封严,以免信息丢失。

1. 基本存储电路

EPROM 的基本存储电路结构如图 5.12(a)所示,关键部件是 FAMOS 场效应管。FAMOS(Floating grid Avalanche injection MOS,浮置栅场效应管)的意思是浮置栅雪崩注入型 MOS,图 5.12(b)显示了其结构原理。该管是在 N 型的基底上做出两个高浓度的 P 型区,从中引出场效应管的源极 S 和漏极 D;其栅极 G 则由多晶硅构成,悬浮在 SiO_2 绝缘层中,故称为浮置栅。出厂时所有 FAMOS 管的栅极上没有电子电荷,源、漏两极间无导电沟道形成,管子不导通,此时它存放信息"1";如果设法向浮置栅注入电子电荷,就会在源、漏两极间感应出 P 沟道,使管子导通,此时它存放信息"0"。由于浮置栅悬浮在绝缘层中,因此一旦带电后,电子很难泄漏,使信息得以长期保存。

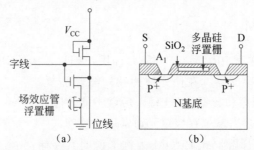

图 5.12 EPROM 的基本存储电路和 FAMOS 结构

2. 编程和擦除过程

1) 编程过程

EPROM 的编程过程实际上就是对某些单元写入"0"的过程。基本原理是:在漏极和源极之间加上 +25V 的电压,同时加上编程脉冲信号(宽度约为 50ns),所选中的单元在这个电压的作用下,漏极与源极之间被瞬时击穿,就会有电子通过 SiO_2 绝缘层注入到浮置栅。在高压电源去除之后,因为浮置栅被 SiO_2 绝缘层包围,所以注入的电子无泄漏通道,浮置栅为负,就形成了导电沟道,从而使相应单元导通,此时说明将"0"写入了该单元。

2) 擦除过程

EPROM 的擦除原理与编程相反,必须用一定波长的紫外光照射浮置栅,使负电荷获取足够的能量,摆脱 SiO_2 的包围,以光电流的形式释放掉,这时,原来存储的信息也就不存在了。

由这种存储电路所构成的 ROM 存储器芯片,在其上方有一个石英玻璃的窗口,紫外线正是通过这个窗口来照射其内部电路而擦除信息的,一般擦除信息需用紫外线照射 15~20min。

注意:EPROM 经编程后正常使用时,应在其照射窗口贴上不透光的胶纸作为保护层,以避免存储电路中的电荷在阳光或正常水平荧光灯照射下的缓慢泄漏。

3. 典型的 EPROM 芯片

EPROM 芯片有多种型号,市场上常见的是 Intel 公司生产的以 27 开头的产品,小容量的有 2716(2K×8 位)、2732(4K×8 位)、2764(8K×8 位)、27128(16K×8 位)、27256(32K×8 位)、27512(64K×8 位)等;更大容量的有 27010(128K×8 位)、27020(256K×8 位)、27040(512K×8 位)、27080(1M×8 位)等。下面以 Intel 2732A 为例,介绍 EPROM 芯片的基本特点和操作方式。

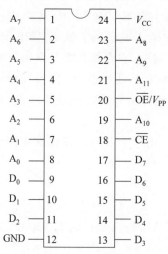

图 5.13 2732A 的引脚信号

Intel 2732A 的容量为 4KB,是 24 引脚双列直插式芯片,最大读出时间为 250ns,单一+5V 电源供电,其引脚信号如图 5.13 所示。

2732A 有读出、待用、编程、编程禁止、输出禁止和 Intel 标识符共 6 种操作方式,具体操作如下。

(1) 读出。将芯片内指定单元的内容读出。此时 $\overline{OE}$ 和 $\overline{CE}$ 为低电平,V_{CC} 接+5V,数据线处于输出状态。

(2) 待用。此时 $\overline{CE}$ 为高电平,数据线呈现高阻状态,2732A 处于待用状态,且不受 $\overline{OE}$ 的影响。

(3) 编程。将信息写入芯片内,此时 $\overline{OE}/V_{PP}$ 接+21V 的编程电压,$\overline{CE}$ 输入宽度为 50ms 的低电平编程脉冲信号,将数据线上的数据写入指定的存储单元。编程之后应检查编程的正确性,当 $\overline{OE}/V_{PP}$ 和 $\overline{CE}$ 都为低电平时,可对编程进行检查。

(4) 编程禁止。当 $\overline{OE}/V_{PP}$ 引脚接+21V 电压,$\overline{CE}$ 为高电平时,处于不能进行编程方式,数据输出为高阻状态。

(5) 输出禁止。当 $\overline{OE}/V_{PP}$ 为高电平,$\overline{CE}$ 为低电平时,数据输出为高阻状态,禁止输出。

(6) Intel 标识符。当 A_9 引脚为高电平,$\overline{OE}$ 和 $\overline{CE}$ 引脚为低电平时,处于 Intel 标识符方式,可从数据线上读出制造厂和器件类型的编码。

5.3.4 电可擦除可编程 ROM

1. 基本结构

EEPROM(也称 E^2PROM)是一种电可擦除可编程的 ROM,其特点是不像 EPROM

那样整体地被擦除，而是与 RAM 一样能随机地以字节为单位进行改写，改写时，不需要把芯片从用户系统中取下来用编程器编程，而是在用户系统中即可进行改写，与 ROM 一样在断电时信息不丢失。所以，E^2PROM 兼有 RAM 和 ROM 的双重功能特点。图 5.14 所示为 E^2PROM 结构示意，它的工作原理与 EPROM 类似，当浮置栅上没有电荷时，管子的漏极和源极之间不导电，若设法使浮置栅带上电荷，则管子就导通。在 E^2PROM 中，使浮置栅带上电荷和消去电荷的方法与 EPROM

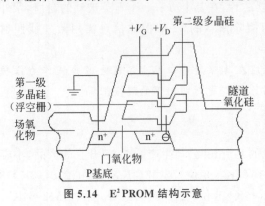

图 5.14 E^2PROM 结构示意

中是不同的。在 E^2PROM 中，漏极上面增加了一个隧道二极管，它在第二栅与漏极之间的电压 V_G 的作用下，可以使电荷通过它流向浮置栅（即起编程作用）；若 V_G 的极性相反也可以使电荷从浮置栅流向漏极（起擦除作用），而编程与擦除所用的电流是极小的，可用极普通的电源就可供给 V_G。

E^2PROM 的另一个优点是擦除可以按字节分别进行。由于字节的编程和擦除都只需要 10ms，并且不需要特殊装置，因此可以进行在线的编程写入。

2. 常见的 E^2PROM 芯片

E^2PROM 芯片通常分为串行 E^2PROM 和并行 E^2PROM 两种，常见的 E^2PROM 并行接口芯片型号多以 28 开头，例如 Intel 公司生产的 2816（2K×8 位）、2864（8K×8 位）、28256（32K×8 位）、28512（64K×8 位）、28010（128K×8 位）、28020（256K×8 位）、28040（512K×8 位）等。常见的 E^2PROM 串行接口芯片型号以 24、25 和 93 开头。这些芯片的读出时间为 120～250ns，字节擦写时间在 10ms 左右。下面以 2817A 为例简单了解 E^2PROM 芯片的基本特点和操作方式。

2817A 是一容量为 2KB、28 引脚双列直插式芯片，最大读出时间 250ns，单一+5V 电源供电，最大工作电流为 150mA，维持电流为 55mA。由于 2817A 片内有编程所需的高压脉冲产生电路，因而其工作不需要外加编程电压和编程脉冲，其引脚信号如图 5.15 所示。引脚 RDY/BUSY 为状态输出，一旦擦写过程开始，该引脚即呈低电平，直到擦写完成才恢复为高电平。RDY/BUSY 引脚为开漏输出，使用时要通过电阻挂到高电平上。

2817A 有读出、保持和编程三种工作方式，由 $\overline{CE}$、$\overline{OE}$、$\overline{WE}$ 和 RDY/BUSY 信号的共同作用决定，具体见表 5.1。

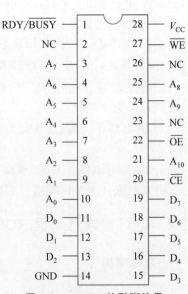

图 5.15 2817A 的引脚信号

表 5.1   2817A 的操作方式

操作方式	CE	OE	WE	RDY/BUSY	$D_7 \sim D_0$
读出	0	0	1	高阻	数据输出
保持	1	×	×	高阻	高阻
编程	0	1	0	0	数据输入

从 2817A 的操作方式可以看出,对 2817A 进行读/写操作和静态 RAM 类似。不同点在于：2817A 在每字节编程写入之前自动擦除该单元的内容,即编程写入和擦除是同时进行的,因此所需时间要长一些。

5.3.5   Flash 存储器

Flash 存储器简称 Flash 或闪存,是一种新型的可编程的只读存储器,与 E^2PROM 类似,也是一种电擦写型 ROM,但它们之间有区别。E^2PROM 按字节擦写,速度慢;而 Flash 按块擦写,速度快,一般在 65~170ns。Flash 芯片从结构上分为串行传输和并行传输两大类,串行 Flash 能节约空间和成本,但存储容量小,速度慢;并行 Flash 存储容量大,速度快。

由于 Flash 具有在线电擦写、低功耗、大容量、擦写速度快的特点,同时,还具有与 DRAM 等同的低价位、低成本优势,因此受到了广大用户的青睐,是近年来发展非常快的一种新型半导体存储器。目前,Flash 在微型计算机系统、嵌入式系统和智能仪器仪表等领域得到了广泛的应用。

1. Flash 的存储结构

Flash 有整体擦除、自举块和快擦写文件三种存储结构。整体擦除结构是将整个存储阵列组织成一个单一的块,在进行擦除操作时,将清除所有存储单元的内容。自举块结构是将整个存储器划分为几个大小不同的块,其中一部分作自举块和参数块,用于存储系统自举代码和参数表,其余部分为主块,用于存储应用程序和数据。在系统编程时,每个块都可以进行独立的擦写。这种结构的特点是存储密度高、速度快,主要应用于嵌入式微处理器中。快擦写文件结构是将整个存储器划分成大小相等的若干块,也是以块为单位进行擦写,它与自举块结构相比,存储密度更高,可用于存储大容量信息,如闪存盘。

早期的 Flash 多采用整体擦除结构,现在的 Flash 则采用自举块或快擦写文件结构,以块为单位进行擦写,增加了读/写的灵活性,提高了读/写速度。

2. Flash 芯片

并行接口的 Flash 芯片,一种以 Intel 公司推出的 28F 系列开头,如 28F010(128K×8 位)、28F020(256K×8 位)等;另一种以美国 Atmel 公司生产的 29 系列开头,如 29C512/29F512(64K×8 位)、29C010/29F010(128K×8 位)、29C020/29F020(256K×8 位)、29C040/29F040(512K×8 位)等。29 系列芯片使用起来更方便些。下面以

29C040A 为例简单介绍 Flash 芯片的工作原理。

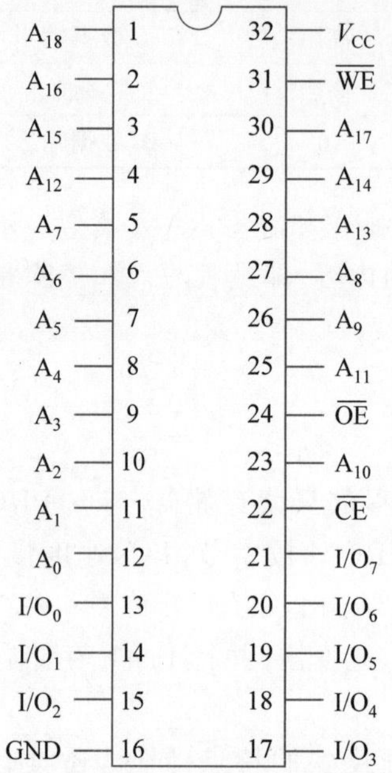

29C040A 的引脚信号如图 5.16 所示。其容量为 512K×8 位,采用 DIP 封装,具有 32 个引脚,与 Intel 27 系列(EPROM)引脚兼容。引脚 $\overline{CE}$ 为片选线,$\overline{OE}$ 为输出允许,$\overline{WE}$ 为写控制,控制信号和 SRAM 相同,所以,它的正常工作方式(即读方式)和 SRAM 完全相同,而擦除和编程则是一次完成。编程时,预先准备好一个扇区(256B)的数据(不足一扇区,自动地将未写入的字节擦除为 FFH),然后以不超过 150μs 的时间间隔连续将它们写入到 29C040A 内部的数据缓冲区(其间应为高电平),编程电压为+5V。检测扇区编程是否结束有两种方式。一种是循环检测方式,读出本扇区最后一个地址单元的内容,若其最高位(对应 I/O$_7$ 线)是写入该单元真实值的反码,则表明编程周期没有结束;若读出的值就是写入时的该单元真实值,则说明编程周期已经结束,可进行下一扇区的编程。另一种是检测触发位 I/O$_6$ 方式,在扇区编程期间,可将本扇区任一地址单元连续读出,若该值的次高位(对应 I/O$_6$ 线)在连续读出时状态不一样,说明编程周期没有结束,反之,说明编程周期已结束。

图 5.16 29C040A 的引脚信号

Flash 存储器具有多种数据保护方式。硬件方面的保护主要有噪声滤波、电源电压检测和控制信号检测;软件数据保护特性是可向器件写入 3 字节或 6 字节的命令,使软件保护方式有效或无效。当器件保护编程为有效时,要对某一扇区进行编程,就必须先向器件写入与该软件数据保护有效相同的 3 字节命令序列。

3. Flash 的应用

目前,Flash 主要用于构成存储卡,以代替软磁盘。存储卡的容量可以做得较软盘大,但具有软盘的方便性,现在已大量用于便携式计算机、数码相机、个人数字助理(PDN)、MP3 播放器等设备中。另外,Flash 也用作内存,用于存放程序或不经常改变且对写入时间要求不高的场合,例如微型计算机的 BIOS、显卡的 BIOS 等。

5.3.6 新型存储器芯片

前已提及,微型计算机的内存一般采用 DRAM,但由于 DRAM 需要定时刷新,同时为了解决高速发展的 CPU 技术对存储技术的更高带宽、更短延迟和更大容量访问需求,人们从提高时钟频率和带宽、缩短存取周期等方面开发了一些基于基本 DRAM 结构的增强型芯片。

1. EDRAM

EDRAM(Enhanced Dynamic Random Access Memory,增强动态随机存取存储器)

是增强型 DRAM，其是在大量 DRAM 芯片上集成一小部分 SRAM，这一小容量 SRAM 芯片能起到高速缓存的作用，从而使 DRAM 的性能得到显著改进。

2. FPM DRAM

FPM DRAM(Fast Page Mode RAM，快速页面模式的动态随机存取存储器)是改良版的 DRAM，从起初的 30 线到 72 线再发展到 168 线，基本速度在 60ns 以上。FPM DRAM 的读取周期是从 DRAM 阵列中某一行的触发开始，然后移至内存地址所指位置，即包含所需要的数据。一般的程序和数据在内存中排列的地址是连续的，这种情况下输出行地址后连续输出列地址就可以得到所需要的数据。FPM DRAM 将存储体分成许多页，每页的大小从 512B 到数 KB 不等，在读取一个连续区域内的数据时，就可以通过快速页切换模式来直接读取各页内的信息，从而大大提高读取速度。

3. CDRAM

CDRAM(Cache DRAM，同步缓存动态随机存取存储器)是三菱电气公司首先研制的专利技术，它是在 DRAM 芯片的外部插针和内部 DRAM 之间插入一个 SRAM 作为二级 Cache，并集成相应的同步控制接口。当前，几乎所有的 CPU 都装有一级 Cache 来提高效率，随着 CPU 时钟频率的成倍提高，Cache 不被选中对系统性能产生的影响将会越来越大，而 Cache DRAM 所提供的二级 Cache 正好用于补充 CPU 一级 Cache 的不足，因此能极大地提高 CPU 效率。

4. SDRAM

SDRAM(Synchronous Dynamic Random Access Memory，同步动态随机存储器)主要用在 Pentium Ⅲ 及以下的计算机上，是 20 世纪 90 年代中后期与 21 世纪初期普遍使用的内存。SDRAM 有一个同步接口，内存频率与 CPU 外频同步，大幅提升了数据传输效率，再加上 64 位的带宽与当时 CPU 的数据总线一致，因此只需要一条内存便可工作，进一步提高了便捷性，也降低了使用成本。SDRAM 基于双存储体结构，内含两个交错的存储体(存储阵列)，当 CPU 从一个存储体访问数据时，另一个就已为读写数据做好了准备，通过这两个存储体的紧密切换，读取效率就能得到成倍的提高。

SDRAM 曾经是长时间使用的主流内存，也广泛用于中低端的显存。

5. RDRAM

RDRAM(Rambus DRAM)是 Intel 公司与 Rambus 公司联合推出的产品，与 SDRAM 的不同点在于，RDRAM 采用了一种类 RISC 精简指令集计算机理论的新一代高速简单内存架构，可以降低数据的复杂性，使得整个系统性能得到提高。在 Intel 公司推出 SDRAM PC 100(800MB/s 带宽)后，由于技术的发展，尽管日后的 SDRAM PC133 带宽已提高到了 1064MB/s，但同样不能满足发展需求。此时，Intel 公司为了达到独占市场的目的，与 Rambus 公司联合在 PC 市场推广 Rambus DRAM。Rambus DRAM 内存以高时钟频率来减少每个时钟周期的数据量，因此内存带宽相当出色，带宽可达到 4.

2GB/s,被一度认为是 Pentium 4 的绝配。

6. DDR SDRAM

DDR SDRAM(Double Data Rate SDRAM,双倍速率同步动态随机存储器)习惯上简称 DDR,是在 SDRAM 内存的基础上发展而来的,其仍然沿用 SDRAM 生产体系,可有效降低成本,是目前内存市场上的主流模式。

DDR 大致在 2004 年开始用于计算机内存,经历了 DDR2、DDR3、DDR4、DDR5。

DDR 能够实现在一个时钟周期内传输两次数据,因而 DDR 的时钟频率倍增,传输速率和带宽也相应提高。

DDR2 内存有 400MHz、533MHz、667MHz 等不同的时钟频率,高端的 DDR2 内存速度能提升到 800/1000MHz 两种频率。DDR2 内存拥有 2 倍于 DDR 的内存预读取能力,每个时钟能够以 4 倍外部总线的速度读/写数据,并且能够以 4 倍于内部控制总线的速度运行。另外,DDR2 内存采用 200/220/240 针脚的 FBGA 封装形式,为 DDR2 内存的稳定工作与未来频率的发展提供了坚实的基础。

DDR3 采用了 ODT(核心整合终结器)技术、更为先进的 FBGA 封装技术和制造工艺以及用于优化性能的 EMRS 技术,同时也允许输入时钟异步。此外,由于 DDR3 所采用的根据温度自动自刷新、局部自刷新等其他一些功能,DDR3 在功耗方面也很出色,在 2012 年达到顶峰,占有率约为 71%。

面向 64 位构架的 DDR3 与 DDR2 相比,在频率和速度上比 DDR2 拥有更多的优势,主要体现在突发长度、寻址时序、重置(Reset)功能、ZQ 校准功能、点对点连接等方面。

DDR4 内存的性能更高、DIMM 容量更大、数据完整性更强且能耗更低。DDR4 每个引脚速度超过 2Gbps,且功耗低于 DDR3 的低电压,能够在提升性能和带宽 50% 的同时降低总体计算环境的能耗。除了性能优化、更加环保、低成本计算外,DDR4 还提供用于提高数据可靠性的循环冗余校验(CRC),并可对链路上传输的"命令和地址"通过奇偶检测验证芯片的完整性。并且,它还具有更强的信号完整性及其他强大的 RAS 功能。

DDR4 与 DDR3 最大的区别有三点:一是 16 位预取机制(DDR3 为 8 位),同样内核频率下速度是 DDR3 的 2 倍;二是更可靠的传输规范,数据可靠性进一步提升;三是工作电压降为 1.2V,更节能。

DDR5 已与用户见面,与 DDR4 相比,DDR5 的标准性能更强,功耗更低。主要特性体现在:等效频率的提升(目前为 6400MHz)、容量提升(单颗容量上升到 64Gb)、工作电压更低(低至 1.1V)、On-die ECC(引入 ECC 纠错机制)、双 32 位寻址通道。

5.4 存储器的扩展设计

微型计算机系统的规模、应用场合不同,对存储器的容量、类型的要求也就不同,但单片存储器芯片的容量总是有限的,很难满足实际存储容量的要求。所以在实际应用中,需要将若干不同类型、不同规格的存储器芯片通过与 CPU 的适当连接,构成所需要的大容量存储器。

5.4.1 存储器芯片与 CPU 连接概述

在微型计算机系统中，CPU 对存储器进行读/写操作，首先要由地址总线给出地址信号，选择要进行读/写操作的存储单元，然后通过控制总线发出相应的读/写控制信号，最后才能在数据总线上进行数据交换。因此，存储器芯片与 CPU 之间的连接，实质上就是其与 CPU 系统总线的连接，具体如下。

（1）数据线的连接。将存储器芯片的数据线与 CPU 的数据线对应相连，如果存储器芯片的数据宽度不足 CPU 数据线的宽度，则要考虑使用多片并联。

（2）地址线的连接。将存储器芯片的地址线与 CPU 同名的地址线对应相连，实现片内寻址；将 CPU 地址线上其他的高位地址线参与译码。

（3）控制线的连接。一般将同名的控制线互连即可。

在连接时，如果遇到了存储器接口电路的设计，则地址译码电路的设计是关键问题之一。在通常情况下，应考虑到 CPU 的全部地址线，如果忽略了高位的地址线，那么实际效果就等于没有这些地址线，结果造成了 CPU 的有效存储器空间被压缩。当然，如果系统只需要一个较小的存储器空间，那么丢弃高位地址线反而是一个经济实用的设计方案。

1. 存储器的地址分配

将存储器芯片与 CPU 连接前，首先要确定存储容量的大小，并选择相应的存储器芯片。选择好的存储器芯片如何同 CPU 有机地连接，并能进行有效寻址，这就是所要考虑的存储器地址分配问题。此外，内存又分为 RAM 和 ROM 区，RAM 区又分为系统区和用户区，在进行存储器地址分配时，一定要将 ROM 和 RAM 分区域安排，这在由多个芯片所组成的微型计算机内存储器中，往往是通过译码器来实现的。

2. 存储器的地址译码

CPU 要实现对存储单元的访问，需先选择存储芯片，这称为片选；然后再从选中的芯片中依照地址码选择相应的存储单元，以进行数据的存取，这称为字选。通常，芯片内部存储单元的地址由 CPU 输出的 n（n 由存储芯片内存储容量 2^n 决定）条低位地址线完成选择，而存储芯片的片选信号则是通过 CPU 的高位地址经译码后产生，片选信号的译码方式有全译码法、部分译码法和线选法三种。

译码和译码器

1）全译码法

全译码法是指将 CPU 的地址线除低位地址线用于存储器芯片的片内寻址外，剩下的高位地址线全部参与地址译码，经译码电路全译码后输出，作为各存储器芯片的片选信号，以实现对存储器芯片的读/写操作。

全译码法充分发挥了 CPU 的寻址能力（不浪费存储地址空间），存储器芯片中的每一个单元都有一个唯一确定的地址，而且也是连续的；但译码电路较复杂，需要的元器件也较多。

2) 部分译码法

部分译码法是指用存储器芯片片内寻址以外的 CPU 高位地址线的部分地址线参与译码。对于被选中的芯片而言，未参与译码的 CPU 高位地址线可以为 0，也可以为 1。这就使得每组芯片的地址不唯一，可以确定出多组地址，存在地址重叠现象。实际使用时，一般将未用地址设为 0，这种"全 0"所确定的一组地址称为基本地址。

采用部分译码法，可简化译码电路，节约硬件，但由于地址重叠，会造成系统地址空间资源的部分浪费。若有 m 条地址线未参加译码，则会有 2^m 个地址重叠区。

3) 线选法

线选法是指用存储器芯片片内寻址以外的 CPU 高位地址线中的某一条直接接至各个存储芯片的片选端。

线选法的优点是选择芯片不需要外加逻辑电路，线路简单；缺点是把地址空间分成了相互隔离的区域，不能充分利用系统的存储空间。此外，当通过线选的芯片增多时，还有可能出现可用地址空间不连续的情况，所以，这种方法适用于扩展容量较小的系统。

在实际应用时，如果系统中不要求提供 CPU 可直接寻址的全部存储单元，则可采用线选法或部分译码法，否则采用全译码法。

存储器位扩展的方法

5.4.2 存储器容量的扩展

存储器容量的扩展通常有位扩展、字扩展以及字和位同时扩展三种方式。

1. 位扩展

位扩展指存储器芯片的位数不能满足存储器的要求，需在位数方向扩展，而芯片的字数和存储器的字数是一致的情况。位扩展可利用芯片并联的方式实现，即将各芯片的地址线、读/写信号线和片选信号线对应地并联在一起，而各个芯片的数据线则分别接到 CPU 数据总线的各位。

【例 5.1】用 1K×4 位的 2114 芯片组成 1KB 的存储器。

1K×4 位的 2114 芯片是一双列直插式的 18 引脚 SRAM 芯片（引脚符号见表 5.2），单一+5V 电源供电，所有的输入端和输出端都与 TTL 电平兼容。

表 5.2　1K×4 位的 2114 芯片引脚功能

引脚名称	引脚功能	引脚名称	引脚功能
$A_0 \sim A_9$	地址输入	$\overline{CS}$	片选
$I/O_0 \sim I/O_3$	数据输入/输出	V_{CC}	+5V
$\overline{WE}$	写允许	GND	地

分析：1K×4 位的 2114 存储器芯片，其单元个数为 1K 个，已满足要求；但由于每个芯片只能提供 4 位数据，未满足存储器的 8 位字长要求，故共需两片这样的芯片，采用位扩充的方法来实现。

设计要点:将两片 2114 的 10 条地址线按引脚名称对应一一并联,按次序逐条接至 CPU 地址线的低 10 条;将其中 1# 芯片的 4 条数据线依次接至 CPU 系统数据总线的 $D_3 \sim D_0$,2# 芯片的 4 条数据线依次接至 CPU 系统数据总线的 $D_7 \sim D_4$;将两个芯片的 $\overline{WE}$ 端并联后接至 CPU 系统控制总线的存储器写信号(如 $\overline{WR}$);译码电路采用线选法,将 $\overline{CS}$ 引脚并联后接至 CPU 地址总线的高位线 A_{10},如图 5.17 所示。

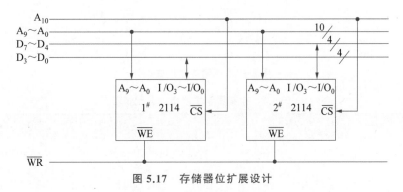

图 5.17 存储器位扩展设计

硬件连接之后便可确定出存储单元的地址,该存储器的基本地址分配情况见表 5.3,即 $A_9 \sim A_0$ 的编码状态 000H~3FFH 就是 1KB 存储单元的地址。

表 5.3 存储器位扩展地址分配情况

A_{10}	$A_9 \sim A_0$	芯片的地址范围
0	0000000000	000H
⋮	⋮	⋮
0	1111111111	3FFH

这种扩展存储器的方法称为位扩展,适用于多种芯片,如用 8 片 2164 就可以扩展成一个 64K×8 位的存储器等。

2. 字扩展

字扩展指存储器芯片容量不能满足存储器的要求,需在字数方向扩展,而位数不变的情况。字扩展可利用存储器芯片地址串联的方式实现。

【例 5.2】 用 2K×8 位的 RAM 6116 芯片组成 4KB 的存储器。

分析:每个 6116 芯片的字长为 8 位,已满足存储器的字长要求;但由于每个芯片只能提供 2K 个存储单元,故组成 4KB 的存储器共需用两片这样的芯片。

设计要点:将两片 6116 的片内信号线 $A_{10} \sim A_0$、$D_7 \sim D_0$、$\overline{OE}$、$\overline{WE}$ 分别与 CPU 的地址线 $A_{10} \sim A_0$、数据线 $D_7 \sim D_0$ 和读/写控制线 $\overline{RD}$、$\overline{WR}$ 连接;译码电路采用线选法,将 1# 芯片的片选信号线 $\overline{CE}$ 与 A_{11} 连接,2# 芯片的片选信号线 $\overline{CE}$ 与 A_{11} 反相之后连接,当 A_{11} 为低电平时,选择 1# 芯片读/写;当 A_{11} 为高电平时,选择 2# 芯片读/写,如图 5.18 所示。

根据硬件连线图,可以分析出 1# 芯片的地址范围是 000H~7FFH,2# 芯片的地址范围是 800H~FFFH,地址分配情况见表 5.4。

存储器字扩展的方法

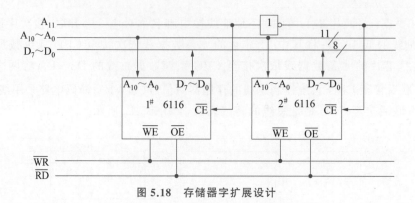

图 5.18 存储器字扩展设计

表 5.4 存储器字扩展地址分配情况

芯 片 号	A_{11}	$A_{10} \sim A_0$	地 址 范 围
1#	0 ⋮ 0	00000000000 ⋮ 11111111111	000H ⋮ 7FFH
2#	1 ⋮ 1	00000000000 ⋮ 11111111111	800H ⋮ FFFH

这种扩展存储器的方法就称为字扩展,它同样适用于多种芯片,如可以用 8 片 27128 (16K×8 位)组成一个 128KB 的存储器。

3. 位和字同时扩展

位和字同时扩展是指存储器芯片的容量和位数都不能满足存储器要求的情况。在实际应用中,常将位扩展和字扩展两种方法相互结合,以达到位和字均扩展的要求。可见,无论需要多大容量的存储器,均可利用容量有限的存储器芯片,通过位和字的扩展方法来实现。

【例 5.3】 用 1K×4 位的 2114 RAM 芯片,组成 2KB 的存储器。

分析:2114 芯片的字长为 4 位,需先采用位扩展的方法,用两片芯片组成 1K×8 位的芯片组;再采用字扩展的方法来扩充容量,使用两组经过上述位扩展的芯片组来完成。

设计要点:将 1# 和 2# 芯片作为一组,3# 和 4# 芯片作为一组,片内 $A_9 \sim A_0$、$\overline{WE}$ 分别与 CPU 地址线的 $A_9 \sim A_0$、读/写控制线 $\overline{WR}$ 对应连接;将 1# 和 3# 芯片的数据线作为低 4 位,与 CPU 数据线的 $D_3 \sim D_0$ 连接,2# 和 4# 芯片的数据线作为高 4 位,与 CPU 数据线的 $D_7 \sim D_4$ 连接;译码电路采用部分译码法,将 CPU 的高位地址线 A_{11} 和 A_{10} 作为"2-4 译码器"的输入,将 1# 和 2# 芯片的 $\overline{CS}$ 与 2-4 译码器的输出端 $\overline{Y_0}$ 连接,将 3# 和 4# 芯片的 $\overline{CS}$ 连在一起,与 2-4 译码器的输出端 $\overline{Y_1}$ 连接,当 $A_{11}A_{10}=00$ 时,选择 1# 和 2# 芯片读/写;当 $A_{11}A_{10}=01$ 时,选择 3# 和 4# 芯片读/写,具体设计如图 5.19 所示。

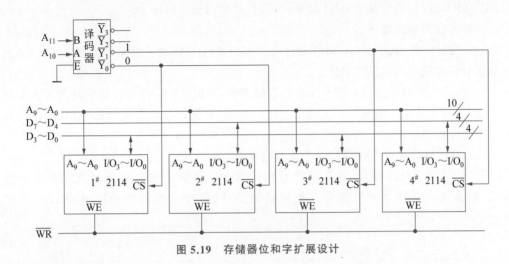

图 5.19 存储器位和字扩展设计

从设计图可知，第一组芯片的基本地址为 000H～3FFH，第二组芯片的基本地址为 400H～7FFH，见表 5.5。

表 5.5 存储器字和位扩展地址分配情况

芯 片 组	$A_{11} \sim A_{10}$	$A_9 \sim A_0$	地 址 范 围
第 1 组（1# 和 2#）	00 ⋮ 00	0000000000 ⋮ 1111111111	000H ⋮ 3FFH
第 2 组（3# 和 4#）	01 ⋮ 01	0000000000 ⋮ 1111111111	400H ⋮ 7FFH

存储器容量的扩展关键是存储单元地址的分配和片选信号的处理，其基本原则是：地址安排不要重叠，也不要断档，最好是连续的。这样，存储器容量和 CPU 地址资源的利用率最高，也便于编程。在实际扩展时，如果系统中不要求提供 CPU 可直接寻址的全部存储单元，则可采用线选法或部分译码法，否则采用全译码法。

5.4.3 存储器的扩展设计举例

通常按以下步骤进行存储器的扩展设计。
(1) 根据系统实际装机存储容量，确定存储器在整个存储空间中的位置。
(2) 选择合适的存储器芯片，列出地址分配表。
(3) 按照地址分配表选用译码器，依次确定片选和片内单元的地址线，进而画出片选译码电路。
(4) 画出存储器芯片与 CPU 系统总线的连接图。

【例 5.4】 为某 8 位机（地址总线为 16 位）设计一个 32KB 容量的存储器。要求采用 2732A 存储器芯片构成 8KB 的 EPROM 区，地址从 0000H 开始；采用 6264 芯片构成

24KB 的 RAM 区,地址从 2000H 开始;片选信号采用全译码法。

设计方法及步骤如下。

(1) 确定实现 8KB EPROM 存储区所需要的 EPROM 芯片数量和实现 24KB RAM 存储区所需要的 RAM 芯片数量。

每片 2732A(4K×8 位)提供 4KB 的存储容量,因此,实现 8KB 存储容量共需要两片这样的芯片;每片 6264(8K×8 位)提供 8KB 的存储容量,因此,实现 24KB 存储容量共需要三片这样的芯片。

(2) 存储器芯片片选择信号的产生及电路设计。

采用 74LS138 译码器(对该译码器的详细介绍请参看有关书籍,7.2.4 节中也会提及)的全译码法产生片选信号。根据已知条件,设计存储器的地址分配如图 5.20 所示。

芯片	片选译码 $A_{15}A_{14}A_{13}$	片内译码 A_{12}	$A_{11} \sim A_0$	地址范围
2732A 1#	000	0	0…0 ⋮ 1…1	0000H ⋮ 0FFFH
2732A 2#	000	1	0…0 ⋮ 1…1	1000H ⋮ 1FFFH
6264 1#	001		00…0 ⋮ 1…1	2000H ⋮ 3FFFH
6264 2#	010		00…0 ⋮ 1…1	4000H ⋮ 5FFFH
6264 3#	011		00…0 ⋮ 1…1	6000H ⋮ 7FFFH

图 5.20 存储器地址分配情况

由图 5.20 地址分配情况可知,$A_{12} \sim A_0$ 作为片内地址线(A_{12} 仅在 6264 中作为片内地址),$A_{15} \sim A_{13}$ 作为"3-8 译码器 74LS138"的输入,产生的译码输出 000～011 作为芯片的片选信号。设计的存储器扩展电路如图 5.21 所示,将两片 2732A 的片内地址 $A_{11} \sim A_0$ 与 CPU 地址线 $A_{11} \sim A_0$ 对应相连,译码器输出端 $\overline{Y_0}$ 和 A_{12} 经"或门"输出与 2732A 1# 的 $\overline{CE}$ 连接,A_{12} 反相后和译码器输出端 $\overline{Y_0}$ 经"或门"输出与 2732 2# 的 $\overline{CE}$ 连接。三片 6264 的片内地址 $A_{12} \sim A_0$ 对应与 CPU 地址线的 $A_{12} \sim A_0$ 连接;片选信号 $\overline{CS_1}$ 分别接至译码器的输出端 $\overline{Y_1}$、$\overline{Y_2}$、$\overline{Y_3}$;CS_2 都接+5V。CPU 的地址线 $A_{13} \sim A_{15}$ 接至译码器 74LS138 的输入端 A、B、C。

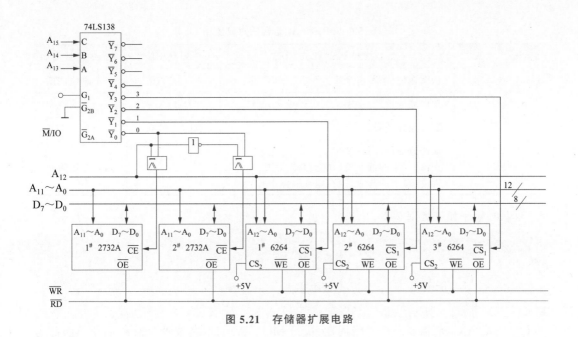

图 5.21 存储器扩展电路

5.4.4 16位微型计算机系统中的存储器组织

前已述及,由 8086 CPU 构成的微型计算机系统有 16 条数据线,既可以传送字节也可以传送字,存储器中两个相邻的字节被定义为一个字,低字节地址为这个字的地址。因此,在 8086 系统的存储器组织中,将 1MB 的存储空间从物理上分成了两组存储体(奇地址存储体和偶地址存储体),每个存储体容量都为 512KB。奇地址存储体的 8 位数据线连至微型计算机系统的高 8 位数据线 $D_{15} \sim D_8$,由 $\overline{BHE}$ 信号选择;偶地址存储体的数据线连至微型计算机系统的低 8 位数据线 $D_7 \sim D_0$,由 A_0 信号选择,而两组存储体的体内寻址均由地址总线 $A_{19} \sim A_1$ 控制,如图 5.22 所示。

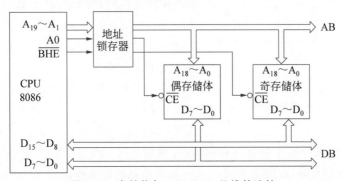

图 5.22 存储体与 8086 CPU 总线的连接

8086 CPU 访问存储器由 $\overline{BHE}$ 信号和 A_0 组合形成,见表 5.6。

表 5.6 $\overline{BHE}$ 和 A_0 组合的对应操作

$\overline{BHE}$	A_0	数据读/写格式	使用数据线	需要的总线周期
0	0	从偶地址读/写一个字	$AD_{15} \sim AD_0$	一个总线周期
1	0	从偶地址读/写一字节	$AD_7 \sim AD_0$	一个总线周期
0	1	从奇地址读/写一字节	$AD_{15} \sim AD_8$	一个总线周期
0 1	1 0	从奇地址读/写一个字 先读/写字的低 8 位(在奇存储体中) 再读/写字的高 8 位(在偶存储体中)	$AD_7 \sim AD_0$ $AD_{15} \sim AD_8$	两个总线周期

例如,对于如下数据定义:

```
DATA    SEGMENT
D1      DW   1234H          ;数据对准
D2      DB   20H
D3      DW   2000H          ;数据未对准
DATA    ENDS
```

执行 MOV AX,D1 需要一个总线周期;执行 MOV AX,D3 需要两个总线周期。因此为提高程序运行速度,编程时应尽量注意从偶地址开始存放数据。

5.5 高速缓冲存储技术

现代微型计算机系统的信息处理任务越来越繁重,内存储器除了向 CPU 提供指令和数据外,还要承担大量同 CPU 并行工作的外设的输入/输出任务,信息量很大。内存提供信息的快慢,已经成为影响整个微型计算机系统运行速度的一个关键因素。

另外,虽然 CPU 的功能越来越强,内存的速度也在不断提升,但相对于 CPU 的处理速度来说,内存的存取速度仍然较慢。这就导致了两者速度不匹配的问题,从而影响了微型计算机系统的整体运行速度,并限制了微型计算机性能的进一步发挥和提高,高速缓冲存储器就是在这种情况下产生的。

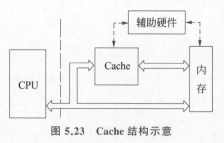

图 5.23 Cache 结构示意

高速缓冲存储器(简称缓存,又叫 Cache)是为了解决 CPU 和内存之间的速度不匹配而采用的技术,如图 5.23 所示。Cache 位于 CPU 与内存之间,其采用与 CPU 同样的半导体材料制成,存取速度与 CPU 相当,全部功能由硬件实现。CPU 与内存交换信息时,首先会访问 Cache,如果所需要的数据能够在 Cache 中找到,就不会再花费更多的时间去内存中寻找数据。由于 Cache 速度快,价格高,故容量通常较小。

5.5.1 Cache 的基本结构和工作原理

Cache 的基本结构和工作原理如图 5.24 所示,主要由 Cache 存储器、地址转换部件和替换部件三大部分组成。其中,Cache 存储器用于存放由内存调入的指令与数据块;地址转换部件用于建立目录表以实现内存地址到缓存地址的转换;替换部件完成在缓存已满时按一定策略进行数据块替换,并修改地址转换部件。

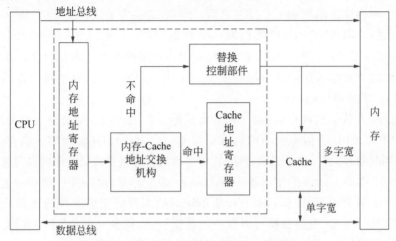

图 5.24　Cache 的基本结构和工作原理

　　Cache 的工作是基于程序的局部性原理的。通过大量程序的运行可知,程序中的指令和数据具有局部性,即在一个较短的时间间隔内,程序或数据往往集中在很小的存储器地址范围内。对于程序,因为指令地址的分布本来就是连续的,再加上循环程序段和子程序段要重复执行多次,所以,对这些地址的访问就自然地具有时间上集中分布的倾向;对于数据,这种集中倾向虽然没有指令明显,但对数组的存储和访问以及对存储单元的选择都可以使存储单元地址相对集中。这种对局部范围的存储单元地址频繁访问,而对此范围以外的地址访问较少的现象,就称为程序访问的局部性。基于这种程序的局部性原理,在内存和 CPU 的通用寄存器之间设置一个速度很快而容量相对较小的存储器,把正在执行的指令地址附近的一部分指令或者数据从内存预先调入这个存储器,供 CPU 在一段时间内使用,这样就能相对地提高 CPU 的运算速度,从而提高微型计算机系统的整体运行效率。这个介于内存和 CPU 之间,高速、小容量的存储器就被称为高速缓冲存储器 Cache。

　　由于局部性原理不能保证 CPU 所要访问的数据百分之百地在 Cache 中,这便存在着一个命中率,即 CPU 在任一时刻从 Cache 中可靠获取数据的概率。命中率越高,正确获取数据的可靠性就越大。一般来说,Cache 的存储容量比内存的容量要小得多,但不能太小,太小会使命中率太低;也没有必要过大,过大不仅会增加成本,而且当容量超过一定值后,命中率随容量的增加将不会有明显增长。只要 Cache 的空间与内存空间在一定范围内保持适当比例的映射关系,Cache 的命中率还是相当高的。一般规定 Cache 与内存的空间比为 4∶1000,即 128KB Cache 可映射 32MB 内存;256KB Cache 可映射 64MB 内存。在这种情况下,命中率都在 90% 以上。至于没有命中的数据,CPU 只好直接从内存获取,获取的同时,也把它复制进 Cache,以备下次访问。

　　由此可知,在微型计算机系统中引入 Cache 的目的是提高 CPU 对内存储器的访问速度,为此需要解决两个技术问题:一是内存地址与缓存地址的映射及转换;二是按一定原则对 Cache 的内容进行替换。

5.5.2 Cache 的读/写和替换策略

在 CPU 与内存之间增加了 Cache 之后，便存在着一个在 CPU 和 Cache 及内存之间如何读/写数据的问题。当 CPU 要读取一个数据时，首先从 Cache 中查找，如果找到就立即读取并送给 CPU 处理；如果没有找到，就用相对慢的速度从内存中读取并送给 CPU 处理，同时把这个数据所在的数据块调入 Cache 中，以使得以后对整块数据的读取都从 Cache 中进行，不必再访问内存。

当 CPU 写入数据到内存时，也一样是要根据它产生的内存地址分为两种情况处理。一种是当命中时，CPU 不但要把新的内容写入 Cache 中，同时还必须写入内存，使内存和 Cache 内容同时修改；另一种是当未命中时，许多微型计算机系统只是向内存写入信息。

可见，为了提高 Cache 的使用效率，在 Cache 中应尽量存放 CPU 最近一直在使用的数据，当 Cache 装满后，须将 Cache 中长期不用的数据及时更新并准确地反映到内存储器。那如何保持 Cache 中的数据与内存中的数据一致，同时又避免 CPU 在读/写过程中遗失新数据，以确保 Cache 中更新过的数据不会因覆盖而消失呢？这就是 Cache 的读/写策略和替换策略。

1. 读策略

读策略可分为贯穿读出式和旁路读出式两种方式。

1) 贯穿读出式

在贯穿读出式方式中，CPU 对内存的所有数据请求都首先送到 Cache 中，由 Cache 自身进行查找。如果命中，则切断 CPU 对内存的请求，并将数据送出；如果未命中，则将数据请求传给内存。这种方式减少了 CPU 对内存的请求次数，但相对也延迟了 CPU 对内存的访问时间，其原理如图 5.25 所示。

2) 旁路读出式

在旁路读出式方式中，CPU 发出数据请求，并不是单通道地穿过 Cache，而是向 Cache 和内存同时发出请求。由于 Cache 速度更快，如果命中，则 Cache 在将数据回送给 CPU 的同时，还来得及中断 CPU 对内存的请求；若未命中，则 Cache 不做任何操作，由 CPU 直接访问内存。所以，在这种方式下，CPU 对内存的访问没有时间延迟，但因每次 CPU 都要访问内存，相应地就占用了部分总线时间。图 5.26 所示为旁路读出式的原理。

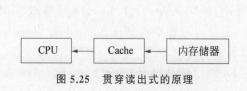

图 5.25 贯穿读出式的原理

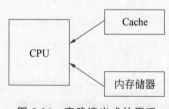

图 5.26 旁路读出式的原理

2. 写策略

写策略有通写式和回写式两种方式。

1) 通写式

在通写式方式中，任一从 CPU 发出的写信号在送到 Cache 的同时，也写入内存，以保证内存的数据能同步地更新。这种方式操作简单，但由于内存的慢速，降低了系统的写速度并占用了总线的时间。

2) 回写式

为了尽量减少对内存的访问次数，克服通写式中每次数据写入都要访问内存，从而导致系统写速度降低并占用总线时间的弊病，又有了回写式。这种方式的工作原理是：数据一般只写入 Cache，而不写入内存，从而使写入的速度加快。但这样有可能出现 Cache 中的数据得到更新而对应内存中的数据却没有改变（即数据不同步）的情况。此时可在 Cache 中设置一个标志地址及数据陈旧的信息，只有当 Cache 中的数据被再次更改时，才将原更新的数据写入内存相应的单元中，然后接收再次更新的数据。这样就保证了 Cache 和内存中的数据不产生冲突，图 5.27 所示为回写式的原理。

图 5.27　回写式的原理

3. 替换策略

当 Cache 中的数据已经装满后，内存中新的数据还要不断地替换掉 Cache 中过时的数据，这就产生了 Cache 数据块的替换策略。那么应替换哪些 Cache 块才能提高命中率呢？理想的替换策略应该使得 Cache 中总是保存着最近将要使用的数据，不用的数据则被替换掉，这样才能保证很高的命中率。目前，使用较多的有以下三种替换策略。

1) 随机(Random)替换策略

随机替换策略是不顾 Cache 块过去、现在及将来使用的情况而随机地选择某块进行替换，这是一种最简单的方法。

2) 先进先出(FIFO)替换策略

先进先出替换策略总是把最先调入 Cache 中的字块替换出去，它不需要随时记录各个字块的使用情况。这种策略实现起来较容易，开销小；但缺点是一些需要经常使用的程序块可能会被调入的新块替换掉。

3) 近期最少使用(LRU)替换策略

近期最少使用替换策略是把 Cache 中 CPU 近期最少使用的数据块替换出去。这种替换算法相对合理，命中率最高，是目前最常采用的方法。但它需要随时记录 Cache 中各块的使用情况，以便确定哪个块是近期最少使用的块，实现起来比较复杂，系统开销较大。

以上三种替换策略都只能用硬件电路来实现。

5.5.3 Cache 的地址映射

从前面的介绍已经知道,内存与 Cache 之间的信息交换,是以数据块的形式来进行的,为了把信息从内存调入 Cache,必须使用某种地址转换机制把内存地址映射到 Cache 中定位,并建立内存地址与 Cache 地址之间的对应关系,这个变换过程叫作地址映射。常用的地址映射方式有全相联映射、直接相联映射和组相联映射三种。

1. 全相联映射

全相联映射是指内存中的每一块都可以映射到 Cache 的任何一块位置上,这种映射方式块冲突概率低、Cache 利用率高,是一种最理想的解决方案,但缺点是由于 Cache 的速度要求高,因此全部比较和替换策略都要用硬件实现,控制复杂,实现起来系统开销大。

2. 直接相联映射

直接相联映射规定内存中每个区的块和 Cache 内的块一一对应(映射)。其映射规则是:①将内存空间按 Cache 的容量分区,所以,内存容量应是 Cache 容量的整数倍;②将内存中的各个区和 Cache 都分块,块的大小一致,内存中各个区所分的块数与 Cache 中的总块数相同;③内存中某区的一块存入时只能存入 Cache 中块号相同的位置。

直接相联映射方式的优点是硬件简单,较容易实现,且地址转换速度快;但当程序恰好要使用两个及两个以上内存区中同一个位置的内存块时,就会发生冲突,这样,就会使得 Cache 的存储空间得不到充分利用,性能也会下降。

3. 组相联映射

组相联映射是全相联映射和直接相联映射的一种折中方案,其思想是:①内存按 Cache 的大小分成若干区;②内存和 Cache 一样都进行区内分组,组内分块,Cache 块和内存块的大小相同;③各组之间直接相联映射,组内各块之间全相联映射。

组相联映射方式避免了全相联映射方式的大量计算,也减少了直接相联映射方式的冲突,提高了存储体系的效率,是微型计算机系统中应用较为广泛的地址映射方式。

5.6 虚拟存储技术

随着围绕数字化、网络化开展的各种多媒体处理业务的不断增加,存储系统网络平台已经成为一个核心平台,同时各种应用对平台的要求也越来越高,不光是在存储容量上,还包括数据访问性能、数据传输性能、数据管理能力、存储扩展能力等多方面。为达到这些要求,虚拟存储这一很重要的技术正越来越受到大家的关注。

虚拟存储技术所要解决的问题是如何为用户提供大容量、高数据传输性能的存储系统,让用户感觉到自己面对的是一个具有无限容量的存储系统,最早始于 20 世纪 70 年代,最典型的应用是虚拟内存技术。随着计算机技术以及相关信息处理技术的不断发展,虚拟存储技术也得到了不断发展和应用,现已被广泛地应用于大、中、小型和微型计算机中。

5.6.1 虚拟存储器概念

虚拟存储器是在存储器管理硬件和操作系统的存储管理软件的支持下,将磁盘等辅存的一部分当作内存使用,因而扩大了程序的可使用空间,给应用程序员造成了一种假象,好像微型计算机系统有一个容量很大的内存空间,但实际上,它只是一个容量非常大的存储器的逻辑模型,而不是实际的存储器。也就是说,虚拟存储器由内存储器和辅助存储器组成,在系统软件和辅助硬件的管理下,就像一个可直接访问的、大容量、单一的内存储器。

虚拟存储器的提出主要有两点:一是 CPU 的可寻址空间远远大于实际配置的内存空间;二是用户程序运行时所需要的存储空间往往比内存的实际容量大,内存容量不能满足用户需求。

同 Cache 一样,虚拟存储器也基于程序局部性原理。程序、数据、堆栈的大小可以超过内存的大小,操作系统和辅助硬件可以把程序中当前使用的部分保留在内存中,而把其他暂时不用的部分保存在磁盘上,并在需要时在内存和磁盘之间动态地进行交换。但基于"内存—辅存"所实现的虚拟存储器存储体系与"Cache—内存"体系又有明显的区别,主要体现在以下 4 方面。

(1) 引入 Cache 是为了解决内存与 CPU 的速度差距;引入虚拟存储器则是为了解决内存和辅存之间的容量差距。

(2) Cache 每次传送的信息块是定长的,只有几十字节,读/写速度快;而虚拟存储器的信息块可以是页、段或段页,长度可达几百或几千字节,读/写速度相对较慢。

(3) CPU 可以直接访问 Cache,却不能直接访问辅存。

(4) Cache 存取信息的过程、地址变换和替换策略全部由辅助硬件实现,而虚拟存储器则是由操作系统的存储管理软件和一些辅助硬件相结合来进行信息块的划分和程序的调度。

虚拟存储器涉及了三个地址空间及相应的地址。

(1) 虚拟地址空间。是用户编制程序时所使用的地址空间,其大小取决于所能提供的虚拟地址的长度。与虚拟地址空间相对应的地址称为虚拟地址(简称虚地址)或逻辑地址。

(2) 内存地址空间。又称为实存地址空间,是存储、运行程序的空间,其相应的地址称为内存物理地址或实地址。

(3) 辅存地址空间。也就是磁盘存储器的地址空间,是用来存放程序的空间,相应的地址称为辅存地址。

实现虚拟存储技术须满足三个条件:一是要有足够容量的辅助存储器以存放所有并发作业的地址空间;二是需有一定容量的内存来存放运行作业的部分程序;三是需有动态地址转换机构,实现逻辑地址到物理地址的转换。

5.6.2 虚拟存储器中的地址结构映射与变换方式

地址映射,简单地说就是把用户程序(虚拟地址)按照算法装入内存,准确地说就是把虚拟地址空间映射到内存空间,并建立用户虚拟地址和内存实地址之间的对应关系;地址变换,是指在运行程序时,将虚拟地址变换成实际的内存地址或辅存地址。

根据地址映射和地址变换方法的不同,对虚拟存储器的管理也有对应的 3 种方式,分别为段式存储管理、页式存储管理和段页式存储管理。

1. 段式存储管理

段式存储管理段是以分段为单位进行换入、换出的,每个段按照程序的逻辑结构划分成多个相对独立的逻辑单位,段的大小取决于程序的逻辑结构,可长可短,一般将一个具有共同属性的程序代码和数据定义在一个段中。为了说明逻辑段的各种属性,系统为每个段建立一个段表(驻留在内存),记录段的若干信息,如段号、段起点、段长度和段装入情况等。CPU 通过访问段表,就可以判断出该段是否已调入内存,并完成逻辑地址向物理地址的转换。

在段式存储管理中,由于段的分界与程序的自然分界相对应,因此具有逻辑独立性,易于程序的编译、管理、修改和保护,也便于多道程序共享。但是,因为段的长度参差不齐,起点和终点不定,给内存空间分配带来了麻烦,容易在段间留下不能利用的"零头"。所以,造成了对内存的利用率往往比较低,而且对辅存的管理也较困难。

2. 页式存储管理

页式存储管理,是指把虚拟空间和内存空间都分成大小相同的页,并以页为单位进行虚存与内存间的信息交换。此时虚存地址和内存地址分别被分为虚存页号、页内地址和内存页号、页内地址,虚、实二页号会不同,但使用相同的页内地址。虚页与实页之间按全相联方式映射,页的大小和划分与程序的逻辑功能无关,由操作系统软件来执行,通常页的大小是 0.5KB 的整数倍(磁盘存储器每扇区的存储容量为 512B),这样与磁盘进行数据交换时比较容易配合。

页式存储管理中有两个关键问题需要解决:一是选择哪个物理页存放调入的逻辑页?二是如何将线性地址转换为物理地址?为了解决这两个问题,系统在内存中为每个页建立了一个页表,存放页的若干信息,如页号、容量、是否装入内存、存放在内存的哪一个页面上等,并进行保存。当 CPU 访问某页时,首先查找页表,判断要访问的页是否在内存,若在内存则为命中,否则为未命中;然后将未命中的页按照某种调度算法由辅存调入内存,并根据逻辑页号和存放的物理页面号的对应关系,将线性地址转换为物理地址。

页式存储管理的优点是内存利用率高,解决了碎片问题,页表相对简单,地址映射和变换的速度较快,对辅存的管理较容易;缺点是处理、保护和共享都不及段式存储管理方便。

3. 段页式存储管理

段页式存储管理是在分段的基础上再分页,即每段分成若干固定大小的页,每个任务或进程对应有一个段表,每段对应有自己的页表。CPU 访问时,段表指示每段对应的页表地址,每一段的页表确定页所在的内存空间的位置,最后与页表内地址拼接,确定 CPU 要访问单元的物理地址。段页式存储管理综合了段式管理和页式管理的优点,但从虚地址变换为实地址要经过两级表的转换,使访问效率降低,速度变慢。为此,常为每个进程引入一个由相联存储器构成的转换后援缓冲器 TLB,它相当于 Cache 中的地址索引机构,里面存放着最近访问的内存单元所在的段、页地址信息。

5.6.3 新型虚拟存储技术的实现方式

1. 服务器端虚拟存储

服务器端虚拟存储,一般是通过逻辑卷管理来实现虚拟存储技术的,将镜像映射到外围存储设备上,除了分配数据外,对外围存储设备没有任何控制。逻辑卷管理为从物理存储映射到逻辑上的卷提供了一个虚拟层。服务器只需要处理逻辑卷,而不用管理存储设备的物理参数。此种技术一般只用于多媒体处理领域。

2. 存储子系统端虚拟存储

存储子系统端虚拟存储多用于存储厂商,主要通过大规模的 RAID 子系统和多个 I/O 通道连接到服务器上,智能控制器提供 LUN 访问控制、缓存和其他如数据复制等的管理功能。这种方式的优点在于存储设备管理员对设备有完全的控制权,而且通过与服务器系统分开,可以将存储的管理与多种服务器操作系统隔离,并且可以很容易地调整硬件参数。

3. 网络设备端虚拟存储

网络厂商会在网络设备端实施虚拟存储,通过网络将逻辑镜像映射到外围存储设备,除了分配数据外,对外围存储设备没有任何控制。从技术上讲,在网络端实施虚拟存储的结构形式有两种,即对称式与非对称式虚拟存储。

不管采用何种虚拟存储技术,其目的都是提供一个高性能、安全、稳定、可靠、可扩展的存储网络平台,在单纯的基于存储设备的虚拟存储技术无法保证存储系统性能要求的情况下,可以考虑采用基于互连设备的虚拟存储技术。

习题与思考题

5.1 理解半导体存储器的主要性能指标及它们对微型计算机的影响。
5.2 下列存储部件中,哪些是由半导体材料构成的?并按照存取速度,将它们由快至慢排列。

内存储器　　硬盘　　Cache　　CPU 内的通用寄存器　　Flash

5.3　试举例说明半导体存储器芯片种类,至少说出 5 种,并说明它们各自的主要特点。

5.4　理解多级存储体系结构及采用这样结构的主要目的。

5.5　理解全译码和部分译码的地址译码方式及各自的特点。

5.6　试比较虚拟存储器与 Cache 的异同。

5.7　解释 RAM 和 ROM 的主要区别。

5.8　内存地址从 30000H 到 9BFFFH 共有多少字节?

5.9　说明 Cache 中采用的替换算法及每种算法的特点。目前常用的算法是什么?

5.10　说明 Cache 中常用的地址映射方式及各自的特点。

5.11　试比较虚拟存储器与 Cache 的异同。

5.12　试解释实地址、虚地址及辅存地址的概念,并简述虚拟存储器的基本工作原理。

5.13　某 RAM 芯片的存储容量为 2K×8 位,该芯片的外部引脚应有几条地址线?几条数据线?若已知某 RAM 芯片引脚中有 15 条地址线,8 条数据线,那么该芯片的存储容量是多少?

5.14　现提供有 62256 SRAM(32K×8 位)的存储器芯片若干(62256 的引脚信号如图 5.28 所示),欲与 8088 组成 64KB 的 RAM 存储空间,所形成的地址范围为 E0000H～EFFFFH。请画出 CPU 与存储器芯片的连接示意图。设 8088 CPU 有 A_{19}～A_0 共 20 条地址线,8 条数据线,对存储器的读/写控制信号线分别为 $\overline{WR}$、$\overline{RD}$、$M/\overline{IO}$。

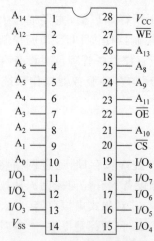

图 5.28　62256 的引脚信号

第 6 章 总线技术

【学习目标】

总线是计算机各模块间传递信息的通道,总线的性能直接影响着计算机的整体性能。微型计算机采用总线结构,由于微型计算机的体系结构在不断创新,总线结构的作用和重要性也日益突出,现代微型计算机在系统结构上都采用分级总线结构,以适应不同部件的要求。本章的学习目标:理解总线基本概念,熟悉总线的特性、标准及性能指标,熟悉 PCI 等常用系统总线的性能和特点,了解 USB 和 IEEE 1394 等常用外总线的功能特点和连接使用方法,学会在各种不同的应用场合中合理地选择和使用总线。

6.1 总线概述

总线是在模块与模块之间或者设备与设备之间传送信息的一组公用信号线,是系统在主控器(模块或设备)的控制下,将发送器发出的信息准确地传送给某个接收器的信号通路。因为任何一个微处理器都要与一定数量的部件和外围设备连接,但如果将各部件和每一种外围设备都分别用一组线路与 CPU 直接连接,那么连线将会错综复杂,甚至难以实现。为了简化硬件电路设计、简化系统结构,常用一组线路并配置以适当的接口电路,与各部件和外围设备连接,这组共用的连接线路就是总线。总线的特点在于其公用性,即它同时挂接多个模块或设备。总线在微机系统中起着重要的作用,目前已将其作为一个独立的功能部件来看待。

微型计算机从诞生以来,就采用了总线结构方式,采用这样的结构具有以下优点。

(1) 便于采用模块结构设计方法,简化了系统设计。

(2) 大大减少连线数目,便于布线,减小体积,提高系统的可靠性。

(3) 可以得到多个厂商的广泛支持,便于生产与之兼容的硬件板卡和软件,所有与总线连接的设备均可采用类似的接口。

(4) 便于系统的扩充、更新与灵活配置,易于实现系统模块化,尤其是制定统一的总线标准更易于使不同设备之间实现互连。

(5) 便于设备的软件设计和故障的诊断、维修,同时也降低了成本。

采用总线结构的这些优点也是微型计算机得以迅速推广和普遍使用的一个重要因

素，但同时也有缺点，例如模块部件传输的分时性、传输控制的复杂性和总线的竞争问题等。

6.1.1 总线分类

微型计算机系统中的总线可以从不同的层次和角度进行分类，下面是两种常用的分类方法。

1. 按照传送的信息分类

按照总线上所传送的信息（数据信息、地址信息、控制信息）不同，相应地总线也有三种不同功能的总线，这就是第1章所述及的数据总线DB、地址总线AB和控制总线CB。

数据总线和地址总线比较简单，各种型号不同但位数相同的微处理器，其DB和AB基本相同，功能也比较单纯。其中数据总线是双向、三态的，用于传送数据信息，它既可以把CPU的数据传送到存储器或I/O接口等其他部件，也可以将其他部件的数据传送到CPU；数据总线的条数是微型计算机的一个重要指标，通常与微处理器的字长一致。地址总线是专门用来传送地址的，由于地址只能从CPU传向存储器或I/O接口，因此地址总线总是单向、三态的。地址总线的条数决定了CPU可直接寻址的存储空间大小，例如，16位微型计算机的地址总线条数为20条，其可寻址空间为 $2^{20}=1\text{MB}$。一般来说，若地址总线为 n 条，则可寻址空间为 2^n 字节。

控制总线因CPU型号的不同而相差甚大，正是控制总线的不同特性，决定了各种CPU的不同接口特点。而且控制总线也比较复杂，有的是CPU送往存储器和I/O接口电路的，如读/写信号、片选信号、中断响应信号等；也有其他部件反馈给CPU的，如中断请求信号、复位信号、总线请求信号、设备就绪信号等。因此，控制总线的传送方向由具体控制信号而定，条数要根据系统的实际控制需要而定，具体情况主要取决于CPU。

2. 按照总线的层次位置分类

按照总线在系统中所处的位置，其可分为片内总线、片总线、系统总线和外部总线4种，如图6.1所示。

片内总线位于集成电路芯片（如CPU或I/O接口）内部，用于片内各功能单元之间的互连，如ALU与各寄存器之间的互连。

片总线也称为元件级总线或局部总线，用于单板计算机或一块CPU插件板的电路板内部芯片一级的连接。片总线一般是CPU芯片引脚的延伸，与CPU关系密切。但当板内芯片较多时，往往需要增加锁存、驱动电路，以提高驱动能力。

系统总线用于微型计算机系统内各插件板与系统板之间的连接，是微型计算机系统中最重要的一种总线，通常所说的微型计算机系统总线指的就是这种总线。

外部总线（又称为通信总线）用于系统之间的连接，如微型计算机系统之间、微型计算机系统与某种仪器或其他设备之间的连接。较常用的外部总线有RS-232C总线、USB总线和IEEE 1394总线等。

说明：以上总线的划分并不是绝对的，某一条总线可能属于多个类别，例如，PCI总

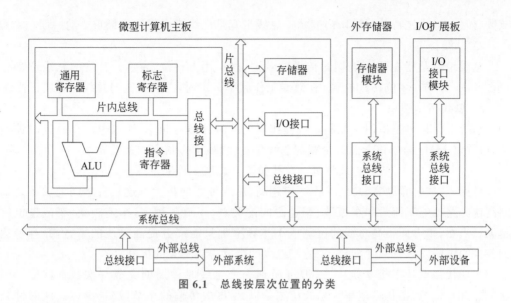

图 6.1 总线按层次位置的分类

线既属于局部总线,又属于系统总线。这种情况对于其他总线也同样存在。

6.1.2 总线标准和性能指标

1. 总线标准

正像公路有公路设计标准一样,总线也有总线设计标准。总线标准是微型计算机各个部件之间的互连规范,由国际标准化组织制定。

每种总线标准都须有详细和明确的规范说明,一般应包含以下 4 个内容。

物理特性:定义总线物理形态和结构布局,规定总线的形式(电缆、印制线或接插件)及具体位置等。

机械特性:定义总线机械连接特性,其性能包括接插件的类型、形状、尺寸、牢靠等级、数量和次序等。

功能特性:定义总线各信号线功能,不同信号实现不同功能。

电气特性:定义信号的传递方向、工作电平、负载能力的最大额定值等。

有了总线和总线接口的标准,互连设备的任何一方在设计和生产时,只需考虑总线界面,而不必考虑对方的情况。这有利于组织大规模专业化生产。此外,采用总线结构和符合总线接口标准的部件来构建系统,不仅可以简化设计,缩短研制周期,同时也为灵活配置系统以及系统的升级、改造和维护带来了方便。

2. 总线的性能指标

总线的主要功能是模块间的通信,因而,总线能否保证模块间的通信通畅是衡量总线性能的关键指标,主要的性能指标有以下三个。

1) 总线带宽

总线带宽又称为总线最大传输率,是指单位时间内总线上可传送的数据量,可用字节数/秒(B/s)或比特数/秒(b/s)表示。总线带宽是总线诸多指标中最重要的一项。

2) 总线位宽

总线位宽是指总线上能同时传送的数据位数,用 bit(位)表示。常见的总线位宽有 1 位、8 位、16 位、32 位、64 位等。在总线工作频率一定时,总线带宽与总线位宽成正比。

3) 总线工作频率

总线工作频率是指用于控制总线操作周期的时钟信号频率,所以也叫作总线时钟频率,通常以 MHz 为单位。总线带宽与总线位宽、总线工作频率的关系为

$$总线带宽 = 总线位宽 \times 总线工作频率$$

可见,总线位宽越宽,总线工作频率越高,总线带宽便越大。这三者之间的关系就如同高速公路上的车流量和车道数、车速之间的关系,车道数越多,车速越快,车流量也就越大。当然,单方面提高总线的位宽或工作频率都只能部分提高总线的带宽,并容易达到各自的极限。只有两者配合,才能使总线的带宽得到更大的提升。

在现代微型计算机系统中,一般可做到一个总线时钟周期完成一次数据传输。因此,总线的最大数据传输速率为总线位宽除以 8(每次传输的字节数)再乘以总线时钟频率。例如,PCI 总线的位宽为 32 位,总线时钟频率为 33MHz,则最大数据传输率为 32÷8×33＝132MB/s。但有些总线采用了一些新技术,使最大数据传输速率比上面的计算结果高。

6.1.3 总线控制方式

在同一时刻,总线上只能允许一对模块进行信息交换,当有多个模块同时要使用总线时,只能采用分时方式。总线为完成一次数据传输一般要经历以下 4 个阶段。

1. 总线请求和仲裁阶段

当系统总线上有多个主控模块时,要使用总线的主控模块需要预先提出请求,由总线仲裁机构确定把下一个传输周期的总线使用权分配给哪一个请求源。

2. 寻址阶段

取得总线使用权的主控模块通过总线发出本次要访问的从模块的存储器地址或 I/O 接口地址以及相关的命令,启动参与本次传输的从模块。

3. 传输阶段

在主控模块发出的控制信号作用下,由主控模块和从模块或者是各从模块之间进行数据交换,数据由源模块发出,经数据总线传送到目的模块。

4. 结束阶段

主、从模块的有关信息均从系统总线上撤除,让出总线,以便其他模块能继续使用。

说明:对于只有一个主控模块的单处理器系统,数据传输周期只需要寻址和传输两个阶段。但对于包含中断控制器、DMA 控制器和多处理器的系统,则必须有某种总线管

理机制或相应的功能模块。

6.1.4 系统总线的结构

微型计算机的总线结构从最初的单总线结构逐步过渡到了多总线结构。

1. 单总线结构

单总线结构是指将 CPU、内存、I/O 设备（通过 I/O 接口）都挂在一组总线上，CPU 与内存或者与 I/O 设备间、I/O 设备与内存间、各种 I/O 设备间都通过单一系统总线直接交换数据，如图 6.2 所示。

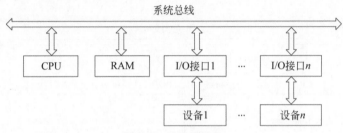

图 6.2 单总线结构

单总线结构的优点是控制简单、成本低、便于扩充。但由于带宽低、负载重，多个部件争用同一总线，部件之间的并行能力差，这些都容易造成冲突，极易形成微型计算机的瓶颈，从而影响整个系统的工作效率。早期的 ISA 和 EISA 总线就是典型的单总线结构。

说明：单总线结构并不是指只有一根信号线，系统总线按传送信息的不同仍可细分为地址总线、数据总线和控制总线。

2. 双总线结构

双总线结构有两条总线，一条是内存总线，即单独在 CPU 与内存之间增加一条总线，以提高取指令的速度；另一条是 I/O 总线，将其他低速的 I/O 设备仍然挂在系统总线上。这样就形成了内存总线与 I/O 总线分开的结构。双总线结构又分为面向 CPU 的双总线结构与面向存储器的双总线结构。

图 6.3 所示为一面向 CPU 的双总线结构，其中一组总线为 CPU 与 I/O 设备间进行信息交换的公共通路，称为输入/输出总线，另一组总线为 CPU 与内存储器间进行信息交换的公共通路，称为存储总线。这种结构在 CPU 与内存、CPU 与 I/O 设备间分别设置了总线，从而提高了微型计算机系统信息传送效率。但由于 I/O 设备与内存间没有直接的通路，它们之间的信息交换必须通过 CPU 来中转，这样就会占用 CPU 的大量时间，从而降低 CPU 的工作效率。

图 6.4 所示为一面向存储器的双总线结构，这种结构在 CPU 与内存之间专门开辟了一条高速总线，称其为存储总线。这样，CPU 与内存之间就可以绕开系统总线，而直接通过存储总线交换信息。面向存储器的这种双总线结构减轻了系统总线的负担，同时也具

备单总线结构的优点(所有设备和部件之间均可直接通过系统总线交换信息);但其硬件造价较高,通常仅被高档微型计算机所采用。

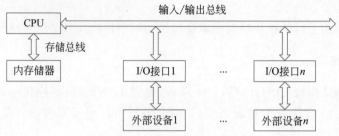

图 6.3　面向 CPU 的双总线结构

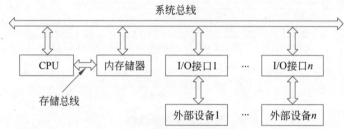

图 6.4　面向存储器的双总线结构

3. 三总线结构

随着对微型计算机性能的要求越来越高,双总线结构逐渐显得力不从心,三总线结构也就应运而生了。现代微型计算机都带有高速缓冲存储器,总线多设计成"系统总线＋局部总线＋I/O 总线"型结构,如图 6.5 所示。这种结构能保证 I/O 接口与内存之间的数据传送不影响到 CPU 的工作。

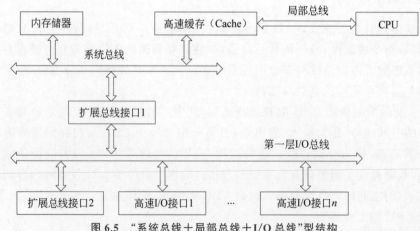

图 6.5　"系统总线＋局部总线＋I/O 总线"型结构

6.2 微型计算机系统总线

在微型计算机系统的各级总线中,系统总线(包括用于扩展模块的"局部总线")是最重要的总线,它的性能与整个系统的性能有直接关系。就 PC 系列微型计算机来说,自从 IBM 公司推出第一台 PC 以来(从 8 位机到 16 位机、32 位机、64 位机),为了适应数据宽度的增加和系统性能的提高,依次推出并为广大计算机界同行所认可、采用的内部扩展总线标准主要有 XT 总线、AT 总线(即 ISA 总线)、MCA 总线、EISA 总线、VESA 总线、PCI 总线和 AGP 总线等。到了 486、586 微型计算机时代,应用最多的是 ISA 系统总线和 VESA、PCI 两种局部总线,市场上流通的各种 486 系统或 486 主板,其结构大都建立在 ISA+VESA 总线基础上;而各种 586 系统或 586 主板的结构则基本上以 ISA+PCI 总线为基础;Pentium 4 系统或主板则基本上采用 PCI+AGP 结构。

不难看出,ISA 总线是自 PC 问世以来应用时间最长的系统总线,PCI 总线是 PC 系列微型计算机中使用最广泛的总线,而 AGP 总线是应用于 Pentium 系统中最新、最先进的总线之一。所以,本节主要介绍这三种总线,另外,还要介绍新型总线 PCI Express。

6.2.1 ISA 总线

ISA(Industrial Standard Architecture)总线是 IBM 公司于 1984 年为推出 PC/AT 机而建立的系统总线标准,它同 8 位的 PC/XT 总线保持了兼容,是 8/16 位的系统总线,最大传输速率仅为 8MB/s,但允许多个 CPU 共享系统资源。由于 ISA 的兼容性好,因此其在 20 世纪 80 年代是广泛采用的系统总线,以兼容这一标准为前提的微型计算机纷纷问世。从 286 到 Pentium 的各代微型计算机,尽管工作频率各异,内部功能和系统性能有别,但大都采用了 ISA 总线标准。不过随着技术的进步和微型计算机性能的提高,目前 ISA 总线已逐渐被淘汰,除了用于微型计算机原理与接口实验室的 PC 中为便于教学实验而普遍要求保留一个 ISA 插槽外,大多数新型 PC 主板上已不再提供 ISA 插槽了。

ISA 总线的主要性能和特点概括如下。

(1) ISA 总线具有比 XT 总线更强的支持能力。ISA 总线能支持 64KB I/O 地址空间(0000H~FFFFH)和 16MB 存储器地址空间(000000H~FFFFFFH),8 位或 16 位数据存取,8MHz 最高时钟频率和 16MB/s 最大稳态传输率,15 级硬中断,7 级 DMA 通道等。

(2) ISA 总线是一种多主控模块总线,允许多个主控模块共享系统资源。系统中除了主 CPU 外,DMA 控制器、DRAM 刷新控制器和带处理器的智能接口控制卡都可以成为 ISA 总线的主控设备。

(3) ISA 总线可支持 8 种类型的总线周期,分别为 8/16 位的存储器读/写周期、8/16 位的 I/O 读/写周期、中断周期(包括中断请求周期和中断响应周期)、DMA 周期、存储器刷新周期和总线仲裁周期。

(4) ISA 共包含 98 条引脚信号,它们是在原 XT 总线 62 条引脚的基础上再扩充 36

条而成的。扩充卡插头、插槽由两部分组成,一部分是原 XT 总线的 62 条插头、插槽(分为 A、B 两面,每面 31 条),另一部分是新增的 36 条插头、插槽(分为 C、D 两面,每面 18 条),新增的 36 条与原有的 62 条之间有一凹槽隔开,图 6.6 所示为 ISA 总线插槽示意。

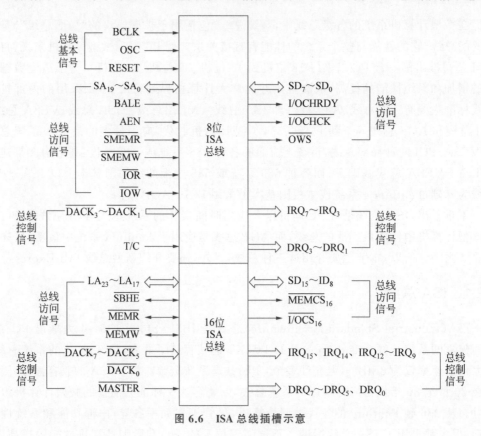

图 6.6 ISA 总线插槽示意

6.2.2 PCI 总线

1. PCI 总线概述

20 世纪 90 年代以来,随着多媒体技术及高速数据采集技术的发展应用,要求有高速的图形描绘能力和 I/O 处理能力,原有的 ISA、EISA、VESA 总线已远远不能适应要求,为此研制了 PCI 总线。

PCI(Peripheral Component Interconnect,外围部件互连)是一种高性能局部总线,是随着多媒体技术及高速数据采集技术的发展应用而产生的,PCI 是微型计算机中使用最为广泛的接口,几乎所有的主板产品上都带有这种插槽,也是主板带有最多数量的插槽类型。PCI 首先由 Intel 公司于 1991 年下半年提出,随后,Intel 公司联合 IBM、Compaq、AST、HP 和 DEC 等 100 多家公司成立了 PCI 特别兴趣组(PCI Special Interest Group,PCI-SIG),于 1992 年 6 月发布了第一个 PCI 总线规范(1.0 版),1993 年 4 月发布了 2.0 版,1995 年 6 月发布了 2.1 版,1998 年 12 月发布了 2.2 修改版。PCI 总线克服了 ISA、

VESA 等总线的不足,实现了从共享总线结构式向交换式总线的过渡,成了当时微型计算机总线的主流。

2. PCI 总线的特点

(1) 高传输速率。PCI 与 CPU 一次可交换 32 位(时钟频率 33MHz,速率达 132MB/s)或 64 位数据(时钟频率 66MHz,速率达 528MB/s)。

(2) 即插即用。传统的扩展卡插入系统时,往往由用户使用开关、跳线或是通过软件设置扩展卡需要占用的系统内存空间、I/O 端口、系统中断和 DMA 通道,而 PCI 使用了即插即用技术,使任何扩展卡在插入系统时能够由系统软件和硬件自动识别并装入相应的设备驱动程序,因而可立即使用,不存在因设置有错而使接口卡或系统无法工作的情况。

(3) 独立于处理器。传统的系统总线实际上是处理器信号的延伸或再驱动,而 PCI 总线的结构与处理器的结构无关,它采用独特的中间缓冲器方式,将处理器子系统与外设分开。一般来说,在处理器总线上增加更多的设备或部件会降低系统的性能和可靠性,而有了这种缓冲器的设计方式,用户可以随意增添外设扩展系统,而不必担心系统性能下降。这种独立性也使得 PCI 总线有可能适应未来的处理器,从而延长 PCI 技术的生命周期。

(4) 多路复用,高效率。PCI 采用了地址线和数据线共用一组物理线路,即多路复用;另外,PCI 控制器有多级缓冲,可以把一批数据快速写入缓冲器中,在这些数据不断写入 PCI 设备的过程中,CPU 又可以去执行其他操作,即连在 PCI 总线上的外围设备可以与 CPU 并行工作;同时,PCI 接插件尺寸小,减少了元件和管脚个数。这样就大大提高了效率。

(5) 支持线性突发传输。总线通常的数据传输是先输出地址后再进行数据操作,即要使所传输的数据的地址是连续的。而 PCI 支持突发数据传输周期,即可以实现从内存某一地址起连续读/写数据,但只需传送一次地址。这意味着从某一个地址开始后,可以连续对数据进行操作,而每次的操作数地址是自动加 1 的。显然,这减少了无谓的地址操作,加快了传输速度,这种数据传输方式特别适合多媒体数据传输和数据通信。

(6) 低成本、高可靠性。PCI 总线插槽短而精致,PCI 芯片均为超大规模集成电路,体积小可靠性高;PCI 总线采用地址/数据引脚复用技术,减少了引脚需求。这使得 PCI 板卡的小型化成为可能,从而降低了成本,提高了可靠性。

(7) 负载能力强,易于扩展。如果需要把许多设备连接到 PCI 总线上,而总线驱动能力不足,可以采用多级 PCI 总线,这些总线上均可以并发工作,每个总线上均可挂接若干设备。

(8) 支持多主控器。在同一条 PCI 总线上可以有多个总线主控器,各主控器通过 PCI 总线专门设置的总线占用请求信号和总线占用允许信号竞争总线的控制权。

(9) 减少存取延迟。PCI 总线能够大幅度减少外设取得总线控制权所需的时间,以保证数据传输的畅通。

(10) 数据完整。PCI 总线提供了数据和地址的奇偶校验功能,保证了数据的完整性和准确性。

（11）适用于多种机型。通过转换 5V 和 3.3V 工作环境，PCI 总线可适用于各种规格的微型计算机系统，如台式机、便携式计算机及服务器等。

3. PCI 总线的连接方式及系统结构

从 1992 年创立规范至今，PCI 总线已成为事实上微型计算机的标准总线，图 6.7 所示为一个典型的 PCI 总线系统结构。

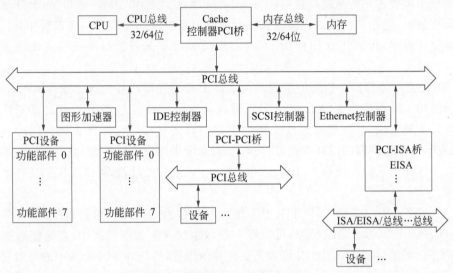

图 6.7 典型的 PCI 总线系统结构

典型的 PCI 系统包括两个桥接器，即南桥和北桥。其中，北桥用于连接 CPU 和基本的 PCI 总线，使得 PCI 总线上的部件可以与 CPU 并行工作；南桥（即标准总线桥路）连接基本 PCI 总线到 ISA 或 EISA 总线，从而可以继续使用现有的 I/O 设备，以增加 PCI 总线的兼容性和选择范围。PCI 桥的主要功能概括如下。

（1）提供一个低延迟的访问通路，从而使处理器能够直接访问通过低延迟访问通路映射于存储器空间或 I/O 空间的 PCI 设备。

（2）提供能使 PCI 主设备直接访问内存储器的高速通路。

（3）提供数据缓冲功能，可以使 CPU 与 PCI 总线上的设备并行工作而不必相互等待。

（4）可以使 PCI 总线的操作与 CPU 总线分开，以免相互影响，实现了 PCI 总线的全部驱动控制。

PCI 桥可以利用许多厂家开发的 PCI 芯片组实现。通过选择适当的 PCI 桥构成所需的系统，是构成 PCI 系统的一条捷径。

6.2.3 AGP 总线

虽然大规模集成电路技术的进步使得微处理器的性能不断得到了提高，但微型计算机的整体性能却并没有随着微处理器性能的提高而同步增长。多媒体技术的应用使得

PCI 的局限性逐渐显现出来,用户要求微机能够提供更强大的多媒体能力,3D 图形加速卡、千兆位以太网卡、IEEE 1394、移动对接设备及其他附件的发展以及它们所需要的更大带宽等给 PCI 总线提出了更大的挑战,PCI 总线已逐渐成为当前微型计算机性能的瓶颈。为此,需将一些数据流量非常大的 I/O 工作从 PCI 中剥离出来由一个专用接口来负责。因此,相继出现了一些总线技术,例如 AGP 接口、芯片组 Hub Link、V-Link 等,本节主要介绍用于 3D 图形加速卡的 AGP 接口。

1. AGP 概述

AGP(Accelerate Graphical Port,加速图形接口)是一种显示卡专用的局部总线,由美国 Intel 公司于 1996 年提出。当时由于缺乏硬件的支持,直到 1997 年该公司的 i440LX 主板芯片组问世后才真正得以实施应用。AGP 是为提高视频带宽而设计的总线规范,其插槽的形状与 PCI 扩展槽相似,位置在 PCI 插槽的右边偏低一些。从目前的实际应用情况看,在支持 AGP 规范的计算机中,无论是 Pentium 还是在 Pentium II 级的计算机中都仅有一个 AGP 扩展槽。

严格来说,AGP 不能被称为总线,但是人们习惯上仍然称之为"AGP 总线"。这是因为它与 PCI 总线不同,它仅在 AGP 控制芯片和 AGP 显示卡之间提供了点到点的连接,AGP 是基于 PCI 2.1 规范的,工作频率是 66MHz,其直接与主板的北桥芯片相连,且通过该接口让显示芯片与系统内存直接相连,避免了窄带宽的 PCI 总线形成的系统瓶颈,增加了 3D 图形数据的传输速度;同时在显存不足的情况下可调用系统内存,所以它拥有较快的传输速度,图 6.8 所示为 AGP 总线的系统结构。

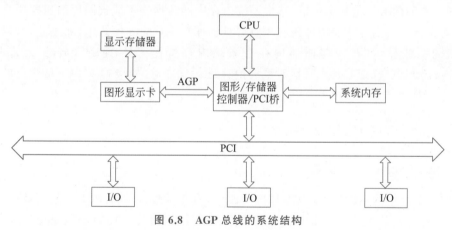

图 6.8 AGP 总线的系统结构

2. AGP 规范的技术要点和性能特点

1) AGP 规范的技术要点

AGP 规范为解决计算机处理 3D 图形的瓶颈问题采取了多种技术措施,其最主要的措施有两点。第一点是建立显卡与系统之间的专用信息高速传输通道;第二点是采用 DIME(Direct Memory Execution,系统内存直接操作)技术。这两点都是提高计算机处理和显示 3D 图形速度的关键,也是 AGP 技术的精髓所在。

这里简单介绍一下 DIME 技术。AGP 的 DIME 技术就是显示控制芯片通过主板芯片组对系统内存进行直接操作，利用地址映射方法将系统内存模拟成显存，以用来存储大量的数据。AGP 技术允许显示控制芯片占用高达 32MB 的系统内存（条件是微型计算机必须具备 64MB 或更大的内存容量），显示控制芯片占用的系统内存容量和时间是随机的，它可以在不需要时立即归还给系统。

2）AGP 性能特点

AGP 以 66MHz PCI 2.1 版规范为基础，采用了一些其他技术进行扩充而成，主要特点如下。

(1) 采用流水线技术进行内存读/写。AGP 对内存的读/写操作实行流水线处理，即充分利用等待延时，大大增加了读内存速度，使其与写内存速度相当。

(2) 具有 2×、4×、8× 数据传输频率。AGP 使用了 32 位数据总线和多时钟技术的 66MHz 时钟，多时钟技术允许 AGP 在一个时钟周期内传输 2 次、4 次甚至 8 次数据，从而使 AGP 总线传输速率达到了 533MB/s（2×）、1066MB/s（4×）和 2133MB/s（8×）。

(3) 采用边带寻址 SBA 方式。AGP 采用多路信号分离技术，使总线上的地址信号与数据信号分离，一方面充分利用了读写请求与数据传输之间的空闲，使总线效率达到最高；另一方面可以有效分配系统资源，避免了死锁的发生，并通过使用边带寻址 SBA（Side Band Address）总线来提高随机内存访问的速度。

(4) 显示 RAM 和系统 RAM 可以并行操作。在 CPU 访问系统 RAM 的同时允许 AGP 显卡访问 AGP 内存，显卡可以独享 AGP 总线带宽，从而进一步提高了系统性能。

(5) 增加了 Execute 模式（执行模式）。PCI 使用的 DMA 模式适用于从系统内存到图形内存之间的大批量数据传输，其中系统内存中的数据并不能被图形加速器所直接调用，只有调入图形内存才能被加速芯片所寻址。而在 Execute 模式中，加速芯片（以 i740 为代表的一些显示芯片）将图形内存与系统内存看作一体，通过 Graphics Address Remapping 机制，加速芯片可直接对系统内存进行寻址，这样缓解了 PCI 总线上的数据拥挤。

6.2.4 新型总线 PCI Express

1. PCI Express 总线概述

6.2.3 节介绍的 AGP 总线只是局部的改变，真正要彻底解决 PCI 的瓶颈效应，必须从根本上改变总线设计。PCI Express（原名 3GIO，第 3 代 I/O 总线）就是由 Intel 等公司开发的为满足这一需求而推出的一种新型高速串行 I/O 互连接口，它将全面取代现行的 PCI 和 AGP，最终实现总线标准的统一。PCI Express 的主要优势是数据传输速率高，目前 PCI Express 3.0 双向 16 通道带宽最高可达到 32GB/s，而且还有相当大的发展潜力。PCI Express 也有多种规格，从 PCI Express 1X 到 PCI Express 16X，能满足现在和将来一定时间内出现的低速设备和高速设备的需求。但要实现全面取代 PCI 和 AGP 也需要一个相当长的过程，就像当初 PCI 取代 ISA 一样。

PCI Express 的主要功能如下。

（1）采用先进的点到点互连，能为每一个设备分配独享通道；彻底消除了设备间由于共享资源带来的总线竞争现象，降低了系统硬件平台设计的复杂性和难度，大大降低了系统的开发制造成本，能极大提高系统的性价比和健壮性。

（2）软件方面与 PCI 保持了很好的兼容，具有很好的通用性，增加了计算机的可移植性和模块化。PCI Express 除了用于南桥和其他设备的连接外，还可以延伸到芯片组间的连接，甚至可以连接图形芯片，能将整个 I/O 系统重新统一起来，更进一步简化了计算机系统。

（3）每个引脚都可以实现高带宽。PCI-E 3.0 的信号频率从 PCI-E 2.0 的 5GT/s 提高到 8GT/s，编码方案也从原来的 8b/10b 变为 128b/130b。

（4）数据传输速率高，目前最高可达到 10GB/s 及以上。

（5）低功耗，并具备电源管理功能。

（6）支持热插拔、热交换、数据完整性和错误处理机制；支持＋3.3V、3.3Vaux 以及＋12V 三种电压。

（7）采用 QoS(Quality of Service)连接方式和仲裁机制。

（8）支持同步数据传输和双向传输模式，还可以运行全双工模式。

（9）通过主机芯片进行基于主机的传输，并通过开关进行点对点传输。

（10）分包和分层协议架构。

（11）每个物理连接可以作为多个虚拟通道。

（12）终端到终端和连接机数据校验。

（13）使用小型接口节省空间。

PCI Express 的主要技术指标以及与 PCI 的比较见表 6.1。

表 6.1 PCI Express 的主要技术指标以及与 PCI 的比较

技术指标	PCI-32	PCI-X 1.0	PCI Express
支持外设数量	6	4	64（单线）
总线时钟频率	33MHz	66MHz/100MHz/133MHz	2.5GHz
最大数据传输速率	133MB/s	1066MB/s	8.2GB/s
时钟同步方式	与 CPU 及时钟频率有关	与 CPU 及时钟频率无关	内建时钟
总线位宽	32 位并行	64 位并行	串行
工作电压	3.3V/5V	3.3V	3.3V/3.3Vaux/12V
引脚数	84	150	40

2. PCI Express 的体系结构

PCI Express 的体系结构采用分层设计，就像网络通信中的 7 层 OSI 结构一样，这样有利于跨平台的应用，图 6.9 所示为 PCI Express 的分层结构模型。

1）物理层

PCI Express 的物理层负责接口或者设备之间的连接，决定了 PCI Express 总线接口

软件层	PCI PnP模型（中断、枚举、设置）
事务处理层	数据包封装
数据链路层	数据完整性
物理层	点对点、串行化、异步、热插拔、可控带宽、编/解码

图 6.9　PCI Express 的分层结构模型

的物理特性，如点对点串行连接、微差分信号驱动、热插拔、可配置带宽等，为链路层提供透明的传输数据包服务。其中连接由一对分离驱动收发器组成，分别负责发送和接收数据，层内置有嵌入式的数据时钟信号，在初始化过程中，两个 PCI Express 连接的设备通过协商来确定实际通道宽度和工作频率，建立一个 PCI Express 连接，这个过程不需要任何软件的介入，完全由硬件实现。

PCI Express 的这种分层使得将来在速度、编码技术、传输介质等方面的改进都将只影响物理层，而与上层无关。

2）数据链路层

数据链路层的主要职责是确保数据包可靠、正确传输，所以其首要任务就是确保数据包的完整性，并在数据包中添加序列号和发送冗余校验码到事务处理层。数据链路层为每一个来自事务处理层的数据包增加顺序号和 CRC 校验码，通过对顺序号和 CRC 校验码的检测，将自动请求重发以实现数据的完整性。

大多数数据包是由事务处理层递交给数据链路层的，数据流控制协议确保了数据包只能在接收设备的缓冲区可用情况下才被发送。

3）事务处理层

事务处理层的作用主要是接收来自软件层的读、写请求，并建立一个请求包传输到数据链路层，同时接收从数据链路层传来的响应包，并与原始的软件请求关联。所有的请求都被分离处理成若干数据包，其中一部分数据包需要目的设备回送响应数据包；事务处理层接收来自数据链路层的响应数据包并把它们与原有的读/写请求数据包相匹配；每个数据包都会有一个唯一标识符以保证响应数据包能够和原始请求数据包有序对应。

事务处理层支持 4 个寻址空间，其中三个是原有的 PCI 寻址空间（存储器、I/O 和配置地址空间），另外一个是新增加的通信地址空间"信息空间"。

4）软件层

软件层被称为 PCI Express 体系结构中最重要的部分，因为它是保持与 PCI 总线兼容的关键。PCI Express 的软件层主要包括初始化和运行时两方面，其体系结构完全兼容 PCI 的 I/O 设备配置空间和可编程性，所有支持 PCI 的操作系统无须修改就能支持基于 PCI Express 的平台。PCI Express 兼容 PCI 所支持的运行时软件模型。而 PCI Express 所提供的新特性只在一些新型设备中才会得到应用。

3. PCI Express 的前景

PCI Express 主要应用于台式计算机、服务器、通信和嵌入式系统中，按照 PCI-SIG 的计划，它将全面取代 PCI 而成为下一代 I/O 总线标准。

6.3 外 总 线

6.3.1 RS-232C 总线

RS-232C 是美国电子工业协会(Electronic Industry Association,EIA)制定的一种串行物理接口标准，已经成为国际上通用的总线标准。RS-232C 有 25 条信号线，包括一个主通道和一个辅助通道，在多数情况下主要使用主通道，对于一般的通信仅需几条信号线就可实现，如一条发送线、一条接收线及一条地线，最大通信距离为 15m。RS-232C 标准规定的数据传输速率为每秒 50～19 200 波特不等，驱动器允许有 2500pF 的电容负载，通信距离将受此电容限制。

RS-232C 的特点是信号线少，传送率有多种，抗干扰能力强，传送距离较远。

1. RS-232C 的连接

RS-232C 广泛用于数字终端设备如微型计算机与 Modem 之间的接口，以实现通过电话线路进行远距离通信。RS-232C 接口标准使用一个 25 针引脚，但绝大多数设备只使用其中 9 个信号，所以就有了 9 针引脚(9 针引脚为对 RS-232C 标准的缩减，且符合 RS-232C 标准)。图 6.10 所示为计算机通信中常使用的 9 针引脚信号和定义。PC 系列有两个串行接口，分别为 COM1 和 COM2，就使用了 D 型 9 针引脚。

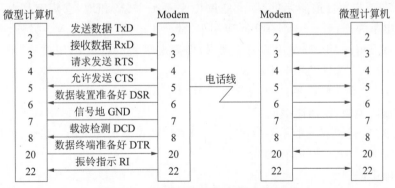

图 6.10 使用 Modem 的 RS-232C 接口

在 RS-232C 的 25 个信号线中，只使用了其中的 20 个信号(4 条数据线、11 条控制线、3 条定时信号线、2 条地信号线)，另外还保留了两个信号，有三个信号未定义。目前的绝大多数微型计算机、微型计算机终端和一些外部设备都配有 RS-232C 串口，在它们之间进行短距离通信时，不需要电话线和 Modem 就可以直接相连，如图 6.11 所示。

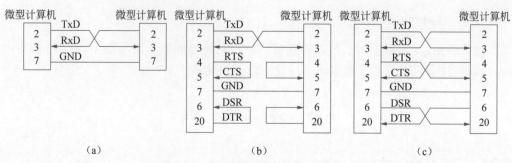

图 6.11 不用 Modem 的 RS-232C 接口

图 6.11(a)是最简单的只用三条线实现相连的通信方式,为了交换信息,TxD 和 RxD 应当交叉连接。图 6.11(b)中的 RTS 和 CTS 互接,这是用请求发送 RTS 信号来产生允许发送 CTS 信号,以满足全双工通信的联络控制要求。当请求发送允许发送时,表明请求传送总是允许的;DTR 和 DSR 互接,用数据终端准备好信号产生数据装置准备好信号。图 6.11(b)虽然使用了联络信号,但实际上通信双方并未真正相连。所以,对于图 6.11(a)和图 6.11(b)所示的连接方式,应注意传输的可靠性,因为发送方根本无法知道接收方什么时候可以接收数据,所以在软件设计时,应在发送一个字符等待接收方确认之后再发送下一个字符。

图 6.11(c)是另一种利用 RS-232C 直接互连的通信方式,这种方式下的通信更加可靠,但所用连线较多。

2. RS-232C 的电气特性

为了保证数据的正确传送,设备控制能准确地完成,有必要使所用的信号电平保持一致,为满足此要求,RS-232C 标准规定了数据和控制信号的电压范围。由于 RS-232C 是在 TTL 集成电路之前制定的,因此它的电平不是+5V 和地,它规定高电平为+3~+15V,低电平为−15~−3V,在实际应用中,常采用±12V 或±15V。另外,要注意 RS-232C 数据线 TxD 和 RxD 使用的是负逻辑,即高电平表示逻辑 0,用符号 SPACE 表示,低电平表示逻辑 1,用符号 MARK 表示。

RS-232C 也有一些不足之处,主要表现在以下几方面。

1) 传输距离短,传输速率低

RS-232C 传输距离一般不要超过 15m,最高传送速率为 20Kb/s,尽管能满足异步通信要求,但不能适应高速的同步通信。

2) 有电平偏移

RS-232C 总线标准要求收发双方共地,所以当通信距离较远时,收发双方的地电位差别较大,在信号地上将有比较大的地电流。

3) 抗干扰能力差

RS-232C 在电平转换时采用单端输入输出,因而电气性能不佳,在传输过程中容易在信号间产生干扰。

6.3.2 USB 总线

传统的微型计算机仅有少量 SIO 和 PIO 接口,通常设置在主机箱的后面板上,用于连接多种常用外设,随着微型计算机应用的日益广泛,需要连接的外设数目的不断增多,外设接口和中断地址短缺的矛盾日趋尖锐,USB 接口和 USB 总线应运而生了。

1. USB 总线概述

USB(Universal Serial Bus,通用串行总线)是由 Intel、DEC、Microsoft 和 IBM 等公司于 1994 年 11 月联合推出的一种新的串行总线标准,主要用于 PC 与外设的互连。经过多年的发展,USB 已经发展为 4.0 版本,成为 21 世纪微型计算机中的标准扩展接口。USB 的连接方式很简单,只用一条长度可达 5m 的 4 针(USB 3.0 标准为 9 针)插头作为标准插头,采用菊花链形式就可以把所有的外设连接起来,最多可以连接 127 个外部设备,并且不会损失带宽。USB 需要主机硬件、操作系统和外设三方面的支持才能工作,目前的主板一般都采用支持 USB 功能的控制芯片组,主板上也安装有 USB 接口插座,而且除了背板的插座之外,主板上还预留有 USB 插针,可以通过连线接到机箱前面作为前置 USB 接口以方便使用。

2. USB 总线的特点

USB 之所以能被大家广泛接受,主要是因其有以下主要特点。

1) 易于使用

易于使用是 USB 的主要设计目标,主要表现在 4 方面。

① 支持即插即用。当插入 USB 设备时,微型计算机系统检测该设备,并且自动加载相关驱动程序,对该设备进行配置,使其正常工作。

② 不需要用户设定,节省硬件资源。USB 减轻了各个设备(像鼠标、Modem、键盘和打印机等)对目前 PC 中所有标准端口的需求,因而降低了硬件的复杂性和对端口的占用。整个 USB 系统只有一个端口,使用一个中断,节省了系统资源。

③ 采用简易电缆易于连接。一个普通的 PC 有 2~6 个 USB 端口,还可以通过连接 USB 集线器来扩展端口的数量。

④ 支持热插拔,不需要另备电源。USB 可以在任何时候连接和断开外设,不管系统和外设是否开机,不会损坏 PC 或外设;USB 不仅可以通过电缆为连接到 USB 集线器或主机的设备供电,而且可以通过电池或者其他的电力设备为其供电,或者使用两种供电方式的组合,并且支持节约能源的挂机和唤醒模式。

2) 速度较快

USB 提供全速 12Mb/s、低速 1.5Mb/s、高速 480Mb/s(USB 2.0)和超高速 5Gb/s(USB 3.0)4 种速率来适应各种不同类型的外设,当只有一个设备通信时,理论上最大数据传输数据速率可达 9.6Mb/s。

3) 可靠性高

USB 的可靠性来自硬件设计和数据传输协议两方面。USB 驱动器、接收器和电缆的硬件规范消除了大多数可能引起数据错误的噪声;USB 协议采用了差错控制和缺陷发现机制,所以可以对有缺陷的设备进行认定,并对错误的数据进行恢复或报告。

4) 低成本、低功耗

USB 的设备与带有相同功能的老式接口的设备所需的费用几乎相同,甚至更低。对于低成本外设来说,选择低速传输以降低对硬件的要求,使成本控制在合理的范围内。

当 USB 外设不使用时省电电路和代码会自动关闭它的电源,但仍然能够在需要的时候做出反应。降低电源消耗除了可以带来保护环境的好处之外,这个特征对于电源供应非常敏感的笔记本尤其有用。

3. USB 总线的结构

USB 系统是一个层次化星状拓扑结构,由 USB 主机、集线器 HUB 和功能设备组成,如图 6.12 所示。每个星状结构的中心是集线器,主机与集线器或功能设备之间,或者集线器与另一个集线器或功能设备之间都是点对点连接。主机处于最高层(根层),受时序限制,结构中最多有 7 层,具有集线器和功能设备的组合设备占两个层次。

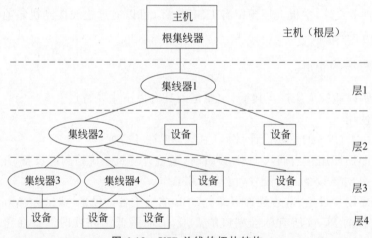

图 6.12 USB 总线的拓扑结构

在整个 USB 系统中只允许有一个 USB 主机(在微型计算机主板上),其主要作用是检测 USB 设备的加入或去除状态;管理主机与 USB 设备之间的数据流和控制流;收集 USB 设备的状态与活动属性。主机是 USB 主控制器和根集线器的合称,其中的主控制器主要负责 USB 总线上的数据传输;根集线器集成在主机系统中,一个 USB 系统中只能有一个根集线器,根集线器可以提供一个或多个接入点来连接 USB 设备。

USB 设备包括集线器和功能设备。集线器是专门用于提供额外 USB 接入点的 USB 设备;功能设备是向系统提供特定功能的 USB 设备,如 USB 接口的鼠标、显示器、U 盘、摄像头等。

说明:USB 总线虽然从物理连接上是分层的,但在实际通信过程中,所有 USB 设备对 USB 主机而言地位都是平等的,即 USB 总线的逻辑拓扑结构是不分层的星状拓扑结构。

4. USB 总线操作

USB 总线允许设备随时接入和离开总线,集线器负责监视其所有端口。当有设备接入或离开时,集线器会设置相应的状态标志,USB 主机通过查询集线器的标志,获取设备的变化情况,当有设备接入 USB 总线时,USB 主机为其分配地址,并通过默认的控制管道对其进行配置。

USB 是一种轮询总线,由 USB 主机控制所有的数据传输。数据在 USB 总线上通过报文方式传送,这些报文称作 USB 分组,大多数传输包含以下三个 USB 分组。

(1) USB 主机首先发送一个"令牌分组",指明传输的类型、方向、USB 设备的地址以及端点编号,USB 设备对相应的地址字段进行译码,选中被寻址的设备。

(2) 如果本次传输的源端能够提供数据,它将发出数据分组;否则,它将发出一个指示分组,指明它没有数据可以传输。

(3) 一般情况下,目的端将回送一个握手分组指明本次传输是否成功。

USB 总线用"管道"组织数据传输。管道即是在 USB 主机和设备端点之间的数据传输关系,每个管道有一组相应的数据带宽、传输服务类型以及设备特性等参数与之相关,每台 USB 设备可以有多个管道,各管道中的数据传输相互独立。USB 包含流和消息两种管道,前者没有格式,而后者按照 USB 定义的数据格式传输。USB 主机根据各管道的传输要求(数据量、时间要求等)决定对 USB 设备的轮询,保证所有设备能够及时进行通信。

为了满足不同的通信要求,USB 提供了以下 4 种传输方式,每种传输方式应用到具有相同名字的终端时,具有不同的性质。

1) 控制传输方式

控制传输是双向传输,主要用于在连接阶段配置设备,或是传输配置信息或命令/状态信息。这种方式传输的数据量通常较小,具有突发性,非周期的特点。各种外设都支持控制传输方式。

2) 等时传输方式

等时传输提供了确定的带宽和间隔时间,适用于时间严格并具有较强容错性的流数据传输,或者用于要求恒定的数据传输速率的即时应用中。

3) 中断传输方式

中断传输方式是单向的,且对于主机来说只有输入方式,该种传输方式主要用于定时查询设备是否有中断请求。中断传输方式的典型应用是在少量的、分散的、不可预测数据的传输方面,如键盘、操纵杆和鼠标等。

4) 批传输方式

批传输方式主要应用于大量传输数据又没有带宽和间隔时间要求的情况下,具有非周期和突发性强的特点,例如打印机和扫描仪就属于这种类型。

6.3.3 IEEE 1394 总线

IEEE 1394 是 1995 年批准和发布的一种高性能串行总线标准,这种标准定义了数据的传输协议及连接系统,增强了微型计算机与外设(如硬盘、打印机、扫描仪)及消费性电子产品(如数码相机、DVD播放机、视频电话等)的连接能力,使微型计算机、微型计算机外设、各种家电能非常简单地连接在一起,改变了当前微型计算机本身拥有众多附加插卡和连接线的现状。1998年,在Microsoft、Intel、Compaq等公司制定的个人计算机规格PC 98中,将具备IEEE 1394接口作为一项重要内容。目前,IEEE 1394已广泛应用于数字摄像机、数字照相机、电视机顶盒、家庭游戏机、微型计算机及其外部设备,如Sony推出的DVCAM系列摄录设备、松下公司推出的DVCPRO25系列设备等,将1394接口的应用推向了新的高度,使其在微型计算机中的应用更加广泛。

IEEE 1394与USB有很多相似之处,但它一开始就是针对高速外设而提出的,其I/O速度是USB最高速度的8倍以上。

1. IEEE 1394总线的性能特点

1) 纯数字接口

IEEE 1394是一种纯数字接口,不必将数字信号转换成模拟信号,造成无谓的损失。

2) 拓扑结构灵活多样,具有可扩展性

IEEE 1394在一个端口上最多可以连接63个设备,在同一个网络中的设备间可以采用树状或菊花链结构,并且可以将新的串行设备接入串行总线节点所提供的端口,从而扩展串行总线,可将拥有两个或更多的端口的节点以菊花状接入总线。

3) 占用空间小,价格廉价

IEEE 1394串行总线共有6条信号线,其中2条用于设备供电,4条用于数据信号传输,对于像数字照相机之类的低功耗设备就可以从总线电缆内部取得动力,而不必为每台设备配置独立的供电系统。这相对于并行总线和其他串行总线来说,节省资源,实现成本低,不需要解决信号干扰问题。

4) 速度快,并具有可扩展的数据传输速率

IEEE 1394能够以100Mb/s、200Mb/s、400Mb/s和800Mb/s的速率来传送动画、视频、音频信息等大容量数据,目前已经制定出1.6Gb/s和3.2Gb/s的规格,并且同一网络中的数据可以用不同的速率进行传输。

5) 采用基于内存的地址编码,具有高速传输能力

IEEE 1394总线采用64位的地址宽度(16位网络ID,6位节点ID,48位内存地址),将资源看作寄存器和存储单元,可以按照CPU-内存的传输速率进行读/写操作,因此具有高速的传输能力。对于高品质的多媒体数据,可以实现"准实时"传输。

6) 同时支持同步和异步两种数据传输模式,支持点对点传输

任何两个支持IEEE 1394的设备通过用电缆把想使用的设备连接起来即可进行数据交换,不需要通过微型计算机控制。例如,在微型计算机关闭的情况下,仍可以将DVD播放机与数字电视连接起来。

7) 安装方便且容易使用

IEEE 1394支持即插即用、热插拔、公平仲裁,具有设备供电方式灵活、标准开放等特点。

总之,IEEE 1394是一种高速串行I/O总线,Intel、Microsoft等公司联手制定的PC 98系统设计指南中已明确把支持IEEE 1394列为一项重要内容。也就是说,不支持IEEE 1394的微型计算机将不再符合1998年及以后的PC新标准,必将难以立足。再者就是,IEEE 1394总线各被连接设备的关系是平等的,不用微型计算机介入也能自成系统,这一特点将使IEEE 1394在家电等消费类设备的连接应用方面获得良好的前景。

2. IEEE 1394 总线协议

IEEE 1394是一种基于数据包的数据传输总线,总线协议分为传输层、链路层和物理层共三层,如图6.13所示。

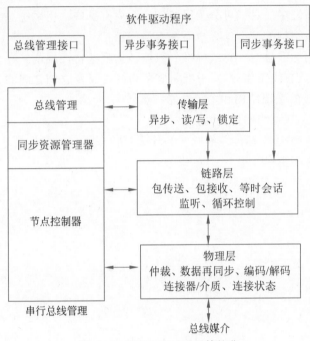

图6.13　IEEE 1394 三层协议集

1) 传输层

传输层定义了一个完整的请求——响应协议实现总线传输,包括读、写和锁定操作。其中,写操作从发送端读出数据到接收端;读操作向发送端返回数据;锁定操作则综合了写和读的功能,它在发送和接收端间建立了一条通道,并完成接收端应完成的规定动作。

2) 链路层

链路层提供数据包传送服务,支持异步和同步的数据包发送和接收功能。异步包传送与大多数微型计算机应答式协议相似,即把一个可变总量的数据及传输层的几个信息字节作为一个包传送到显式地址的目标方,并要求返回一个认可包;同步包传送是把一个可变总量的数据以一串固定大小的包按照规定间隔来发送,使用简化寻址方式,并且不要求认可,这对时间要求严格的多媒体数据的及时传送非常重要。

3）物理层

物理层提供 IEEE 1394 电缆与 IEEE 1394 设备间的电气及机械方面的连接,它除了完成实际的数据传输和接收任务之外,还提供初始设置和仲裁服务,以确保在同一时刻只有一个节点传输数据,以使所有的设备对总线能进行良好的存取操作。

图 6.13 中的串行总线管理可以看作以上三个层的管理中心,它提供了总线节点所需的标准控制、状态寄存器服务和基本控制功能。

习题与思考题

6.1 微型计算机系统中的总线可分为哪几类？主要有哪些常用系统总线和外总线？

6.2 采用标准总线结构的微型计算机系统有何优点？

6.3 为什么要使用标准总线？总线标准一般应包括哪些特性规范？

6.4 理解总线位宽、总线工作频率、总线带宽各自的含义及它们之间的关系。

6.5 理解 PCI 总线的系统结构和主要性能特点。

6.6 请简要说明 USB 总线的性能特点。

6.7 AGP 总线是一种通用标准总线吗？为什么？它有哪几种工作模式？对应的数据传输速率分别为多少？

6.8 理解 IEEE 1394 与 USB 总线的主要区别。

第 7 章

输入/输出技术

【学习目标】

本章从总体上对 I/O 接口技术进行了概述,由 I/O 接口基本概念、I/O 端口编址方式、CPU 与外部设备的数据传输方式三部分内容构成。本章是学习后续第 8 章中断技术和第 9 章可编程接口芯片的前提和基础。本章的学习目标:熟悉微型计算机中 I/O 接口的概念、功能;理解 I/O 接口的基本结构、I/O 端口编址方式及端口地址分配;掌握 CPU 与外部设备之间传送数据的方式。

7.1 I/O 接口概述

7.1.1 I/O 接口及接口技术的概念

外部设备是微型计算机系统的重要组成部分。源程序、原始数据等外部信息需要通过输入设备送入微型计算机,而微型计算机的处理结果、发出的控制命令等信息需要通过输出设备呈现给用户。外部设备与微型计算机之间的信息传送都是通过 I/O 接口电路来实现的。接口就是指 CPU 和存储器、外部设备或者两种外部设备之间,或者两种机器之间通过系统总线进行连接的逻辑部件(或称电路),它是 CPU 与外界进行信息交换的中转站。读者可能会问,外部设备为什么一定要通过 I/O 接口电路与微型计算机相连,而不能像内存储器那样直接通过系统总线与 CPU 相连呢? 这是因为内存储器只有保存信息这一单一功能,而外部设备的功能各异且种类繁多。如有些外部设备可作为输入设备,有些外部设备可作为输出设备,还有些外部设备既可以作为输入设备也可以作为输出设备;每种外部设备又可能具有不同的工作原理,使用不同的信息格式,如可能是数字信息,也可能是模拟信息,可能是并行信息,也可能是串行信息;同时,外部设备一般都是机械式或机电结合式的,它们的速度相对于高速的 CPU 来说要慢得多。因此,须通过 I/O 接口部件把外部设备与 CPU 连接起来,完成它们之间的信息格式转换、速度匹配及某些相关控制。

可见,I/O 接口就是为了解决微型计算机和外部设备之间的信息变换问题而提出来的,每个外部设备都需要通过接口和主机系统相连。接口技术就是专门研究 CPU 与外部设备之间的数据传送方式、接口电路工作原理和使用方法的一门技术,其采用硬件与软件相结合的方法,研究 CPU 如何与外部设备进行最佳耦合,以便在 CPU 与外部设备之间实现高效、可靠的信息交换。这里需要特别注意的是，接口技术不仅要研究硬件，还要涉及软件编程技术，为 CPU 编写专门的接口程序。如显示器作为一种输出设备要通过显卡和微型计算机相连，这里的显卡就是接口电路，但只有显卡还不能实现显示器的正确显示，还需要有相应的接口程序即显卡驱动程序。

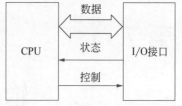

图 7.1　CPU 与外设之间传送的信息

CPU 与外部设备之间交换的信息主要有数据信息、状态信息和控制信息三类，如图 7.1 所示。

1. 数据信息

数据是 CPU 与外部设备之间交换最多的一类信息，微型计算机中的数据通常为 8 位、16 位或 32 位。数据信息按其不同性质可分为以下三类。

1) 数字量

数字量可以是以二进制形式表示的数据或以 ASCII 码表示的数据及字符。例如，从键盘、磁盘机等读入的信息，或由 CPU 送到打印机、磁盘机、显示器的信息。

2) 模拟量

当微型计算机用于检测或过程控制时，通过传感器把现场大量连续变化的物理量如温度、位移、流量、压力等非电量转换成电压或电流等电量，并经过放大器放大，然后经过采样器和 A/D 转换器转换为数字量后才能被微型计算机接收；微型计算机输出的数字量也要经过 D/A 转换器转换成相应的模拟量才能控制现场。

3) 开关量

开关量是一些只有两个状态的量，如开关的闭合和断开、阀门的打开与关闭、电机的运行和停止等，通常这些开关量需经过相应的电平转换才能与微型计算机连接。开关量只需一位二进制数即可表示，因此对于字长为 8 位或 16 位的计算机，一次可以输入或输出 8 个或 16 个开关量。

2. 状态信息

状态信息反映了当前外部设备的工作状态，是 CPU 与外部设备之间进行信息交换时的联络信号。对于输入设备，通常用准备好(Ready)信号来表示当前输入数据是否准备就绪，若准备好则 CPU 可以从输入设备接收数据，否则 CPU 需要等待；对于输出设备，通常用忙(Busy)信号来表示外部设备是否处于空闲状态，若为空闲则 CPU 可以向输出设备发送数据，否则 CPU 应暂停发送数据。可以看出，状态信息是保证 CPU 和外部设备能正确进行信息交换的重要条件。

3. 控制信息

控制信息是 CPU 对外部设备发出的控制命令，以设置外部设备的工作方式等，如外部设备的启动、停止等信号。由于不同的外部设备有不同的工作原理，因此其控制信息含义也往往不同。

说明：数据信息、状态信息及控制信息都被看作一种广义的数据信息，都是通过数据总线来传送的。即状态信息被看作一种输入数据，控制信息被看作一种输出数据，但这三种信息分别进入接口电路不同的寄存器中。

7.1.2 I/O 接口的主要功能

为了实现 CPU 与外部设备之间的正常通信，完成信息传递任务，I/O 接口电路一般都具有如下 4 种功能。

1. 地址译码或设备选择功能

在微型计算机系统中通常会有多个外部设备同时与主机相连，而 CPU 在同一时刻只能与一个外部设备进行数据传送。因此 I/O 接口电路应该能够通过地址译码选择相应设备，只有被选中的设备才能与 CPU 进行数据交换或通信。

2. 数据缓冲功能

外部设备的数据处理速度通常都远远低于 CPU 的数据处理速度，因此在 CPU 与外部设备间进行数据交换时，为了避免因速度不匹配而导致数据丢失，在接口电路中一般都设有数据寄存器或锁存器来缓冲数据信息，同时还提供"准备好""忙""闲"等状态信号，以便向 CPU 报告外部设备的工作状态。

3. 输入/输出功能

外部设备通过 I/O 接口电路实现与 CPU 之间的信息交换，CPU 通过向 I/O 接口写入命令控制其工作方式，通过读入命令可以随时监测、管理 I/O 接口和外部设备的工作状态。

4. 信息转换功能

由于外部设备所需要的信息格式往往与 CPU 的信息格式不一致，因此需要接口电路能够进行相应的信息格式变换。如正负逻辑关系转换、时序配合上的转换、电平匹配转换、串-并行转换等。

7.1.3 I/O 接口的基本结构与分类

1. I/O 接口的基本结构

I/O 接口电路可以很简单，也可以很复杂。一个简单的 I/O 接口电路可以只由几个甚至一个三态门构成，而一个由 VLSI 芯片构成的接口电路，其复杂程度有的甚至不亚于 8 位 CPU。不同规模和功能的接口电路，其结构虽然不尽相同，但一般都由多个寄存器和控制逻辑两大部分组成，每部分又包含几个基本模块，如图 7.2 所示。

1) 寄存器

寄存器包括数据缓冲寄存器、控制寄存器和状态寄存器，它们是接口电路的核心。其中，数据缓冲寄存器又分为输入缓冲寄存器和输出缓冲寄存器。输入缓冲寄存器

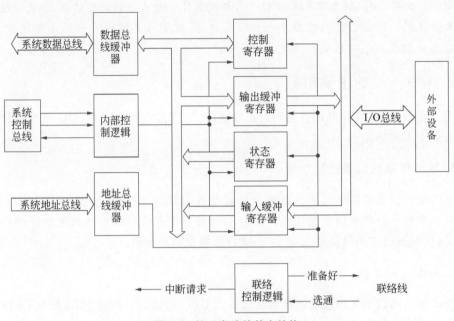

图 7.2 接口电路的基本结构

用于暂时存放输入设备送来的数据，供 CPU 读取之用；输出缓冲寄存器用于暂时存放 CPU 送出的数据，缓冲后送给输出设备。输入/输出缓冲寄存器在高速 CPU 与低速外部设备之间起协调、缓冲的作用，实现数据传送的同步。数据缓冲寄存器通常具有三态功能。

控制寄存器只能写不能读，用于存放 CPU 向外部设备发送的控制命令和工作方式命令字等。

状态寄存器只能读而不能写，用于存放外部设备当前的工作状态信息，供 CPU 查询。

实际上，这三种不同的寄存器分别对应存放 CPU 与外部设备之间传输的三类不同信息，即数据信息通过输入或输出数据缓冲寄存器进行传输，状态信息通过状态寄存器进行传输，而控制信息通过控制寄存器进行传输。这些寄存器在被 CPU 访问的时候必须分配地址，故这些被分配了地址的寄存器也可以称为端口（PORT），而这些地址则被称为端口地址。例如，数据缓冲寄存器被称为数据端口，其地址被称为数据端口地址；状态寄存器被称为状态端口，其地址被称为状态端口地址；控制寄存器被称为控制端口，其地址被称为控制端口地址。

由图 7.2 中接口电路的基本结构可知，每个 I/O 接口电路中都包含多个寄存器，这些寄存器在进行端口地址分配时，往往会让若干寄存器共用同一个端口地址，这样操作的目的是减少地址线的条数，从而简化接口电路的设计。这种多个寄存器共用同一端口地址的现象，在很多接口电路芯片中都存在，而为了能通过同一端口地址对不同寄存器进行正确的访问，通常采用的方法如下。

(1) 只有写操作的控制寄存器和只有读操作的状态寄存器共用。

(2) 通过增加标志位区分。

(3) 通过严格读写流程区分。

2) 控制逻辑电路

为了确保 CPU 能够通过接口正确地传输数据,接口中还必须包含如下控制逻辑电路。

(1) 数据总线缓冲器。接口芯片内部的数据总线经数据总线缓冲器与系统总线相连;如果芯片负载较重,可在片外再加一级总线缓冲与系统数据总线相连。

(2) 地址译码。系统地址总线高位经片外的地址译码器译码后用于选择接口芯片,低位地址线在片内译码后选择接口芯片内部相应的端口寄存器,使 CPU 能够正确无误地与指定的外部设备完成相应的 I/O 操作。

(3) 内部控制逻辑。接收来自系统的控制输入,产生接口电路内部的控制信号,实现系统控制总线与内部控制信号之间的转换。

(4) 联络控制逻辑。接收来自 CPU 的有关控制信号,生成给外部设备的准备好信号和相应的状态;接收外部设备的选通信号,产生相应的状态标志和中断请求信号。

图 7.2 所示是接口电路的一般组成,并非所有接口都具备。一般而言,数据缓冲寄存器、端口地址译码器和输入/输出控制逻辑是必不可少的,其他部分视接口功能强弱和 I/O 操作的同步方式而定。

2. 接口分类

I/O 接口电路从不同角度可分为以下 4 种。

(1) 按数据传送方式分类,可分为并行接口和串行接口。

(2) 按功能选择的灵活性分类,可分为可编程接口和不可编程接口。

(3) 按通用性分类,可分为通用接口和专用接口。

(4) 按数据控制方式分类,可分为程序型接口和 DMA 型接口。

近年来,由于大规模集成电路和微型计算机技术的发展,I/O 接口电路大多采用大规模、超大规模集成电路,并向智能化、系列化和一体化方向发展。虽然新的接口芯片层出不穷,甚至今后还会有功能更多、速度更快的 I/O 接口电路芯片,但好多大规模、多功能 I/O 电路芯片内基本上是一些功能单一的接口电路的组合与集成。作为接口技术的基本原理、基本方法,没有多大变化,因此,本书仍然以单功能的接口电路为重点进行介绍,这有利于读者掌握微型计算机接口技术的原理与方法,并能正确掌握与选用各种接口电路以组成所需的微型计算机应用系统。

7.2　I/O 端口

CPU 与外部设备之间的信息传送是通过对 I/O 接口的端口地址进行输入/输出操作来完成的。如何实现对这些端口的访问,这些端口地址与存储器地址在编址时是否共用同一地址空间,就是 I/O 编址问题。

7.2.1 I/O 端口的编址方式

I/O 端口编址通常有两种方式：一种是 I/O 端口地址与存储器地址统一编址（存储器映射）方式；另一种是 I/O 端口地址独立编址（I/O 映射）方式。

1. 统一编址

统一编址就是将 I/O 端口地址与存储单元一起编址，I/O 端口占用部分内存地址空间，I/O 端口可看作存储器的一部分，如图 7.3 所示。在统一编址方式中，I/O 端口和存储单元具有不同的地址编号，凡是能对存储器使用的指令都可以用于 I/O 端口，无须设置专门的 I/O 指令，但一条指令到底访问的是存储器还是 I/O 端口是由其具体的地址编号决定的，例如在 MCS-51、MCS-96 单片机系统中，多数采用这种编址方式。

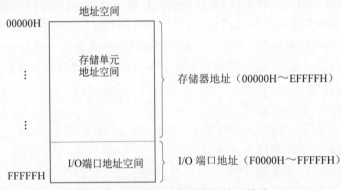

图 7.3　I/O 端口与存储单元统一编址

统一编址方式的优点在于，由于使用访问存储器的指令访问 I/O 端口，因此指令类型多，功能齐全。但其缺点是端口占用了部分存储器地址空间，使存储器容量减少；而且指令长度比专门的 I/O 指令要长，因而执行时间较长；同时，由于访问存储器的指令和访问 I/O 端口的指令形式上完全相同，也不易于程序的阅读和理解。

2. 独立编址

独立编址方式是指 I/O 端口地址和存储单元地址各自独立编址，例如 80x86 CPU 系统就是采用了这种编址方式，如图 7.4 所示。在独立编址方式中，I/O 端口可采用 8 位地址进行编址，端口地址范围为 0～255(00H～FFH)，也可以采用 16 位地址进行编址，端口地址范围为 0～65535(0000H～FFFFH)，对 I/O 端口的操作使用输入/输出指令 IN 和 OUT。

独立编址方式的优点在于 I/O 端口地址不占用存储器空间，而且有专门的 I/O 指令对端口进行操作，I/O 指令短，执行速度快，同时 I/O 指令与存储器访问指令有明显的区别，便于程序的阅读和理解。其缺点是访问 I/O 端口的指令功能较弱，一些操作必须由外部设备先输入到 CPU 的寄存器后才能进行。

统一编址和独立编址就是端口地址和存储器地址是否共用同一地址空间的两种情

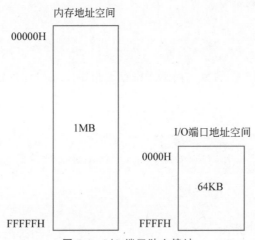

图 7.4 I/O 端口独立编址

况,其各自的特点也是对应互补的,具体见表 7.1。

表 7.1 统一编址和独立编址特点对比

编址方式	是否共用同一地址空间	是否使用单独的 I/O 指令	是否需要设置 M/$\overline{IO}$ 读写信号线及相应控制逻辑	典型 CPU
统一	是	否	否	MCS-51 单片机系列、MC6800 摩托罗拉系列
独立	否	是	是	Z80 系列、Intel 80x86

7.2.2 I/O 指令

如前所述,8086 CPU 对 I/O 端口地址采用独立编址方式,端口地址空间为 0000H～FFFFH 共 64K 个;对端口的寻址提供有专门的 I/O 指令 IN 和 OUT,而且只能在 AL 或 AX 寄存器与 I/O 端口之间进行。I/O 端口的寻址方式可以是直接寻址或通过 DX 寄存器间接寻址,直接寻址的指令只能寻址 256 个端口(端口地址为 0～255),间接寻址的指令可寻址 64K 个端口(端口地址为 0～65535)。

1. 输入指令

1) 直接寻址的输入指令
指令格式及操作:

    IN   AL/AX,PORT

该指令把 8 位或 16 位的数据直接由输入端口 PORT(地址为 0～255)输入到 AL 或 AX 寄存器中。
例如:

    IN   AL,0FFH   ;从端口 0FFH 输入一字节到 AL 中

8086 CPU 对内存和 I/O 端口的寻址方式对比

2) 间接寻址的输入指令

指令格式及操作：

```
IN    AL/AX,DX
```

该指令把 8 位或 16 位的数据由 DX 寄存器指定的端口地址输入到 AL 或 AX 寄存器中。

例如：

```
MOV   DX,300H
IN    AX,DX         ;从端口 300H 输入一个字到 AX 中
```

IN-OUT
指令执行
过程动画
演示

2. 输出指令

1) 直接寻址的输出指令

指令格式及操作：

```
OUT   PORT,AL/AX
```

该指令把 AL(8 位)或 AX(16 位)的数据直接输出到 PORT 指定的输出端口地址(0~255)。

例如：

```
OUT   80H,AL        ;把 AL 的内容输出到端口 80H 中
```

2) 间接寻址的输出指令

指令格式及操作：

```
OUT   DX,AL/AX
```

该指令把 AL(8 位)或 AX(16 位)的数据输出到由 DX 寄存器指定的输出端口。

例如：

```
MOV   DX,310H
OUT   DX,AL         ;把 AL 的内容输出到端口 310H 中
```

注意：

(1) IN 和 OUT 指令只能使用累加器 AL 或 AX。当输入或输出的数据为 8 位时使用 AL，当输入或输出的数据为 16 位时使用 AX。

(2) 当端口地址小于 256(即地址为 00H~FFH)时,采用直接寻址方式；当端口地址等于或大于 256(即地址为 0100H~FFFFH)时,采用间接寻址方式,即事先将端口地址放在 DX 寄存器中,然后再使用 I/O 指令(当然,端口地址为 00H~FFH 时,也可使用间接寻址方式)。

7.2.3 I/O 端口地址分配

不同的微型计算机系统对 I/O 端口地址的分配也不尽相同,搞清楚系统的 I/O 端口地址分配对于接口电路设计而言是非常必要的。设计者只有了解了系统中 I/O 端口地

址的分配情况,才能知道哪些地址已为系统所占用,哪些地址用户可以使用。下面以 IBM-PC 为例说明 I/O 地址的分配情况。

IBM-PC 按照外部设备的配置情况把 I/O 空间分成两部分:一部分供系统板上的 I/O 芯片使用,如定时/计数器、中断控制器、DMA 控制器、并行接口等;另一部分供 I/O 扩展槽上的接口控制卡使用,如硬驱卡、图形卡、声卡、打印卡、串行通信卡等。

虽然 PC 的 I/O 地址线可以有 16 条,对应的 I/O 端口编址可达 64K 个,但由于 IBM 公司当初设计微型计算机主板及规划接口卡时,只考虑了低 10 条地址线 $A_9 \sim A_0$,因此总共只有 1024 个 I/O 端口,其地址范围是 0000H~03FFH,并且把前 512 个端口分配给了主板,后 512 个端口分配给了扩展槽上的常规外部设备。后来在 PC/AT 系统中又做了一些调整,将前 256 个端口(00H~FFH)供系统板上的 I/O 接口芯片使用,见表 7.2;后 768 个端口(0100~03FFH)供扩展槽上的 I/O 接口控制卡使用,见表 7.3。此两表中所列的是端口的地址范围,实际使用时,有的 I/O 接口可能仅用到其中的前几个地址。

表 7.2 IBM-PC 中系统板上芯片的端口地址分配表

I/O 接口名称	端口地址
DMA 控制器 1	000H~01FH
DMA 控制器 2	0C0H~0DFH
DMA 页面寄存器	080H~09FH
中断控制器 1	020H~03FH
中断控制器 2	0A0H~0BFH
定时器	040H~05FH
键盘控制器	060H~06FH
RT/CMOS RAM	070H~07FH
协处理器	0F0H~0FFH

表 7.3 IBM-PC/AT 中扩展槽上 I/O 接口控制卡的端口地址分配表

I/O 接口名称	端口地址
游戏控制卡	200H~20FH
并行口控制卡 1 并行口控制卡 2	370H~37FH 270H~27FH
串行口控制卡 1 串行口控制卡 2	3F8H~3FFH 2F0H~2FFH
原型插件板(用户可用)	300H~31FH
同步通信卡 1 同步通信卡 2	3A0F~3AFH 380H~38FH
单显 MDA 彩显 CGA 彩显 EGA/VGA	3B0H~3BFH 3D0H~3DFH 3C0H~3CFH

续表

I/O接口名称	端口地址
硬驱控制卡	1F0H～1FFH
软驱控制卡	3F0H～3F7H
PC 网卡	360H～36FH

为了避免端口地址发生冲突,在使用和设计接口电路时,应遵循以下原则。

(1) 凡是已被系统使用的端口地址,不能再作他用。

(2) 凡是被系统声明为保留(Reserved)的地址,尽量不要作他用,否则,可能与其他或未来的产品发生 I/O 端口地址重叠和冲突,从而造成与系统的不兼容。

(3) 一般用户可使用 300H～31FH 地址。同时,为了避免与其他用户开发的插板发生地址冲突,最好采用地址开关。

7.2.4 I/O端口地址译码

CPU 对 I/O 端口进行读/写操作时需要指定相应的端口地址,这必然涉及把来自地址总线上的地址代码翻译成所需要访问的端口,即需要进行 I/O 端口地址的译码。在 I/O 端口地址译码过程中,不仅与地址信号有关,而且与控制信号有关,通常把地址和控制信号进行组合产生对芯片的选择信号。因此,在设计地址译码电路时,除了选择相应地址范围之外,还要根据 CPU 与 I/O 端口交换数据时的流向(读/写)、数据宽度(8位/16位)等要求引入相应的控制信号,参加地址译码。例如,用 $\overline{IOR}$、$\overline{IOW}$ 信号控制对端口的读、写,用 $\overline{BHE}$ 信号控制端口奇偶地址,用 $\overline{AEN}$ 信号控制非 DMA 传送等。

I/O 端口地址译码的方法有多种。一般译码原则是把地址分为两部分:一部分是高位地址线与 CPU 的控制信号组合,通过译码产生 I/O 接口芯片的片选信号,实现片间寻址;另一部分是低位地址线直接连到 I/O 接口芯片,实现片内寻址,即访问片内寄存器。片内地址线的连接比较简单,只需要将芯片的地址线与系统地址总线的相应片内地址线一一相连即可;片选地址线的连接比较复杂,有多种地址译码方式。通常按译码电路的形式可分为固定式和可选式译码。

1. 固定式端口地址译码

固定式译码是指接口中用到的端口地址由硬件连线决定,不能更改。这种译码方式多用于不需要改变端口地址的场合,当只需要一个端口地址时,可采用门电路构成译码电路。例如,设计一个"读 2F8H 端口"的电路,其电路如图 7.5 所示。图中 $\overline{AEN}$ 参加译码,它对端口地址译码进行控制,只有当 $\overline{AEN}=0$ 时,即不是 DMA 操作时译码才有效;当 $\overline{AEN}=1$ 时,即是 DMA 操作时,译码无效。

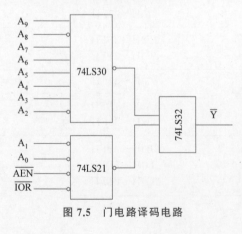

图 7.5 门电路译码电路

这些参与译码的信号是通过 CPU 执行指令 IN AL,DX 产生的,其中 DX＝2F8H。该指令通过指令译码产生如下总线信号:$\overline{IOR}=0$,$\overline{AEN}=0$($\overline{AEN}=0$ 表示 CPU 控制总线,$\overline{AEN}=1$ 表示 DMA 控制总线),地址信号 $A_9 \sim A_0 = 1011111000B$。这些信号通过图 7.5 的接口电路译码后变成选通信号 $\overline{Y}$,使读出的数据经数据总线进入寄存器 AL。

当接口电路中需要多个端口地址时,一般采用译码器进行译码。译码器的种类很多,常用的译码器有 2-4 译码器 74LS139、3-8 译码器 74LS138、4-16 译码器 74LS154 等。图 7.6 所示是 IBM-PC 中采用 74LS138 译码产生 I/O 地址的逻辑图。IBM-PC 系统中用 $A_9 \sim A_0$ 这 10 条地址线对 I/O 端口寻址,在图 7.6 中,$A_9 \sim A_5$ 作为高位地址线并经译码器译码,其输出 $\overline{Y}_0 \sim \overline{Y}_5$ 分别用作 I/O 接口芯片 DMA 控制器 8237A、中断控制器 8259A、定时/计数器 8253、并行接口 8255A 等的片选信号。而低位地址线 $A_4 \sim A_0$ 则用作对 I/O 接口芯片片内端口的寻址线。同样,图中 $\overline{AEN}$ 信号参加译码,用于对端口地址译码进行控制,只有 $\overline{AEN}=0$ 时译码输出才有效。由图 7.6 可知,8237A 的端口地址范围为 000H～01FH,8259A 的端口地址为 020H～03FH,8253 的端口地址为 040H～05FH,8255A 的端口地址为 060H～07FH。

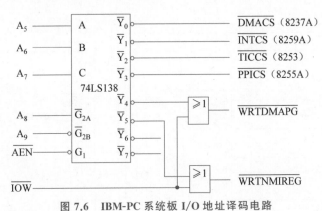

图 7.6　IBM-PC 系统板 I/O 地址译码电路

2. 开关式可选地址译码

当系统要求 I/O 接口芯片的地址能适应不同场合的地址分配或需要为系统以后扩展留有余地时,常常采用开关式可选地址译码方式。这种译码方式可以通过开关使接口卡的 I/O 端口地址根据要求加以改变而无须改动线路,其电路结构形式有以下两种。

1) 直接使用拨动开关或跳接开关

在地址译码的基础上,通过线路板上的微型拨动开关 DIP 或跳接开关连接,使得某个特定的 I/O 端口在一组地址中选定当前所使用的译码地址,从而增加地址译码的灵活性。图 7.7 所示是 IBM-PC 中两个异步通信接口 COM1 和 COM2 的地址译码电路。当跳接开关 U15 接 4、8 两点时,地址范围为 3F8H～3FFH,选中 COM1 为当前串行口适配器;当跳接开关 U15 接 2、6 两点时,地址范围为 2F8H～2FFH,选中 COM2 为当前串行口适配器。

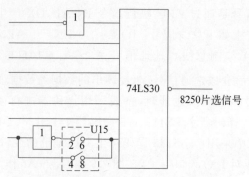

图 7.7 用跳接开关选择 I/O 端口的译码地址

2) 使用地址开关加比较器

在开关式可选地址译码电路中,一种更灵活的方法是采用地址开关加比较器的形式,如图 7.8 所示。图中由比较器 74LS688 和 3-8 译码器组成可选式译码电路。其中关键器件是比较器 74LS688,它有两组输入端 $P_7 \sim P_0$ 和 $Q_7 \sim Q_0$,一个输出端。其规则如下。

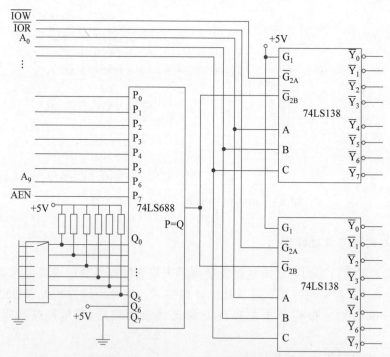

图 7.8 由比较器 74LS688 和 3-8 译码器组成的可选式译码电路

当 $P_7 \sim P_0 = Q_7 \sim Q_0$ 时,输出低电平。

当 $P_7 \sim P_0 \neq Q_7 \sim Q_0$ 时,输出高电平。

通常在实际应用中,74LS688 的 P 组输入接地址线,Q 组输入接地址开关 DIP,输出接译码器 74LS138 的控制端如 $\overline{G_{2B}}$。根据比较器的特性,当输入端 $P_7 \sim P_0$ 的地址与输入端 $Q_7 \sim Q_0$ 的开关状态一致时,输出为低电平,打开译码器 74LS138 进行译码。因此,可以将微型拨动开关 DIP 预置为某一个值,得到一组所要求的端口地址。从图 7.8 可知,因为 Q_6 接+5V,Q_7 接地,故只有当 $P_6=1(A_9=1)$、$P_7=0(\overline{AEN}=0)$ 时,译码才有效。

注意:图中的 $\overline{IOR}$、$\overline{IOW}$ 信号也参与了译码,但需要注意的是地址有效与读/写操作之间的时序配合。一般当 I/O 地址信号稳定后,$\overline{IOR}/\overline{IOW}$ 信号才有效,以保证正确的读/写操作。

7.3 CPU 与外设间的数据传送方式

由于外部设备的差异性非常大,因此它们与 CPU 之间进行信息传送的方式也各不相同。按照 I/O 接口电路复杂程度的演变顺序和外部设备与 CPU 并行工作的程度,CPU 与外部设备之间的数据传送方式可以分为程序控制传送方式、中断传送方式和 DMA 传送方式三种。

7.3.1 程序控制传送方式

程序控制传送方式是由程序直接控制外部设备与 CPU 之间的数据传送过程,通常是在需要进行数据传送时由用户在程序中安排执行一系列由 I/O 指令组成的程序段,直接控制外部设备的工作。由于数据的交换是由相应程序段完成的,因此需要在编写程序之前预先知道何时进行这种数据交换工作。根据外部设备的特点,程序控制传送方式又可以分为无条件传送方式和条件传送(程序查询传送)方式。

1. 无条件传送方式

无条件传送(又称为同步传送)是一种最简单的程序控制传送方式。当 CPU 能够确信一个外部设备已经准备就绪时,可以不必查询外部设备的状态而直接进行信息传送。这种方式要使传送可靠就需要编程人员熟知外部设备的状态,保证每次数据传送时外部设备都处于就绪态。因而这种方式适用于状态稳定或变化缓慢的外部设备。一般只用于如开关、数码管等一些较简单的外部设备控制。这种方式的接口电路最简单,只需要有传送数据的端口就可以了,如图 7.9 所示。在图中,输出锁存器和输入缓冲器使用了端口译码器的同一根输出 Y_0 进行选通,即数据输出和数据输入的端口地址是相同的,现假设其为 80H。

在使用简单外部设备作为输入设备时,其输入数据的保持时间远远大于 CPU 处理所需要的时间,所以可以直接使用三态缓冲器和数据总线相连。当 CPU 执行 IN 指令输入数据时,M/$\overline{IO}$ 信号为低电平,且读信号 $\overline{RD}$ 有效,因而输入缓冲器被选中,把其中准备好的数据放到数据总线上,再传送到 CPU 内部。但此时要求 CPU 在执行 IN 指令的时候外部设备已经把数据送到了三态缓冲器中,否则会使读取的数据发生错误。如图 7.9 所示,输入的数据通过 $D_7 \sim D_0$ 共 8 条数据线完成传输,故输入数据指令为 IN AL,80H。

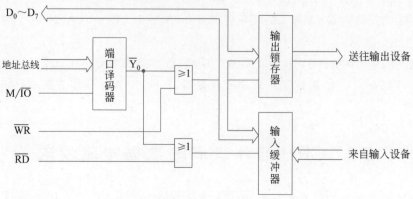

图 7.9 无条件传送方式的工作原理

在使用简单外部设备作为输出设备时,同样,由于 CPU 的处理速度远远大于外部设备的处理速度,因此一般需要有锁存器先把 CPU 送来的数据锁存起来,等待外部设备取走。当 CPU 执行 OUT 指令输出数据时,M/$\overline{\text{IO}}$ 信号为低电平,且写信号 $\overline{\text{WR}}$ 有效,因而输出锁存器被选中,CPU 经数据总线送来的数据被传输到输出锁存器中。输出锁存器保持该数据,直到被外部设备取走。与输入操作一样,此时要求 CPU 在执行 OUT 指令时输出锁存器应为空,即外部设备已取走前一个数据,否则也会发生写入数据错误。如图 7.9 所示,输出的数据也通过 $D_7 \sim D_0$ 共 8 条数据线完成传输,故输出数据指令为 OUT 80H,AL。

2. 条件传送方式

条件传送方式也称为程序查询传送方式,在这种方式下,CPU 在传送数据之前,不断读取并检测外部设备的状态。当外部设备的状态信息满足条件时才进行数据传送,否则 CPU 就一直等待直到外部设备的状态条件满足。满足条件,对于输入设备而言就是处于"准备好"状态,对于输出设备而言就是处于"空闲"状态。与无条件传送方式相比,查询传送方式下的接口电路中不仅要有传送数据的数据端口,还要有表征外部设备工作状态的状态端口。图 7.10 和图 7.11 所示分别为查询式输入和输出接口电路,其中数据端口由地址译码的 Y_0 选通,状态端口由地址译码的 Y_1 选通。

在输入接口电路中,当输入设备把数据准备好后,发出一个选通信号,一方面把数据存入锁存器,另一方面使 D 触发器输出为 1,从而置状态端口中的 READY 信号为"1",以表征数据已准备好。CPU 在读取数据之前,首先通过状态端口读取 READY 信号,检测数据是否准备就绪,即是否已存入锁存器中。如果已就绪,则读取锁存器(数据端口)中的数据,同时清除 D 触发器的输出,即将状态端口的 READY 信号清零,以准备下一个数据的传送。

在输出接口电路中,当向输出设备发送数据时,CPU 首先读取输出设备的状态信息,检测"忙"状态标志。如果 BUSY=0,说明输出设备缓冲区为空,CPU 可以向输出设备发送数据;否则,说明输出设备正忙,不能向其发送新数据,CPU 必须等待。当输出设备把

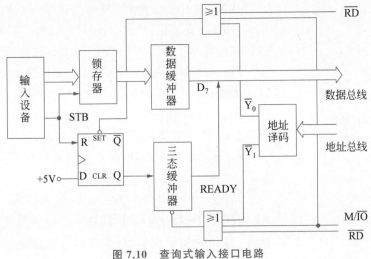

图 7.10 查询式输入接口电路

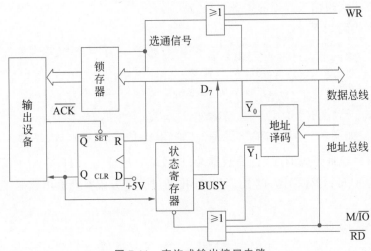

图 7.11 查询式输出接口电路

前一个数据处理完毕以后,它会发出一个 $\overline{ACK}$ 响应信号,使"忙"状态标志清零,从而使 CPU 可以通过执行输出指令向输出设备发送下一个数据。当 CPU 执行 OUT 输出指令时,由 M/$\overline{IO}$ 信号和 $\overline{WR}$ 信号产生选通信号,该信号一方面把数据送入锁存器锁存,另一方面把"忙"状态标志置 1,通知外部设备数据准备好,同时也告知 CPU 不能发送新的数据。

归纳起来,采用查询式输入/输出传送数据一般需要以下三个步骤,其工作过程如图 7.12 所示。

(1) 从外部设备的状态端口读入状态信息到 CPU 相应寄存器。
(2) 通过检测状态信息中的相应状态位,判断外部设备是否"准备就绪"。
(3) 如果外部设备已经"准备就绪",则开始传送数据;如果外部设备没有"准备就绪",则重复执行步骤(1)、(2),直到外部设备"准备就绪"。

从图 7.12 可以看到，当外部设备未"准备就绪"时，CPU 一直在反复执行"读取状态""判断状态"的指令，不能进行其他操作。由于外部设备的工作速度通常都远远低于 CPU 的工作速度，因此 CPU 的等待浪费了大量时间，这大大降低了 CPU 的利用率和系统的效率。

另一方面，当系统有多个外部设备时，CPU 在一段时间内只能和一个外部设备交换数据，当该外部设备的输入/输出未处理完毕时，就不能处理其他外部设备的输入/输出，因而不能达到实时处理的要求。

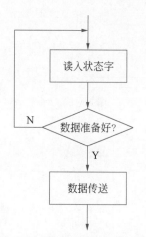

图 7.12　查询式数据传送流程

【例 7.1】　如图 7.10 所示，输入设备的状态信号 READY 从 D_7 输入，为"1"代表输入设备就绪。地址译码的 $\overline{Y_0}$ 输出选通数据端口，假设端口地址为 80H，$\overline{Y_1}$ 选中状态端口，假设端口地址为 81H。依据图 7.12 的流程，写出通过查询方式实现输入数据的指令代码。

主要指令代码如下：

```
NEXT:IN   AL,81H         ;读入状态字
     TEST AL,80H         ;测试 D7 是否为"1"
     JZ   NEXT           ;最高位为"0"继续查询等待,否则输入数据
     IN   AL,80H
```

【例 7.2】　如图 7.11 所示，输出设备的"忙"状态信号 BUSY 从 D_7 输入，为"0"代表输出设备就绪。地址译码的 $\overline{Y_1}$ 选通数据端口，设端口地址为 80H，$\overline{Y_0}$ 选中状态端口，假设端口地址为 81H。依据图 7.12 的流程，写出通过查询方式实现输出数据"55H"的指令代码。

主要指令代码如下：

```
NEXT: IN   AL,81H        ;读入状态字
      TEST AL,80H        ;测试 D7 是否为"0"
      JNZ  NEXT          ;最高位为"1"继续查询等待,否则输出数据
      MOV  AL,55H
      OUT  80H,AL
```

因此，程序控制传送方式，特别是条件传送方式，其显而易见的缺点就是 CPU 利用率低下，实时性差。但因为其硬件线路简单，程序易于实现，是微型计算机系统中常用的一种数据传送方式。

7.3.2　中断传送方式

为了弥补条件传送方式的缺陷，以提高 CPU 的利用率及系统的实时性能，数据的输入/输出可采用中断传送方式。其基本思想是当外部设备准备就绪（输入设备将数据准备好或输出设备可以接收数据）时，就会主动向 CPU 发出中断请求，使 CPU 中断当前正

在执行的程序，转去执行输入/输出中断服务程序进行数据传送，传送完毕后再返回原来的断点处继续执行。有关中断的详细内容将在第 8 章中介绍。

使用中断传送方式可以使 CPU 在外部设备未准备就绪时继续执行原来的程序而不必花费大量时间去查询外部设备的状态，因此在一定程度上实现了 CPU 与外部设备的并行工作，提高了 CPU 的利用率。同时，当有多个外部设备时，CPU 只需把它们依次启动，就可以使它们同时进行数据传送的准备。若在某一时刻有多个外部设备同时向 CPU 提出中断请求，则 CPU 按照预先规定好的优先级顺序，依次处理这几个外部设备的数据传送请求，从而实现了外部设备的并行工作。图 7.13 所示为中断传送方式接口电路。

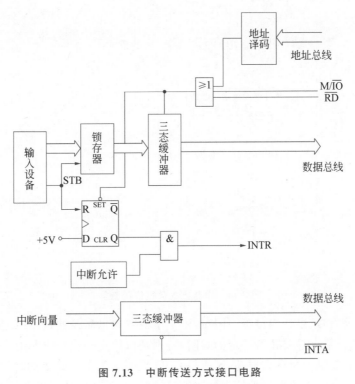

图 7.13 中断传送方式接口电路

在中断传送方式接口电路中，当输入设备把数据准备好后，就发出一个选通信号。该选通信号一方面把数据送入锁存器，另一方面把触发器置 1，产生中断请求，如果该中断未被屏蔽，则向 CPU 发出中断请求信号 INTR。CPU 接收到中断请求，在当前指令执行结束后，进入中断响应总线周期，发出中断响应信号 $\overline{INTA}$，以响应该设备的中断请求。外部设备收到 $\overline{INTA}$ 信号后，该中断所对应的中断向量被送到数据总线上，同时清除中断请求信号。CPU 根据中断向量得到中断处理程序的入口地址，转入中断处理程序。当中断处理完毕后，返回原来的程序断点处继续执行。图 7.14 所示为其数据传送的流程。

采用中断方式传送数据，虽然保证了 CPU 对外部设备的快速响应，提高了系统的实时性能。但为了能接收中断请求信号，CPU 内部要有相应的中断控制电路，外部设备要

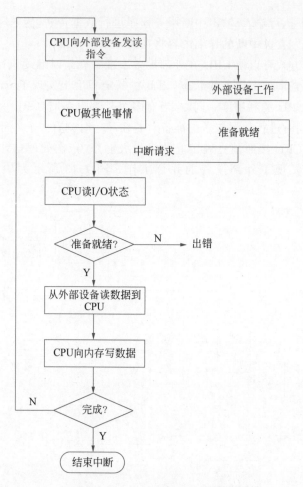

图 7.14 中断方式数据传送流程

能提供中断请求信号、中断向量等。同时，由于中断方式仍然是通过 CPU 执行程序进行数据传送，而执行指令总要花费一定的时间，特别是每传送一次数据都要产生一次中断，而每次中断都需要保护断点和现场，这使得 CPU 浪费了很多不必要的时间。因此，中断传送方式一般适合传送数据量少的中低速外部设备，对于高速外部设备的大批量数据传送，应采用直接存储器访问（DMA）方式。

7.3.3 DMA 传送方式

DMA（Direct Memory Access，直接存储器访问）传送方式就是在不需要 CPU 参与的情况下，在外部设备与存储器之间开辟直接的数据交换通路，由专门的硬件 DMAC（DMA Controller，DMA 控制器）控制数据在内存与外设、外设与外设之间进行直接传送。由于 DMA 传送方式是在硬件控制下而不是在 CPU 软件控制下完成数据的传送，因此这种数据传送方式不仅减轻了 CPU 的负担，而且数据传送的速率上限取决于存储器的工作速度，从而大大提高了数据传送速率。在 DMA 方式下，DMAC 成为系统的主控部件,获得总线控制权,由它产生地址码及相应的控制信号,而 CPU 不再控制系统总线。一般微处理器都设有用于 DMA 操作的应答联络线,图 7.15 所示为 DMA 方式数据传送流程。

在 DMA 传送方式中,为保证数据能够正确传送,需要对 DMAC 进行初始化,即确定数据传送所用的源和目标内存首地址、传送方向、操作方式(单字节传送还是数据块传送)、传送的字节数等。在 DMA 启动后,DMAC 只负责送出地址及控制信号,数据传送是直接在接口和内存之间进行的,对于内存到内存之间的传送是先用一个 DMA 存储器读周期将数据从内存读出,放在 DMAC 中的内部数据暂存器中,再利用另一个 DMA 存储器写周期将数据写入内存指定位置。

下面以外设与内存间的数据传送为例,说明 DMA 方式的大致工作过程。图 7.16 所示为其接口电路。

当输入设备把数据准备好后,发出选通信号,一方面把数据存入锁存器,另一方面把 DMA 请求触发器置 1,向 DMAC 发出 DMA 请求信号 DRQ。DMAC 收到外设的 DMA 请求后向 CPU 发出 HOLD 信号,请求使用总线。当 CPU 完成当前总线周期后会对 HOLD 信号予以响应,发出 HLDA 信号,同时放弃对总线的控制权。DMAC 接管总线,向输入设备发出 DMA 响应信号 DACK,进入 DMA 工作方式。DMAC 发出地址信号和相应的控制信号把外设输入的数据写入存储器,然后修改地址指针和字节计数器,待规定的数据传送完后,DMAC 撤销向 CPU 的 HOLD 信号。CPU 检测到 HOLD 信号失效后也撤销 HLDA 信号,并在下一时钟周期重新接管总线。

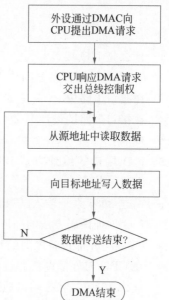

图 7.15　DMA 方式数据传送流程

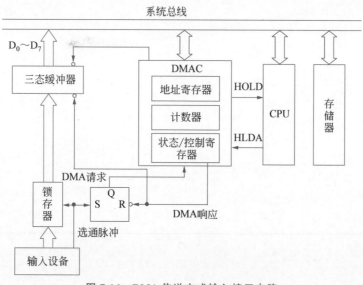

图 7.16　DMA 传送方式输入接口电路

习题与思考题

7.1 什么是 I/O 接口?为什么在 CPU 与外部设备之间需要有 I/O 接口电路?

7.2 CPU 与外部设备之间传送的信息有哪几类?接口电路中通常包含哪几类寄存器?

7.3 在接口电路中,什么是端口?什么是端口地址?

7.4 在接口电路的设计中,为了节约地址线的条数,往往采用什么方法?具体是如何实现的?

7.5 I/O 端口的编址方式有哪两种?请对比它们的特点。8086 系统采用哪种编址方式?

7.6 简述 8086 系统输入/输出指令的格式。

7.7 I/O 地址译码方法的一般原则是什么?

7.8 CPU 与外部设备之间的数据传输方式有哪几种?各有什么特点?

7.9 在 CPU 与外部设备的查询传送方式中,假设输入和输出数据寄存器为 8 位,端口地址为 1080H,状态端口地址为 1081H。状态寄存器的最高位 D_7 为"1"表示外部输入设备就绪,次高位 D_6 为"0"表示外部输出设备就绪。使用汇编语言指令,分别写出查询输入数据和查询输出数据"50H"的主要指令代码。

7.10 与查询方式相比,中断传输方式有什么特点?

7.11 简述 DMA 传送方式的特点及过程。

7.12 使用 IN 和 OUT 指令,完成以下操作。

(1) 将字节数据 0FFH 输出至端口 40H。

(2) 将字类型数据 1234H 输出至端口 80H。

(3) 从端口 2022H 输入字节类型数据。

(4) 从端口 F640H 输入字类型数据。

第 8 章 中断技术

【学习目标】

本章对中断技术进行了介绍,由中断的基本概念、8086 CPU 的中断系统、可编程中断控制器 8259A 芯片的功能结构及应用三部分内容构成。本章的学习目标:理解中断的相关概念及工作过程;掌握 8086 CPU 中断系统的中断类型和中断响应过程;掌握中断类型号、中断向量、中断向量表的概念及它们之间关系;熟悉 8259A 芯片的功能、引脚、内部结构、工作方式及初始化编程,了解 8259A 在微型计算机中的应用。

8.1 中断基础

8.1.1 中断的基本概念

在第 7 章中已经指出,中断技术作为 CPU 与外部设备之间进行数据交换的一种方式,能够使 CPU 与外部设备并行工作,较好地发挥 CPU 的能力,有效提高微型计算机的工作效率。同时,中断技术也使微型计算机系统具有一定的实时性,能够进行应急事件的处理,如电源掉电、系统软硬件故障等。

什么是中断呢?中断就是指 CPU 在正常运行时,由于内、外部事件或由程序预先安排引起的,CPU 暂停正在运行的程序而转去执行内、外部事件或预先安排的事件服务程序,待处理完毕后又回到原来被中止的程序处继续执行的过程。因此,中断实质上是指一个处理过程,并且是一个硬件逻辑电路和软件相结合的处理过程。在这个处理过程中有些步骤可以通过硬件逻辑电路完成,有些步骤则需要软件编程实现。

下面解释与中断有关的一些基本概念。

中断源:产生中断请求的外设或引发内部中断的原因和事件。中断源通常有三类:一是外设请求,如实时时钟请求、I/O 接口电路请求等;二是由硬件故障引起,如电源掉电、硬件损坏等;三是由软件引起,如程序错、设置断点等。

中断请求:中断源为获得 CPU 的处理而向 CPU 发出的请求信号。

中断响应:CPU 接到中断源产生的中断请求信号后,若决定响应此中断请求,则向外设发出中断响应信号的过程。

主程序:CPU 在接收到中断请求时当前执行的程序。

断点：CPU 处理中断时，原程序的暂时中止处（即中断返回后继续执行的指令地址）。

中断服务程序：中断源发出中断请求后，请求 CPU 执行的处理程序。

入口地址：中断服务程序首条指令的地址。

中断处理：CPU 执行中断服务程序的过程。

中断返回：当 CPU 执行完中断服务程序后，返回原程序断点处继续执行后续程序的过程。

中断屏蔽：禁止中断响应称为中断屏蔽。

微型计算机响应中断的过程与执行子程序调用指令 CALL 的过程非常类似，都需要把当前程序的下一条指令地址（即断点）存入堆栈，然后转入相应（中断）子程序，待执行完毕后再从堆栈取出断点地址，返回当前程序。但 CALL 指令是程序员在程序中事先安排好的，只有执行到该指令时才会转去执行，而中断是随机发生的（软件中断指令 INT 除外），程序员无法事先知道其准确的执行时间点。

中断引起程序转移示意如图 8.1 所示。

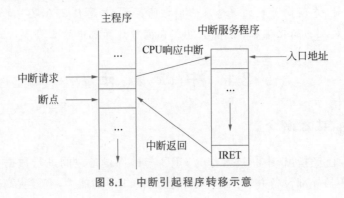

图 8.1　中断引起程序转移示意

8.1.2　中断优先级与中断嵌套

在微型计算机系统中，通常都会有多个外部设备以中断方式与 CPU 进行通信，即存在多个中断源。由于中断的随机性，往往会出现以下两种情况。

（1）多个中断源在同一时间向 CPU 发出中断请求信号。

（2）当 CPU 正在响应某一中断源的请求，执行相应中断服务程序时，又有别的中断源产生新的中断请求。

由于 CPU 在某一时刻只能响应一个中断请求，对于上述两种情况，就需要 CPU 依据各中断源所请求任务的轻重缓急，将中断源分成若干级别，这个级别就是中断优先级，通常 CPU 先响应优先级高的中断请求。对于第一种情况，CPU 选择多个中断源中优先级最高的中断请求予以响应。对于第二种情况，如果新的中断请求的优先级等于或者是低于当前正在执行的中断请求，则 CPU 不予响应，而是继续处理当前中断；如果新的中断请求的优先级高于当前正在执行的中断请求，则 CPU 会暂时中断（挂起）当前正在处理的级别较低的中断服务程序，而转去处理更高级的中断源，待处理完毕后，再返回到被中断的低级中断服务程序处继续执行。换句话说,当 CPU 正在处理中断时,也能响应优先级更高的中断请求,但要先中断同级或低级的中断请求,这就是多重中断或中断嵌套。

注意:中断嵌套的层数(嵌套深度)原则上不受限制,只取决于堆栈大小。

可见,无论是对于多中断源同时申请中断还是对于中断嵌套,中断优先级都起着至关重要的作用。通常,确定中断优先级有以下几种方式。

1. 软件查询方式

软件查询方式是最简单的一种确定中断优先级的方式,图 8.2 显示了其接口电路的形式。从图 8.2 可知,一方面各中断源的中断请求信号都被锁存于锁存器(中断状态端口)中,另一方面,所有的中断请求信号相"或"后作为 INTR 信号,向 CPU 提出中断请求。因此,当任何一个中断源有中断请求时,其在锁存器中的相应位置 1,同时向 CPU 送出 INTR 信号。CPU 响应中断后,通过一段公共查询程序来确定相应的中断源,并转入相应的中断服务程序。软件查询流程如图 8.3 所示。在查询程序中查询状态端口的顺序就决定了中断源的优先级高低,先查询的中断源优先级高,后查询的中断源优先级低。

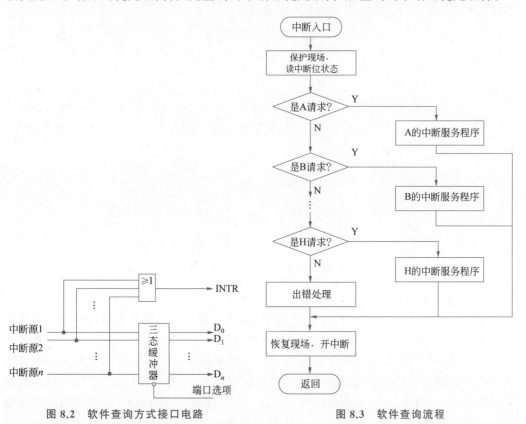

图 8.2 软件查询方式接口电路 图 8.3 软件查询流程

软件查询方式的优点是硬件简单,不需要硬件排队电路,可通过修改软件的查询顺序来改变中断源的优先级。但软件查询方式由于需要对中断源进行逐一查询,当中断源较多时耗时较长,影响中断响应的实时性。特别是对于优先级较低的中断源,由于每次必须先将优先级高的设备查询一遍,如果设备较多,可能使其很难得到执行。

2. 硬件排队方式

硬件排队方式是指利用专门的硬件电路实现中断源优先级的排队。常用的有链式优先级排队和向量优先级排队两种电路。

1) 链式优先级排队

链式优先级排队电路如图 8.4 所示。该方式是在每个中断源接口电路中设置一个称为菊花链的逻辑电路,利用中断源在系统中的物理位置确定其中断优先级。当 CPU 响应中断请求时,中断响应信号 $\overline{INTA}$ 首先传递到外设 1,如果外设 1 无中断请求,则 $\overline{INTA}$ 被传递到外设 2。如果外设 1 有中断请求,则 $\overline{INTA}$ 信号将被外设 1 封锁,不再向下传递,因而即便是后面的外设有中断请求也不会得到响应。可以看出,中断响应信号总是被最靠近 CPU 且有中断请求的外设所阻塞。因此,各外设的优先级取决于其到 CPU 的距离,距 CPU 越近优先级越高。当有中断请求的外设收到中断响应信号后,则产生中断回答信号,该信号一方面使此设备的中断请求信号失效,另一方面把此设备的中断识别标志送入 CPU,从而转去执行相应的中断服务程序。

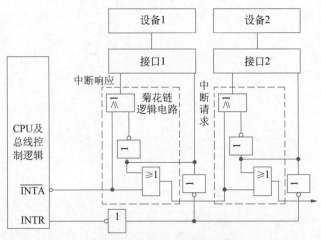

图 8.4 链式优先级排队电路

2) 向量优先级排队

在链式优先级排队电路中,由于外设的中断优先级是由其接口电路在菊花链中的位置决定的,调整优先级就涉及硬件的改动,因此使用不太方便。为此,目前微型计算机系统中大多用专门的优先级中断控制器构成向量优先级中断系统来管理中断优先级。优先级中断控制器电路由优先级编码器和比较器等构成。用户可以通过编程实现中断源优先级的灵活调整而无须改动硬件接口电路。8086 系统中的 8259A 芯片就是一种可编程的中断控制器,在 8.3 节中将详细介绍其工作原理和具体的使用。向量优先级中断系统如图 8.5 所示。

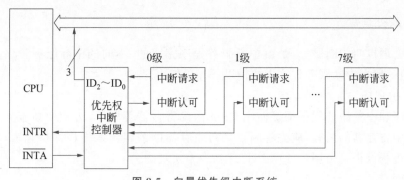

图 8.5　向量优先级中断系统

8.1.3　中断处理过程

对于不同的微型计算机系统，CPU 处理中断时的具体过程不完全相同，即使同一台微型计算机系统，其中断处理过程也会由于不同的中断源产生的不同类型的中断而有些许差别，但一个完整的中断处理过程一般都会包括中断请求、中断响应、中断处理和中断返回几个阶段。

1. 中断请求

中断源能否向 CPU 提出中断请求取决于两个条件：①中断源（如外设）需要 CPU 为其服务，且其本身已经准备就绪；②系统允许该中断源提出申请。在多中断源的情况下，为增加控制的灵活性，常常在外设接口电路中设置一个中断屏蔽寄存器，只有在该中断源的中断请求未被屏蔽时，其中断请求才能送到 CPU。因此，只有满足这两个条件，中断源才会通过发送中断请求信号向 CPU 提出中断请求。

详解中断有关概念及中断过程

2. 中断响应

一般而言，CPU 会在每条指令执行结束后检测有无中断请求信号发生，当检测到有中断请求发生时，CPU 有权决定是否对该中断请求予以响应。若 CPU 允许中断（即 IF=1 开中断），则予以响应，否则 CPU 不予响应。一旦 CPU 决定响应该中断源的中断请求，则进入中断响应周期。

CPU 响应中断时要自动完成以下三项任务。

（1）关中断。因为 CPU 响应中断后，要进行必要的中断处理，在此期间不允许其他中断源来打扰。

（2）断点保护。通过内部硬件保存断点及标志寄存器内容，即将 CS、IP 以及标志寄存器的当前内容压入堆栈保护起来，以便中断处理完毕后能正确返回被中断的原程序处继续执行。

（3）获得中断服务程序的入口地址。CPU 响应中断后，将以某种方式查找中断源，从而获得中断服务程序的入口地址，转向对应的中断服务程序。

通常，前两步是由硬件完成的，而最后一步可由硬件或软件实现。

3. 中断处理

中断处理也叫中断服务,是由中断服务程序完成的,不同的中断服务程序完成不同的功能,但一般在中断服务程序中要做以下几项工作。

1) 保护现场

主程序和中断服务程序都要使用 CPU 内部寄存器等资源,为使中断服务程序不破坏主程序中寄存器的内容,应先将断点处各寄存器的内容压入堆栈保护起来,再进入中断处理。现场保护是由用户使用 PUSH 指令来实现的。

2) 开中断

在中断响应阶段,CPU 由硬件控制会自动执行关中断,以保护 CPU 在中断响应时不会被再次中断。但在某些情况下,有比该中断更紧急的情况要处理时,应停止对该中断的服务而转到优先级更高的中断服务程序,以实现中断嵌套。需要注意的是,用 STI 指令开放中断时,是在 STI 指令的后一条指令执行完后,才真正开放中断。中断过程中,可以多次开放和关闭中断,但一般只在程序的关键部分才关闭中断,其他部分则要开放中断以允许中断嵌套。

3) 中断服务

中断服务是执行中断的主体部分,不同的中断请求,有各自不同的中断服务内容,需要根据中断源所要完成的功能,事先编写相应的中断服务程序存入内存,等待中断请求响应后调用执行。

4) 关中断

若在第二步中执行了开中断操作,则需关中断以为恢复现场做准备。

5) 恢复现场

当中断服务处理完毕后,在返回主程序前需要将前面通过 PUSH 指令保护的寄存器内容从堆栈中弹出,以便返回到主程序后能继续正确运行。注意 POP 指令的顺序应按先进后出的原则与进栈指令一一对应。

4. 中断返回

在中断服务程序的最后要安排一条中断返回指令 IRET。执行该指令,系统自动将堆栈内保存的 IP 和 CS 值弹出,从而恢复主程序断点处的地址值,同时还自动恢复标志寄存器 Flags 的内容,使 CPU 返回被中断的程序中继续执行。

中断处理过程如图 8.6 所示。

图 8.6 中断处理过程

8.2 8086 CPU 的中断系统

8.2.1 8086 CPU 中断类型

8086 CPU 的中断系统可以处理 256 种不同类型的中断。为了便于识别,8086 系统中给每种中断都赋予了一个中断类型号,编号为 0~255。CPU 可根据中断类型号的不同来识别不同的中断源。中断源可以来自 CPU 内部,称为内部中断;也可以来自 CPU 外部,称为外部中断,如图 8.7 所示。

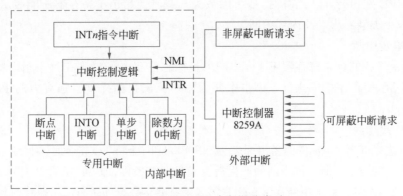

图 8.7 8086 CPU 中断源分类

1. 外部中断

外部中断也被称为硬件中断,是由外部设备通过硬件请求的方式所产生的中断。外部中断又可分为不可屏蔽中断和可屏蔽中断两种。

1) 不可屏蔽中断 NMI

当外设通过非屏蔽中断请求信号 NMI 向 CPU 提出中断请求时,CPU 在当前指令执行结束后,立即无条件地予以响应,这样的中断就是不可屏蔽中断,其不受 IF 标志位的影响。不可屏蔽中断在外部中断源中优先级最高,主要用于紧急情况的故障处理,如电源掉电、存储器读/写错误、扩展槽中输入/输出通道错误等。

2) 可屏蔽中断 INTR

当 8086 CPU 的 INTR 引脚收到一个高电平信号时,会产生一个可屏蔽中断请求。这种中断请求受 CPU 的中断允许位 IF 的控制,当 IF=1 时,CPU 可以响应中断请求,当 IF=0 时则禁止 CPU 响应中断。绝大部分外部设备提出的中断请求都是可屏蔽中断,如键盘、鼠标、打印机、扫描仪等所产生的中断都属于可屏蔽中断。在 8086 系统中,通常使用可编程中断控制器 8259A 管理所有可屏蔽中断。

说明:可屏蔽中断和不可屏蔽中断的不同特点如下。

(1) 可屏蔽中断由 CPU 的 INTR 引脚引入,而不可屏蔽中断由 CPU 的 NMI 引脚引入,且不可屏蔽中断的优先级高于可屏蔽中断。

(2) 可屏蔽中断受 CPU 的中断允许位 IF 的控制，而不可屏蔽中断不受 IF 位的影响。

(3) 可屏蔽中断的中断类型号需要通过执行中断响应周期去获得，而不可屏蔽中断的中断类型号固定为 2。

2. 内部中断

内部中断也称为软件中断，是由 CPU 运行程序错误或执行内部程序调用所引起的一种中断。内部中断也是不可屏蔽的，它们的中断类型号是固定的。在 8086 系统中，内部中断主要包括以下几种。

1) 除法错中断

当 CPU 在执行除法运算时，如果除数为 0 或者商超出了寄存器所能表示的范围，则会产生一个类型号为 0 的内部中断。

2) 单步中断

如果 CPU 的标志寄存器 Flags 中的单步标志位 TF 为 1，则在每条指令执行后就引起一次中断，使程序单步执行。单步中断为用户调试程序提供了强有力的手段，其中断类型号为 1。

3) 溢出中断

当标志寄存器 Flags 中的溢出标志位 OF=1，且执行 INTO 指令时，则会产生一个中断类型号为 4 的溢出中断。该中断的产生需要满足两个条件，即 OF 位为 1，且执行 INTO 指令，两者缺一不可。溢出中断通常在用户需要对某些运算操作进行溢出监控时使用。

4) 断点中断

8086 指令系统中有一条专用于设置断点的指令 INT 3H，当 CPU 执行该指令时就会产生一个中断类型号为 3 的中断。INT 3H 指令是单字节指令，因而它能很方便地插入程序的任何位置，专门用于在程序中设置断点来调试程序，即断点中断。系统中并没有提供断点中断的服务程序，通常由实用软件支持。如 DEBUG 的断点命令 G 允许设置 10 个断点，并对断点处的指令执行结果进行显示，供用户调试检查。

5) 中断指令 INTn

INTn 是用户自定义的软中断指令，CPU 执行 INTn 指令也会引起内部中断。其中，n 为中断类型号(范围为 0~255)。

在 8086 系统中，BIOS 中断调用和 DOS 中断调用是最常见的指令中断形式。例如，BIOS 中的 INT 10H 屏幕显示调用，INT 16H 键盘输入调用等；DOS 中的 INT 21H DOS 系统功能调用等。

说明：内部中断的特点如下。

(1) 内部中断的中断类型号是固定的或是由中断指令指定的，因而不需要中断响应周期来获取中断类型号。内部中断的处理过程与不可屏蔽中断的处理过程一样，不受 IF 位的影响，且在自动获得中断类型号以后就进入中断处理。

(2) 内部中断一般没有随机性，其发生是可预测的，这是软件中断与硬件中断的一个最重要区别。

8.2.2　8086 CPU 响应中断的过程

8086 CPU 对不同类型的中断，其响应过程也不相同，图 8.8 所示为 8086 中断响应流程。

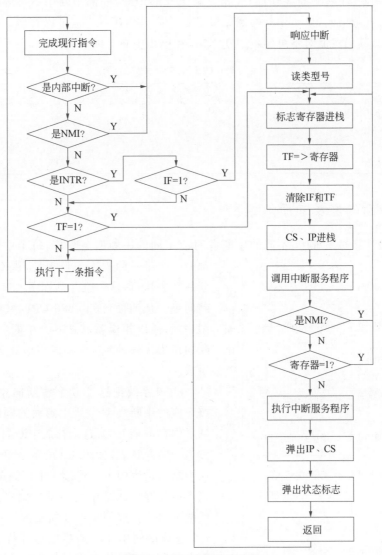

图 8.8　8086 中断响应流程

对于内部中断请求，CPU 在执行完当前指令后（实际上是在当前指令执行到最后一个时钟周期时）予以响应，自动获得中断类型号，并转去执行中断服务程序。

对于不可屏蔽中断，CPU 同样在执行完当前指令后予以响应，即在当前指令周期的最后一个时钟周期对 NMI 采样，若有中断请求，则 CPU 进入中断响应周期并自动获得中断类型号 2，然后转去执行中断服务程序。

对于 INTR 上的可屏蔽中断请求，CPU 先检查 IF 位的状态，若 IF 为 0 则 CPU 不响应该可屏蔽中断请求;若 IF 为 1 则允许中断响应,在当前指令结束后进入中断响应周期。在中断响应周期中完成关中断、保护断点和现场及获取中断类型号等工作,最后转去执行中断服务程序。

由图 8.8 可知,8086 CPU 系统对 256 种中断规定了固定的优先级(见表 8.1)。概括来说,内部中断(单步中断除外)的优先级高于外部中断,外部中断中不可屏蔽中断的优先级高于可屏蔽中断,单步中断的优先级最低。同时由图 8.8 也可以看出,在 CPU 中断响应过程中,其仍然能对不可屏蔽中断 NMI 和单步中断予以响应。

表 8.1   8086 CPU 的中断优先级顺序

中 断	优 先 级
除法出错、INTO、INTn NMI INTR 单步	最高 ↓ 最低

8.2.3 中断向量及中断向量表

在微型计算机系统中,不同的中断源对应不同的中断服务程序,每个中断服务程序都有一个唯一的程序入口地址,供 CPU 响应中断后转去执行,这个唯一的程序入口地址称为中断向量。从前面已知 8086 CPU 共有 256 个类型中断,所以相应就有 256 个中断向量,每个中断向量都由段地址 CS 和偏移地址 IP 共 4 字节组成。

8086 系统把这 256 个中断向量集中起来,按对应的中断类型号从小到大的顺序依次存放到了内存的最低端,这个存放中断向量的存储区称为中断向量表,如图 8.9 所示。每个中断向量在中断向量表中占用连续 4 个存储单元,其中前两个单元存放的是中断向量的偏移地址 IP 值,后两个单元存放的是中断向量的段地址 CS 值,4 个连续存储单元中的最低地址称为中断向量在中断向量表中的中断向量地址。因此,中断向量表的大小为 1KB,范围为 00000H～003FFH。

根据中断向量表的格式,只要知道了中断类型号 n 就可以找到其所对应的中断向量在中断向量表中的地址,它们之间有如下关系:

中断向量地址 = 中断类型号 $n \times 4$

因此,当 CPU 获取中断类型号后,就可以得

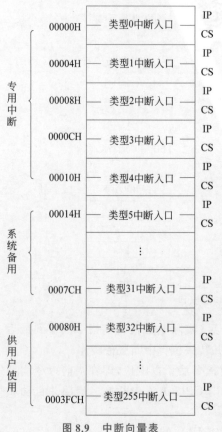

图 8.9 中断向量表

到中断向量地址,然后将连续的 $4n$ 和 $4n+1$ 字节单元的内容装入 IP,将 $4n+2$ 和 $4n+3$ 单元的内容装入 CS,即可转入中断服务程序。

【例 8.1】 已知某中断源的中断类型号为 $n=40H$,其中断向量为 1234:5678H,分析该中断向量是如何存放在中断向量表中的。

分析:因中断类型号 $n=40H$,故其中断向量应存放在中断向量表中 $4n$ 开始的连续 4 字节,$4n$ 和 $4n+1$ 存放中断向量的偏移地址,$4n+2$ 和 $4n+3$ 存放中断向量的段地址。

$40H \times 4 = 100H$,即在 00100H 开始的连续 4 个字节单元中依次存放 78H、56H、34H、12H,具体如图 8.10 所示。

向量表地址	中断向量
00100H	78H
00101H	56H
00102H	34H
00103H	12H

图 8.10 40H 号中断在中断向量表中的存储示意

8.3 可编程中断控制器 8259A

可编程中断控制器 8259A 是 Intel 公司专为 80x86 CPU 控制外部中断而设计开发的芯片。单片 8259A 可以管理 8 级外部中断,多片 8259A 通过级联还可以管理多达 64 级的外部中断。8259A 将中断源优先级判优、中断源识别和中断屏蔽电路集于一体,不需要附加任何电路就可以对外部中断进行管理,并可以通过编程使 8259A 工作在多种不同的方式,使用起来非常灵活。

8.3.1 8259A 的内部结构和引脚

详解 8259A 管理中断的过程

1. 8259A 的内部结构

8259A 芯片采用 NMOS 工艺制造,使用单一+5V 电源供电,其内部结构如图 8.11 所示,由数据总线缓冲器、读/写控制逻辑、级联缓冲/比较器、中断请求寄存器 IRR、中断屏蔽寄存器 IMR、中断服务寄存器 ISR、优先级分析器 PR 及控制逻辑八大部分组成。

1) 数据总线缓冲器

数据总线缓冲器是 8 位双向三态缓冲器,是 8259A 与系统数据总线的接口。通常连接低 8 位数据总线 $D_7 \sim D_0$。CPU 对 8259A 编程要写入的控制字都是通过它写入的,8259A 的状态信息也是通过它读入给 CPU 的;在中断响应周期,8259A 送至数据总线的中断类型号也是通过它传送的。

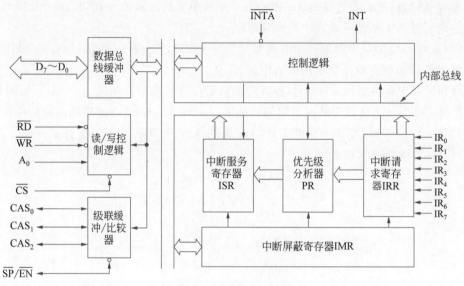

图 8.11 8259A 内部结构

2）读/写控制逻辑

读/写控制逻辑接收来自 CPU 的读/写命令，配合 $\overline{CS}$ 端的片选信号和 A_0 端的地址输入信号完成规定的操作。它把 CPU 送来的命令字传送到 8259A 中相应的命令寄存器中，再把 8259A 中控制寄存器的内容输出到数据总线上。

3）级联缓冲/比较器

8259A 既可以工作于单片方式，也可以工作于多片级联方式，级联缓冲/比较器主要用于多片 8259A 的级联和数据缓冲方式。当需要管理的外部中断源超过 8 个时，就要通过多片 8259A 的级联实现。此时，级联缓冲/比较器主要用来存放和比较系统中各相互级联的从片 8259A 的 3 位识别码。

4）中断请求寄存器 IRR

中断请求寄存器 IRR 是一个具有锁存功能的 8 位寄存器，存放外部输入的中断请求信号 $IR_7 \sim IR_0$。当某个 IR 端有中断请求时，IRR 寄存器中的相应位置 1。8259A 可以允许 8 个中断请求信号同时进入，此时 IRR 寄存器被置成全 1，当中断请求被响应时，IRR 的相应位复位。外设产生中断请求有两种：一种是电平触发方式，另一种是边沿触发方式。采用何种触发方式可通过编程决定。

5）中断屏蔽寄存器 IMR

中断屏蔽寄存器 IMR 是一个 8 位寄存器，与 8259A 的 $IR_7 \sim IR_0$ 相对应，用于存放对各级中断请求的屏蔽信息。当 IMR 寄存器中某一位为 0 时，允许 IRR 寄存器中相应位的中断请求进入中断优先级分析器，即开放该级中断；若为 1，则此位对应的中断请求被屏蔽。通过屏蔽命令可编程设置 IMR 的内容。

6）中断服务寄存器 ISR

中断服务寄存器 ISR 也是一个 8 位寄存器，保存正在处理中的中断请求信号，某个 IR 端的中断请求被 CPU 响应后，当 CPU 发出第一个 $\overline{INTA}$ 信号时，ISR 寄存器中的相应位置 1,一直保存到该级中断处理结束为止。一般情况下,ISR 中只有一位为 1,只有在允许中断嵌套时,ISR 中才有可能多位同时被置为 1,其中优先级最高的位是正在服务的中断源的对应位。

7) 优先级分析器 PR

优先级分析器 PR 用来对 IRR 寄存器中的各中断请求信号进行优先级判别,将其中级别最高的中断请求送往 CPU。若有中断嵌套,PR 则会将后来的中断请求与 ISR 中正在被服务的中断请求的优先级相比较,如果 IRR 中记录的中断请求的优先级高于 ISR 中记录的中断请求的优先级,则 PR 会向 CPU 发出中断请求信号 INT,中止当前的中断服务,进行中断嵌套。

8) 控制逻辑

控制逻辑是 8259A 的内部控制器,其根据中断请求寄存器 IRR 的置位情况和中断屏蔽寄存器 IMR 的设置情况,通过优先级分析器 PR 判定优先级,向 8259A 内部及其他部件发出控制信号,并向 CPU 发出 INT 信号和接收 CPU 的响应信号 $\overline{INTA}$,使 ISR 寄存器相应位置 1,同时清除 IRR 寄存器中的相应位。当 CPU 的第二个 $\overline{INTA}$ 到来时,控制 8259A 送出中断类型号,使 CPU 转入中断服务程序。

2. 8259A 的引脚信号

8259A 是 28 脚双列直插式芯片,其引脚如图 8.12 所示。

$D_7 \sim D_0$:双向、三态数据信号。在较小系统中可直接与系统数据总线相连,在较大系统中须经总线驱动器与系统总线相连,实现和 CPU 的数据交换。

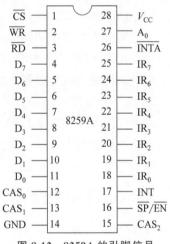

$IR_0 \sim IR_7$:8 条外设中断请求输入信号,由外设传给 8259A。通常 IR_0 的优先级最高,IR_7 的优先级最低。在采用主从式级联中断系统中,主片的 $IR_0 \sim IR_7$ 分别和各从片的 INT 端相连,接收来自各从片的中断请求 INT,由从片的中断请求输入端 $IR_0 \sim IR_7$ 和主片未连接从片的中断请求输入端接收中断源的中断请求。

INT:中断请求信号,输出。若是主片,则与 CPU 的中断输入端 INTR 端相连,用于向 CPU 发送中断请求信号;若是从片则连接到主片的相应 IR_i 端,由从片 8259A 传给主片 8259A。

图 8.12 8259A 的引脚信号

$\overline{INTA}$:中断响应信号,输入。用于接收 CPU 送来的中断响应信号。

$\overline{RD}$:读命令信号,输入。当其低电平有效时,通知 8259A 将中断类型号或某个内部寄存器的内容送给 CPU。

$\overline{WR}$:写命令信号,输入。当其低电平有效时,通知 8259A 从数据总线上接收来自 CPU 发来的命令。

$\overline{CS}$:片选信号,输入。当其低电平有效时,8259A 被选中。

A_0:端口选择信号,输入。用于选择 8259A 内部的不同寄存器,通常直接接到 CPU

地址总线的 A_0。8259A 内部的寄存器被安排在两个端口中,端口地址一个为偶地址(低端),一个为奇地址(高端),由 A_0 端输入电平决定访问哪一个端口。

$CAS_2 \sim CAS_0$：级联信号,为主片与从片的连接线。作为主片,这三个信号是输出信号,根据它们的不同组合 000～111,分别确定连在哪个 IR_i 上的从片工作。对于从片,这三个信号是输入信号,以此判别本从片是否被选中。

$\overline{SP}/\overline{EN}$：主从片/缓冲允许。该引脚在 8259A 工作在不同的方式下时有不同的作用,若 8259A 采用缓冲方式,则 $\overline{SP}/\overline{EN}$ 为输出线,以控制三态、双向总线驱动器的 $\overline{EN}$ 端；若采用非缓冲方式,则 $\overline{SP}/\overline{EN}$ 为输入线,由它决定该 8259A 编程为主片($\overline{SP}=1$)还是从片($\overline{SP}=0$)。

8.3.2 8259A 的工作方式

8259A 具有非常灵活的中断管理功能,可以通过编程实现多种工作方式,以满足用户的各种不同要求。但由于工作方式多,也使用户感到 8259A 的编程和使用难以掌握。下面分别介绍这些工作方式。

1. 中断触发方式

中断触发方式决定了外设以何种信号通知 8259A 有中断请求,具体又分为边沿触发和电平触发两种。

1) 边沿触发方式

在边沿触发方式中,8259A 将 IR_i 输入端出现的信号上升沿(正跳变)作为中断请求信号触发中断申请,这种触发方式的优点是 IR_i 端只在上升沿申请一次中断,故该端可以一直保持高电平而不会误判为多次中断申请。

2) 电平触发方式

在电平触发方式中,8259A 是将 IR_i 输入端出现高电平作为中断请求信号触发中断申请。需要注意的是,在这种触发方式下,当该中断请求得到响应后,IR_i 输入端必须及时撤除高电平,否则会引起不应有的第二次中断申请。

2. 中断优先级设置方式

1) 完全嵌套方式

完全嵌套方式是 8259A 最基本的优先级管理方式。在这种方式下,只要不重新设置优先级别,$IR_0 \sim IR_7$ 就具有固定不变的优先级,默认 IR_0 优先级最高,IR_1 次之,IR_7 优先级最低。同时,高优先级的中断能够中断低优先级的中断服务,实现中断嵌套。

2) 自动循环方式

在实际应用中,许多中断源的优先级别是一样的,若采用完全嵌套方式,则低级别中断源的中断请求有可能总是得不到服务,这是很不合理的。自动循环优先级方式可以改变 $IR_0 \sim IR_7$ 的优先级。其变化规律是：初始时依然是 IR_0 具有最高优先级,IR_7 的优先级最低,但当某个中断请求被响应之后,它的优先级就变为最低,而它的下一级中断变为最高优先级,即优先级是轮流的。例如,当 IR_4 的中断请求结束后,IR_4 的优先级变为最低,而相邻的 IR_5 变为最高优先级,IR_6 次之,以此类推。

3) 特殊完全嵌套方式

特殊完全嵌套方式主要用于多片 8259A 级联的情况。在特殊完全嵌套方式下,各片 8259A 同完全嵌套方式一样具有固定的优先级。只是在实现中断嵌套时,除了完全嵌套方式下的高优先级中断可以中断低优先级的中断服务外,对同一级别的中断请求也能够予以响应,从而实现同级中断的特殊嵌套。例如对图 8.13 所示的系统,主片工作在特殊完全嵌套方式,从片工作在完全嵌套方式。当从片 A 的 IR_3 引脚有中断请求时,会将中断请求送到主片的 IR_6 引脚,该中断被响应后,主片将对应的 ISR 置位。如果此时从片 A 的 IR_2 又出现中断请求,则由于 IR_2 的优先级高于 IR_3,因此该中断请求又会被送到主片的 IR_6 引脚。对于主片来说,这个中断请求依然是 IR_6 的中断,如果主片工作在完全嵌套方式,则不会予以响应,从而造成错误。但当主片工作在特殊完全嵌套方式下时,就可以响应同一级别的中断请求,进行正常工作。故在图 8.13 所示的主从系统中,全部 22 个中断源的优先级别排队顺序从高到低依次为主片 IR_0、主片 IR_1、主片 IR_2、主片 IR_3、主片 IR_4、从片 A 的 IR_0 至 IR_7、从片 B 的 IR_0 至 IR_7、主片 IR_7。

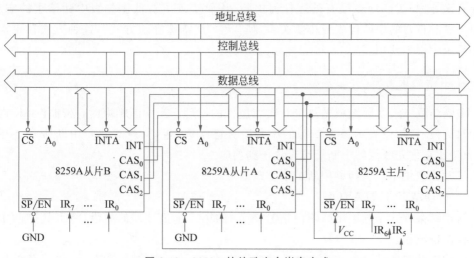

图 8.13 8259A 的特殊完全嵌套方式

因此,特殊完全嵌套方式是专门为多片 8259A 系统提供的确认从片内部优先级的工作方式。

4) 特殊循环方式

特殊循环方式与自动循环方式相比,不同点在于它可以通过编程指定初始最低优先级中断源,初始优先级顺序按循环方式重新排列,如指定 IR_3 优先级最低,则 IR_4 就具有最高优先级,以此类推。

注意:以上 8259A 的 4 种优先级设置方式可以分成两类。一类是固定优先级,包括完全嵌套方式和特殊完全嵌套方式,在对 8259A 初始化编程时通过初始化命令字 ICW_4 进行设置;另一类是循环优先级,包括自动循环方式和特殊循环方式,可依据实际需要通过8259A的操作命令字OCW_2进行切换。关于8259A的命令字,参见8.3.4节。

3. 中断屏蔽方式

中断屏蔽方式是对8259A的外部中断源$IR_0 \sim IR_7$实现屏蔽的一种中断管理方式,有普通屏蔽方式和特殊屏蔽方式两种。

1) 普通屏蔽方式

8259A内部的中断屏蔽寄存器IMR,其每一位对应一个中断请求输入端IR_i。将IMR的某位置1,则它对应的IR就被屏蔽,从而使这个中断请求不能从8259A送到CPU;如果该位置0,则允许该IR中断传送给CPU。通过编程可设置IMR中的某位为1或为0。

2) 特殊屏蔽方式

在某些特殊情况下,可能需要开放比本身优先级别低的中断请求,此时就可以使用特殊屏蔽方式来达到这一目的。在特殊屏蔽方式下,对IMR的某位置1时,同时也使ISR中的对应位清零。这样,虽然系统当前仍然在处理一个较高级别的中断,但由于8259A的屏蔽寄存器IMR对应于此中断的位已经被置1,且ISR中对应位被清零,因此外界看来好像CPU现在没有处理任何中断,从而实现了对低优先级中断请求的响应。这是一种非正常的中断优先级排队关系,所以称为"特殊屏蔽方式",这种方式在正常的应用系统中很少使用。

4. 中断结束方式

中断结束方式实际上就是对ISR中对应位的处理。当中断结束时,必须使ISR寄存器中对应位清零,以表示该中断源的中断服务已结束,否则,就意味着中断服务还在继续,致使比它优先级低的中断请求无法得到响应。

8259A提供了以下两种中断结束方式。

1) 自动结束方式(AEOI)

自动结束方式是利用中断响应信号$\overline{INTA}$的第二个负脉冲的后沿,将ISR中的中断服务标志位清除。

这种中断服务结束方式是由硬件自动完成的,需要注意的是:ISR中为"1"位的清除是在中断响应过程中完成的,并非中断服务程序的真正结束,若在中断服务程序的执行过程中有另外一个比当前中断优先级低的请求信号到来,则会因8259A并没有保存任何标志来表示当前服务尚未结束,致使低优先级中断请求进入,打乱了正在服务的程序。AEOI是最简单的中断结束方式,通常只适用于只有一片8259A且不会出现中断嵌套的情况。

2) 命令结束方式(EOI)

这种中断结束方式是通过发送中断结束命令来实现的,即通过软件的方式将ISR中的中断服务标志位清除。该方式又可分成两类。

(1) 一般EOI方式。这种方式需要用户在中断服务程序结束之前,向8259A发送一条一般EOI命令来清除ISR中当前优先级别最高的标志位。因为在固定优先级控制方式中,中断优先级是固定的,所以在ISR中优先级最高的中断服务标志位一定是CPU正在执行的服务程序,把其清零相当于结束了当前正在处理的中断。通常,一般 EOI 结束命令用于优先级全嵌套方式中。

(2) 特殊 EOI 方式。这种方式需要用户在中断服务程序结束之前,向 8259A 发送一条特殊 EOI 命令来指定清除 ISR 中的某个标志位。在循环优先级控制方式中,中断优先级是变化的,如果按照固定方式去清除 ISR 中优先级别最高的标志位则可能出错,因为该中断不一定是 CPU 当前正在处理的中断,所以必须使用特殊 EOI 命令去指定要清除的 ISR 中的中断服务标志位。而在中断的特殊屏蔽方式中,低优先级的中断还可以嵌套至高优先级的中断服务中,在中断结束的时候同样需要发送特殊 EOI 命令。

由于在特殊 EOI 命令中明确指出了清除 ISR 中的哪一位,因此不会因嵌套结构而出现错误。这种方式仍然可以用于完全嵌套方式和特殊完全嵌套方式下的中断结束,但更适用于嵌套结构有可能遭到破坏的中断结束。

注意:中断的结束方式实际上包括硬件和软件两种方式。硬件方式由硬件完成,不需要发中断结束命令;而软件方式则需要发中断结束命令,该命令又有一般 EOI 和特殊 EOI 两种格式,是通过设置 8259A 的操作命令字 OCW_2 完成的。关于 8259A 的命令字,参见 8.3.4 节。

5. 连接系统总线的方式

8259A 与系统总线的连接有非缓冲和缓冲两种方式。

1) 非缓冲方式

非缓冲方式主要适用于中小型系统中只有一片或不多的几片 8259A 情况。在这种方式下,各片 8259A 直接和数据总线相连,而无须通过总线驱动器;8259A 的 $\overline{SP}/\overline{EN}$ 端作为输入端。当系统中只有一片 8259A 时,此 $\overline{SP}/\overline{EN}$ 端必须接+5V;当系统中有多片 8259A 时,主片的 $\overline{SP}/\overline{EN}$ 端接+5V,从片的 $\overline{SP}/\overline{EN}$ 端接地。

2) 缓冲方式

缓冲方式多用在有多片 8259A 的大系统中。在这种方式中,8259A 需要通过总线驱动器和数据总线相连。此时,将 8259A 的 $\overline{SP}/\overline{EN}$ 端和总线驱动器的允许端相连,因为 8259A 工作在缓冲方式时,会在输出状态字或中断类型号的同时,从 $\overline{SP}/\overline{EN}$ 端输出一个低电平,此低电平正好可以作为总线驱动器的启动信号。

无论采用缓冲方式还是非缓冲方式,在 8259A 的级联系统中,主片和从片都必须进行初始化设置,并指定它们的工作方式。

8.3.3 8259A 的级联

当系统中的外部中断源数量大于 8 个时,就无法用一片 8259A 来进行管理,这时可采用多片 8259A 的级联来管理这些中断源,最多可以使用 9 个 8259A 芯片管理 64 个外部中断源。在级联时,只能有一个 8259A 作为主片,它的 $\overline{SP}/\overline{EN}$ 端接+5V,INT 接到 CPU 的 INTR 引脚;其余的 8259A 均作为从片,它们的 $\overline{SP}/\overline{EN}$ 端接地,INT 输出分别接到主片的 IR_i 输入端;主片 8259A 的级联线 $CAS_0 \sim CAS_2$ 作为输出线,连接到每个从片

的 $CAS_0 \sim CAS_2$ 上(从片为输入线)。图 8.14 所示为一片主 8259A 和两片从 8259A 构成的级联中断系统。

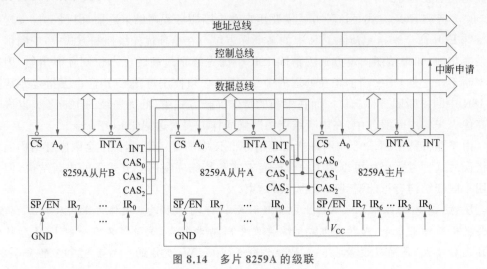

图 8.14　多片 8259A 的级联

8.3.4　8259A 的命令字

详解 8259A
内部寄存器
及访问方式

8259A 的命令字分为初始化命令字(Initialization Command Word,ICW)和操作命令字(Operation Command Word,OCW)两种,因此编程也分为两步:初始化编程和操作编程。

1. 初始化命令字及其编程

初始化编程是在系统加电或复位后,用初始化命令字对 8259A 进行初始化,以规定 8259A 的基本工作方式。初始化编程具体完成如下功能。

(1) 设定中断请求信号的触发方式,是电平触发还是边沿触发。

(2) 设定 8259A 是单片还是多片级联的工作方式。

(3) 设定 8259A 中断类型号基值,即 IR_0 对应的中断类型号。

(4) 设定优先级设置方式。

(5) 设定中断结束方式。

8259A 共有 4 个初始化命令字 $ICW_1 \sim ICW_4$,其初始化流程如图 8.15 所示。

说明:

(1) 初始化命令字通常是微型计算机系统启动时由初始化程序设置的,一旦设定,在工作过程中一般不再改变。

(2) 在初始化过程中必须严格按照规定的顺序依次写入 4 个初始化命令字。ICW_1 写入偶地址,$ICW_2 \sim ICW_4$ 写

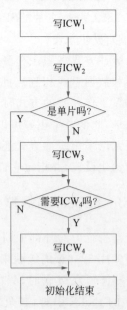

图 8.15　8259A 的初始化流程

入奇地址。ICW_1 和 ICW_2 是必须设置的,而 ICW_3 和 ICW_4 是否需要设置由 ICW_1 的相应位决定,如果需要设置 ICW_3,则要分别对主片和从片的 ICW_3 进行设置,因为其格式是不同的。

下面分别介绍这 4 个初始化命令字。

1) ICW_1

ICW_1 命令字称为芯片控制初始化命令字,其格式如下。

	A_0	D_7	D_6	D_5	D_4	D_3	D_2	D_1	D_0
ICW_1	0	×	×	×	1	LTIM	ADI	SNGL	IC_4

其中,

$D_7 \sim D_5$:在 8086/8088 系统中不用,一般设定为"0"。

D_4:为特征位,必须为"1",表明该命令字是 ICW_1。

D_3:用于设置 8259A 的中断触发方式。$D_3=1$ 为电平触发,$D_3=0$ 为边沿触发。

D_2:在 8086/8088 系统中无效。

D_1:用于设置 8259A 有无级联。$D_1=1$ 为单片工作方式,$D_1=0$ 为多片级联方式。

D_0:用于设定是否需要初始化命令字 ICW_4。$D_0=1$ 表示需要 ICW_4,$D_0=0$ 表示不需要 ICW_4。对 8086 系统而言一般都需要设置 ICW_4,所以 D_0 位须设置为 1。

在 CPU 向 8259A 写入 ICW_1 时,D_4 位必须为 1,且必须写入偶地址,即 $A_0=0$。

2) ICW_2

ICW_2 命令字用于设置中断类型号的基值,即 8259A 的 IR_0 所对应的中断类型号。其格式如下。

	A_0	D_7	D_6	D_5	D_4	D_3	D_2	D_1	D_0
ICW_2	1	T_7	T_6	T_5	T_4	T_3	0	0	0
		中断类型号的高 5 位					16 位机无效		

在 8086 系统中,$D_7 \sim D_3$ 表示中断类型号的高 5 位,$D_2 \sim D_0$ 固定为 0,即 ICW_2 必须是能被 8 整除的正整数。在 CPU 的第二个中断响应周期,8259A 通过数据总线向 CPU 送出中断类型号,该中断类型号的高 5 位即为 ICW_2 中的 $D_7 \sim D_3$,低 3 位由 $IR_0 \sim IR_7$ 中的序号决定,由 8259A 自动插入。例如,IBM PC 中的 ICW_2 被初始化为 08H,即 IR_0 的中断类型号为 08H。

ICW_2 必须写入奇地址,即 $A_0=1$。

【例 8.2】 已知 8259A 的 $ICW_2=10H$,分析 8259A 的 IR_2 的中断向量在中断向量表中是如何存放的。

分析:

(1) IR_2 的中断类型号的高 5 位为 ICW_2 的高 5 位,低 3 位为 IR_2 的序号 2。$ICW_2=10H=00010000B$,由此可知,IR_2 的中断类型号 $n=00010010B=12H$。

(2) 中断向量应存放在中断向量表中 $4n$ 开始的连续 4 个单元中,其中 $4n$ 和 $4n+1$

存放中断向量的偏移地址,$4n+2$ 和 $4n+3$ 存放中断向量的段地址。

因此,$4\times 12H=48H$,00048H 和 00049H 存放中断向量的偏移地址,0004AH 和 0004BH 存放中断向量的段地址。

3) ICW_3

ICW_3 仅在多片 8259A 级联时才需要写入,而且需要对主片和从片分别写入。主片 8259A 的 ICW_3 与从片的 ICW_3 在格式上不同,命令字的格式分别如下。

	A_0	D_7	D_6	D_5	D_4	D_3	D_2	D_1	D_0
主片 ICW_3	1	IR_7	IR_6	IR_5	IR_4	IR_3	IR_2	IR_1	IR_0

	A_0	D_7	D_6	D_5	D_4	D_3	D_2	D_1	D_0
从片 ICW_3	1	0	0	0	0	0	ID_2	ID_1	ID_0

从片标识码

主片 ICW_3 中的 $D_0 \sim D_7$ 分别对应其 8 条中断请求输入线 $IR_0 \sim IR_7$,若某条线上接有从片 8259A 则其对应位为"1",否则为"0"。从片 ICW_3 中的 $D_7 \sim D_3$ 固定为 0,$D_2 \sim D_0$ 为从片标志码,表示该从片与主片的哪个中断请求输入线连接。例如,从片连接至主片的 IR_3,则 $D_2 \sim D_0$ 为 011。在中断响应时,主片通过级联线 $CAS_2 \sim CAS_0$ 发出被允许的从片标识码,各从片将该码与自己 ICW_3 中的标识码比较,如果相同就发送自己的中断类型号到数据总线。

ICW_3 只有在 ICW_1 的 $D_1=0$ 时才需要写入,且必须写入奇地址,即 $A_0=1$。

【例 8.3】 如图 8.13 所示,在这个多片 8259A 的级联系统中,假设 8259A 主片的端口地址为 20H-21H,8259A 从片 A 的端口地址为 0A0H-0A1H,8259A 从片 B 的端口地址为 0B0H-0B1H。请分别写出每片 8259A 设置 ICW_3 的指令序列。

分析:8259A 主片: MOV AL, 0100100B   ;主片的 IR_3 和 IR_6 连有从片
                         OUT 21H, AL
      8259A 从片 A: MOV AL, 00000110B   ;从片 A 连至主片的 IR_6
                         OUT 0A1H, AL
      8259A 从片 B: MOV AL, 00000011B   ;从片 B 连至主片的 IR_3
                         OUT 0B1H, AL

4) ICW_4

ICW_4 用于设定 8259A 的工作方式,其格式如下。

	A_0	D_7	D_6	D_5	D_4	D_3	D_2	D_1	D_0
ICW_4	1	0	0	0	SFNM	BUF	M/S	AEOI	1

其中,

$D_7 \sim D_5$:未定义,通常设置为 0。

D_4:SFNM 位,$D_4=1$ 表示 8259A 工作于特殊完全嵌套方式,$D_4=0$ 表示工作于完

全嵌套方式。

D_3：BUF 位，$D_3=1$ 表示 8259A 采用缓冲方式，此时$\overline{SP}/\overline{EN}$引脚为输出线，对缓冲器进行控制；$D_3=0$ 为非缓冲方式，此时$\overline{SP}/\overline{EN}$引脚为输入线，用作主/从控制。

D_2：M/S 位，在非缓冲方式下，该位无意义。在缓冲方式下，$D_2=1$ 表示该 8259A 为主片，$D_2=0$ 表示为从片。

D_1：AEOI 位，用于指明中断结束方式。$D_1=1$ 表示采用自动结束方式，即 ISR 在中断响应周期自动复位，无须发送中断结束命令，$D_1=0$ 表示采用非自动结束方式，在中断服务程序结束时需要向 8259A 发送 EOI 命令以清除 ISR。

ICW_4 只有在 ICW_1 的 $D_0=1$ 时才需要写入，且必须写入奇地址，即 $A_0=1$。

8259A 在任何情况下从 $A_0=0$ 的端口接收到一个 D_4 位为 1 的命令就是 ICW_1，后面紧跟的就是 $ICW_2 \sim ICW_4$，8259A 接收完 $ICW_1 \sim ICW_4$ 后，就处于就绪状态，可接收来自 IR_i 端的中断请求。但是在 8259A 工作期间，根据需要可随时利用操作命令字对 8259A 进行动态控制，以选择或改变初始化后设定的工作方式。

【例 8.4】 设单片 8259A 工作于 8086 系统，8259A 的 I/O 端口地址为 20H 和 21H。对 8259A 的初始化规定为：边沿触发方式，缓冲方式，中断结束为 EOI 命令方式，中断优先级管理采用全嵌套方式，8 级中断源的类型码为 08H～0FH，写出其初始化程序段。

解答：

```
MOV   AL, 00010011B    ;设置 ICW₁ 为边沿触发,单片 8259A,需要 ICW₄
OUT   20H, AL
MOV   AL, 00001000B    ;设置 ICW₂ 中断类型号基值为 08H
OUT   21H, AL          ;则可响应的 8 个中断类型号为 08H～0FH
MOV   AL, 00001101B    ;设置 ICW₄ 为全嵌套,缓冲,主片,普通 EOI 结束,与 8086/8088 配合
OUT   21H, AL
```

2. 操作命令字及其编程

在对 8259A 进行初始化编程后，8259A 就可以接收外部中断请求信号进行工作了。在工作期间，可以通过操作命令字 OCW 使它按不同的方式工作。8259A 有三个操作命令字，它们都有各自的特征位，因此写入时没有顺序要求，而且可以重复多次写入，这是与初始化编程所不同的。但需要注意的是 OCW_1 必须写入奇地址，而 OCW_2、OCW_3 必须写入偶地址。

1) OCW_1

OCW_1 是中断屏蔽命令字，其格式如下。

	A_0	D_7	D_6	D_5	D_4	D_3	D_2	D_1	D_0
OCW_1	1	M_7	M_6	M_5	M_4	M_3	M_2	M_1	M_0

当 $M_i=1$ 时表示该位对应的 IR_i 的中断请求被屏蔽，$M_i=0$ 时表示相应中断请求被允许。在初始化开始时，默认屏蔽字为全"0"，即所有中断源都未被屏蔽。

OCW_1 必须写入奇地址，即 $A_0=1$。

【例8.5】 假设8259A的端口地址为20H和21H,请写出屏蔽IR_3和IR_5的指令序列。

解答:

```
MOV  AL, 00101000B
OUT  21H, AL           ;写入OCW₁,即IMR
```

2) OCW_2

OCW_2主要用于设置中断优先级循环方式和发送中断结束命令,其格式如下。

	A_0	D_7	D_6	D_5	D_4	D_3	D_2	D_1	D_0
OCW_2	0	R	SL	EOI	0	0	L_2	L_1	L_0
		优先级循环	指定中断等级	中断结束命令	特征位		中断等级编码		

其中,

D_7:R位,为优先级方式控制位。当$D_7=0$时,中断优先级固定(即IR_0最高,IR_7最低);$D_7=1$时,中断优先级自动循环。

D_6:SL位,决定$D_2 \sim D_0$是否有效的标志。当$D_6=1$时,低三位$L_2 \sim L_0$对应的IR_i为最低优先级;$D_6=0$时$L_2 \sim L_0$无效。

D_5:EOI位,为中断结束命令位。当$D_5=1$时,在中断服务程序结束时向8259A回送中断结束命令EOI,以便使中断服务寄存器ISR中当前最高优先级位复位(普通EOI方式),或由$L_2 \sim L_0$表示的优先级位复位(特殊EOI方式),这样能允许8259A再为其他中断源服务;当$D_5=0$时,该位不起作用。

$D_4 \sim D_3$:OCW_2的特征位,$D_4 D_3=00$。

$D_2 \sim D_0$:指定$L_2 \sim L_0$。

OCW_2的$D_7 \sim D_5$(R、SL、EOI)可以组合产生不同的工作方式,具体见表8.2。

表8.2　OCW_2规定的工作方式

D_7 (R)	D_6 (SL)	D_5 (EOI)	工 作 方 式	L_2、L_1、L_0值有无意义	说　　明
1	0	0	中断优先级自动循环方式	无	只规定了中断优先级方式
0	0	0	设定固定优先级		
1	1	0	特殊优先级循环方式	有	
0	1	0	无意义		
1	0	1	中断优先级自动循环方式及中断一般结束方式	无	规定了中断优先级循环方式,并执行中断返回前的中断一般结束命令,使相应的ISR位清零
1	1	1	中断优先级特殊循环方式和特殊中断结束方式	有	

续表

D_7 (R)	D_6 (SL)	D_5 (EOI)	工 作 方 式	L_2、L_1、L_0 值有无意义	说 明
0	1	1	中断特殊结束方式	有	中断返回前执行中断特殊结束命令,使相应的 ISR 位清零
0	0	1	中断一般结束方式	无意义	中断返回前执行中断一般结束命令,使相应的 ISR 位清零

从表 8.2 可以看出,当 $D_5=1$ 时,OCW_2 作为中断结束命令,但是一般 EOI 命令还是特殊 EOI 命令则由 D_6 位决定。当 $D_5=0$ 时,OCW_2 作为优先级设置命令。由 D_7 位决定是否设置优先级循环。若设置为优先级循环,再由 D_6 位决定是优先级自动循环还是优先级特殊循环。

OCW_2 必须写入偶地址,即 $A_0=0$,而且要保证特征位 $D_4D_3=00$。

【例 8.6】 假设 8259A 的端口地址是 20H 和 21H。
(1) 写出一般 EOI 命令。
(2) 写出清除 ISR 中 IR_5 中断服务标志位的特殊 EOI 命令。

解答:
(1) MOV AL,00100000B
    OUT 20H,AL
(2) MOV AL,01100101B
    OUT 20H,AL

3) OCW_3

OCW_3 命令字主要用于管理特殊屏蔽方式和查询方式,并控制 8259A 的中断请求寄存器 IRR 和中断服务寄存器 ISR 的读取,其格式如下。

	A_0	D_7	D_6	D_5	D_4	D_3	D_2	D_1	D_0
OCW_3	0	0	ESMM	SMM	0	1	P	RR	RIS
		无关	特殊屏蔽允许	特殊屏蔽方式	特征位		查询位	读寄存器允许	读 ISR

其中,

D_6:特殊屏蔽方式允许位(ESMM 位),用于开放或关闭 SMM 位。当 $D_6=1$ 时,SMM 位有效,否则,SMM 位无效。

D_5:SMM 位,与 ESMM 组合可用于设置或取消特殊屏蔽方式。当 ESMM=1,SMM=1 时,设置特殊屏蔽;当 ESMM=1,SMM=0 时,取消特殊屏蔽。

$D_4 \sim D_3$:OCW_3 的特征位,$D_4D_3=01$。

D_2:P 位,为中断状态查询位。当 P=1 时,可通过读入状态寄存器的内容,查询是否有中断请求正在被处理,如有则给出当前处理中断的最高优先级。8259A 的状态寄存器格式如下。

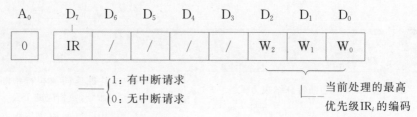

D_1：RR 位，用于控制对寄存器的读取。当 $D_1=1$ 时，允许读取 D_0 所指定的寄存器；当 $D_1=0$ 时，不允许读取。

D_0：RIS 位，用于确定读取 ISR 还是 IRR 寄存器。当 $D_1=1$ 时，若 $D_0=1$，则读取 ISR 寄存器；若 $D_0=0$，则读取 IRR 寄存器。

OCW_3 同样也必须写入偶地址，即 $A_0=0$，但要使特征位 $D_4D_3=01$，以区别于 OCW_2。

3. 8259A 内部寄存器的访问方式

综前所述，8259A 内部共有 11 个寄存器，它们分别是 IRR、IMR、ISR、$ICW_1 \sim ICW_4$、$OCW_1 \sim OCW_3$ 和状态寄存器。在实际应用中，这些寄存器均通过 8259A 的一条地址线 A_0 进行访问，即这 11 个寄存器共用两个端口地址。具体的访问方式总结见表 8.3，其中 D_4D_3 为标志位。

表 8.3 8259A 的读/写操作

$\overline{CS}$	$\overline{RD}$	$\overline{WR}$	A_0	D_4	D_3	读/写操作	指令
0	1	0	0	1	×	CPU 写入 ICW_1	OUT
0	1	0	1	×	×	CPU 写入 ICW_2、ICW_3、ICW_4、OCW_1	
0	1	0	0	0	0	CPU 写入 OCW_2	
0	1	0	0	0	1	CPU 写入 OCW_3	
0	0	1	0			CPU 读取 IRR/ISR、查询字	IN
0	0	1	1			CPU 读取 IMR	
1	×	×	×			高阻	
×	1	1	×			高阻	

由表 8.3 可知，设置 ICW_1、OCW_2、OCW_3 时，对 8259A 执行写操作，并且都是写入相同的偶地址。因此，就需要依靠特征位 D_4D_3 对它们进行区分。设置 ICW_2、ICW_3、ICW_4、OCW_1 这 4 个命令字也都是对 8259A 进行写操作且写入地址都为同一奇地址。但由于 ICW_2、ICW_3、ICW_4 是在 ICW_1 之后顺序写入的，而 OCW_1 是在初始化之后的工作期间写入的，因此可以区分出来。当使用输入指令对 8259A 执行读取操作时，通过不同的地址可以分别读取 IMR（奇地址）、IRR/ISR 及查询字（偶地址）。虽然 IRR/ISR 及查询字都是通过偶地址读取的，但因为在读取之前需要发送不同的 OCW_3 命令，所以也可以正确区分它们。

8.4 8259A 在微型计算机中的编程应用

8.4.1 8259A 在 IBM PC/XT 中的应用

8259A 与 8086CPU 对中断系统的配合管理

【例 8.7】 8259A 在 IBM PC/XT 系统中的硬件连接及初始化编程。

IBM PC/XT 系统共有两片 8259A 芯片,可接收最多 15 级中断。从片的 INT 引脚直接连到主片的 IR_2 引脚。端口地址主片仍然为 20H 和 21H,从片为 A0H 和 A1H。主、从片均为边沿触发,均采用完全嵌套方式,优先级依次为 0 级、1 级、8~15 级、3~7 级。系统采用非缓冲方式,主片的中断类型号为 08H~0FH,从片的中断类型号为 70H~77H。IBM PC/XT 系统中 8259A 的硬件连接如图 8.16 所示。

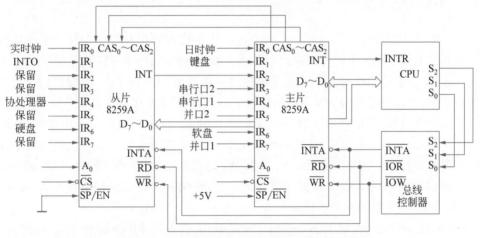

图 8.16 IBM PC/XT 系统中 8259A 的硬件连接

根据系统要求和硬件连接图,系统加电期间对 8259A 的主片和从片进行初始化的程序段如下。

```
;初始化主片
INTA00   EQU   20H
INTA01   EQU   21H
...
MOV   AL, 00010001B    ;设置 ICW₁ 为边沿触发,多片 8259A,需要 ICW₄
OUT   INTA00, AL
MOV   AL, 00001000B    ;设置 ICW₂ 中断类型号基值为 08H
OUT   INTA01, AL       ;可响应的 8 个中断类型号为 08H~0FH
MOV   AL, 00000100B    ;主片 IR₂ 引脚上接从片
OUT   INTA01, AL
MOV   AL, 00000001B    ;设置 ICW₄ 为 8086/8088 模式,普通 EOI,非缓冲方式,完全嵌套
                       ;方式
OUT   INTA01, AL
...
;初始化从片
```

```
INTB00   EQU   0A0H
INTB01   EQU   0A1H
...
    MOV  AL, 00010001B        ;设置 ICW₁ 为边沿触发,多片 8259A,需要 ICW₄
    OUT  INTB00, AL
    MOV  AL, 01110000B        ;设置 ICW₂ 中断类型号基值为 70H
    OUT  INTB01, AL           ;可响应的 8 个中断类型号为 70H~77H
    MOV  AL, 00000010B        ;从片接主片的 IR₂ 引脚
    OUT  INTB01, AL
    MOV  AL, 00000001B        ;设置 ICW₄ 为 8086/8088 模式,普通 EOI,非缓冲方式,完全嵌套
                              ;方式
    OUT  INTB01, AL
...
```

8.4.2　8259A 的编程

在 8259A 的实际应用中,8259A 的编程是由主程序和中断服务程序两个模块构成的。中断服务程序完成中断源请求的中断服务操作,而主程序不仅需要完成 8259A 的初始化,还需要在响应中断前为中断服务程序做一些必要的准备工作,通常包括设置中断屏蔽寄存器、设置中断向量以及开中断(IF 置 1),其中设置中断向量是必须完成的。

设置中断向量,就是将中断服务程序的入口地址,即中断向量写入中断向量表中。这一操作是必需的,它可以让 CPU 在响应 8259A 的中断请求后正确转去执行已经编写好的中断服务程序。如前所述,8259A 的 ICW₂ 是用来设置其中断源 IR₀~IR₇ 的中断类型号 n 的,则中断向量的设置就需要据此类型号,将中断向量的偏移地址写入 $4n$ 和 $4n+1$ 内存单元,将中断向量的段地址写入 $4n+2$ 和 $4n+3$ 内存单元。

【例 8.8】 设 8259A 的 ICW₂=08H,现使用 IR₇ 引入硬件中断请求,8259A 的端口地址为 20H 和 21H,8259A 的中断服务程序入口地址为 IRQ₇,写出设置中断向量的程序代码。

分析：由 ICW₂=08H,可知 IR₇ 的中断类型号 n=0FH,则中断向量应写入以 $4n$=3CH 开始的连续 4 个字节内存单元。

解答：

```
    MOV  AX, 0
    MOV  ES, AX
    MOV  BX, 3CH
    MOV  AX, OFFSET IRQ7
    MOV  ES:WORD PTR[BX], AX        ;置入中断服务程序入口地址的偏移地址
    MOV  AX, SEG IRQ7
    MOV  ES:WORD PTR[BX+2], AX      ;置入中断服务程序入口地址的段地址
    ⋮
IRQ7:
    ⋮                               ;中断服务程序
    IRET
```

习题与思考题

8.1 理解中断的含义和中断处理的一般过程。

8.2 什么是中断类型号？什么是中断向量？什么是中断向量表？当中断类型号为21H时，中断向量是如何存放的？

8.3 什么是中断优先级？有哪几种解决中断优先级的方法？

8.4 8086 CPU 的中断共分为哪几种？各类中断的优先级是如何排列的？

8.5 8086 系统在中断时需要进行现场保护，哪些现场由系统自动保护？哪些现场需要用户进行保护？8086 的中断返回指令 IRET 和子程序返回指令 RET 有何不同？

8.6 理解 8259A 中断控制器的主要功能。

8.7 试述 8259A 的初始化编程过程。

8.8 中断控制器 8259A 有几条地址线？具有几个端口地址？其内部有哪些寄存器？简述这些寄存器是如何共用端口地址的。

8.9 8086 系统采用单片 8259A 作为外部可屏蔽中断的优先级管理，完全嵌套方式，边沿触发，非缓冲连接，非自动中断结束，端口地址为 20H 和 21H。其中某中断源的中断类型号为 0AH，其中断服务程序入口地址为 2000H:3A40H。

（1）请按上述要求编写初始化程序。

（2）本题中的中断源应与 8259A 的哪个中断请求输入端相连接？其中断向量在中断向量表中是如何存放的？

8.10 设 8259A 的端口地址为 20H 和 21H，工作于完全嵌套方式，要求在为中断源 IR_4 服务时，设置特殊屏蔽方式，开放低级中断请求，请编写有关程序段。

8.11 单片 8259A 能够管理多少级可屏蔽中断？4 片 8259A 通过级联能管理多少级可屏蔽中断？

8.12 一个外中断服务程序的第一条指令为什么通常为 STI？

8.13 中断控制器 8259A 对中断优先级的管理方式有哪几种？级联系统的主片一般采用哪种方式？

8.14 中断控制器 8259A 的中断结束是指什么？有哪几种方式？各适用于什么情况？

第 9 章 可编程接口芯片

【学习目标】

本章主要介绍微型计算机中各种功能接口芯片及其应用;重点介绍可编程的并行接口芯片 8255A、定时/计数器芯片 8253、串行接口芯片 8251A;简要介绍了常用的 A/D 和 D/A 转换芯片。本章的学习目标:熟悉各种常用接口芯片的功能、结构、引脚、内部寄存器及读写方式;理解各接口芯片的工作方式及特点;掌握各接口芯片在微机系统中的应用,包括接口电路设计及软件驱动程序编写;熟悉软硬件结合的系统开发流程并能将其应用于工程实践。

9.1 并行接口与可编程并行接口芯片 8255A 及其应用

可编程接口电路学习技巧

在第 7 章中已经介绍了接口的一些基本概念及作用,知道按照数据传送方式的不同,接口可分为并行接口和串行接口。本节主要讨论并行接口的有关概念及并行接口芯片 8255A。

Proteus 软件在微机原理与接口技术教学中的应用

9.1.1 并行接口的特点、功能与分类

在微型计算机系统中,当需要传输的数据距离较短、数量较多时,一般采用并行通信的方式,即把一个字符的各数位分别用不同的几条线同时进行传输。与串行通信相比,并行通信能够提供更高的数据传输速率。当然,由于并行通信比串行通信所用的电缆要多,随着传输距离的增加,通信成本也会大大增加。

实现与外部设备并行通信的接口电路就是并行接口,并行接口是微型计算机中最重要的接口之一,多数设备与微型计算机系统总线之间都是通过并行方式进行通信的。例如,打印机、硬盘、CD-ROM、扫描仪等都是通过并行接口与系统的数据总线相连。并行接口的发展经历了从最简单的并行数据寄存器,到专用接口集成芯片,再到比较复杂的 SCSI 或 IDE 并行接口的过程。并行接口通常具有如下特点。

(1) 在多条数据线上以数据字节为单位与外部设备或被控对象传送信息,如打印机接口、A/D 转换器接口、D/A 转换器接口、IEEE-488 接口、开关量接口、控制设备接口等。

与并行接口相应的有串行接口,它是在一条线上以数据位为单位与外部设备或通信设备传送信息。例如 CRT、键盘及调制解调器接口等。需要特别注意的是,并行接口的"并行"含义不是指接口与系统总线一侧的并行数据线,而是指接口与外部设备或被控对象一侧的并行数据线。

(2) 在并行接口中,除了少数场合之外,一般都要求在接口与外部设备之间设置并行数据线的同时,至少还要设置两条握手信号线,以便互锁异步握手方式的通信。握手信号线可以是固定的也可以是通过软件编程指定的。

(3) 在并行接口中,8 位或 16 位是一起行动的,因此,当采用并行接口与外部设备交换数据时,即使是只用到其中的一位,也是一次输入/输出 8 位或 16 位。

(4) 并行传送的信息不要求固定的格式,这与串行传送的信息有数据格式的要求不同。例如,异步串行通信的数据帧格式是一个包括起始位、数据位、检验位和停止位等的数据。

按照并行接口的电路结构,并行接口可以分为硬件连接接口和可编程接口。硬件连接接口的工作方式及功能用硬件连接来设定,用软件编程的方法不能改变;可编程接口就是指接口的工作方式及功能可以用软件编程的方法改变,目前大多数微型计算机系统中的并行接口都是可编程的并行接口。

一个典型的并行接口电路如图 9.1 所示,它采用不同的数据通道完成输入和输出功能。下面分别介绍其各自的工作过程。

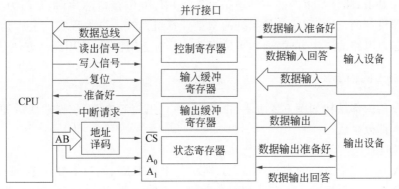

图 9.1 并行接口电路

在输入过程中,外部设备把数据准备好以后,使"数据输入准备好"信号有效(一般是变为高电平)。接口电路把数据接收到输入缓冲寄存器中,并使"数据输入回答"信号有效(一般也是变为高电平),外部设备收到该信号后撤销数据和"数据输入准备好"信号。数据到达接口电路的输入缓冲寄存器后,通常会把状态寄存器中的"输入准备好"状态位置"1",以便 CPU 通过读取接口电路的状态寄存器了解外部设备的情况,或者接口电路也可以在此时向 CPU 发一个中断请求信号通知 CPU。换句话说,CPU 既可以使用查询方式,也可以使用中断方式来读取接口电路中的数据。CPU 读取并行接口电路中的数据后,会自动清除状态寄存器中的"准备好"状态位,并且使数据总线处于高阻状态。随后就可以进行下一个数据的输入。

在输出过程中，当外部设备从并行接口的输出缓冲寄存器取走数据后，接口电路就会将状态寄存器中"输出准备好"状态位置"1"，表示目前并行接口的输出缓冲寄存器已空，CPU可以向接口发送数据了。或者接口电路也可以在此时向CPU发一个中断请求，以中断方式由CPU向并行接口输出数据。当CPU输出的数据到达接口电路的输出缓冲寄存器后，接口会自动清除"输出准备好"状态位，以表示目前输出缓冲寄存器中的数据尚未被外部设备取走，从而阻止CPU向接口电路发送新的数据。与此同时，接口电路向外部设备发一个"数据输出准备好"信号，以通知外部设备可以取走数据。外部设备接到该信号后，便从输出缓冲寄存器中取走数据，并向接口电路发一个"数据输出回答"信号，以表示数据已经接收。接口收到该回答信号后，又将状态寄存器中"输出准备好"状态位置位，以便CPU输出下一个数据。

注意：在输入过程中，状态寄存器中的"输入准备好"状态，是指输入缓冲寄存器已满，CPU可以从接口中读取数据。接口电路输入信号"数据输入准备好"，指外部设备通知接口电路其数据已经准备好，接口电路可以接收数据到其输入缓冲寄存器中。

在输出过程中，状态寄存器中的"输出准备好"状态，是指输出缓冲寄存器已空，CPU可以向接口发送新的数据。接口电路输出信号"数据输出准备好"，指接口电路的输出缓冲寄存器中已有数据，通知外部设备来接收。

9.1.2　8255A的内部结构与引脚

8255A是Intel公司生产的一种通用可编程并行I/O接口芯片，是专门为Intel公司的微处理器设计的，也可用于其他系列的微型计算机系统。可编程实际上就是通过软件方法设置接口电路的工作方式，通常可编程芯片具有通用性强、使用灵活方便等特点。

1. 8255A的内部结构

8255A的内部结构如图9.2所示，由数据端口、组控制电路、数据总线缓冲器、读/写控制逻辑4部分组成。

1) 数据端口

8255A具有三个8位的数据端口，分别为端口A(PA)、端口B(PB)和端口C(PC)。每个端口都有一个数据输入寄存器和一个数据输出寄存器，可以由程序设定为输入方式或者输出方式，但各个端口作为输入或输出端口时又有所不同。端口A具有一个8位数据输入锁存器和一个8位数据输出锁存器/缓冲器，当用端口A作为输入或输出时，数据均受到锁存，故端口A可以用在数据双向传输的场合；端口B和端口C均具有一个8位数据输入缓冲器和一个8位数据输出锁存器/缓冲器。因此，当用端口B或端口C作为输入端口时，不能对数据进行锁存，而作为输出端口时，数据才具有锁存功能，即只能用于单向传输。

端口A和端口B通常作为8位的I/O端口独立使用；端口C既可以作为一个8位的I/O端口使用，也可以分成两个4位I/O端口使用，还可以定义为控制、状态端口，配合端口A和端口B工作。

2) A组和B组控制电路

A组控制电路包括端口A及端口C的高4位，B组控制电路包括端口B及端口C的

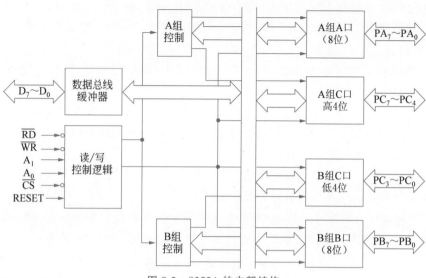

图 9.2 8255A 的内部结构

低 4 位。这两组控制部件主要有两个功能：一是接收来自芯片内部数据总线上的控制字，决定两组端口的工作方式或者是实现对端口 C 的按位置/复位操作；二是接收来自读/写控制逻辑电路的读/写命令，产生相应的读/写操作。其中，控制字寄存器只能写入，而不能读出。

3) 数据总线缓冲器

数据总线缓冲器是一个双向、三态的 8 位数据缓冲器，8255A 正是通过它实现与系统数据总线的连接。所有输入数据、输出数据、CPU 发给 8255A 的控制字以及 8255A 的状态信息等都是通过该部件进行传送的。

4) 读/写控制逻辑

读/写控制逻辑电路完成对 8255A 内部三个数据端口和一个控制端口的译码，从系统控制总线接收 RESET、$\overline{RD}$ 和 $\overline{WR}$ 信号组合后产生控制命令，并将由此产生的控制命令传送给 A 组和 B 组控制电路，从而完成对数据信息的传输控制。

2. 8255A 的引脚功能

8255A 采用 NMOS 工艺制造，单一＋5V 电源供电，40 引脚双列直插式封装。其引脚信号如图 9.3 所示。

$PA_7 \sim PA_0$：端口 A 的数据输入/输出引脚，与外设相连。

$PB_7 \sim PB_0$：端口 B 的数据输入/输出引脚，与外设相连。

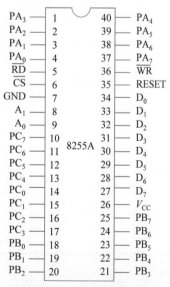

图 9.3 8255A 的引脚信号

$PC_7 \sim PC_0$：端口 C 的数据输入/输出引脚，与外设相连。

$D_7 \sim D_0$：双向、三态数据线。用于 CPU 向 8255A 发送命令、数据和 8255A 向 CPU 回送状态、数据。

$\overline{RD}$：读信号。当其为低电平有效时，CPU 从 8255A 的端口中读取数据或状态信息。

$\overline{WR}$：写信号。当其为低电平有效时，CPU 向 8255A 发送数据或控制命令。

RESET：复位信号。当其为高电平有效时，8255A 内部的所有寄存器被清零，A、B、C 三个端口均被设置为输入方式。

$\overline{CS}$：片选信号。只有其为低电平有效时，才能对 8255A 进行读/写操作。该片选信号通常由系统地址总线经过地址译码器译码产生。

A_1、A_0：芯片内部端口地址线，通常与系统地址总线的低位相连。A_1、A_0 的编码和 $\overline{RD}$、$\overline{WR}$、$\overline{CS}$ 各引脚电平的组合可以形成对 8255A 的基本读/写操作，见表 9.1。

表 9.1 8255A 端口地址选择及基本操作

$\overline{CS}$	A_1	A_0	$\overline{RD}$	$\overline{WR}$	操作	内容
0	0	0	0	1	读 A 口	数据
0	0	1	0	1	读 B 口	数据
0	1	0	0	1	读 C 口	数据
0	0	0	1	0	写 A 口	数据
0	0	1	1	0	写 B 口	数据
0	1	0	1	0	写 C 口	数据
0	1	1	1	0	写控制寄存器	控制字

说明：8086 CPU 的外部数据总线为 16 条，其中数据总线的低 8 位总对应一个偶地址，高 8 位总对应一个奇地址。在 8255A 和 8086 CPU 相连时，若将 8255A 的数据线 $D_7 \sim D_0$ 接到 8086 CPU 数据总线低 8 位上，从 CPU 角度看，要求 8255A 的端口地址应为偶地址，这样才能保证对 8255A 的端口读/写能在一个总线周期内完成。故将 8255A 的 A_1 和 A_0 分别和 8086 数据总线的 A_2 和 A_1 对应相连，而将 8086 地址总线的 A_0 总设为 0，即 8255A 的端口地址为 4 个相邻的偶地址。例如，如果端口 A 地址为 0060H，则端口 B、端口 C 和控制端口地址分别为 0062H、0064H 和 0066H。

9.1.3 8255A 的工作方式与控制字

1. 8255A 的工作方式

8255A 共有三种不同的工作方式，每种工作方式都有各自的特点，并且不同方式所对应的引脚信号定义和工作时序也不相同，这些工作方式可以通过 CPU 向 8255A 写命令控制字来设置。

1) 方式 0

方式 0 是一种基本的输入/输出工作方式,其特点是与外设传送数据时无固定的输入/输出联络(应答)信号。A、B、C 三个端口都可以工作于方式 0,其中端口 A 和端口 B 可以作为 8 位的输入或输出端口使用,端口 C 既可以作为 8 位的输入或输出端口,也可以作为两个 4 位(高 4 位和低 4 位)的输入或输出端口使用。因此,8255A 可产生 16 种不同的输入/输出组合方式,此时输出是锁存的,但输入只有缓冲而无锁存功能。

在使用无条件传送或查询式传送数据时,常使用方式 0。无条件传送方式适合同步数据传输的场合,若工作在无条件传送方式下,CPU 和外部设备之间不需要应答信号,可以对三个端口直接进行读/写操作。若工作在查询式传送方式下,则需将端口 C 中的某些位分别作为 A 口和 B 口的联络信号(即控制信息和状态信息)。所以,这时需将端口 C 的低 4 位和高 4 位分别定义为输入和输出。

2) 方式 1

方式 1 是一种选通的输入/输出方式。在这种方式下,端口 A 和端口 B 可作为数据的输入或输出端口使用,但必须利用端口 C 中的某些位提供的选通、应答信号进行工作,而且这些信号与端口 C 中的这些位有着固定的对应关系,不可以通过程序改变。

方式 1 通常用于查询方式或中断方式传送数据。

注意:在方式 0 中,虽然也可以指定端口 C 中的某些位作为选通、应答信号,但这种指定是由用户完成的,即用户可以通过编程指定利用端口 C 的哪些位。但在方式 1 中,这些选通、应答信号是固定不变的,用户不能改变。

C 口的某些位作为选通和应答信号时,输入和输出工作状态不同,各位所代表的意义也不同。下面按照输入和输出两种情况进行介绍。

(1) 方式 1 输入。

端口 C 配合端口 A 和端口 B 输入数据时,各指定了三条线用作外部设备和 CPU 之间的应答信号,信号如图 9.4 所示。

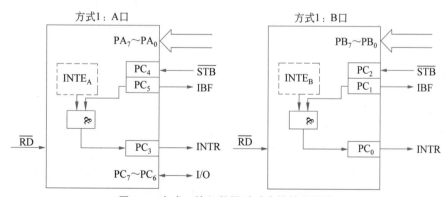

图 9.4 方式 1 输入数据时对应的控制信号

C 口的相应选通、应答线定义如下。

$\overline{STB}$:选通输入信号,低电平有效。该信号由外部设备提供给 8255A,当其有效时,表示外部设备已经准备好数据,8255A 可以从数据口读入数据到输入锁存器。该信号规

定用 PC_4 对应于 A 口,用 PC_2 对应于 B 口。

IBF:输入缓冲器满信号,高电平有效。该信号由 8255A 提供给外部设备,当其有效时,表示数据已经锁存在输入锁存器中。当 CPU 从 8255A 中将数据取走后,在读信号的上升沿使 IBF 信号复位成低电平,以通知外部设备输入新的数据。该信号规定用 PC_5 对应于 A 口,用 PC_1 对应于 B 口。

INTR:中断请求信号,高电平有效。该信号是 8255A 向 CPU 发出的中断请求信号,在 $\overline{STB}$、IBF 均为高电平时有效,即当数据锁存于数据锁存器,并使 IBF 信号有效后,在选通信号 $\overline{STB}$ 由低变高的时刻,如果中断允许信号 INTE 有效(即允许中断),则 8255A 使 INTR 有效,向 CPU 发出中断请求,CPU 发出的读信号 $\overline{RD}$ 有效后,INTR 端降为低电平。该信号规定用 PC_3 对应于 A 口,用 PC_0 对应于 B 口。

INTE:中断允许信号。该信号为 8255A 的内部中断允许或屏蔽信号,当 INTE=1 时,允许中断;当 INTE=0 时,禁止中断。该信号没有外部引出端,INTE A 和 INTE B 置"1"和清零是通过对 PC_4 和 PC_2 的按位置位/复位操作完成的。

注意:在方式 1 中,对 PC_4 和 PC_2 的位操作只影响 INTE 的状态,而不会影响 PC_4 和 PC_2 引脚的电平状态。

(2) 方式 1 输出。

方式 1 输出时端口 C 各位的含义如图 9.5 所示。

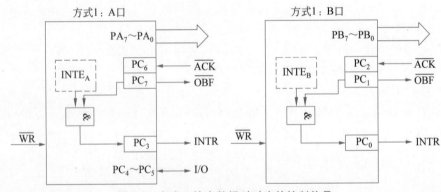

图 9.5 方式 1 输出数据时对应的控制信号

各信号的功能如下。

$\overline{OBF}$:输出缓冲器满信号,低电平有效。通常该信号由 8255A 提供给外部设备。当该信号有效时,表示 CPU 已经把数据输出到 8255A 的相应端口,外部设备可以取走数据了。该信号规定用 PC_7 对应于 A 口,用 PC_1 对应于 B 口。

$\overline{ACK}$:响应信号,低电平有效。该信号有效时,表示外部设备已经将数据从 8255A 取走。8255A 一方面利用该信号的下降沿使 $\overline{OBF}$ 变高,通知外部设备 8255A 没有新的数据,另一方面利用该信号的上升沿使 INTR 变高,向 CPU 申请发送新的数据。该信号规定用 PC_6 对应于 A 口,用 PC_2 对应于 B 口。

INTR:中断请求信号,高电平有效。该信号是 8255A 向 CPU 发出的中断请求信号。当 $\overline{ACK}$ 为高电平,且 $\overline{OBF}$ 也为高电平时,如果中断允许信号 INTE 有效(即允许中断),则 8255A 使 INTR 有效,作为请求 CPU 进行下一次数据输出的中断请求信号。该信号规定用 PC_3 对应于 A 口,用 PC_0 对应于 B 口。

INTE:中断允许信号。与方式 1 下的输入情况相同,该信号也没有外部引出端,INTE A 和 INTE B 置"1"和清零是通过对 PC_6 和 PC_2 的按位置/复位操作完成的。同样,对 PC_6 和 PC_2 的位操作只影响 INTE 的状态,而不会影响 PC_6 和 PC_2 引脚的电平状态。

3)方式 2

方式 2 是一种双向选通输入/输出方式,仅适用于端口 A。在这种工作方式下,端口 A 同时既可以作为输入端口也可以作为输出端口使用。此时,使用端口 C 中的 5 位作为端口 A 的选通、应答信号。实际上,方式 2 是方式 1 下 A 口输入和输出的组合。其控制信号如图 9.6 所示。

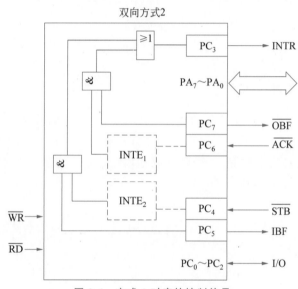

图 9.6 方式 2 对应的控制信号

由图 9.6 可知,在方式 2 中 PC_3 定义为中断请求信号 INTR,该信号具有双重定义。在输入数据时,当输入缓冲器满,且中断允许触发器 INTE 为 1 时,INTR 有效,向 CPU 发出中断申请;在输出数据时,当输出缓冲器空,且中断允许触发器 INTE 为 1 时,INTR 有效,向 CPU 发出中断申请。虽然在方式 2 下 I/O 端口共用一个中断请求信号,但中断允许位仍然是各自独立的。输入的中断允许位是 PC_4(INTE$_2$),输出的中断允许位是 PC_6(INTE$_1$)。

$PC_7 \sim PC_4$ 定义为 A 口的联络信号线,其中 PC_4 定义为输入选通信号 $\overline{STB}$,PC_5 定义为输入缓冲器满 IBF,PC_6 定义为输出应答信号 $\overline{ACK}$,PC_7 定义为输出缓冲器满 $\overline{OBF}$。

当 8255A 工作于方式 1 或方式 2 时,因为 C 口的某些位是作为固定联络信号的,所以可以通过读取 C 口的内容来测试或检验外部设备的状态。在不同的情况下,C 口的状态字格式不同,如图 9.7 所示。

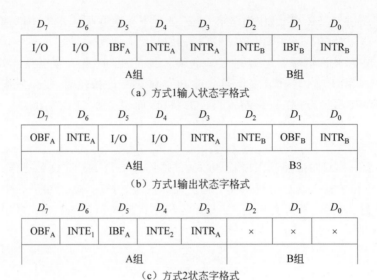

D_7	D_6	D_5	D_4	D_3	D_2	D_1	D_0
I/O	I/O	IBF_A	$INTE_A$	$INTR_A$	$INTE_B$	IBF_B	$INTR_B$
A组					B组		

（a）方式1输入状态字格式

D_7	D_6	D_5	D_4	D_3	D_2	D_1	D_0
OBF_A	$INTE_A$	I/O	I/O	$INTR_A$	$INTE_B$	OBF_B	$INTR_B$
A组					B3		

（b）方式1输出状态字格式

D_7	D_6	D_5	D_4	D_3	D_2	D_1	D_0
OBF_A	$INTE_1$	IBF_A	$INTE_2$	$INTR_A$	×	×	×
A组					B组		

（c）方式2状态字格式

图 9.7 8255A 的状态字

8255A 内部寄存器及访问方式

2. 8255A 的控制字

8255A 的工作方式和工作状态的建立是通过向 8255A 的控制端口写入相应控制字来实现的。8255A 有两个控制字，一个是工作方式控制字，另一个是对 C 口的按位置/复位控制字。这两个控制字共用一个端口地址，因此每个控制字都有自己的特征位来标识。

区分方式控制字与命令控制字

1）工作方式控制字

工作方式控制字用于设置 8255A 各数据端口的工作方式及数据传送方向，其格式如图 9.8 所示。

	A组控制				B组控制		
D_7	D_6	D_5	D_4	D_3	D_2	D_1	D_0
特征位 =1	A组工作方式 00 =方式0 01 =方式1 1× =方式2		A口 0 =输出 1 =输入	C口高4位 0 =输出 1 =输入	B组工作方式 0 =方式0 1 =方式1	B口 0 =输出 1 =输入	C口低4位 0 =输出 1 =输入

图 9.8 8255A 的工作方式控制字

各位的功能说明如下。

D_7：控制字特征位，必须为 1，表示该控制字为工作方式控制字。

D_6、D_5：端口 A 的工作方式选择。$D_6D_5=00$ 为方式 0，$D_6D_5=01$ 为方式 1，$D_6D_5=1×$ 为方式 2。

D_4：端口 A 的数据传送方向选择。$D_4=0$ 为输出，$D_4=1$ 为输入。

D_3：端口 C 高 4 位的数据传送方向选择。$D_3=0$ 为输出，$D_3=1$ 为输入。

D_2：端口 B 的工作方式选择。$D_2=0$ 表示方式 0，$D_2=1$ 表示方式 1。

D_1：端口 B 的数据传送方向选择。$D_1=0$ 为输出，$D_1=1$ 为输入。

D_0：端口 C 低 4 位的数据传送方向选择。$D_0=0$ 为输出，$D_0=1$ 为输入。

例如，要把端口 A 指定为方式 1，输出，端口 C 高 4 位为输入；端口 B 指定为方式 0，输入，端口 C 低 4 位指定为输出，则工作方式控制字应为 10101010B(AAH)。

若将此控制字写到 8255A 的命令寄存器，则实现了对 8255A 工作方式及端口功能的设定。

2) C 口置位/复位控制字

8255A 的置位/复位控制字用于指定端口 C 的某一位输出为高电平(置位)还是低电平(复位)，其格式如图 9.9 所示。

D_7	D_6	D_5	D_4	D_3	D_2	D_1	D_0
特征位 =0	\multicolumn{3}{c|}{未用，通常置为0}	\multicolumn{3}{c|}{位选择 000=PC_0 100=PC_4 001=PC_1 101=PC_5 010=PC_2 110=PC_6 011=PC_3 111=PC_7}		置位/复位选择 1＝置位 0＝复位

图 9.9　C 口置位/复位控制字格式

各位的功能如下。

D_7：特征位，必须为 0，表示该控制字是 C 口的置位/复位控制字。

$D_6 \sim D_4$：未用，可以为任意值。

$D_3 \sim D_1$：位选择。决定对端口 C 的哪一位按位操作，这三位组合后可选择 $PC_0 \sim PC_7$ 中的某一位。

D_0：对 $D_3 \sim D_1$ 所选择的位是置位("1")还是复位("0")。

例如，若要把 C 口的 PC_2 引脚置成高电平输出，则命令字应该为 00000101B(05H)。

9.1.4　8255A 应用举例

8255A 作为通用的 8 位并行通信接口芯片，用途非常广泛，可以与 8 位、16 位和 32 位 CPU 相连接，构成并行通信系统。在实际应用时，需要先将 8255A 初始化。即在程序的开头通过 CPU 向 8255A 写入工作方式控制字，从而设定接口功能。下面通过几个例子说明 8255A 的初始化编程及其在应用系统中的接口设计方法和编程技巧。

8255A 实际应用技巧及实例演示

【例 9.1】　设 8255A 工作于方式 0，端口 A 为输入，端口 B 为输出，端口 C 为输入，试对 8255A 进行初始化编程，设 8255A 的端口地址为 200H～203H。

初始化程序如下。

```
MOV  DX, 203H     ;8255A 控制字端口地址为 203H
MOV  AL, 99H      ;工作方式控制字为 10011001B 或 99H
OUT  DX, AL       ;送到控制字端口
```

初始化完成后就可以与 8255A 进行数据传送了。例如，可用如下程序段从 8255A 的端口 A 读取 1 字节的数据再输出到端口 B。

```
           MOV   DX,200H           ;A 口地址为 200H
           IN    AL,DX             ;从端口 A 读取 1 字节的数据
           MOV   DX,201H           ;B 口地址为 201H
           OUT   DX,AL             ;把读到的数据输出到端口 B
```

【例 9.2】 将 8255A 的 A 口作为与打印机的接口,工作于方式 0,实现把内存缓冲区 BUFF 中的字符打印输出。试完成相应的软硬件设计。

分析:在打印机和主机之间采用 Centronics 并行接口,它是国际公认的工业标准 8 位并行接口,共有 36 条线,其引脚编号排列见表 9.2。

表 9.2 Centronics 标准引脚信号

引 脚	名 称	方向(对打印机)	功 能
1	STROBE	入	数据选通,有效时接收数据
2~9	$DATA_1 \sim DATA_8$	入	数据线
10	ACKNLG	出	响应信号,有效时准备接收数据
11	BUSY	出	忙信号,有效时不能接收数据
12	PE	出	纸用完
13	SLCT	出	选择联机,指出打印机不能工作
14	AUTOLF	入	自动换行
31	INIT	入	打印机复位
32	ERROR	出	出错
36	SLCTIN	入	有效时打印机不能工作

它的工作流程是:主机将要打印的数据送上数据线,然后发选通信号。打印机将数据读入,同时使 BUSY 信号为高,通知主机停止传送数据。这时,打印机内部对读入的数据进行处理,处理完以后使 ACKNLG 有效,同时使 BUSY 失效,通知主机可以发下一个数据。

系统的硬件连线如图 9.10 所示。

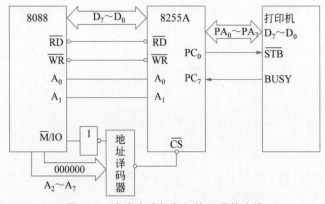

图 9.10 查询方式打印机接口硬件连线

由图 9.10 可知,系统通过对 PC_0 的置位/复位来产生选通信号,同时,由 PC_7 来接收打印机发出的"BUSY"信号作为能否输出的查询状态标志。

根据题目的要求设定 8255A 的控制字为 10001000B(88H)。即端口 A 为方式 0,输出;端口 C 的高 4 位为输入,低 4 位为输出。选通信号 PC_0 的置位命令为 00000001B 或 01H,复位命令为 00000000B 或 00H。

由图 9.10 可知,8255A 的 4 个口地址分别为 00H、01H、02H、03H。

程序编写如下。

```
DATA     SEGMENT
BUFF     DB 'This is a print program!','$'
DATA     ENDS
CODE     SEGMENT
         ASSUME  CS:CODE, DS:DATA
START:   MOV  AX, DATA
         MOV  DS, AX
         MOV  SI, OFFSET BUFF
         MOV  AL, 88H          ;初始化控制字,端口 A 为方式 0,输出
         OUT  03H, AL          ;端口 C 高 4 位为方式 0,输入,低 4 位为方式 0,输出
         MOV  AL, 01H
         OUT  03H, AL          ;使 PC₀置位,即使选通无效
WAIT1:   IN   AL, 02H
         TEST AL, 80H          ;检测 PC₇是否为 1,即是否"忙"
         JNZ  WAIT1            ;为忙则等待
         MOV  AL, [SI]
         CMP  AL, '$'          ;是否为结束符
         JZ   DONE             ;是则输出 Enter
         OUT  00H, AL          ;不是结束符,则从端口 A 输出
         MOV  AL, 00H
         OUT  03H, AL
         MOV  AL, 01H
         OUT  03H, AL          ;产生选通信号
         INC  SI               ;修改指针,指向下一个字符
         JMP  WAIT1
DONE:    MOV  AL, 0DH
         OUT  00H, AL          ;输出 Enter 符
         MOV  AL, 00H
         OUT  03H, AL
         MOV  AL, 01H
         OUT  03H, AL          ;产生选通
WAIT2:   IN   AL, 02H
         TEST AL, 80H          ;检测 PC₇是否为 1,即是否"忙"
         JNZ  WAIT2            ;为忙则等待
         MOV  AL, 0AH
         OUT  00H, AL          ;输出换行符
         MOV  AL, 00H
         OUT  03H, AL
```

```
                    MOV    AL, 01H
                    OUT    03H, AL              ;产生选通
                    MOV    AH, 4CH
                    INT    21H
          CODE      ENDS
                    END    START
```

【例 9.3】 将例 9.2 中 A 口的工作方式改为方式 1，采用中断方式将 BUFF 开始的缓冲区中的 100 个字符从打印机输出。

假设打印机接口仍采用 Centronics 标准，仍用 PC_0 作为打印机的选通，8255A 的 A 口作为数据通道，8255A 的中断请求信号（PC_3）接至系统中断控制器 8259A 的 IR_3，硬件连线同例 9.2，如图 9.11 所示。

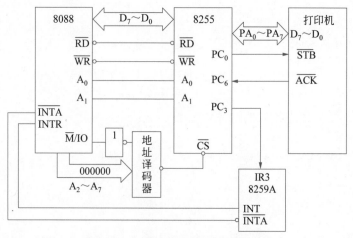

图 9.11 中断方式打印接口硬件连线

分析：根据题目要求，8255A 的工作方式控制字为 1010×××0B；置位 PC_0 的命令字为 00000001B（01H），复位命令字为 00000000B（00H）。置位 PC_6 的命令字为 00001101B（0DH），以允许 8255A 的端口 A 通过中断输出数据。

由图 9.11 可以分析出，8255A 的 4 个口地址分别为 00H、01H、02H、03H。假设 8259A 初始化时送 ICW_2 为 08H，则 8255A 端口 A 的中断类型号是 0BH，此中断类型号对应的中断向量应放到中断向量表中从 0002CH 开始的连续 4 个单元中。分别编写主程序及中断服务程序代码如下：

```
          DATA      SEGMENT
          BUFF      DB  'This is a print program!' , '$'
          DATA      ENDS
          CODE      SEGMENT
                    ASSUME  CS:CODE,DS:DATA
          START:    MOV    AX, DATA
                    MOV    DS, AX
;主程序初始化 8255A 及 8259A,并初始化中断向量表
          MAIN:     MOV    AL, 0A0H
```

```
                OUT    03H, AL              ;设置 8255A 的控制字
                MOV    AL, 01H              ;使选通无效
                OUT    03H, AL
                PUSH   DS
                XOR    AX, AX
                MOV    DS, AX
                MOV    AX, OFFSET  ROUTINTR
                MOV    WORD  PTR[002CH], AX
                MOV    AX, SEG  ROUTINTR
                MOV    WORD  PTR[002EH], AX ;送中断向量
                MOV    AL, 0DH
                OUT    03H, AL              ;使 8255A 端口 A 输出允许中断
                POP    DS
                MO     VDI, OFFSET  BUFF    ;设置地址指针
                MOV    CX, 99               ;设置计数器初值
                MOV    AL, [DI]
                OUT    00H, AL              ;输出一个字符
                INC    DI
                MOV    AL, 00H
                OUT    03H, AL              ;产生选通
                INC    AL
                OUT    03H, AL              ;撤销选通
                STI                         ;开中断
NEXT:           HLT                         ;等待中断
                LOOP   NEXT                 ;修改计数器的值
                HLT
;中断服务程序段
ROUTINTR:       MOV    AL, [DI]
                OUT    00H, AL              ;从端口 A 输出一个字符
                MOV    AL, 00H
                OUT    03H, AL              ;产生选通
                INC    AL
                MOV    03H, AL              ;撤销选通
                INC    DI                   ;修改地址指针
                IRET                        ;中断返回
CODE            ENDS
                END    START
```

【例 9.4】 利用 8255A 将 4 位开关的二进制状态输入,经程序转换为对应的 LED 段选码(字形码)后,再输出到 8 位 LED 显示器。试完成相应的软硬件设计。

分析:

(1) 本系统中有两组外设需要控制,一组是 4 位开关输入设备,一组是 8 位 LED 显示输出设备,由于两组外设均比较简单,在与 CPU 进行数据交换时可以采用无条件方式,故 8255A 在本系统中选择工作方式 0。

(2) 8255A 在方式 0 下,A 口和 B 口可以做单向数据输入或输出,C 口的高 4 位和低 4 位可以做单向数据输入或输出。据此,本例的硬件电路设计方案不唯一,可以使用 A 口的低 4 位数据接 4 位开关,完成输入;使用 B 口的 8 位数据接 LED 段控,完成输出显示。

硬件电路连接设计如图 9.12 所示。

解答:

在上述硬件电路设计的基础上,设 8255A 端口 A 的地址为 D_0H,端口 B 的地址为

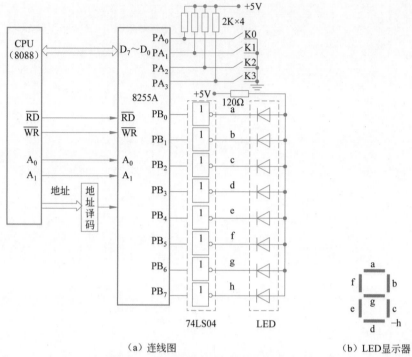

(a) 连线图 (b) LED显示器

图 9.12 8255A 开关及 LED 接口电路设计

D_1H，端口 C 的地址为 D_2H，控制口的地址为 D_3H，则本例的初始化及输入、输出控制程序如下：

```
        DATA    SEGMENT
        SCODE   DB  3FH,06H,5BH,4FH,66H,6DH,7DH,07H
                DB  7FH,67H,77H,7CH,39H,5EH,79H,71H
        DATA    ENDS
        CODE    SEGMENT
                ASSUME CS:CODE,DS:DATA
        START:  MOV AX,DATA
                MOV DS,AX
                MOV AL,90H              ;设置方式选择控制字,A 口工作于方
                                        ;式 0 输入,B 口工作于方式 0 输出
                OUT 0D3H,AL
        RDPA:   IN  AL,0D0H             ;读 A 口
                AND AL,0FH              ;取 A 口低 4 位
                MOV BX,OFFSET SCODE     ;取 LED 段选码表首地址
                XLAT                    ;查表,AL←(BX+AL)
                OUT 0D1H,AL             ;从 B 口输出 LED 段选码,显示相应字形符号
                MOV AX,XXXXH            ;延时
        DELAY:  DEC AX
                JNZ DELAY
                MOV AH,1                ;判断是否有键按下
                INT 16H
                JZ  RDPA                ;若无,则继续读端口 A
                MOV AH,4CH              ;否则返回 DOS
                INT 21H
        CODE    ENDS
        END     START
```

7 段数码管动画演示

9.2 可编程定时/计数器 8253 及其应用

9.2.1 定时与计数概念

在微型计算机应用系统中经常会用到定时控制或计数控制,如定时中断、定时检测、定时扫描、各种计数等。定时和计数功能在工作原理上是相同的,都是记录输入脉冲的个数,只是定时是记录高精度晶振脉冲信号的,侧重于输出精确的时间间隔,称为定时器;而计数则记录时间间隔不等的随机到来的脉冲信号,侧重于输出脉冲的个数,称为计数器。

一般来讲,实现定时/计数大致可采用以下三种方法。

1. 软件定时

软件定时就是利用程序段实现,即采用循环方式让 CPU 执行一段不完成任何其他功能的程序段,通过改变循环次数来控制执行时间。这种方法通用性和灵活性都比较好,但由于 CPU 在执行延时程序并不做任何有意义的工作,从而降低了它的利用率。而且,由于不同系统的时钟频率不一样,造成了同一定时程序段的定时时间也会有差别,因此,软件定时不适用于通用性和准确性要求较高的场合。

2. 硬件定时器

这种方法是由硬件电路实现的定时/计数器,如采用专用定时芯片或数字逻辑电路构成定时电路等。这样的定时电路比较简单,但电路一旦形成,若要改变定时/计数的要求,就须改变电路的参数,所以,硬件定时器通用性、灵活性较差。

3. 可编程定时/计数器

可编程定时/计数器是一种具有定时/计数功能的专用芯片,其定时时间和计数值可以很容易由软件来确定和改变。芯片设定好以后可与 CPU 并行工作,不占用 CPU 时间,等计数器计时到预定时间,便自动形成一个输出信号,用于向 CPU 提出中断请求。这种方法可以很好地解决以上两种定时存在的不足,所以被广泛应用在各种定时或计数场合。

在各种微处理器芯片中都有可编程定时/计数器,应用较多的是 Intel 公司的 8253/8254 或是与其兼容的其他可编程定时/计数器芯片或模块。8253 和 8254 的计数脉冲频率不同,8253 最高为 2.6MHz,而 8254 可以达到 10MHz,这也是它们两者仅有的不同。本节主要介绍 8253 的基本工作原理及其应用。

9.2.2 8253 的内部结构与引脚功能

1. 8253 内部结构

8253 由数据总线缓冲器、读/写控制逻辑、控制字寄存器及三个计数器(计数器 0、1 和 2)组成,其内部结构如图 9.13 所示。

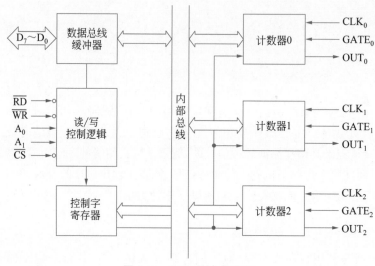

图9.13　8253的内部结构

1）数据总线缓冲器

数据总线缓冲器是一个三态、双向的 8 位寄存器，8 位数据线 $D_7 \sim D_0$ 与 CPU 系统的数据总线连接，构成 CPU 和 8253 之间信息传送的通道，CPU 通过该数据总线缓冲器向 8253 写入控制命令、计数初值或读取计数值。

2）读/写控制逻辑

读/写控制逻辑用来接收 CPU 系统总线的读/写控制信号、片选信号和端口选择信号，以决定三个计数器、控制字寄存器中的哪一个进行工作，以及数据传送的方向。

3）控制字寄存器

控制字寄存器是一个只能写入而不能读出的 8 位寄存器，用于接收 CPU 送来的控制字，以选择计数器及其相应的工作方式等。

4）计数器

8253 内部有三个结构完全相同而又相互独立的 16 位减"1"计数器，每个计数器有 6 种不同的工作方式，各自可按照编程设定的方式进行工作。如图 9.14 所示，每个计数器均由一个 16 位的可预置初值的寄存器、一个减 1 计数器及一个输出锁存器构成，每个计数器可按二进制或 BCD 码进行减 1 计数。

8253 初始化时，首先向计数通道装入计数初值，将其先送到计数初值寄存器中保存，然后再送到减 1 计数器。计数器启动后（GATE 信号有效），在时钟脉冲 CLK 作用下，开始进行减 1 计数，直至计数值减到 0，输出 OUT 信号，计数结束。计数初值寄存器的内容在计数过程中保持不变。因此，若想知道在计数过程中的当前值，则必须将当前值锁存后，从输出锁存器读出，而不能从减 1 计数器中读出。

2. 8253 引脚功能

8253 是双列直插式 24 脚封装的芯片，采用 NMOS 工艺制造，单一＋5V 电源供电。其引脚信号如图 9.15 所示，各引脚功能定义如下。

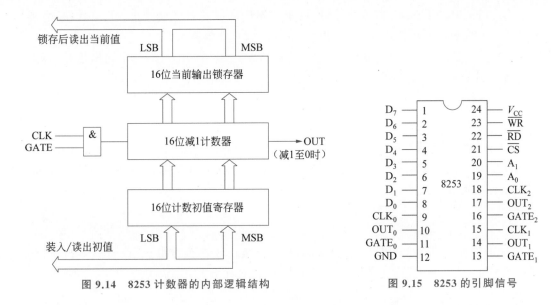

图 9.14　8253 计数器的内部逻辑结构　　　图 9.15　8253 的引脚信号

$D_7 \sim D_0$：双向、三态数据线。与 CPU 数据总线相连,用于传递 CPU 与 8253 之间的数据信息、控制信息和状态信息。具体包括写入 8253 的控制字、计数初值及读计数器的当前值等。

$\overline{CS}$：片选信号,输入。当其低电平有效时,表示 8253 被选中,允许 CPU 对其进行读/写操作。$\overline{CS}$ 通常连接 I/O 端口地址译码电路输出端。

$\overline{RD}$：读信号,输入,低电平有效。用于控制 CPU 对 8253 的读操作,可与 A_1、A_0 信号配合读取某个计数器的当前计数值。

$\overline{WR}$：写信号,输入,低电平有效。用于控制 CPU 对 8253 的写操作,可与 A_1、A_0 信号配合以决定是写入控制字还是计数初值。

A_1、A_0：端口地址选择线,用于 8253 片内译码,以选择内部三个计数器和控制字寄存器端口地址。一片 8253 共占用 4 个端口地址,A_0、A_1 与片选信号及读/写信号共同决定了对 8253 各端口的操作功能,详见表 9.3。

表 9.3　8253 端口地址分配及读/写操作

$\overline{CS}$	$\overline{RD}$	$\overline{WR}$	A_1	A_0	寄存器选择及其操作
0	1	0	0	0	写计数器 0
0	1	0	0	1	写计数器 1
0	1	0	1	0	写计数器 2
0	1	0	1	1	写控制字
0	0	1	0	0	读计数器 0
0	0	1	0	1	读计数器 1
0	0	1	1	0	读计数器 2

$CLK_0 \sim CLK_2$：时钟脉冲输入信号,用于输入定时基准脉冲或计数脉冲。

$GATE_0 \sim GATE_2$：门控输入信号，用于控制计数器的启动或停止。当 GATE 为高电平时，允许计数器工作，当 GATE 为低电平时，禁止计数器工作。

$OUT_0 \sim OUT_2$：计数器输出信号，当计数结束时，会在 OUT 端产生输出信号，不同的工作方式有不同的输出波形。

9.2.3　8253 的控制字与工作方式

8253 内部寄存器及访问方式

8253 的每个计数器都有 6 种不同的工作方式，每种工作方式的设置可通过写入方式控制字实现。同一芯片中的三个计数器可以通过初始化分别设定为不同的工作方式，用户可根据需要进行选择。

1. 8253 的控制字

8253 的控制字格式如图 9.16 所示，主要用于实现 4 方面功能：选择计数器；设定计数器数据的读、写格式；设置计数器的工作方式；设置计数器计数的数制。

D_7	D_6	D_5	D_4	D_3	D_2	D_1	D_0
SC_1	SC_0	RL_1	RL_0	M_2	M_1	M_0	BCD
计数器选择		读/写格式选择		工作方式选择			数制选择
00 =计数器0		00 =计数器锁存命令		000 =方式0			0 = 二进制
01 =计数器1		01 =只读/写低字节		001 =方式1			1 = BCD码
10 =计数器2		10 =只读/写高字节		×10 =方式2			
11 =无效		11 =先读/写低字节 后读/写高字节		×11 =方式3 100 =方式4 101 =方式5			

图 9.16　8253 的控制字格式

$D_7 D_6$：计数器选择。由于 8253 的三个计数器共用同一个控制端口地址，因此需要由这两位来具体确定是对哪个计数器进行设置。

$D_5 D_4$：读/写计数器控制。该两位规定了向 16 位计数器写入初值或读取计数值时的格式。00 是计数器锁存命令，当要读取计数器中的计数值时必须先发出计数器锁存命令，把当前计数值锁存到输出锁存器中时，才能读取，同时又不影响计数器的计数进行；01、10 和 11 用于定义计数初值单/双字节操作以及操作顺序。

$D_3 \sim D_1$：计数器工作方式选择。该三位用于确定计数器的工作方式。

D_0：计数初值数制选择。0 为二进制计数；1 为 BCD 码计数。当采用二进制计数时，写入计数器的初值用二进制数表示，初值范围为 0000～FFFFH，其中，0000 表示最大值 65536（2^{16}）；当采用 BCD 码计数时，写入计数器的初值用 BCD 码表示，初值范围为 0000～9999H，其中，0000 表示最大值 10000（10^4）。

2. 8253 的工作方式

8253 共有 6 种不同工作方式，每一种方式都有其特点和应用范围，学习时应注意以下几点。

(1) 计数启动方式。

计数的开始可分为软件启动和硬件启动。软件启动时,计数初值写入后计数过程随即开始;硬件启动则是在写入计数初值后由门控信号 GATE 的上升沿触发计数过程。

(2) OUT 输出波形。

OUT 是计数器的输出,在不同的工作方式中其输出的波形各不相同。对于 OUT 的输出波形需要重点关注的几个时刻:一是控制字写入控制寄存器后 OUT 输出的起始电平;二是计数开始后的电平;三是计数过程中电平变化及计数结束后的电平。

(3) 门控信号 GATE 对计数过程的影响。

在软件启动方式中,GATE 为高电平允许计数,低电平停止计数;在硬件启动方式中,GATE 的上升沿重新触发计数过程。

(4) 单次计数或循环计数。

减 1 计数器减至 0 时计数过程结束,称为单次计数;如果计数初值寄存器将初值重新加载给减 1 计数器,自动开始下一次计数过程称为循环计数。

三个计数器不论工作在哪种方式下,都应遵循以下规则。

(1) 控制字写入控制寄存器后,控制逻辑电路复位,输出信号 OUT 进入初始状态(高电平或低电平)。

(2) 计数初值写入"计数初值寄存器"后,经过一个时钟周期送入"减 1 计数器"。

(3) 通常在时钟脉冲 CLK 的上升沿对门控信号 GATE 采样。在不同工作方式下,对门控信号的触发方式有不同的要求。

(4) 在时钟脉冲 CLK 的下降沿,计数器减"1"计数。

下面分别对 8253 的 6 种工作方式进行介绍。

1) 方式 0(计数结束时产生中断)

方式 0 的工作时序如图 9.17 所示。其计数过程为:在写入控制字 CW 后,OUT 立即变为低电平,并且在计数过程中一直维持低电平。在 GATE=1 的前提下,写入计数初值 n 之后,在 $\overline{WR}$ 信号上升沿之后的下一个 CLK 脉冲计数值装入计数器,并开始计数。在计数过程中,OUT 引脚一直保持低电平,直到计数为"0"时,其输出才由低电平变为高电平,并且保持高电平。

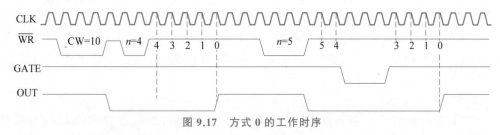

图 9.17 方式 0 的工作时序

方式 0 的特点如下。

(1) OUT 初始电平为低电平。

(2) 计数初值无自动装入功能,若要继续计数,需重新写入计数初值。

(3) 当 GATE 为高电平时,才允许计数,且在计数过程中,如果 GATE 变为低,则暂停计数,直到 GATE 变高后再接着计数。

(4) 在计数期间若给计数器装入新值,则会在写入计数初值后重新开始计数过程。

2) 方式1(可重复触发的单稳态触发器)

方式 1 的工作时序如图 9.18 所示。其计数过程为:在写入控制字 CW 后,OUT 立即变为高电平,写入计数初值 n 后,计数器并不开始计数,而是直到 GATE 上升沿触发之后的第一个 CLK 的下降沿时才启动计数,并使 OUT 引脚由高电平变为低电平。在整个计数过程中,OUT 引脚始终保持低电平,直到计数为"0"时变为高电平。一个计数过程结束后,OUT 引脚输出一个宽度为 n 个 CLK 周期的负脉冲。

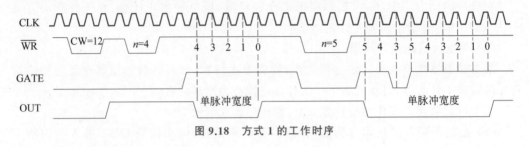

图 9.18 方式 1 的工作时序

方式 1 的特点如下。

(1) 硬件启动计数,即由门控信号 GATE 的上升沿触发计数。

(2) 可重复触发。计数到"0"后,不需再次送计数初值,只要再次出现 GATE 上升沿脉冲,即可产生一个同样宽度的单稳脉冲。

(3) 计数过程中,若装入新的计数初值,当前计数值将不受影响,仍继续计数直到结束。计数结束后,只有再次出现 GATE 上升沿脉冲,才按新初值启动计数。

(4) 计数过程中,若门控信号 GATE 又产生新的触发脉冲,则计数器将立即从初值开始重新计数,直到计数结束,OUT 端才变为高电平。利用这一功能,可延长 OUT 输出的单脉冲宽度。

3) 方式 2(分频器)

方式 2 的工作时序如图 9.19 所示。其工作过程为:写入控制字 CW 之后,OUT 立即变为高电平,在写入计数初值 n 之后第一个 CLK 的下降沿将 n 装入计数器,在门控信号 GATE 为高电平时,开始减 1 计数。在计数过程中,OUT 引脚始终保持高电平,直到计数器减为"1"时,OUT 引脚变为低电平,维持一个时钟周期后(即计数减为"0"),又恢复为高电平,同时自动将计数值 n 加载到计数器,重新启动计数,形成循环计数过程,OUT 引脚连续输出负脉冲。

方式 2 的特点如下。

(1) 计数初值有自动装入功能,不用重新写入计数值,计数过程可由 GATE 信号控制。

(2) 在计数过程中,当 GATE 为低电平时,暂停计数;在 GATE 变为高电平后的下一个 CLK 脉冲使计数器恢复计数初值,重新开始计数。

(3) 若计数初值为 n,则 OUT 引脚上每隔 n 个时钟脉冲就输出一个负脉冲,其频率为输入时钟脉冲频率的 $1/n$,故方式 2 也称为分频器。OUT 端输出的是输入 CLK 脉冲

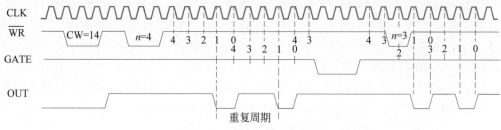

图 9.19 方式 2 的工作时序

的 n(初值)分频。

(4) 在计数过程中,若装入新的计数初值,则当前输出不受影响。在下次自动装入初值时才按新值计数。

4) 方式 3(方波发生器)

方式 3 的工作时序如图 9.20 所示。其工作原理与方式 2 类似,有自动重复计数功能,但 OUT 引脚输出的波形不同。当计数初值 n 为偶数时,OUT 输出对称的方波信号,正负脉冲的宽度为 $n/2$ 个时钟周期;当计数初值 n 为奇数时,OUT 输出不对称的方波信号,正脉冲宽度为 $(n+1)/2$ 个时钟周期,负脉冲宽度为 $(n-1)/2$ 个时钟周期。方式 3 的特点与方式 2 相同,只是输出波形不同。

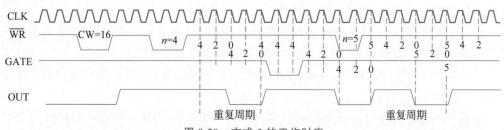

图 9.20 方式 3 的工作时序

5) 方式 4(软件触发的选通计数)

方式 4 的工作时序如图 9.21 所示。其工作过程为:写入控制字 CW 后,OUT 立即变为高电平,在写入计数初值 n 之后的第一个 CLK 的下降沿将 n 装入计数器,待下一个计数脉冲信号 CLK 到来且门控信号 GATE 为高电平时(即软件启动),开始计数。当计数为"0"时,OUT 引脚由高电平变为低电平,维持一个时钟周期后,OUT 又从低电平变为高电平。一次计数过程结束后,OUT 引脚输出宽度为一个时钟周期的负脉冲信号。

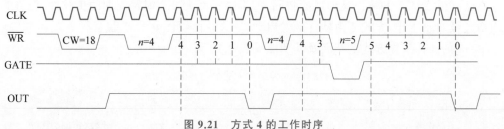

图 9.21 方式 4 的工作时序

方式 4 的特点如下。

(1) 无自动重复计数功能,只有在写入新的计数初值后,才能开始新的计数。

(2) 若设置的计数初值为 n,则在写入计数初值 n 个时钟脉冲之后,才使 OUT 引脚产生一个负脉冲信号。

6) 方式 5(硬件触发计数器)

方式 5 与方式 1 的工作原理相似,也是由 GATE 门控信号的上升沿触发计数器来计数,但它的输出波形为单脉冲选通信号,同方式 4,工作时序如图 9.22 所示。

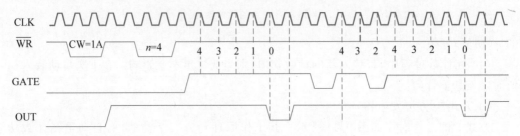

图 9.22 方式 5 的工作时序

方式 5 的特点如下。

(1) 硬件启动计数,即由门控信号 GATE 的上升沿触发计数。

(2) 可重复触发。计数到"0"后,不需再次送计数初值,只要 GATE 信号再次出现上升沿,即可产生一个同样宽度的单稳脉冲。

(3) 计数过程中,若装入新的计数初值,只要 GATE 信号不出现上升沿,则当前输出不受影响。如果在这以后,GATE 出现上升沿,计数器才开始按新值计数。

(4) 计数过程中,若门控信号 GATE 又产生新的触发脉冲,则重新开始计数。此时输出的单脉冲宽度会变长。

方式 5 的输出波形与方式 4 相同。两种工作方式的区别是:方式 4 为软件启动计数,即 GATE=1,写入计数初值时启动计数;方式 5 为硬件启动计数,即先写入计数初值,再由 GATE 的上升沿触发后,才启动计数。

8253 的 6 种不同工作方式,它们的特点不同,因此所实现的功能和应用的场合也就不同。其特点可总结如下。

(1) 方式 0、2、3、4 为软件触发方式,方式 1、5 为硬件触发方式。

(2) 方式 0、1、4、5 为单次计数,方式 2、3 为循环计数。方式 1、5 在 GATE 重复触发的情况下,也可以实现循环计数。

(3) 方式 2、4、5 的输出波形虽然相同,即都是宽度为一个时钟周期的负脉冲,但方式 2 可以连续自动工作,方式 4 由软件触发启动,方式 5 由硬件触发启动。

8253 的 6 种工作方式的特点及其功能见表 9.4。

表 9.4 8253 的 6 种工作方式的特点及其功能

工作方式	OUT 触发计数方式	OUT 终止计数方式操作	初始值自动装载	功 能
0	高电平	低电平	无	计数(定时)中断
1	上升沿	无影响	无	单脉冲发生器

续表

工作方式	OUT 触发计数方式	OUT 终止计数方式操作	初始值自动装载	功　能
2	高电平或上升沿	低电平	有	频率发生器或分频器
3	高电平或上升沿	低电平	有	方波发生器或分频器
4	高电平	低电平	无	单脉冲发生器
5	上升沿	无影响	无	单脉冲发生器

9.2.4　8253 的初始化编程及应用举例

1. 8253 的初始化编程

同 8255 等可编程接口芯片一样，8253 在工作之前也必须先进行初始化，即设定其工作方式、计数初值等。在初始化时，由于 8253 的三个计数器的控制字是各自独立的，且计数初值都有各自的编程地址，因此初始化编程顺序就比较灵活。可以写入一个计数器的控制字和计数初值之后，再写入另一个计数器的控制字和计数初值，也可以把所有计数器的控制字都写入之后，再写入各自的计数初值。不管采用哪种方法，都需要注意两点。第一点是计数器的控制字必须写在其计数初值之前。第二点是如果写入的计数初值为 8 位，则只需写低 8 位，高 8 位自动置 0；如果计数初值为 16 位，而且其低 8 位为 0，则只写计数初值的高 8 位即可，低 8 位自动置 0；如果计数初值为 16 位，且高、低 8 位都不为 0，则需分两次写入，先写入低 8 位，再写入高 8 位。

下面通过举例说明 8253 的初始化编程方法。

【例 9.5】 在某微型计算机系统中，设 8253 的端口地址为 2A0H～2A3H，现要求其计数器 0 工作于方式 1，按二进制计数，计数初值为 5080H，则初始化程序段如下。

```
MOV  DX,2A3H        ;控制字端口地址为 2A3H
MOV  AL,32H         ;控制字为 00110010B
OUT  DX,AL          ;写入控制字到端口地址
MOV  DX,2A0H        ;计数器 0 端口地址为 2A0H
MOV  AL,80H
OUT  DX,AL          ;先写计数初值的低 8 位到计数器 0
MOV  AL,50H
OUT  DX,AL          ;再写计数初值的高 8 位到计数器 0
```

【例 9.6】 在某微型计算机系统中，设 8253 的端口地址为 40H～43H，现要求计数器 0 工作于方式 3，计数初值为 1234，按 BCD 码计数；计数器 2 工作于方式 2，计数初值为 61H，采用二进制计数，则其初始化程序段如下。

```
MOV  AL,00110111B   ;计数器 0 控制字
OUT  43H,AL         ;写入控制端口
MOV  AX,1234H       ;计数初值 1234
OUT  40H,AL         ;写入计数器 0 的低字节
MOV  AL,AH
```

```
    OUT   40H,AL              ;写入计数器 0 的高字节
    MOV   AL,10010100B         ;计数器 2 控制字
    OUT   43H,AL              ;写入控制端口
    MOV   AL,61H              ;计数初值 61H
    OUT   42H,AL              ;写入计数器 2 的低字节
```

在实际的应用系统中,除了需要对 8253 进行初始化编程以外,往往还需要在计数过程中对 8253 执行读操作,以取得计数器的当前计数值。从 8253 的计数器中读取当前计数值有直接读取和锁存读取两种方法,直接读取方法使用不太方便,现已很少使用,这里主要介绍锁存读取方法。

锁存读取是专门为在计数过程中读取数据而设计的一种方法,这种方法可以在计数过程中既读出数据又不影响计数操作。使用时,要先向 8253 计数器发一个锁存命令,即设置方式控制字的 D_5D_4 两位为 00,而低 4 位可以全为 0。当 8253 接收到此锁存命令后,输出锁存器中的当前计数值就被锁存下来而不再随减 1 计数器变化。计数值被锁存以后,就可以用输入指令读取该计数值。当数据被读出之后,锁存器自动解除锁存而又开始随减 1 计数器变化。

【例 9.7】 设某微型计算机系统中 8253 的端口地址为 2A0H～2A3H,要求读取计数器 1 的计数值,采用锁存器锁存方式,则其程序段如下。

```
    MOV   DX,2A3H
    MOV   AL,40H              ;计数器 1 的锁存命令
    OUT   DX,AL
    MOV   DX,2A1H
    IN    AL,DX               ;读取计数器 1 的低 8 位数据
    MOV   AH,AL               ;暂存于 AH 中
    IN    AL,DX               ;读取计数器 1 的高 8 位数据
    XCHG  AL,AH               ;AX 中为计数器 1 的 16 位计数值
```

注意:因为 8253 的计数器是 16 位的,所以在读取计数值时要分两次读至 CPU。

2. 8253 在微型计算机中的应用

在微型计算机系统中,经常需要采用定时/计数器进行定时或计数控制。如在 PC/XT 系统中,计数器 0 用于定时时钟,计数器 1 用于 DRAM 定时刷新,计数器 2 用于驱动扬声器工作,接口电路如图 9.23 所示。

三个计数器的时钟信号 $CLK_2 \sim CLK_0$ 由系统时钟 4.77MHz 经四分频后的 1.19MHz 提供。

计数器 0 工作在方式 3,$GATE_0$ 接高电平,OUT_0 直接接到 8259A 的 IR_0(总线的 IRQ_0)引脚,要求每隔 55ms 产生一次定时中断,用于系统实时时钟和磁盘驱动器的电机定时。

计数器 1 工作在方式 2,$GATE_1$ 接高电平,OUT_1 输出经 D 触发器后作为对 DMA 控制器 8237A 通道 0 的 $DREQ_0$ 信号,每隔 15.1μs 定时启动刷新 DRAM。

计数器 2 工作在方式 3,$GATE_2$ 由 8255A 芯片的 PB_0 控制,当 PB_0 的输出使 $GATE_2$ 为高电平时,计数器 2 方能工作,OUT_2 输出的方波与 8255A 芯片的 PB_1 信号共

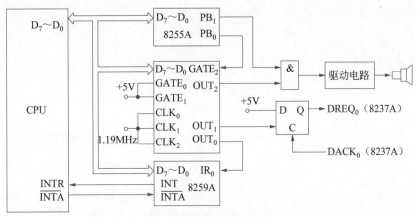

图 9.23　8253 的接口电路

同接入一个"与"门来控制扬声器的音调，而扬声器发声的长短取决于 OUT_2 信号延续时间的多少。

各个计数器的计数初值计算如下。

计数器 0：55ms（54.925493ms）产生一次中断，即每秒产生 18.206 次中断请求，所以，计数初值 $= 1.19318 \times 10^6 \times 54.925493 \times 10^{-3} = 65535.99973774 \approx 65536$（即 0000H）。

计数器 1：在 PC/XT 计算机中，要求在 2ms 内进行 128 次刷新操作，由此可计算出每隔 $2ms \div 128 = 0.015625ms$ 必须进行一次刷新操作。所以，计数初值 $= 0.015625ms \times 1000 \times 1.19318MHz = 18.6434375$，可取 18。

计数器 2：假设扬声器的发声频率为 1kHz，则计数初值 $= 1.19318MHz \div 1kHz = 1193.18$。

设 8253 的端口地址为 40H～43H，8255A 的端口地址为 60H～63H。下面给出计数器 0 和计数器 1 的初始化程序及计数器 2 的扬声器驱动程序。

计数器 0 的初始化程序如下。

```
        MOV     AL,36H          ;计数器 0,方式 3,二进制计数,先低字节后高字节
        OUT     43H,AL          ;写入控制端口
        MOV     AL,0            ;计数初值 0000H
        OUT     40H,AL          ;写计数初始值低字节
        OUT     40H,AL          ;写计数初始值高字节
```

计数器 1 的初始化程序如下。

```
        MOV     AL,54H          ;计数器 1,方式 2,二进制计数,只写低字节
        OUT     43H,AL          ;写入控制端口
        MOV     AL,18           ;计数初值为 18
        OUT     41H,AL          ;写计数初值
```

计数器 2 的发声驱动程序如下。

```
BEEP    PROC    FAR
        MOV     AL,0B6H         ;计数器 2,方式 3,二进制计数,先低字节后高字节
```

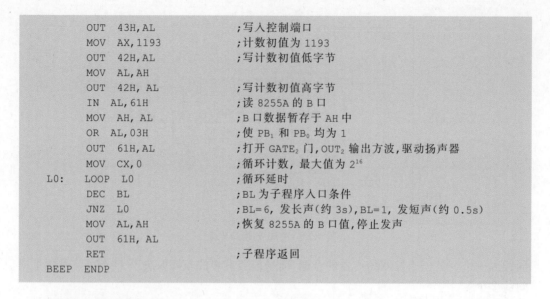

3. 8253 的应用实例

【例 9.8】 在 8086 系统中,现有频率为 1MHz 的信号源,使用 8253 实现输出周期 1s 的方波信号。请设计硬件接口电路并编写相应的驱动程序。

分析:

(1) 输出方波信号,8253 选择方式 3 对信号源进行分频。

(2) 如果想得到周期 1s 的方波,此例中需要将 1MHz 信号分频为 1Hz,分频倍数为 10^6。8253 的计数器是 16 位的,最大计数值为 $2^{16}=65536$,也就是说一个计数器最多可以将 CLK 信号分频 65536 倍。因为 $65536 < 10^6$,所以仅使用 8253 的一个计数器不能实现,只能采用两个计数器级联的方式。8253 有 3 个计数器,可以使用其中的任意 2 个级联,故设计方案不唯一。本例中采用计数器 0 和计数器 1 级联,也就是计数器 0 对 1MHz 信号源进行分频后,OUT_0 输出的信号作为计数器 1 的计数脉冲连至 CLK_1,具体硬件连接设计如图 9.24 所示。

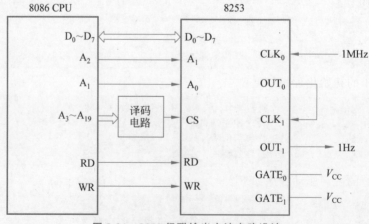

图 9.24 8253 级联输出方波电路设计

在上述硬件电路设计基础上,假设 8253 的 4 个端口地址分别为 0640H、0642H、0644H 和 0646H,设置两个计数器各分频 1000 倍,则实现本例功能的软件驱动程序如下。

```
DATA    SEGMENT
A8253   EQU  0640H
B8253   EQU  0642H
C8253   EQU  0644H
CON8253 EQU  0646H
DATA    ENDS
CODE    SEGMENT
        ASSUME  CS:CODE,DS:DATA
START:  MOV  AX, DATA
        MOV  DS, AX;
        MOV  DX, CON8253        ; 8253控制口地址
        MOV  AL, 36H            ; 计数器0,方式3
        OUT  DX, AL
        MOV  DX, A8253          ; 8253计数器0初值寄存器地址
        MOV  AX, 1000           ; 计数初值1000,将1MHz分频为1kHz
        OUT  DX, AL
        MOV  AL, AH
        OUT  DX, AL
        MOV  DX, CON8253        ; 8253控制口地址
        MOV  AL, 76H            ; 计数器1,方式3
        OUT  DX, AL
        MOV  DX, B8253          ; 8253计数器1初值寄存器地址
        MOV  AX, 1000           ; 计数初值1000,将1kHz分频为1Hz
        OUT  DX, AL
        MOV  AL, AH
        OUT  DX, AL
AA1:    MOV  AH,4CH
        INT 21H
CODE    ENDS
        END  START
```

9.3 串行通信与可编程串行接口芯片 8251A 及其应用

9.3.1 串行通信基本概念

串行通信是在单根传输线上将二进制位依次传输的过程,与并行通信相比,虽然其传输速率较低,但由于其可以节约大量线路成本,因此非常适合远距离数据传输。通信网及计算机网络中服务器与站点之间、各个站点之间都以串行方式传输数据。另外,由于串行通信的抗干扰能力也大大强于并行通信,因此,很多高速外部设备如数码相机、移动硬盘等,也往往使用串行通信方式与微型计算机进行通信。在实际应用中,通信设备一般都配带串行通信接口。

1. 串行通信方式

在串行通信中，根据通信线路的数据传送方向，有单工、半双工和全双工三种基本的通信方式。

1) 单工通信方式

单工通信方式如图9.25(a)所示。其特点是：通信双方一方为发送设备，另一方为接收设备，传输线只有一条，数据只能按一个固定的方向传送。

2) 半双工通信方式

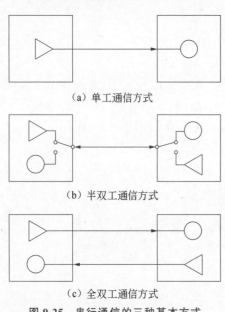

(a) 单工通信方式

(b) 半双工通信方式

(c) 全双工通信方式

图 9.25　串行通信的三种基本方式

半双工通信方式如图9.25(b)所示。其特点是：通信双方既有发送设备，也有接收设备，但传输线只有一条，因此在同一时间只能作一个方向的传送，而不能同时收发数据。通常信息传送方向由收发控制开关来控制，实现分时传送。

3) 全双工通信方式

全双工通信方式如图9.25(c)所示。其特点是：通信双方既有发送设备，也有接收设备，并且数据的发送和接收分别由两根传输线分别进行传输，可以实现通信双方在同一时刻进行发送和接收操作。这种全双工方式在通信线路和通信机理上相当于两个方向相反的单工方式的组合。

目前，在微型计算机通信系统中，单工通信方式很少采用，多数是采用半双工或全双工通信方式。

2. 串行通信类型

在串行通信中，通信双方收发数据序列必须在时间上取得一致，这样才能保证接收数据的正确性。按照通信双方发送和接收数据序列在时间上取得一致的方法不同，串行通信可分为异步串行通信和同步串行通信两大类。

1) 异步串行通信

在异步通信中，被传送的信息通常是一个字符代码或一个字节数据，它们都以规定的相同传送格式一帧一帧地发送或接收。之所以称为"异步"，是因为在两个字符之间的传输间隔是任意的，但是在一个字符内部的位与位之间是同步的，即字符内部的各位以预先规定的速率传送。在异步通信中，发送方和接收方可以不用同一个时钟信号。为保证异步通信的正确传输，接收方必须能识别字符从哪一位开始，到何时结束。因此，需要在每个字符的前后加上一些分隔位来表示字符的开始和结束，这就形成了一个完整的串行传送字符，称为一帧信息（字符帧格式）。

通常字符帧格式由 4 部分组成，依次为起始位、数据位、奇偶校验位和停止位，如图 9.26 所示。

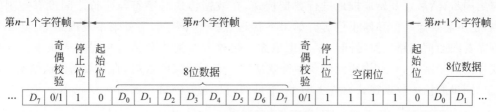

图 9.26　异步通信字符帧格式

各部分功能介绍如下。

起始位：是一帧数据的开始标志，占一位，低电平有效。在没有数据传送时，通信线上处于逻辑"1"（高电平）状态；当出现一个逻辑"0"（低电平）状态时，意味着一个字符信息开始传送。

数据位：紧接在起始位之后，是传送的有效信息。数据的位数没有严格限制，可以是 5 位、6 位、7 位或 8 位，由初始化编程设定，但规定是由低位到高位逐位传送。

奇偶校验位：0～1 位，数据位发送完（或接收完）之后，可发送（或接收）奇偶校验位，用于传送数据的有限差错检测或表示数据的一种性质，是发送方和接收方预先约定好的一种检验（检错）方式。当然也可以没有奇偶校验位，由初始化编程设定。

停止位：高电平，表示一个字符帧信息的结束，也为发送下一个字符帧信息做好准备。根据字符数据的编码位数，可以选择 1 位、1.5 位或 2 位，由初始化编程设定。

在异步通信中，字符与字符之间的传输间隔是不固定的，可以是任意长。因此，在一个字符信息传送完成而下一个字符还没有开始传送之前，要在通信线上加空闲位，空闲位用高电平"1"表示。

异步通信的大致工作过程为：数据传送开始后，接收设备不断检测传输线上是否有起始位到来，当接收到一系列的"1"（空闲或停止位）之后，检测到第一个"0"，说明起始位出现，就开始接收所规定的数据位、奇偶校验位及停止位。经过接收器处理，将停止位去掉，把数据位拼装成一个字节数据，经校验无误，则接收完毕。当一个字符接收完毕后，接收设备又继续测试传输线，监视"0"电平的到来和下一个字符的开始，直到全部数据接收完毕。

因此，在异步通信中，发送方和接收方要事先约定传送的字符格式，如数据位、停止位各采用多少位、采用何种校验形式，此外还要设定收发双方的波特率等。

由于采用异步通信方式，接收方不需要和发送方使用同一个时钟信号进行同步，且允许有一定的频率误差，对时钟同步的要求不严格，因此控制比较简单，实现方便。但由于每个字符都需要添加起始位、停止位等信息，使得额外开销较大，降低了有效信息传送的效率，因而适合低速通信场合。对于高速串行通信，一般采用同步协议。

2）同步串行通信

同步通信方式就是将多个字符组成一个信息组，以数据块的方式进行传送，每个数据块（称为信息帧）的前面加上一个或两个同步字符或标识符作为帧的起始边界，后面加上校验字符,帧的结束可以用结束控制字符也可以在帧中设定长度。

在同步通信过程中,发送方在开始发送数据信息之前,要先发送同步字符使接收方与之同步,然后才开始成批地进行数据传送,在数据传送时字符与字符之间没有空闲间隔,也不需要起始位和停止位等。如果在传送过程中下一个字符来不及准备好,则发送方需要在通信线路上发送同步字符来填充。接收方在接收数据时首先进入位串搜索方式寻找同步字符,一旦检测到同步字符就从这一点开始接收数据,直到数据传送结束。

同步通信的数据格式有许多类型,常见的同步通信帧格式如图 9.27 所示。

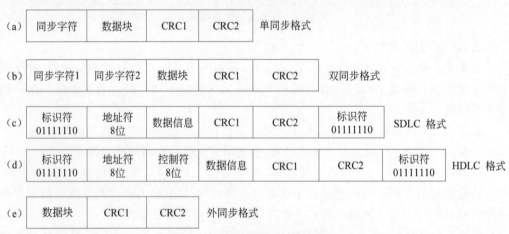

图 9.27　常见的同步通信帧格式

在如图 9.27 所示的同步通信帧格式中,除数据块字节数不受限制外,其他控制字符都只占 1 字节。

同步通信又可以分为面向字符的同步通信和面向比特的同步通信两种。面向字符的同步通信是把帧看作由若干字符组成的数据块,并规定一些特殊的字符作为同步字符及传送过程中的控制信息,最典型的是 IBM 公司的二进制同步通信规程(Binary Synchronous Communication,BSC),它定义了 10 个控制字符来控制数据的传送,称为通信控制字。在数据传送过程中,数据和控制字符都在同一帧中传送。

面向比特的同步通信是把数据及控制信息看作比特流的组合,而且它靠约定的比特组合模式来标识帧的开始和结束。最有代表性的是 IBM 公司的同步数据链路控制协议(Synchronous Data Link Control,SDLC)和 ISO 的高级数据链路控制规程(High level Data Link Control,HDLC),如图 9.27(c)和图 9.27(d)所示。在这两种格式中,采用一个特殊的位模式 01111110 作为一帧信息的开始和结束标志。为实现标识符编码的唯一性,避免在传送的数据中也出现帧的标识符,从而导致传送错误,协议采用了"0"位插入/删除技术。具体做法是发送方在发送数据时,如果遇到连续 5 个"1"则自动插入 1 个"0";接收方在连续收到 5 个"1"后就自动将其后的"0"删除,以恢复信息的原义。这种"0"位插入/删除是由硬件自动实现的。

在同步通信过程中,发送方和接收方必须要保持完全同步,否则就会出现传输错误,因此发送方和接收方要使用同一个时钟信号。通常情况下,当发送方和接收方的距离较近时可以通过增加一根时钟信号线使双方采用相同的时钟信号。当发送方和接收方距离较远时,可以通过编码技术将发送时钟信号和数据采用同一根信号线传输,接收方收到数据后再从中提取出时钟信号并接收数据,如采用曼彻斯特编码技术等。

显而易见,数据传输效率高是同步传输的优点,因此,同步通信适合连续传输大量数据的场合。但同步传输不仅要保持每个字符内各位以固定的时钟频率传输,而且还要管理字符间的定时,对收、发双方时钟同步的要求特别高,必须配备专用的硬件电路获得同步时钟。硬件电路复杂是同步通信的缺点。

3. 波特率及传输率

波特率是指每秒传送的二进制位数,其单位是 bps(bits per second,b/s)。波特率是衡量串行数据传输速率快慢的一个重要指标,波特率越高,传输速率越快。目前,国际上规定了一个标准的波特率系列:110b/s、300b/s、600b/s、1200b/s、1800b/s、2400b/s、4800b/s、9600b/s、14.4kb/s、19.2kb/s、28.8kb/s、33.6kb/s 及 56kb/s 等。在微型计算机通信中,常用的波特率标准有 110b/s、300b/s、600b/s、1200b/s、2400b/s、4800b/s、9600b/s、19200b/s 等。在大多数串行接口电路中,发送波特率和接收波特率是可以分别设置的,但接收方的接收波特率须与发送方的发送波特率相同。

传输率是指数据传送的速率。在串行通信中,传输率用波特率来表示,所以传输率和波特率是相同的。但是在采用调制解调技术将数字信号变成模拟信号进行通信时,波特率和传输率就不一定相同了。如在采用调相制时,允许取 4 种相位,每种相位表示两个数位,这时传输率就是波特率的 2 倍。

4. 信号调制与解调

当采用串行通信方式传输数字信号时,传送线间的电容效应极易引起数字信号波形失真。随着传送距离的增加,这种失真现象也会越来越严重,从而严重影响传送数据的可靠性。为解决这类问题,就需要在发送端用调制器将数字信号变换成模拟信号后再发送到通信线路上,而在接收端收到模拟信号后再用解调器把模拟信号还原为数字信号。由于通信大多是双向的,因此人们把调制器和解调器组合成一个装置——调制解调器(Modem)。图 9.28 所示为利用调制解调器在电话线上进行远程通信的情形。

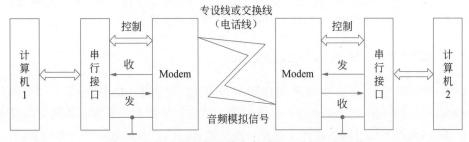

图 9.28 利用调制解调器在电话线上进行远程通信

在数据通信中有三种基本的调制方法,分别为频移键控(FSK)、幅移键控(ASK)、相移键控(PSK)。它们分别按照传输数字信号的变化规律去改变载波(即音频模拟信号)

的频率、幅度和相位,如图9.29所示。在计算机通信中多使用频移键控法,它的基本工作原理是把数字信号"0"和"1",分别调制成不同的频率通过电话线来传输,在接收端再通过解调器把不同频率的模拟信号转换为原来的数字信号。

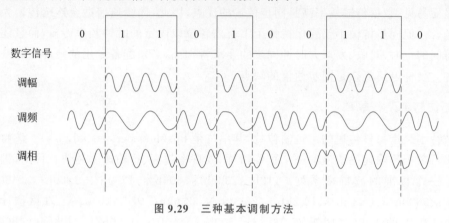

图 9.29　三种基本调制方法

5. 差错控制

在串行通信过程中,系统本身软、硬件的问题及物理通道上的衰减、杂音、传输延迟、干扰等,会使得传输的信息发生错误。因此需要采取差错控制技术。通常把如何发现传输中的错误称为检错,发现错误后如何消除错误称为纠错。实现检错、纠错的方法有很多种,如奇偶校验、循环冗余码校验(CRC)、海明码校验、交叉奇偶校验等。在串行通信中使用比较多的是奇偶校验和循环冗余码校验。其中,奇偶校验比较简单,而循环冗余码校验适合逐位出现的信号的运算。校验码在发送端的产生和在接收端的校验可以用硬件实现也可以用软件实现。

6. 串行接口芯片分类

常用的串行接口依它所支持的串行通信方式不同,可分为三类。第一类只支持异步通信方式,典型的芯片有 Intel 8250 和 16550 UART;第二类不仅支持异步通信,还支持同步通信,典型的芯片有 Intel 8251;第三类除异步通信、同步通信都支持外,还更支持 SDLC/HDLC 方式,典型的芯片有 Z80-SIO、Intel 8251A,其中以 Intel 8251A 最为普及。本节以 8251A 为例来说明串行接口芯片的功能、特点和用法。

9.3.2　8251A 的内部结构与引脚功能

Intel 8251A 芯片是一种通用的同步异步接收/发送器(Universal Synchronous/Asynchronous Receiver/Transmitter,USART),适合作异步起止式协议和同步面向字符协议的接口,通过编程可以实现同步或异步通信方式。8251A 具有如下主要特点。

(1) 支持同步和异步串行通信,可通过编程选择。

(2) 无论工作在异步通信还是同步通信,都可以通过编程选择其通信信息格式,信息格式在发送时自动形成。

(3) 支持全双工通信方式。

(4) 在异步通信时,波特率允许范围为 0~19200b/s;在同步通信时,波特率允许范围为 0~64000b/s。

(5) 支持出错检测,能对奇偶出错、帧格式出错和溢出错误进行检测。

(6) 能够与多种类型的 CPU 兼容。

(7) 支持 TTL 逻辑电平。

1. 8251A 的内部结构

8251A 主要由接收器、发送器、调制解调控制逻辑、读/写控制逻辑、数据总线缓冲器 5 部分组成,其内部结构如图 9.30 所示。

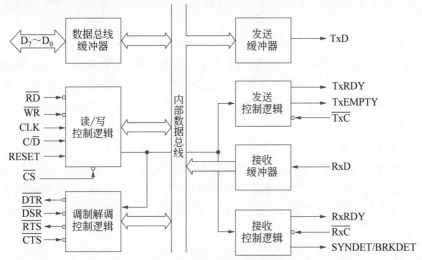

图 9.30 8251A 的内部结构

1) 接收器

接收器包括接收缓冲器和接收控制两部分,其主要功能是接收 RxD 引脚上的串行数据并按规定的格式把它转换为并行数据,存入数据总线缓冲器中。

其中的接收缓冲器又由移位寄存器和数码寄存器组成,其从 RxD 引脚上接收到串行数据,对串行数据流的特殊位(如奇偶位、停止位等)和字符(同步字符)进行检查、处理,按规定格式将串行数据转换为并行数据存放在缓冲器中。

接收控制用来协调接收缓冲器的工作,控制串行数据的接收。接收控制主要包括接收器准备好(RxRDY)、接收时钟($\overline{RxC}$)和同步检测(SYNDET)三条控制线。

2) 发送器

发送器包括发送缓冲器和发送控制两部分,其主要功能是将 CPU 送来的并行数据转换成串行数据,并按规定加上相应的控制信息,从 TxD 引脚发送出去。

其中的发送缓冲器工作在异步方式和同步方式时,所完成的功能不同。在异步方式时,发送缓冲器将接收到的并行数据加上起始位、奇偶校验位和停止位,然后在发送时钟的作用下,从 TxD 引脚一位一位地串行发送出去;在同步方式时,发送缓冲器在准备发送数据前先插入由初始化程序设定的同步字符,在数据中再插入奇偶校验位,然后同样在发送时钟的作用下由 TxD 引脚一位一位地发送出去。

发送控制则用来协调发送缓冲器的工作,控制串行数据的发送操作,主要包括发送器准备好(TxRDY)、发送器空(TxEMPTY)和发送时钟($\overline{\text{TxC}}$)三条控制线。

3) 调制解调控制逻辑

在进行远程通信时,要用调制器将串行接口送出的数字信号变为模拟信号,再发送出去,在接收端则要用解调器将模拟信号变为数字信号,再由串行接口送入 CPU。为了在 8251A 与 Modem 之间正确地传送数据,8251A 的调制解调控制逻辑提供了一组控制信号使 8251A 能和 Modem 直接连接。调制解调控制逻辑主要包括 4 条控制线:数据终端准备好($\overline{\text{DTR}}$)、数据设备准备好($\overline{\text{DSR}}$)、请求发送($\overline{\text{RTS}}$)和允许发送($\overline{\text{CTS}}$)。当 8251A 不与 Modem 相连而与其他外部设备连接时,这 4 条线可以作为控制数据传输的联络线。

4) 读/写控制逻辑

读/写控制逻辑用来接收 CPU 送出的寻址及控制信号,对数据在 8251A 内部总线上的传送方向进行控制。各种控制信号的组合决定了 CPU 与 8251A 之间的各种操作功能。

5) 数据总线缓冲器

数据总线缓冲器是三态、双向、8 位缓冲器,是 8251A 与 CPU 进行信息交换的通道,通常与系统数据总线相连。数据总线缓冲器由发送数据/命令缓冲器、接收数据缓冲器和状态缓冲器组成。CPU 可以通过输入指令对其执行读操作,以接收数据或读取 8251A 的工作状态信息,也可以通过输出指令对它进行写操作,以发送数据或写入 8251A 的控制字和命令字。

2. 8251A 的引脚信号

8251A 是 28 引脚双列直插式的封装芯片,使用单一 +5V 电源和单相时钟,其引脚信号如图 9.31 所示。

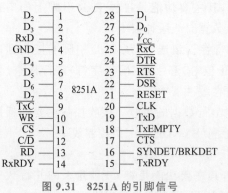

图 9.31　8251A 的引脚信号

8251A 芯片作为微机与外部设备或 Modem 之间的接口,其引脚信号线可以分为两组:一组是与 CPU 接口的信号线,另一组是与外部设备(Modem)接口的信号线。

1) 与 CPU 接口的信号线

$D_7 \sim D_0$:8251A 的三态、双向数据总线,通常直接与 CPU 的数据总线相连。CPU 与 8251A 之间的命令、数据和状态信息的传送都通过数据总线完成。

$\overline{\text{CS}}$:片选信号,低电平有效。通常片选信号由 CPU 的地址信号经译码后得到,当 $\overline{\text{CS}}$ 有效时,表示 8251A 被选中。

$\overline{\text{RD}}$:读信号。当其低电平有效时,表示 CPU 从 8251A 读取数据或状态信息。

$\overline{WR}$：写信号。当其低电平有效时，表示 CPU 向 8251A 写入命令或数据。

C/$\overline{D}$：控制/数据端口选择信号。此信号为高电平表示 CPU 对 8251A 写入命令字或读取状态信息，此信号为低电平则表示读/写 8251A 的数据。

上述 4 根引脚 $\overline{CS}$、$\overline{RD}$、$\overline{WR}$、C/$\overline{D}$ 的状态决定 8251A 的读/写操作，具体见表 9.5。

表 9.5 8251A 读/写操作

$\overline{CS}$	C/$\overline{D}$	$\overline{RD}$	$\overline{WR}$	操 作 功 能
0	0	0	1	CPU 从 8251A 输入数据
0	0	1	0	CPU 向 8251A 输出数据
0	1	0	1	CPU 读取 8251A 状态字
0	1	1	0	CPU 向 8251A 写入控制字

CLK：时钟信号。该信号用来产生 8251A 的内部时序。在同步方式时，CLK 的频率要大于接收器或发送器输入时钟频率的 30 倍；异步方式时，此频率要大于接收器或发送器输入时钟频率的 4.5 倍。

RESET：芯片复位信号，高电平有效。当该引脚上出现宽度为时钟信号 6 倍的高电平时，芯片复位。通常把它与系统的复位线相连，以便上电复位。

TxRDY：发送器准备好信号，高电平有效。只有当 8251A 允许发送（即 $\overline{CTS}$ 为低电平而 TxEMPTY 为高电平）且数据总线缓冲器为空时，此信号有效。该信号有效时，表示发送器已准备好接收 CPU 送来的数据，通知 CPU 可以向 8251A 发送数据。CPU 向 8251A 写入一个字符后，该信号自动复位。当 CPU 与 8251A 之间以查询方式工作时，此信号可作为状态信息供 CPU 查询。当 CPU 与 8251A 以中断方式工作时，该信号可以作为中断请求信号。

TxEMPTY：发送器空信号，高电平有效。该信号有效时，表示发送器中的并行串行转换器为"空"，即发送操作已经结束，发送器中的数据已发送出去了。在同步方式时，若 CPU 来不及输出一个新字符，则它变为高电平，同时发送器在输出线上插入同步字符，以填补传送空隙。

RxRDY：接收器准备好信号，高电平有效。此信号有效时，表示 8251A 已经从外部设备或 Modem 接收到一个字符，正等待 CPU 取走。在查询方式时，此信号可作为"联络"信号；在中断方式时，可作为向 CPU 的中断请求信号。当 CPU 读取一个字符后，此信号复位。

SYNDET：同步检测信号，该信号只用于同步方式。由 8251A 的初始化程序决定该引脚作为输入还是输出，即它工作于内同步或外同步方式。当工作于内同步方式时，该信号是输出，它为高电平表示 8251A 内部检测电路已检测到所要求的同步字符，8251A 已达到同步。若为双字符同步时，此信号在第二个同步字符的最后一位的中间变高。当 CPU 执行一次读状态操作时，SYNDET 复位。

当 SYNDET 工作于外同步方式时，该信号是输入。当从外部检测电路检测到同步字符时，在这个输入端输入一个正跳变，使 8251A 在下一个 $\overline{RxC}$ 的下降沿开始接收字符。

SYNDET 输入的高电平至少应维持一个 $\overline{RxC}$ 周期,直到 $\overline{RxC}$ 出现下一个下降沿。

2) 与外部设备(Modem)接口的信号线

$\overline{DTR}$:数据终端准备好信号。当该信号低电平有效时,通知调制解调器 8251A 已做好接收数据的准备可以进行通信。

$\overline{DSR}$:数据装置准备好信号,低电平有效。该信号是对 $\overline{DTR}$ 信号的应答信号,当其有效时表示外部设备(调制解调器)已准备好向 8251A 发送数据。

$\overline{RTS}$:请求发送信号,低电平有效。该信号通常用来请求 Modem 做好发送数据的准备。

$\overline{CTS}$:允许发送信号,低电平有效。该信号是对 $\overline{RTS}$ 信号的应答,只有该信号为低电平有效时,才允许 8251A 发送数据。

TxD:发送数据线,由 CPU 送来的并行格式字符在这条线上被串行地发送。

RxD:接收数据线,字符在这条线上串行地被接收,在接收器中转换为并行格式的字符。

此外,8251A 还提供有接收器时钟信号 $\overline{RxC}$、发送器时钟信号 $\overline{TxC}$ 及电源端、地端等。$\overline{RxC}$ 信号控制 8251A 接收字符的速率。在同步方式下,其频率等于波特率,由调制解调器供给;在异步方式下,其频率是波特率的 1、16 或 64 倍。8251A 在 $\overline{RxC}$ 的上升沿采样数据。$\overline{TxC}$ 信号控制 8251A 发送字符的速率,其频率与波特率的关系与 $\overline{RxC}$ 相同。数据在 $\overline{TxC}$ 下降沿由 8251A 移位输出。在实际使用中,$\overline{RxC}$ 和 $\overline{TxC}$ 常常连在一起,由同一个外部时钟来提供。

9.3.3　8251A 的控制字和初始化

8251A 是一个可编程的多功能通信接口芯片,在使用前必须对其进行初始化编程,以确定其工作方式。

1. 8251A 的控制字和状态字

1) 方式控制字

8251A 的方式控制字是复位后首先要写入的控制字,且只需写入一次,其格式如图 9.32 所示。

D_7	D_6	D_5	D_4	D_3	D_2	D_1	D_0
停止位/同步方式选择		奇偶校验		字符长度		工作方式选择	
异步时:	同步时:	×0=无校验		00=5位		00=同步	
00=不用	×0=内同步	01=奇校验		01=6位		01=异步 (k=1)	
01=1位	×1=外同步	11=偶校验		10=7位		10=异步 (k=16)	
10=1.5位	0×=双同步			11=8位		11=异步 (k=64)	
11=2位	1×=单同步					k 为波特率系数	

图 9.32　8251A 的方式控制字格式

D_1D_0:用于确定工作在同步方式还是异步方式。当 D_1D_0=00 时为同步方式;当

$D_1D_0 \neq 00$ 时为异步方式,且"01、10、11"三种组合用以选择输入时钟频率与波特率之间的比例系数。

D_3D_2:用于确定字符码的位数。

D_5D_4:用于确定奇偶校验的性质。

D_7D_6:在同步方式时,用于确定是内同步还是外同步以及同步字符的个数;在异步方式时,用于规定停止位的位数。

2) 命令控制字

8251A 的命令控制字用于确定 8251A 的实际操作,使 8251A 处于规定的工作状态,以便接收或发送数据,其格式如图 9.33 所示。

D_7	D_6	D_5	D_4	D_3	D_2	D_1	D_0
EH	IR	$\overline{RTS}$	ER	SBRK	RxE	$\overline{DTR}$	TxEN
进入搜索方式	内部复位	发送请求	错误标志复位	发中止字符	接收允许	数据终端准备好	发送允许

图 9.33 8251A 的命令控制字格式

D_0:发送允许 TxEN。$D_0=1$,允许发送;$D_0=0$,禁止发送。可作为发送中断屏蔽位。

D_1:数据终端准备就绪 $\overline{DTR}$。$D_1=1$,强置 $\overline{DTR}$ 有效,表示终端设备已准备好;$D_1=0$,使 $\overline{DTR}$ 无效。

D_2:接收允许 RxE。$D_2=1$,允许接收;$D_2=0$,禁止接收。可作为接收中断屏蔽位。

D_3:发中止字符 SBRK。$D_3=1$,强迫 TxD 为低电平,输出连续的空号;$D_3=0$,正常操作。

D_4:错误标志复位 ER。$D_4=1$,使错误标志(PE/OE/FE)复位。

D_5:发送请求 $\overline{RTS}$。$D_5=1$,强迫 $\overline{RTS}$ 为低电平,置发送请求 $\overline{RTS}$ 有效;$D_5=0$,置 $\overline{RTS}$ 无效。

D_6:内部复位 IR。$D_6=1$,使 8251A 回到方式控制字状态;$D_6=0$,不回到方式控制字状态。

D_7:进入搜索方式 EH。$D_7=1$,启动搜索同步字符;$D_7=0$,不搜索同步字符。

3) 状态控制字

8251A 的状态控制字用于存放其本身的状态信息,其格式如图 9.34 所示。8251A 在工作过程中,CPU 随时可以通过读取其状态控制字来了解它的工作状态。

D_7	D_6	D_5	D_4	D_3	D_2	D_1	D_0
$\overline{DSR}$	SYNDET	FE	OE	PE	TxEMPY	RxRDY	TxRDY
数据设备准备好	同步检出	帧出错	溢出错	奇偶校验错	发送器空	接收准备好	发送准备好

图 9.34 8251A 的状态控制字格式

D_0：发送准备好 TxRDY。表示当前发送缓冲器已空。即一旦发送缓冲器已空，该位就置1，它只表示一种8251A当前的工作状态。要注意，这里状态位 D_0 的 TxRDY 与芯片引脚上的 TxRDY 信号不同，状态位的 TxRDY 不受输入信号$\overline{CTS}$和控制位 TxEN 的影响，而 TxRDY 引脚要为高电平必须满足其他两个条件：一是要对 8251A 发操作命令，使其发送允许 TxEN＝1；二是 8251A 要从 Modem 输入一低电平使$\overline{CTS}$引脚为低电平有效。在数据发送过程中，TxRDY 状态和 TxRDY 引脚信号总是相同的。

D_1（接收准备好 RxRDY）、D_2（发送缓冲器空 TxEMPY）和 D_6（同步检测 SYNDET）：三个位状态的定义与其相应的引脚定义相同，可以供 CPU 随时查询。

D_3：奇偶校验错 PE。PE 为高电平表示当前发生了奇偶校验错误，但不影响 8251A 正常工作。

D_4：溢出错 OE。当前字符从 RxD 端输入时，如果 CPU 还没有来得及读取上一个字符，则上一个字符将被丢失，此时置位 OE（OE＝1），但不影响 8251A 正常工作。

D_5：帧出错 FE。当在字符的结尾没有检测到规定的停止位时，该标志置位（FE＝1），FE 只对异步工作方式有效，不影响 8251A 正常工作。

D_7：数据设备准备好$\overline{DSR}$。当该状态位为 1 时，表示外部设备或 Modem 已经做好发送数据的准备，同时发出低电平使 8251A 的$\overline{DSR}$引脚信号有效。

以上状态位中，D_3、D_4、D_5 这三个错误状态位均可由工作命令字的错误标志复位位（ER 位）复位。

2. 8251A 的初始化编程

对 8251A 进行初始化编程时，必须在系统复位之后（RESET 引脚为高电平），使得收发引脚处于空闲状态、各个寄存器处于复位状态的情况下。在初始化过程中，8251A 接收 CPU 发来的方式控制字和命令控制字，并通过其状态字向 CPU 提供自身的工作状态。由于 8251A 的方式控制字和命令控制字本身没有特征标志，8251A 是从它们的写入顺序来识别的。因此，8251A 的初始化程序必须严格按照规定的顺序编写。图 9.35 所示为其初始化流程。

由图 9.35 可知，8251A 的初始化必须在系统复位之后。8251A 的复位有两种方法：一种是系统复位，即打开电源或按下系统复位键后产生的复位脉冲将通过 RESET 端使 8251A 复位；另一种是内部复位，即以编程方法写入 D_6＝1 的命令控制字。

【例 9.9】 设 8251A 采用异步传送方式，帧数据格式为：字符长度 8 位，停止位 2 位，采用奇校验，波特率系数是 16，则方式控制字为 11011110B（DEH）。数据传输过程中允许接收和发送，使错误位全部复

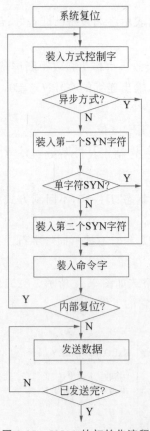

图 9.35　8251A 的初始化流程

位,并且以查询方式从 8251A 接收数据。

设 8251A 的数据口地址为 308H,控制口地址为 309H,则初始化程序段如下。

```
        MOV   DX,309H              ;8251A 控制口
        MOV   AL,0DEH              ;异步方式控制字
        OUT   DX,AL
        MOV   AL,00010101B         ;送命令控制字
        OUT   DX,AL
WAIT:   IN    AL,DX                ;读入状态字
        AND   AL,02H               ;检查 RxRDY 是否为 1
        JZ    WAIT                 ;不为 1,表示接收未准备好,则等待
        MOV   DX,308H              ;8251A 数据口
        IN    AL,DX                ;从 8251A 读入数据
```

【例 9.10】 若 8251A 采用同步通信,帧数据格式为:字符长度 8 位,双同步字符 (16H),内同步方式,采用奇校验,则方式控制字为 00011100B(1CH)。

设 8251A 的数据口地址为 308H,控制口地址为 309H,则初始化程序段如下。

```
        MOV   DX,309H
        MOV   AL,1CH               ;同步工作方式字
        OUT   DX,AL
        MOV   AL,16H
        OUT   DX,AL                ;写入第一个同步字符
        OUT   DX,AL                ;写入第二个同步字符
        MOV   AL,97H
        OUT   DX,AL                ;写入命令字
```

9.3.4　8251A 应用举例

【例 9.11】 本例以微型计算机系统中的 CRT 显示器串行通信接口为例来说明 8251A 的应用。在该系统中 8251A 作为 CRT 的串行通信接口。其硬件连接电路如图 9.36 所示。

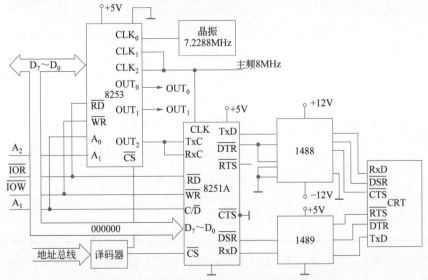

图 9.36　8251A 作为 CRT 串行通信接口的连接电路

在该系统中，8251A 的主时钟 CLK 由系统主频提供，为 8MHz。8251A 的发送时钟 TxC 和接收时钟 RxC 由 8253 的计数器 2 的输出供给。8251A 的片选信号由高位地址线经过译码器译码后得到。读/写信号分别与控制总线上的 $\overline{\text{IOR}}$ 和 $\overline{\text{IOW}}$ 信号相连。数据线 $D_7 \sim D_0$ 与系统的 16 位数据总线的低 8 位 $D_7 \sim D_0$ 相连。

8251A 的输入/输出信号都是 TTL 电平，而 CRT 的信号电平是 RS-232C 电平。因此，需要通过 1488 将 8251A 的输出信号变为 RS-232C 电平后送 CRT。同时也需要通过 1489 将 CRT 的输出信号变为 TTL 电平后送 8251A。

在实际使用中，当未对 8251A 送方式控制字时，如果要使 8251A 复位，一般采用先送三个 00H，再送一个 40H 的方法，这也是 8251A 的编程约定，40H 可以看成使 8251A 执行复位操作的实际代码。其实，即使在送了方式控制字之后，也可以用这种方法使 8251A 复位。

```
       ;8251A 的初始化程序段
INIT:  XOR   AX, AX         ;AX 清零
       MOV   CX, 0003
       MOV   DX, 0DAH       ;向控制口 DAH 送三个 00
LP1:   CALL  OUTD
       LOOP  LP1
       MOV   AL, 40H        ;向控制口 DAH 送一个 40H，使其复位
       CALL  OUTD
       MOV   AL, 4EH        ;向控制口 DAH 设置方式控制字，使其为异步方式
       CALL  OUTD           ;波特率因子为 16,8 位数据,1 位停止位
       MOV   AL, 27H        ;向控制口 DAH 送命令字，使发送器和接收器启动
       CALL  OUTD
            ⋮
       ;以下为输出子程序，将 AL 中数据输出到 DX 指定的端口
OUTD:  OUT   DX, AL
       PUSH  CX
       MOV   CX, 0002H      ;等待输出操作完成
LP2:   LOOP  LP2
       POP   CX             ;恢复 CX 的内容
       RET
```

当向 CRT 输出信息时，输出字符先放在堆栈中，发送程序先对状态字进行检测，以判断 TxRDY 位是否为 1，若为 1 表示当前发送缓冲区已空，CPU 可以向 8251A 输出一个字符。其程序段如下。

```
CHOUT:  MOV   DX, 0DAH      ;从状态口 DAH 读入状态字
STATE:  IN    AL, DX
        TEST  AL, 01H       ;测试状态位 TxRDY 是否为 1,若不为 1,继续测试
        JZ    STATE
        MOV   DX, 0D8H      ;数据端口为 D8H
        POP   AX            ;AX 中为要输出的字符
        OUT   DX, AL        ;向端口输出一个字符
```

在实际应用中，单一功能接口电路芯片往往不能完成系统功能，有时需要多个接口电路芯片的综合应用。下面介绍 8251A 完成串行自发自收的综合应用实例。

【例 9.12】 使用定时/计数器 8253 芯片提供发送和接收时钟，用 8251A 实现自发自

收,将 3000H 起始的连续 10 字节数据发送到串口,然后自接收并保存到 4000H 起始的内存单元中。系统使用 8086 CPU,提供频率为 1.8432MHz 的信号源,要求传输波特率为 9600b/s。试设计硬件接口电路并编写软件驱动程序。

分析:

(1) 8251A 在此例中使用异步传输方式,传送数据为字节类型,故数据传输格式可以设置为 8 个数据位,1 位偶校验位,1 位停止位,波特率因子选择 16。依据 8251A 方式字格式(见图 9.32),方式字应为 01111110B,即 7EH。

(2) 要求传输波特率为 9600b/s,波特率因子为 16,故 8251A 的发送和接收时钟频率应为 $9600 \times 16 = 153600$Hz,该信号由 8253 提供。而系统为 8253 提供的计数脉冲频率为 1.8432MHz 的信号源,故 8253 选择方式 3,计数初值选择 $1.8432 \times 10^6 / 153600 = 12$,可使用计数器 2 完成。

根据上述分析,8251A 自发自收硬件连接电路设计如图 9.37 所示。

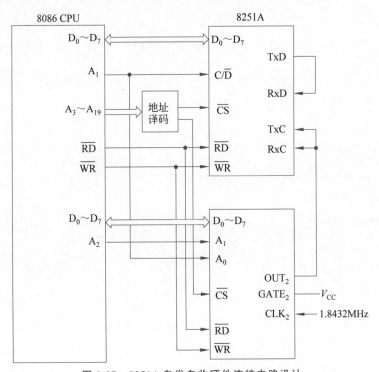

图 9.37　8251A 自发自收硬件连接电路设计

在上述硬件电路设计的基础上,假设 8251A 的端口地址为 0600H 和 0602H,8253 的端口地址为 0640H、0642H、0644H 和 0646H,编写软件驱动程序如下。

```
DATA    SEGMENT
M8251_DATA   EQU 0600H              ;端口定义
M8251_CON EQU 0602H
M8253_2 EQU 0644H
M8253_CON EQU 0646H
DATA    ENDS
```

```
STACK   SEGMENT STACK
DW 64 DUP(?)
STACK   ENDS
CODE    SEGMENT
        ASSUME CS:CODE,DS: DATA,SS: STACK
START:  MOV AX, DATA
        MOV DS, AX;              ;初始化8253,得到收发时钟
        MOV AL, 0B6H
        MOV DX, M8253_CON
        OUT DX, AL
        MOV AL, 0CH
        MOV DX, M8253_2
        OUT DX, AL
        MOV AL, 00H
        OUT DX, AL               ;复位8251A
        CALL INIT
        CALL DALLY
        MOV AL,7EH               ;8251A方式字,8个数据位,1个偶校验位,1位停止
                                 ;位,波特率因子选择16
        MOV DX, M8251_CON
        OUT DX, AL
        CALL DALLY
        MOV AL, 37H              ;8251A命令字
        OUT DX, AL
        CALL DALLY
        MOV SI, 3000H
        MOV DI, 4000H
        MOV CX, 000AH
A1:     MOV AL, [SI]
        PUSH AX
        MOV AL, 37H
        MOV DX, M8251_CON
        OUT DX, AL
        POP AX
        MOV DX, M8251_DATA
        OUT DX, AL               ;发送数据
        MOV DX, M8251_CON
A2:     IN AL, DX                ;判断发送缓冲是否为空
        AND AL, 01H
        JZ A2
        CALL DALLY
A3:     IN AL, DX                ;判断是否接收到数据
        AND AL, 02H
        JZ A3
        MOV DX, M8251_DATA
        IN AL, DX                ;读取接收到的数据
        MOV [DI], AL
        INC SI
        INC DI
        LOOP A1
        MOV AX,4C00H
        INT 21H                  ;程序终止
```

```
        INIT:   MOV   AL, 00H                    ;复位 8251A 子程序
                MOV   DX, M8251_CON
                OUT   DX, AL
                CALL  DALLY
                OUT   DX, AL
                CALL  DALLY
                OUT   DX, AL
                CALL  DALLY
                MOV   AL, 40H
                OUT   DX, AL
                RET
        DALLY:  PUSH CX                           ;延时
                MOV   CX,3000H
        A5:     PUSH AX
                POP AX
                LOOP A5
                POP CX
                RET
        CODE    ENDS
                END START
```

9.4 A/D 与 D/A 转换接口及其应用

9.4.1 A/D 及 D/A 转换概述

微型计算机处理的是数字量，而实际测控系统中被测控的对象如温度、压力、电压、流量、位移、速度和声音等这些都是非电的物理量（也称模拟量），必须经过适当的转换才能被微型计算机进行处理。这一转换过程就是 A/D(模/数)转换。将模拟量转换为数字量的器件称为模拟/数字转换器。当微型计算机对转换后的数字量进行处理之后，还需要把这些处理后的信息发送给外部设备，以达到对其进行控制的目的。但通常情况下，这些被控制的对象不能直接接收数字量信号，所以还需要把数字量转换成模拟量来控制和驱动外部设备，这就是 D/A(数/模)转换，实现相应转换的器件称为数字/模拟转换器。

由此可见，A/D 转换和 D/A 转换是两个互逆的转换过程，这两个互逆过程常常出现在一个控制系统中，如图 9.38 所示。在实际控制系统中，微型计算机作为系统的一个环节，输入和输出的都是数字信号，而外部受控对象往往是一个模拟部件，输入和输出必然是模拟信号。这两种不同形式的信号要在同一环路中进行传递就必须经过转换。

A/D 转换和 D/A 转换是微型计算机与外部检测和过程控制连接的必要接口，是把微型计算机与生产过程、科学实验过程联系起来的桥梁。随着目前数字技术和自动化技术的飞速发展，A/D 转换和 D/A 转换也有了长足的发展，微型计算机应用领域中出现的新工艺、新结构的高性能器件日益向着高速、高分辨率、低功耗和低价格的方向发展。

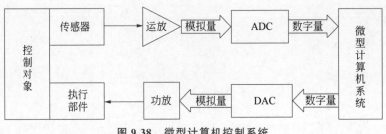

图 9.38 微型计算机控制系统

9.4.2 A/D 转换器及其与 CPU 的接口

1. A/D 转换的工作原理

实现 A/D 转换的方法很多,常见的主要有计数器式、逐次逼近式、双积分式和并行式等。逐次逼近式用在要求转换速度较快的场合,而双积分式用在要求转换速度较慢的场合。A/D 转换集成电路芯片通常都采用逐次逼近式,因此下面主要介绍逐次逼近式的工作原理。

逐次逼近式又称为逐位比较式,其转换原理如图 9.39 所示。逐次逼近式的转换实质是逐次把设定在逐次逼近寄存器中的数字量经 D/A 转换后得到的模拟量 V_C,与待转换的模拟量 V_X 进行比较。比较时,先从逐次逼近寄存器的最高位开始,逐次确定各位的数码应是"1"还是"0",具体工作过程如下。

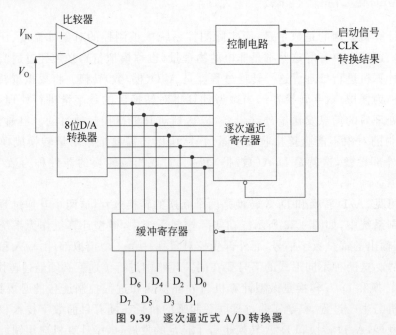

图 9.39 逐次逼近式 A/D 转换器

转换前,先将逐次逼近寄存器清零。转换开始时,置该寄存器的最高位为"1",其余全为"0",此试探值经 D/A 转换成模拟量 V_C 后与模拟输入量 V_X 比较。如果 $V_X \geqslant V_C$,说明逐次逼近寄存器中最高位的"1"应该保留；如果 $V_X<V_C$，说明该位应该清零。然后再将逐次逼近寄存器中的次高位置"1"，依上述方法进行 D/A 转换和比较。重复上述过程直到已确定逐次逼近寄存器的最低位为止。此时，逐次逼近寄存器中的内容就是与输入模拟量 V_X 相对应的二进制数字量。

2. A/D 转换器的性能指标

1）分辨率

A/D 转换器的分辨率指 A/D 转换器对输入模拟信号的分辨能力。从理论上讲，一个 n 位二进制数输出的 A/D 转换器应能区分输入模拟电压的 2^n 个不同量级。如对 8 位 A/D 转换器，其数字量的变化范围是 0～255，如果输入电压满刻度为 5V，则其对输入模拟电压的分辨能力为 5V/255＝19.6mV。目前常用的 A/D 转换器有 8 位、10 位、12 位、14 位、16 位等。

2）转换精度

转换精度表示 A/D 转换器实际输出的数字量和理论上输出的数字量之间的差别。常用最低有效位的倍数表示。例如，转换误差$\leqslant\pm\frac{1}{2}$LSB，就表明实际输出的数字量和理论上应得到的输出数字量之间的误差小于最低位的半个字。

3）转换时间

转换时间是指 A/D 转换器从接到转换启动信号开始，到输出端获得稳定的数字信号所经过的时间。A/D 转换器的转换速率主要取决于转换电路的类型，不同类型 A/D 转换器的转换速率相差很大。例如，双积分型 A/D 转换器的转换速率最慢，通常需要几百毫秒左右；逐次逼近式 A/D 转换器的转换速率较快，通常需要几十微秒；并行比较型 A/D 转换器的转换速率最快，通常仅需要几十纳秒。

4）量程

量程是指所能转换的输入电压的范围。

5）温度系数

温度系数表示 A/D 转换器受环境温度影响的程度。一般用每摄氏温度变化所产生的相对误差作为指标，以 ppm/℃ 为单位。

3. 常用 A/D 转换芯片 ADC0809

1）ADC0809 的内部结构和引脚信号

ADC0809 是美国国家半导体公司生产的 8 位八通道逐次逼近式 A/D 转换器，采用 CMOS 工艺制成，可以接收 8 路模拟电压输入。ADC0809 由模拟输入、变换器、三态输出缓冲器和基准电压输入 4 部分组成，其内部逻辑结构如图 9.40 所示。

ADC0809 芯片共有 28 个引脚，如图 9.41 所示。

各引脚功能定义如下。

$IN_0 \sim IN_7$：8 路模拟电压输入。

ADDC、ADDB、ADDA：3 位地址信号。由这三个信号决定对 8 路模拟输入中的哪

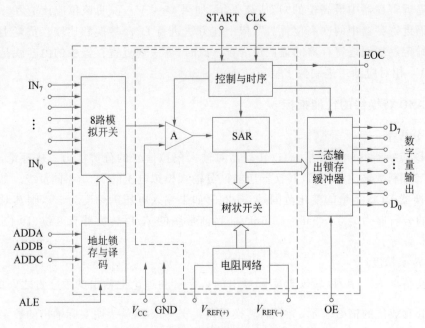

图 9.40　ADC0809 的内部逻辑结构

说明：图中的 A 为"比较器"，SAR 为"逐次逼近数码寄存器"，树状开关为"树状开、关阵译码器"。

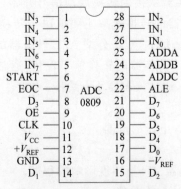

图 9.41　ADC0809 的引脚信号

一路进行 A/D 转换，其对应关系见表 9.6。

表 9.6　ADC0809 地址信号与通道号的对应关系

地 址 信 号			通道 000
ADDC	ADDB	ADDA	
0	0	0	IN_0
0	0	1	IN_1
0	1	0	IN_2
0	1	1	IN_3

续表

地址信号			通道 000
ADDC	ADDB	ADDA	
1	0	0	IN_4
1	0	1	IN_5
1	1	0	IN_6
1	1	1	IN_7

ALE：地址锁存允许信号，输入，高电平有效。当此信号由低变高时，将加在 ADDC、ADDB、ADDA 上的数据锁存并选通相应的模拟通道。

$D_7 \sim D_0$：输出数据线，三态。

OE：输出允许信号，高电平有效。即当 OE＝1 时，打开输出锁存器的三态门，将转换后的数据送出去。

$+V_{REF}$ 和 $-V_{REF}$：基准电压的正端和负端。

CLK：时钟脉冲输入端。一般在此端加 500kHz 的时钟信号。

START：A/D 转换启动信号。在 START 的上升沿将逐次逼近寄存器清零，在其下降沿开始 A/D 转换过程。

EOC：转换结束标志，输出信号。在 START 信号上升沿之后，EOC 信号变为低电平；当转换结束后，EOC 变为高电平。此信号可作为向 CPU 发出的中断请求信号。

2) ADC0809 的转换过程

ADC0809 进行 A/D 转换的过程如下。

(1) 输入 ADDA、ADDB、ADDC 三位地址信号，在 ALE 脉冲的上升沿将地址锁存，经译码选通某一通道的模拟信号进入比较器。

(2) 发出 A/D 转换启动信号 START，在 START 的上升沿将逐次逼近寄存器清零，转换结束标志 EOC 变为低电平，在 START 的下降沿开始转换。

(3) 转换过程在时钟脉冲 CLK 的控制下进行。

(4) 转换结束后，EOC 跳为高电平，在 OE 端输入高电平，从而得到转换结果输出。

3) ADC0809 的主要性能指标

分辨率：8 位。

功耗：15mW。

转换精度：8 位。

转换时间：100μs。

增益温度系数：20ppm/℃。

模拟量输入电压范围：0～5V。

4. ADC0809 与 CPU 连接及编程举例

ADC0809 与 CPU 的连接，主要是正确处理数据输出线 $D_0 \sim D_7$，启动信号 START 和转换结束信号 EOC 与系统总线的连接问题。图 9.42 所示为 ADC0809 与 CPU 的典型

ADC0809
模数转换
应用及演示

连接图。

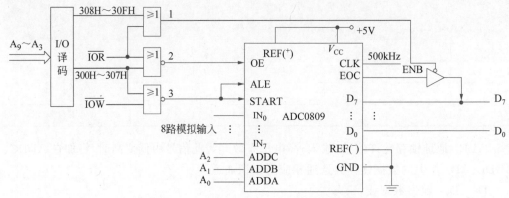

图 9.42　ADC0809 与 CPU 的典型连接图

在图 9.42 中，地址线 $A_9 \sim A_3$ 经 I/O 地址译码器形成端口地址 300H～307H 及 308H～30FH 片选信号；地址线 $A_2 \sim A_0$ 选择 8 路模拟量输入通道；CLK 信号由系统时钟分频获得；ADC0809 的数据输出线与 CPU 的数据总线相连。当 CPU 执行 OUT 输出指令到 300H～307H 端口时，300H～307H 和 $\overline{IOW}$ 有效，与门 3 输出高电平脉冲，加在 START 和 ALE 脚上，启动 A/D 转换，同时还将 $A_2 \sim A_0$ 的编码送入地址锁存器选择指定的输入通道上的模拟信号进行转换。EOC 引脚通过一个三态门接到数据总线中的 D_7，构成一个状态口，它的 I/O 端口地址为 308H。

下面针对图 9.42 的连接举例说明如何编写 A/D 转换程序。

【例 9.13】针对图 9.42 中 ADC0809 与 CPU 的连接编写 A/D 转换程序，具体要求如下。

（1）顺序采样 $IN_0 \sim IN_7$ 8 个输入通道的模拟信号。
（2）结果依次保存在 ADDBUF 开始的 8 个存储单元中。
（3）每隔 100ms 循环采样一次。

分析：模拟输入通道 $IN_0 \sim IN_7$ 由 $A_0 \sim A_2$ 决定其端口地址，分别为 300H～307H，与 $\overline{IOW}$ 相配合，可启动 ADC0809 进行转换；查询端口和读 A/D 转换结果寄存器的地址分别为 308H 和 300H。相应的采集程序段如下。

```
       ⋮
AD:    MOV  CX,0008H        ;给通道计数单元 CX 赋初值
       LEA  DI,ADDBUF        ;寻址数据区，结果保存在 ADDBUF 存储区
START: MOV  DX,300H          ;IN0 启动地址
LOOP1: OUT  DX,AL            ;启动 A/D 转换,AL 可为任意值
       PUSH DX               ;保存通道地址
       MOV  DX,308H          ;查询 EOC 状态的端口地址
WAIT:  IN   AL,DX            ;读 EOC 状态
       TEST AL,80H           ;测试 A/D 转换是否结束
       JZ   WAIT             ;未结束,则跳到 WAIT 处
       MOV  DX,300H          ;A/D 转换结果寄存器的端口地址
       IN   AL,DX            ;读 A/D 转换结果
```

```
        MOV   [DI],AL        ;保存转换结果
        INC   DI             ;指向下一存储单元
        POP   DX             ;恢复通道地址
        INC   DX             ;指向下一个模拟通道
        LOOP  LOOP1          ;未完,转入下一通道采样
        CALL  DELAY          ;延时 100ms
        JMP   AD             ;进行下一次循环采样,跳至 AD 处
           ⋮
```

9.4.3　D/A 转换器及其与 CPU 的接口

1. D/A 转换的工作原理

D/A 转换器从工作原理上分为并行转换和串行转换两种。并行转换器转换速度快,目前已广为采用。在并行转换器中,转换器位数与输入数码的位数相同,对应输入数码的每一位都设有信号输入端,用于控制相应的模拟开关,把基准电压接到电阻网络上。D/A 转换器实质上是一个译码器(解码器),一般常用线性 D/A 转换器,其输出模拟电压 V_O 和输入数字量 D_n 之间成正比关系,V_{REF} 为参考电压。

并行 D/A 转换器的设计形式有许多种,最常见的是 T 形电阻网络,如图 9.43 所示。该图是一个 4 位 D/A 转换器示意图,D 为二进制的数字量,数字量的每一位 $D_3 \sim D_0$ 分别控制一个模拟开关。当某位为 1 时,对应开关倒向右边,反之开关倒向左边。电阻网络中只有 R 和 $2R$ 两种电阻值。从图中可以看出,$X_3 \sim X_0$ 各点的对应电位分别为 V_{REF}、$-V_{REF}/2$、$-V_{REF}/4$、$-V_{REF}/8$,而与开关方向无关。

计算公式为

$$\sum I = \frac{V_{x3}}{2R} \cdot D_3 + \frac{V_{x2}}{2R} \cdot D_2 + \frac{V_{x1}}{2R} \cdot D_1 + \frac{V_{x0}}{2R} \cdot D_0$$

$$= \frac{1}{2R \cdot 2^3} V_{REF}(D_3 \cdot 2^3 + D_2 \cdot 2^2 + D_1 \cdot 2^1 + D_0 \cdot 2^0)$$

$$V_O = -R_f \cdot \sum I = -\frac{R_f}{2R \cdot 2^3} V_{REF} \cdot \sum_{i=0}^{3} D_i \cdot 2^i$$

由公式可知,输出电压量与数字量成正比,从而实现了从数字量到模拟量的转换。上式中,V_{REF} 是标准电压,被设置成具有足够的精度,电阻网络中开关的断开与闭合可对应各位 D 的数值取值,分别形成 0000~1111 共 16 种状态,在输出端将得到不同的输出电压,且呈阶梯波形状。

2. D/A 转换器的性能指标

1) 分辨率

分辨率用于表征 D/A 转换器对输入微小量变化的敏感程度,通常用数字量的位数表示,如 8 位、10 位等。也可用 D/A 转换器的最小输出电压与最大输出电压之比来表示分辨率。分辨率越高,转换时对输入量的微小变化的反应越灵敏。而分辨率与输入数字

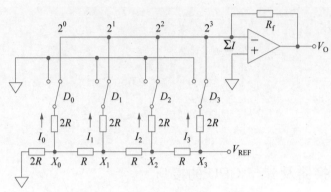

图 9.43　T 形电阻网络的 D/A 转换器

量的位数有关，n 越大，分辨率越高。

$$分辨率 = \frac{\Delta U}{U_m} = \frac{1}{2^n - 1}$$

式中，n 为输入数字量的二进制位数，如 8 位的 D/A 转换器分辨率为 $\frac{1}{2^8-1} = \frac{1}{255}$，16 位的 D/A 转换器分辨率为 $\frac{1}{2^{16}-1} = \frac{1}{65535}$。

2) 转换精度

D/A 转换器的转换精度是指输出模拟电压的实际值与理想值之差，即最大静态转换误差。一般采用数字量的最低有效位(LSB)作为衡量单位，例如 $\pm \frac{1}{2}$LSB。

3) 转换速率和建立时间

转换速率指 D/A 转换器输出电压的最大变化速率。从输入的数字量发生突变开始，到输出电压进入与稳定值相差 $\pm \frac{1}{2}$LSB 范围内所需要的时间，称为建立时间 t_{set}。建立时间越大，转换速率就越低。目前单片集成 D/A 转换器(不包括运算放大器)的建立时间最短达到 $0.1\mu s$ 以内。

4) 温度系数

在输入不变的情况下，输出模拟电压随温度变化产生的变化量，一般用满刻度输出条件下温度每升高 1℃，输出电压变化的百分数作为温度系数。

DAC0832
数模转换
应用及演示

3. 常用 D/A 转换芯片 DAC0832

1) DAC0832 的内部结构和引脚信号

DAC0832 是美国国家半导体公司生产的 8 位集成电路芯片，采用 T 形电阻网络实现 D/A 转换。该芯片内部有两级数据缓冲寄存器，分别是输入寄存器和 DAC 寄存器，可工作在双缓冲、单缓冲或直接输入三种方式，其内部逻辑结构如图 9.44 所示。DAC0832 由一个 8 位输入寄存器、一个 8 位 DAC 寄存器和一个 8 位 D/A 转换器三大部分组成。

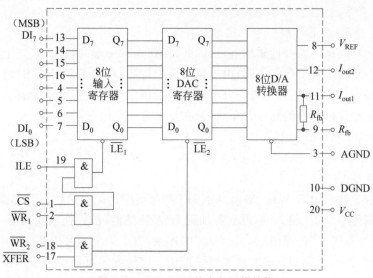

图 9.44 DAC0832 的内部逻辑结构

DAC0832 共有 20 个引脚,如图 9.45 所示,各引脚定义如下。

$DI_7 \sim DI_0$:D/A 转换器的 8 位数字量输入信号。

$\overline{CS}$:片选信号,低电平有效。

$\overline{WR_1}$:写信号 1,低电平有效。

ILE:输入锁存允许信号,高电平有效。由 ILE 与 $\overline{CS}$、$\overline{WR_1}$ 信号一起控制选通输入寄存器。当这三个信号都有效时,输入数据立即被送到输入寄存器的输出端,否则数据被锁存在输入寄存器中。

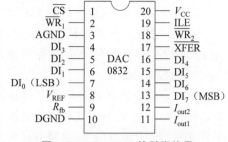

图 9.45 DAC0832 的引脚信号

$\overline{WR_2}$:写信号 2,低电平有效。

$\overline{XFER}$:数据传送选通信号,低电平有效。与 $\overline{WR_2}$ 信号一起控制 DAC 寄存器。当这两个信号同时有效时,输入寄存器的数据被装入 DAC 寄存器,并启动一次 D/A 转换。

I_{out1}:DAC 输出电流 1。它是逻辑电平为"1"的各位输出电流之和。当 $DI_7 \sim DI_0$ 各位均为"1"时,I_{out1} 最大(满量程输出);当 $DI_7 \sim DI_0$ 各位均为"0"时,I_{out1} 为最小值。

I_{out2}:DAC 输出电流 2。它作为运算放大器的另一个差分输入信号(一般接地)。通常满足如下等式:

$$I_{out1} + I_{out2} = 满量程输出电流$$

R_{fb}:反馈电阻接线端。反馈电阻在芯片内部,与外部运算放大器配合构成 I/V 转换器,提供电压输出。

V_{REF}:参考电压输入。一般此端外接一个精确、稳定的电压基准源。V_{REF} 可在 $-10 \sim 10V$ 范围内选择。

V_{CC}:电源输入端,一般取 $+5 \sim +15V$。

DGND：数字地，芯片数字电路接地点。

AGND：模拟地，芯片模拟电路接地点。

由于任何导线都可以被理解成电阻，因此，尽管连在一起的"地"，其各个位置上的电压也并非是一致的。对于数字电路，由于噪声容限较高，通常不需要考虑"地"的形式，但对于模拟电路而言，这个不同地方的"地"对测量的精度是构成影响的，因此，通常把数字电路部分的地和模拟部分的地分开布线，只在板中的一点把它们连接起来。

2）DAC0832 的工作方式

DAC0832 有以下三种不同的工作方式。

（1）直通方式。

当 ILE 接高电平，$\overline{CS}$、$\overline{WR_1}$、$\overline{WR_2}$ 和 $\overline{XFER}$ 都接数字地时，DAC 处于直通方式。8 位数字量一旦到达 $D_0 \sim D_7$ 输入端，就立即加到 D/A 转换器，被转换成模拟量。在 D/A 实际连接中，要注意区分"模拟地"和"数字地"的连接，为了避免信号串扰，数字量部分只能连接到数字地，而模拟量部分只能连接到模拟地。这种方式可用于不采用微型计算机的控制系统中。

（2）单缓冲方式。

单缓冲方式是使 DAC0832 芯片中的两个寄存器中的任一个处于直通状态，另一个工作于受控锁存状态。通常是使 DAC 寄存器处于直通状态，即把 $\overline{WR_2}$ 和 $\overline{XFER}$ 信号直接接数字地。这种工作方式适合不要求多片 D/A 同时输出的情况，此时只需一次写操作，就开始转换，提高了 D/A 的数据吞吐量。

（3）双缓冲方式。

双缓冲方式是数据通过两个寄存器锁存后再送入 D/A 转换电路，执行两次写操作才能完成一次 D/A 转换。这种方式可在 D/A 转换的同时，进行下一个数据的输入，以提高转换速度。更为重要的是，这种方式特别适用于系统中含有两片及以上的 DAC0832，且要求同时输出多个模拟量的场合。

当采用双缓冲方式时，通常把 ILE 固定为高电平，$\overline{WR_1}$ 和 $\overline{WR_2}$ 均接到 CPU 的 $\overline{IOW}$ 信号，$\overline{CS}$ 和 $\overline{XFER}$ 分别接两个端口的地址译码信号。

3）DAC0832 的主要性能指标

分辨率：8 位。

建立时间：$1\mu s$，电流型输出。

单电源：$+5 \sim +15V$。

低功耗：200mW。

线性误差：$\pm 0.1\%$。

基准电压范围：$-15 \sim +15V$。

4. DAC0832 与 CPU 连接及编程举例

由于 DAC0832 内部含有数据锁存器，当其与 CPU 相连时，可使其直接挂在数据总线上。图 9.46 所示为 DAC0832 与 CPU 的单缓冲方式连接电路。

在图 9.46 中，DAC0832 的第一级输入寄存器的 ILE、$\overline{CS}$ 和 $\overline{WR_1}$ 处于有效电平状态，

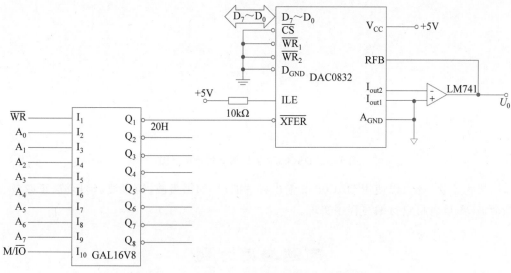

图 9.46 DAC0832 与 CPU 的单缓冲方式连接电路

故工作于直通方式,第二级锁存器的 $\overline{\text{XFER}}$ 与 GAL16V8 的输出译码相连,故一旦 $\overline{\text{XFER}}$ 处于有效状态,DAC0832 便进行 D/A 转换并输出。这里 GAL16V8 用于对地址总线及 $\overline{\text{WR}}$、$\text{M}/\overline{\text{IO}}$ 信号进行译码以产生 DAC0832 所需的 $\overline{\text{XFER}}$ 信号,其 8 位 I/O 端口地址假定为 20H。当 CPU 执行"OUT 20H,AL"指令时,则数据总线 $D_0 \sim D_7$ 的内容送入 DAC0832 中。

下面针对图 9.46 举例说明如何编写 D/A 转换程序。

【例 9.14】 编写图 9.46 中 DAC0832 输出三角波的汇编程序,要求三角波的最低电压为 0V,最高电压为 5V。

分析:三角波电压范围为 0~5V,对应的数字量为 00H~FFH。三角波的下降部分从 FFH 开始减 1,直到数字量降为 00H;上升部分则从 00H 开始加 1,直到升为 FFH。相应的程序段如下。

```
            ：
        MOV   AL, 0FFH       ;设 5V 初值
DOWN:   OUT   20H, AL        ;输出模拟信号到端口 20H,三角波下降段
        DEC   AL             ;输出值减 1
        CMP   AL, 00H        ;输出值到达 0V
        JNZ   DOWN           ;输出值未到达 0V,则跳到 DOWN
UP:     OUT   20H, AL        ;输出模拟量到端口 20H,三角波上升段
        INC   AL             ;输出值加 1
        CMP   AL, 0FFH       ;判别输出值是否到达 5V
        JNZ   UP             ;输出值未到达 5V 则跳到 UP
        JMP   DOWN           ;输出值到达 5V 则跳到 DOWN 循环
            ：
```

本例中 DAC0832 输出的三角波形如图 9.47 所示,若 8086 的时钟频率为 5MHz,则可计算出该三角波的周期大约为 3ms,即频率约为 330Hz。如果要进一步降低三角波的频率(增大其周期),可在每次 D/A 转换之后加入适当的延时。

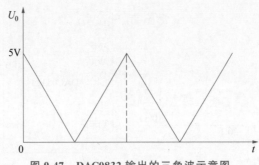

图 9.47 DAC0832 输出的三角波示意图

参考本例,还可以使用 DAC0832 输出各种波形,如锯齿波、矩形波、梯形波、正弦波、余弦波等,读者可自行编写程序实现。

习题与思考题

9.1 并行接口芯片 8255A 的内部结构分为哪几部分？每部分的功能是什么？

9.2 并行接口芯片 8255A 在使用时需分配几个端口地址？每个端口地址的输入输出完成什么操作？

9.3 并行接口芯片 8255A 有哪几种工作方式？各有什么特点？

9.4 设 8255A 的端口地址为 60H～63H,试按以下不同要求编写 8255A 的初始化程序。
(1) A 口方式 0 输入,B 口方式 0 输出,C 口高 4 位输入,C 口低 4 位输出。
(2) A 口方式 1 输入,B 口方式 0 输出,PC_0 输出。
(3) A 口方式 2,B 口方式 1 输入。

9.5 已知有 8 位开关 $K_1 \sim K_8$,8 个 LED 显示灯 $L_1 \sim L_8$。使用 8255A,用开关 $K_1 \sim K_8$ 控制 8 个灯 $L_1 \sim L_8$ 的亮暗,要求开关全部断开时退出。如果使用 Intel 8086 CPU,设计硬件接口电路,合理假设 8255A 端口地址并编写软件驱动程序。

9.6 简述定时/计数器 8253 的内部结构。

9.7 定时/计数器 8253 每个计数器包含几个寄存器？它们的名称和功能是什么？

9.8 定时/计数器 8253 在使用时需要分配几个端口地址？其中的控制口地址是多少？

9.9 定时/计数器 8253 有哪几种工作方式？每种的特点是什么？

9.10 假设 8253 的端口地址为 40H～43H,试按以下不同要求写出 8253 的初始化程序。
(1) 计数器 0 工作于方式 1,BCD 码计数,计数初值 3000。
(2) 计数器 1 工作于方式 0,二进制计数,计数初值 100。
(3) 计数器 2 工作于方式 3,二进制计数,计数初值 0F40H。

9.11 已知有频率为 250kHz 的信号源,使用定时/计数器 8253 输出频率为 1Hz 的方波信号。使用 Intel 8086 CPU,设计硬件接口电路,合理假设 8253 端口地址并编写软件驱动程序。

9.12 试比较串行通信与并行通信的特点。

9.13 在串行通信中,比较同步通信和异步通信的特点。

9.14 串行通信接口芯片 8251A 的 C/$\overline{\text{D}}$ 引脚功能是什么?

9.15 串行通信接口芯片 8251A 有几个控制寄存器? 它们的功能是什么? 是如何进行访问的?

9.16 简述串行通信接口芯片 8251A 初始化编程流程。

9.17 解释以下名词。

(1) A/D 转换　(2) D/A 转换　(3) DAC 分辨率　(4) ADC 分辨率

9.18 ADC0809 的 START 和 EOC 引脚的功能是什么? 在查询方式和中断方式中, EOC 引脚分别如何处理?

9.19 简述 ADC0809 的一次转换过程。

9.20 DCA0832 的分辨率是多少?

9.21 DAC0832 内部包含哪两个寄存器? 每个寄存器的控制信号是什么?

9.22 简述 DAC0832 的三种工作方式及特点。

9.23 参考图 9.46,编写使用 DAC0832 输出矩形波的程序。

附录 A

BIOS 中断调用

显示器功能调用(INT 10H)

AH	入口参数	出口参数	功 能
0	AL=00　40×25 黑白方式 AL=01　40×25 彩色方式 AL=02　80×25 黑白方式 AL=03　80×25 彩色方式 AL=04　320×200 彩色图形方式 AL=05　320×200 黑白图形方式 AL=06　640×200 黑白图形方式	无	设置显示方式
01	CH_{0-3}=光标起始行 CL_{0-3}=光标结束行	无	设置光标类型
02	BH=页号(图形模式为0) DH,DL=行、列　如 0,0 为左上角	无	设置光标位置
03	BH=页号(图形模式为0)	DH,DL=行、列 CH,CL=当前光标模式	读光标位置
04		AH=0 光笔未触发 　=1 光笔触发 CH=像素行,BX=像素列 DH=字符行,DL=字符列	读光笔位置
06	AL=上卷行数(从窗口底部算起空白的行数) AL=0 整个窗口空白 CH,CL=卷动区域左上角的行、列 DH,DL=卷动区域右下角的行、列 BH=空白行的属性	无	屏幕初始化或当前页上卷
07	AL=下卷行数(从窗口顶部算起空白的行数) AL=0 整个窗口空白 CH,CL=卷动区域左上角的行、列 DH,DL=卷动区域右下角的行、列 BH=空白行的属性	无	屏幕初始化或当前页下卷

续表

AH	入口参数	出口参数	功 能
08	BH=显示页(字符模式有效)	AL=读出字符 AH=读出字符属性(字符模式有效)	读当前光标位置处的字符和属性
09	BH=显示页(字符模式有效) CX=字符重复次数 AL=欲写字符 BL=字符属性(字符模式)/字符颜色(图形模式)	无	在光标位置显示字符及其属性
0A	BH=显示页(字符模式有效) CX=字符重复次数 AL=字符	无	在光标位置仅显示字符
0B	BH=当前使用的彩色调色板(0~127) BL=彩色值	无	置彩色调板(320×200 图形)
0C	DX=行(0~199) CX=列(0~639) AL=像素值	无	写像素
0D	DX=行(0~199) CX=列(0~639) BH=页号	AL=读到的像素值	读像素
0E	AL=字符 BL=前景色 BH=页号	无	显示字符(光标前移)
0F		AL=当前显示方式 AH=字符列数 BH=页号	读当前显示方式
13	ES:BP=指向字符串地址 CX=串长度 DH,DL=起始光标行、列号 BH=页号 AL=方式代码 BL=属性 BH=页号	光标返回起始位置 光标跟随移动	显示字符串

磁盘驱动程序功能调用(INT 13H)

AH	入口参数	出口参数	功 能
0		AH=状态代码	磁盘系统复位
01		AH=状态代码	读取磁盘系统状态

续表

AH	入口参数	出口参数	功能
02	AL＝扇区数（1～8） CH＝磁道号（0～39） CL＝扇区号（1～9） DH＝面号（0～1） DL＝驱动器号（0～3） ES:BX＝缓冲区的地址	AH＝状态代码 CF＝0：操作成功 　　＝1：出错 AL＝读出的扇区数	读指定扇区
03	AL＝扇区数（1～8） CH＝磁道号（0～39） CL＝扇区号（1～9） DH＝面号（0～1） DL＝驱动器号（0～3） ES:BX＝缓冲区的地址	AH＝状态代码 CF＝0：操作成功 　　＝1：出错	写指定扇区
04	AL＝扇区数 CH＝磁道号 CL＝扇区号 DH＝面号 DL＝驱动器号 ES:BX＝缓冲区的地址	AH＝状态代码 CF＝0：操作成功 　　＝1：出错 AL＝读出的扇区数	检验指定扇区
05	AL＝扇区数 CH＝磁道号 CL＝扇区号 DH＝面号 DL＝驱动器号 ES:BX＝缓冲区的地址	成功：AH＝0 失败：AH＝错误码	对指定磁道格式化

键盘驱动程序功能调用（INT 16H）

AH	入口参数	出口参数	功能
0		AL＝键入字符的 ASCII 码 AH＝键入字符的扫描码	从键盘读字符
01		ZF＝0，键盘有输入 AL＝键入字符的 ASCII 码 AH＝键入字符的扫描码 ZF＝1，键盘无输入	判断有无从键盘输入的字符
02		AL＝特殊键状态 　　0：右 Shift 键 　　1：左 Shift 键 　　2：Ctrl 键 　　3：Alt 键 　　4：Scroll Lock 键 　　5：Num Lock 键 　　6：Caps Lock 键 　　7：Insert 键	读从键盘输入的特殊键状态

附录 B

DOS 系统功能调用(INT 21H)简表

AH 功能号	功　能	调用参数	返回参数
1. 设备管理功能			
01H	键盘输入字符并回显		AL=输入字符的 ASCII 码
02H	显示输出字符	DL=输出字符	
03H	串行设备输入字符		AL=输入字符的 ASCII 码
04H	串行设备输出字符	DL=输出字符	
05H	打印机输出	DL=输出字符	
06H	直接控制台 I/O	DL=FFH(输入) DL=输出字符(输出)	AL=输入字符
07H	直接控制台输入(无回显)		AL=输入字符
08H	键盘输入(无回显)		AL=输入字符
09H	显示字符串	DS:DX=字符串首地址 '$': 表示字符串结束的字符	
0AH	非缓冲的键盘输入(字体串)	DS:DX=键盘缓冲区首地址	(DS:DX+1)=实际输入的字符数
0BH	检验标准输入状态		AL=00 有输入 AL=FF 无输入
0CH	清除输入缓冲区并请求指定的输入功能	AL=输入功能号(01H,07H,08H)	AL=输入字符的 ASCII 码(回显)
		AL=输入功能号(06H)	AL=00H
		AL=输入功能号(0AH)	AL=0AH
0DH	磁盘复位		清除磁盘缓冲区
0EH	选择磁盘	DL=盘号(0,1,…)	AL=系统中的磁盘数
19H	取当前磁盘的盘号		AL=盘号(0,1,2,…)
1AH	设置磁盘传送缓冲区(DTA)	DS:DX=DTA 首址	

续表

AH 功能号	功　　能	调用参数	返回参数
1BH	取当前盘文件分配表（FAT）信息		AL＝每簇的扇区数 DS:BX＝盘类型字节地址 CX＝每扇区的字节数 DX＝FAT 表项数
1CH	取指定磁盘的 FAT 信息	DL＝盘号	AL＝每簇的扇区数 DS:BX＝盘类型字节地址 CX＝每扇区的字节数 DX＝FAT 表项数
2EH	置写校验状态	DL＝0 标志 AL＝状态(0 关闭,1 打开)	AL＝00 成功 　＝FF 失败
54H	取写盘后读盘的检验标志		AL＝00 检验关闭 　＝01 检验打开
36H	取磁盘剩余空间	DL＝盘号 0＝缺省,…	成功：AX＝每簇扇区数 　　　BX＝有效簇数 　　　CX＝每扇区字节数 　　　DX＝总簇数 失败：AX＝FFFF
2FH	取磁盘传送缓冲区（DTA）首址		ES:BX＝DTA 首址

2. 文件管理功能

AH 功能号	功　　能	调用参数	返回参数
29H	建立文件控制块	ES:DI＝FCB 首地址 DS:SI＝文件名字符串首地址 AL＝0EH 非法字符检查	ES:DI＝格式化后的 FCB 首地址 AL＝00 标准文件 　＝01 多义文件 　＝FF 非法盘符
16H	建立文件(FCB 方式)	DS:DX＝FCB 首地址	AL＝00 建立成功 　＝FF 无磁盘空间
0FH	打开文件(FCB 方式)	DS:DX＝FCB 首地址	AL＝00 成功 　＝FF 未找到文件
10H	关闭文件(FCB 方式)	DS:DX＝FCB 首地址	AL＝00 成功 　＝FF 未找到文件
13H	删除文件(FCB 方式)	DS:DX＝FCB 首地址	AL＝00 成功 　＝FF 未找到文件
14H	顺序读一个记录	DS:DX＝FCB 首地址	AL＝00 成功 　＝01 文件结束,未读到数据 　＝02 DTA 边界错误 　＝03 文件结束,记录不完整

续表

AH 功能号	功　能	调用参数	返回参数
15H	顺序写一个记录	DS:DX=FCB首地址	AL=00 成功 　=01 磁盘满或是只读文件 　=02 DTA空间不够
21H	随机读文件	DS:DX=FCB首地址	AL=00 读成功 　=01 文件结束 　=02 DTA边界错误 　=03 缓冲区不满
22H	随机写文件	DS:DX=FCB首地址	AL=00 写成功 　=FF 无磁盘空间
27H	随机分块读	DS:DX=FCB首地址 CX=记录数	AL=00 读成功 　=01 文件结束 　=02 DTA边界错误 　=03 读部分记录
28H	随机分块写	DS:DX=FCB首地址 CX=记录数	AL=00 写成功 　=FF 无磁盘空间
24H	设置随机记录号	DS:DX=FCB首地址	
25H	设置中断向量	DS:DX=中断向量 AL=中断类型号	
26H	建立程序段前缀PSP	DX=新的程序段前缀	
3CH	建立文件(文件号方式)	DS:DX=ASCIIZ串地址 CX=文件属性	若CF=0,成功：AX=文件代号 否则错误：AX=错误代码
3DH	打开文件(文件号方式)	DS:DX=ASCIIZ串地址 AL=0 读 　=1 写 　=2 读/写	若CF=0,成功：AX=文件代号 否则错误：AX=错误码
3EH	关闭文件(文件号方式)	BX=文件代号	若CF=0,成功：AX=文件代号 否则错误：AX=错误码
41H	删除文件(文件号方式)	DS:DX=ASCIIZ串地址	若CF=0,成功 否则错误：AX=错误码
3FH	读文件(文件号方式)	DS:DX=数据缓冲区首址 BX=文件代号 CX=读取的字节数	读成功：AX=实际读入的字节数 　　　　AX=0 已到文件尾 读出错：AX=错误码
40H	写文件(文件号方式)	DS:DX=数据缓冲区首址 BX=文件代号 CX=写入的字节数	写成功：AX=实际写入的字节数 写出错：AX=错误码

续表

AH 功能号	功　能	调用参数	返回参数
42H	移动文件读写指针	BX＝文件代号 CX；DX＝位移量 AL＝0 从文件头开始移动 　　1 从当前位置移动 　　2 从文件尾倒移	若 CF＝0,成功 DX；AX＝新的指针位置 否则失败,AX＝错误码 AX＝1 无效的移动方法 AX＝6 无效的文件号
45H	复制文件代号	BX＝文件代号1	成功：AX＝文件代号2 失败：AX＝错误码
46H	强制复制文件代号	BX＝文件代号1 CX＝文件代号2	若 CF＝0,成功：CX＝文件代号1 否则失败：AX＝错误码
4BH	装入一个程序	DS；DX＝程序路径名首地址 ES；BX＝参数区首地址 AL＝00 装入后执行 AL＝01 仅装入不执行	若 CF＝0,成功 否则失败：AX＝错误码
44H	设备文件 I/O 控制	BX＝文件代号 AL＝0 取状态 　＝1 置状态 　＝2 读数据 　＝3 写数据 　＝6 取输入状态 　＝7 取输出状态	成功：DX＝状态 失败：AX＝错误码

3. 目录操作功能

AH 功能号	功　能	调用参数	返回参数
11H	查找第一个匹配文件（FCB方式）	DS；DX＝FCB 首地址	AL＝00 找到 AL＝FF 未找到
12H	查找下一个匹配文件（FCB方式）	DS；DX＝FCB 首地址	AL＝00 找到 AL＝FF 未找到
23H	测定文件大小	DS；DX＝FCB 首地址	AL＝00 成功（文件长度填入FCB） AL＝FF 未找到匹配的文件
17H	更改文件名（FCB方式）	DS；DX＝FCB 首地址 (DS；DX＋1)＝旧文件名 (DS；DX＋17)＝新文件名	AL＝00 成功 AL＝FF 失败
4EH	查找第一个匹配文件	DS；DX＝ASCIIZ 串地址 CX＝文件属性	若 CF＝0,成功 否则失败：AX＝出错代码
4FH	查找下一个匹配文件	DS；DX＝ASCIIZ 串地址 (文件名中带有？或 *)	若 CF＝0,成功 否则失败：AX＝出错代码
43H	置/取文件属性	DS；DX＝ASCIIZ 串地址 AL＝0 取文件属性 AL＝1 置文件属性 CX＝文件属性	若 CF＝0,成功,CX＝文件属性 失败：AX＝错误码

附录 DOS系统功能调用(INT 21H)简表

续表

AH 功能号	功　能	调用参数	返回参数
57H	置/取文件日期和时间	BX=文件代号 AL=0 读取日期和时间 AL=1 设置日期和时间 DX:CX=日期和时间	失败：AX=错误码
56H	更改文件号	DS:DX=ASCIIZ 串(旧) ES:DI=ASCIIZ 串(新)	AX=错误码
39H	建立一个子目录	DS:DX=ASCIIZ 串首地址	若 CF=0,成功 否则失败：AX=错误码
3AH	删除一个子目录	DS:DX=ASCIIZ 串首地址	若 CF=0,成功 否则失败：AX=错误码
3BH	改变当前目录	DS:DX=ASCIIZ 串首地址	若 CF=0,成功 否则失败：AX=错误码
47H	取当前目录路径名	DL=盘号 DS:SI=ASCIIZ 串首地址	成功：DS:SI=ASCIIZ 串 失败：AX=错误码

4. 其他功能

AH 功能号	功　能	调用参数	返回参数
00H	程序结束,返回操作系统	CS=程序段前缀	
31H	结束程序并驻留在内存	AL=结束码 DX=程序长度	
4CH	结束当前程序,返回调用程序	AL=结束码	
4DH	取结束码		AL=结束码
33H	置取 Ctrl－Break 检测状态	AL=00 取状态 　=01 置状态 DL=00 关闭检测 　=01 打开检测	DL=状态(AL=0 时)
25H	设置中断向量	DS:DX=中断向量 AL=中断类型号	
35H	取中断向量	AL=中断类型号	ES:BX=中断向量
26H	建立一个程序段	DX=新的程序段段号	
48H	分配内存空间	BX=申请内存数量(以 16B 为单位)	成功：AX:0=分配内存的首地址 失败：AX=错误码 　　BX=最大可用内存空间
49H	释放内存空间	ES:0=释放内存块的首地址	CF=0,成功 否则失败：AX=错误码
4AH	调整已分配的内存空间	ES=原内存段地址 BX=新申请的数量	CF=0,成功 AX:0=分配内存的首地址 否则失败：AX=错误码 BX=最大可用内存空间

续表

AH 功能号	功　　能	调用参数	返回参数
2AH	取系统日期		CX＝年；DH＝月；DL＝日 AL＝星期
2BH	设置系统日期	CX＝年(1980～2099) DH＝月(1～12) DL＝日(1～31)	AL＝00 成功 　＝FF 无效
2CH	取系统时间		CH＝时；CL＝分 DH＝秒；DL＝1/100 秒
2DH	设置系统时间	CH＝时；CL＝分 DH＝秒；DL＝1/100 秒	AL＝00 成功 　＝FF 无效
30H	取 DOS 版本号		AH＝发行号，AL＝版本号
38H	置/取国家信息	DS：DX＝信息区首地址 AL＝0	CF＝0，成功 BX＝国家码(国际电话前缀码)

参 考 文 献

[1] 吴宁,闫相国. 微机原理及应用[M]. 北京：机械工业出版社,2020.
[2] 王克义. 微机原理与接口技术[M]. 2版. 北京：清华大学出版社,2016.
[3] 钱晓捷. 16/32位微机原理、汇编语言及接口技术教程[M]. 修订版. 北京：机械工业出版社,2017.
[4] 李继灿. 新编16/32位微型计算机原理及应用[M]. 5版. 北京：清华大学出版社,2013.
[5] 牟琦. 微机原理与接口技术[M]. 3版. 北京：清华大学出版社,2018.
[6] 邹逢兴. 微型计算机原理与接口技术[M]. 2版. 北京：清华大学出版社,2015.
[7] 戴梅萼,史嘉权. 微型计算机技术及应用[M]. 4版. 北京：清华大学出版社,2008.
[8] 王让定,朱莹,石守东,等. 汇编语言与接口技术[M]. 4版. 北京：清华大学出版社,2017.
[9] 余春暄,左国玉. 80x86/Pentium微机原理及接口技术[M]. 3版. 北京：机械工业出版社,2015.
[10] 顾晖,陈越,梁惺彦. 微机原理与接口技术：基于8086和Proteus仿真[M]. 北京：电子工业出版社,2011.
[11] 王爽. 汇编语言[M]. 4版. 北京：清华大学出版社,2019.
[12] IRVINE K R. Assembly Language for Intel-Based Computer(Fourth Edition)[M]. 影印版. 北京：清华大学出版社,2005.
[13] BREY B B. Intel微处理器全系列：结构、编程与接口[M]. 金惠华,艾明晶,尚利宏,等译. 5版. 北京：电子工业出版社,2001.